U0302962

泡沫提取技术(上)
Foam Extraction(Ⅰ)

韩桂洪　刘炯天　著

科学出版社

北京

内 容 简 介

《泡沫提取技术（上）》是国内外第一部系统、全面介绍泡沫提取理论基础与关键技术的学术著作。本书首先介绍了泡沫提取技术的理论基础，包括泡沫提取的提出及发展现状、研究对象及溶液化学、泡沫提取药剂及其作用、气泡在泡沫提取中的作用原理以及制造方法；其次重点介绍了泡沫提取关键技术应用，针对矿产资源选冶溶液中金属阳离子、阴离子基团、有机药剂直接泡沫提取技术以及耦合联用技术进行了阐述，并介绍了针对复杂资源中关键金属组分研发的湿法浸出-泡沫提取技术；最后展望了泡沫提取技术开发与利用前景。

本书可为从事资源加工、冶金环保以及高纯金属材料制备相关专业师生和研究人员提供借鉴与参考。

图书在版编目（CIP）数据

泡沫提取技术. 上/ 韩桂洪，刘炯天著. —北京：科学出版社，2023.9

ISBN 978-7-03-074157-8

Ⅰ. ①泡⋯ Ⅱ. ①韩⋯ ②刘⋯ Ⅲ. ①泡沫浮选 Ⅳ. ①TD923

中国版本图书馆 CIP 数据核字（2022）第 234548 号

责任编辑：刘翠娜 高 微 / 责任校对：王萌萌
责任印制：师艳茹 / 封面设计：赫 健

科 学 出 版 社 出版

北京东黄城根北街 16 号
邮政编码：100717
http://www.sciencep.com

北京建宏印刷有限公司 印刷

科学出版社发行 各地新华书店经销

*

2023 年 9 月第 一 版 开本：787×1092 1/16
2024 年 1 月第二次印刷 印张：27 1/4
字数：620 000

定价：258.00 元

（如有印装质量问题，我社负责调换）

前　言

传统资源加工学的研究对象是我们所熟知的矿石或矿物，如硫化矿、氧化矿、黏土矿等，相应的矿物加工方法主要包括重选、磁选、浮选、光电选等。随着资源加工处理对象逐渐变得复杂，逐渐催生了一系列资源加工新方法。泡沫提取方法正是随着资源对象的变化而产生、发展和系统化，并日趋受到重视，现如今表现出良好的应用前景。泡沫提取方法最早可追溯到 20 世纪 60 年代美国物理化学家 Langmuir 以及南非 Sebba 教授相继提出并发展的离子浮选和沉淀浮选。直至 20 世纪 90 年代，美国加利福尼亚州立大学大学伯克利分校矿物加工与材料工程团队对泡沫提取技术进行了初步归类，然而，后续研究依然零散且缓慢。泡沫提取方法涵盖了离子浮选、沉淀浮选、吸附胶体浮选、浮游萃取等，主要建立在物理化学、界面分离理论基础上，气泡仍是以传统空气泡为主导。经 21 世纪 20 多年的研究与发展，在化学、化工、材料等相关技术的推动下，泡沫提取已经形成了较成熟的研究体系，加工对象更加丰富，相关理论与方法研究引起了科技工作者的广泛关注。但遗憾的是，迄今为止，有关泡沫提取理论和方法及相关成果尚未被系统归纳和整理。

泡沫提取方法兼具泡沫浮选过程的界面分离、提取冶金过程的体相分离、化工过程的速率分离等三重属性。从资源加工方法的角度来看，泡沫提取方法可以说是类选矿(矿物浮选)方法，不同点是研究对象从宏观的物质(矿物、颗粒)转变成微观物质(元素、离子、基团、分子片段)，气(油)泡中气体可以是空气、氮气、二氧化碳或者其他气态介质等，特点是利用溶液中不同物质的物理化学性质及表面亲疏水性差异，通过在液相中形成气泡作为反应的触媒、分散介质、传质介质、富集载体等，实现不同物质组分的提取。泡沫提取技术与各种资源加工、湿法冶金、环境治理等人类生产生活过程密切相关，可在其中得到应用。我国在泡沫提取理论与技术方面的前期研究投入不足。作为传统的矿物资源加工与冶金技术研发大国，我国早在 20 世纪便已跟踪到泡沫提取方法，早期部分国内学者施引外文文献时也将其称为泡沫分离方法，80～90 年代中南大学研究团队就曾涉足过离子浮选，也将此纳入资源加工学范畴，但研究积累有限。直到 2010 年，随着我国资源处理对象发生很大改变以及国家"双碳"战略的实施，泡沫提取技术越来越受到国内学者的重视。目前，泡沫提取技术的潜在优势并未得到充分发挥。因此，亟须深入开展泡沫提取理论与方法的基础研究，与时俱进地创新泡沫提取技术，丰富技术体系和应用领域，提升我国复杂物质资源的加工水平。

《泡沫提取技术》是郑州大学作者团队整理编写的国内外第一部系统、全面介绍泡沫提取理论基础与关键技术研究进展的学术著作，分为上下两个分册。本书，即《泡沫提取技术(上)》在总结近十年来团队科研与实践经验的基础上，将基础理论与实践结果相结合，重点展示泡沫提取技术特别是在微泡离子浮选、微泡沉淀浮选方面最新的科研和实践进展。本书共分为 10 章，首先介绍了泡沫提取技术的理论基础，主要包括泡沫提取的提出及发展现状、研究对象及溶液化学、泡沫提取药剂及其作用、气泡在泡沫提取中的作用原理以及制造方法；其次重点介绍泡沫提取关键技术应用，针对矿产资源选冶溶液中金属阳离子、阴离子基团、有机药剂直接泡沫提取技术以及耦合联用技术进行了总结，并介绍了针对复杂资源中关键金属组分(铜、铅、锌、铝、钛、钼、铼、钒、钴和铁)研发的湿法浸出-泡沫提取技术。最后，本书展望了泡沫提取技术开发与利用前景。本书在内容组织上，融入了本团队成员大量的首创性研究成果与独立思考，可为从事资源、冶金与环境领域的科研工作者和相关专业师生提供一定的借鉴。

在本书的撰写过程中，得到了郑州大学冶金工程、化学工程学科以及研究团队师生的大力支持和帮助。特别感谢中南大学以及美国、加拿大、澳大利亚同行专家在本书撰写过程中提出的诸多宝贵意见。本书参考了众多国内外出版资料，谨在此一并向有关文献资料的作者致以衷心的感谢！最后，感谢国家自然科学基金委员会对本研究方向的长期资助。

限于著者水平，书中难免有不妥之处，恳请广大读者和同行专家赐教指正。

著　者

2022 年 11 月 15 日

目　　录

前言

(一)理论基础篇

第0章　绪论 ···3

　0.1　泡沫提取的提出和发展 ···3

　　0.1.1　离子浮选 ···4

　　0.1.2　沉淀浮选 ···6

　　0.1.3　吸附胶体浮选和吸附颗粒浮选 ···8

　0.2　泡沫提取在资源与环境领域的研究意义 ···10

　　0.2.1　选冶过程溶液中关键金属的提取富集应用 ···10

　　0.2.2　冶金化工过程水体污染物的提取与环境治理应用 ································10

　　0.2.3　材料化工原材料产品纯化与除杂 ···10

第1章　冶金资源加工离子溶液化学 ··11

　1.1　碱金属和碱土金属溶液化学 ··11

　　1.1.1　碱金属 ···11

　　1.1.2　碱土金属 ··14

　1.2　过渡金属溶液化学 ··16

　　1.2.1　钒 ···16

　　1.2.2　铜 ···19

　　1.2.3　钛 ···20

　　1.2.4　铁 ···21

　　1.2.5　铝 ···23

　　1.2.6　锌和铅 ···24

　1.3　稀有金属溶液化学 ··26

　　1.3.1　钨 ···26

　　1.3.2　钼 ···28

　　1.3.3　铼 ···29

　　1.3.4　钽和铌 ···30

　　1.3.5　铍 ···31

　　1.3.6　锆和铪 ···33

　1.4　有机药剂溶液化学 ··34

　　1.4.1　选冶药剂溶液化学 ···35

　　1.4.2　化学试剂溶液化学 ···37

第2章　泡沫提取药剂的基本作用 ··41

　2.1　表面活性作用 ··41

　　2.1.1　基本概念 ··41

　　2.1.2　表面活性剂 ……………………………………………………… 43
　2.2　混凝絮凝作用 ……………………………………………………… 48
　　2.2.1　无机混凝剂 ………………………………………………………… 49
　　2.2.2　有机絮凝剂 ………………………………………………………… 54
　2.3　新型药剂在泡沫提取中的作用 ………………………………… 61
　　2.3.1　Fe^{3+}基絮凝剂的作用 ……………………………………………… 61
　　2.3.2　阳离子表面活性剂的作用 ………………………………………… 62
　　2.3.3　不同药剂间的作用方式探讨 ……………………………………… 64
　2.4　新型泡沫提取药剂的分子设计 ………………………………… 66
　　2.4.1　矿源腐植酸基药剂的分子设计 …………………………………… 66
　　2.4.2　新型药剂的性质、性能及应用前景 ……………………………… 72

第3章　泡沫提取过程中胶体与聚集 ………………………………… 75
　3.1　胶体及相互作用 …………………………………………………… 75
　　3.1.1　基本概念 …………………………………………………………… 75
　　3.1.2　范德瓦耳斯作用 …………………………………………………… 77
　　3.1.3　双电层作用 ………………………………………………………… 83
　3.2　颗粒碰撞及聚集 …………………………………………………… 95
　　3.2.1　碰撞效率 …………………………………………………………… 95
　　3.2.2　碰撞机制 …………………………………………………………… 96
　3.3　聚集体特性与表征 ………………………………………………… 107
　　3.3.1　聚集体的基本特性 ………………………………………………… 107
　　3.3.2　聚集体的分形维数 ………………………………………………… 107
　　3.3.3　聚集体的碰撞率 …………………………………………………… 113
　　3.3.4　聚集体的密度 ……………………………………………………… 114
　　3.3.5　聚集体的强度 ……………………………………………………… 116

第4章　泡沫提取气泡的制造与作用 ………………………………… 122
　4.1　气泡泡沫简介 ……………………………………………………… 122
　4.2　气泡产生原理 ……………………………………………………… 124
　4.3　气泡制造方法 ……………………………………………………… 128
　　4.3.1　空化法 ……………………………………………………………… 128
　　4.3.2　气液膜分散法 ……………………………………………………… 132
　　4.3.3　电解法 ……………………………………………………………… 134
　　4.3.4　微流控法 …………………………………………………………… 136
　4.4　气泡的性质与表征 ………………………………………………… 141
　　4.4.1　尺度和浓度 ………………………………………………………… 141
　　4.4.2　上升速度 …………………………………………………………… 144
　　4.4.3　传质效率 …………………………………………………………… 146
　　4.4.4　液膜排液 …………………………………………………………… 148
　　4.4.5　稳定特性 …………………………………………………………… 151
　4.5　气泡泡沫作用 ……………………………………………………… 152
　　4.5.1　气泡与颗粒间的作用 ……………………………………………… 153

4.5.2 气泡泡沫的传质传输作用 ···162
4.6 基于气泡泡沫作用的反应器 ··169
4.6.1 传统浮选机 ··169
4.6.2 传统浮选柱 ··175
4.6.3 传统气浮反应器 ··178
4.6.4 新型泡沫提取反应器 ··181
4.7 气泡泡沫的应用前景 ··184

(二)关键技术篇

第5章 铜铅锌资源选冶溶液中金属阳离子的泡沫提取技术 ·······················191
5.1 引言 ··191
5.2 溶液中 Cu(Ⅱ)的泡沫提取 ···191
5.2.1 Cu(Ⅱ)螯合沉淀过程 ··193
5.2.2 Cu(Ⅱ)沉淀产物的浮选分离过程 ···197
5.2.3 基于响应曲面法的 Cu(Ⅱ)沉淀浮选工艺优化 ······························202
5.3 溶液中 Zn(Ⅱ)的泡沫提取 ··213
5.3.1 Zn(Ⅱ)螯合沉淀过程 ··214
5.3.2 Zn(Ⅱ)沉淀絮体聚集生长调控 ···218
5.3.3 Zn(Ⅱ)沉淀产物的浮选分离过程 ···225
5.3.4 基于响应曲面法的 Zn(Ⅱ)沉淀浮选工艺优化 ······························230
5.4 溶液中 Pb(Ⅱ)的泡沫提取 ··242
5.4.1 Pb(Ⅱ)螯合沉淀过程 ··242
5.4.2 Pb(Ⅱ)沉淀絮体聚集生长调控 ···245
5.4.3 Pb(Ⅱ)沉淀产物的浮选分离过程 ···249
5.4.4 基于响应曲面法的 Pb(Ⅱ)沉淀浮选工艺优化 ······························253
5.5 溶液中 Fe(Ⅲ)的泡沫提取 ··263
5.5.1 Fe(Ⅲ)螯合沉淀过程 ··263
5.5.2 Fe(Ⅲ)沉淀产物的浮选分离过程 ···266
5.5.3 基于响应曲面法的 Fe(Ⅲ)沉淀浮选工艺优化 ······························269
5.6 副产污泥的资源化与材料化利用 ··274
5.6.1 浮选污泥制备铁酸铜材料 ··274
5.6.2 铁酸铜材料的电化学性能 ··279
5.6.3 表面活性剂对铁酸铜材料的影响 ···282
5.6.4 焙烧温度对铁酸铜材料的影响 ···288
5.7 本章小结 ···294
第6章 钼铼资源选冶溶液中金属阴离子基团的泡沫提取技术 ·····················295
6.1 引言 ··295
6.2 基于钼酸根化学沉淀-铼酸根沉淀浮选的钼铼泡沫提取技术 ·················295
6.2.1 钼酸根的选择性沉淀 ···297
6.2.2 铼酸根的定向沉淀转化 ···300

6.2.3 铼沉淀产物的浮选回收 ·· 302
6.2.4 钼铼酸根的选择性分离机理 ·· 306
6.2.5 铼浮选产物的纯化路线 ·· 307
6.3 基于先铼后钼分步分离的铼钼泡沫提取技术 ····················· 309
6.3.1 铼酸根的选择性沉淀浮选 ··· 310
6.3.2 残余液中钼酸根沉淀浮选行为 ····································· 314
6.3.3 浮选钼沉淀产物的表征 ·· 317
6.3.4 钼铼酸根的泡沫提取机理 ··· 321
6.4 本章小结 ·· 322

第7章 钨锌资源加工溶液中有机药剂的直接泡沫提取技术 ·············· 323
7.1 引言 ·· 323
7.2 溶液中苯甲羟肟酸捕收剂的直接泡沫提取 ······················· 324
7.2.1 溶液中苯甲羟肟酸的性质 ··· 324
7.2.2 苯甲羟肟酸的螯合转化 ·· 326
7.2.3 螯合沉淀产物的泡沫浮选 ··· 330
7.2.4 苯甲羟肟酸泡沫提取过程的机理 ································· 333
7.3 溶液中偶氮抑制剂的直接泡沫提取 ································· 335
7.3.1 溶液中偶氮抑制剂的性质 ··· 335
7.3.2 偶氮药剂的螯合沉淀过程 ··· 337
7.3.3 偶氮药剂沉淀产物的表征 ··· 343
7.3.4 偶氮药剂沉淀产物的泡沫提取工艺 ······························ 348
7.4 本章小结 ·· 358

第8章 钼铝资源加工溶液中有机药剂的微电解-泡沫提取技术 ·········· 359
8.1 引言 ·· 359
8.2 微电解基本原理及作用 ··· 359
8.2.1 基本原理 ·· 359
8.2.2 主要作用 ·· 360
8.3 新型微电解填料的制备及表征 ··· 362
8.3.1 二元铁碳微电解填料的制备与表征 ······························ 362
8.3.2 三元微电解填料的制备与表征 ····································· 369
8.4 有机药剂的微电解填料降解过程及影响因素 ····················· 374
8.4.1 降解时间的影响 ··· 374
8.4.2 填料用量的影响 ··· 375
8.4.3 药剂初始浓度的影响 ·· 376
8.4.4 充气流量的影响 ··· 376
8.4.5 溶液 pH 的影响 ··· 377
8.4.6 溶液中阴离子的影响 ·· 378
8.4.7 填料循环次数的影响 ·· 378
8.5 有机药剂的电化学降解机理及路径 ································· 379
8.5.1 药剂降解过程的溶液化学 ··· 379
8.5.2 药剂降解过程溶液 GC-MS ·· 380

　　8.5.3　药剂降解路径推测 ···381
　8.6　溶液中有机药剂的微电解-泡沫提取技术的原型与评价 ···············382
　　8.6.1　微电解-泡沫提取技术原型 ···382
　　8.6.2　微电解-泡沫提取技术评价 ···384
　8.7　本章小结 ···385
第9章　复杂资源中关键金属的湿法浸出-泡沫提取技术 ······················386
　9.1　引言 ···386
　9.2　赤泥资源中关键金属的湿法浸出-泡沫提取技术 ·······················386
　　9.2.1　赤泥的产生及存在问题 ···386
　　9.2.2　赤泥中钛铁铝的湿法浸出 ···388
　　9.2.3　酸浸液中钛铁的泡沫提取 ···392
　　9.2.4　泡沫提取产物中钛铁还原-水解 ···403
　　9.2.5　小结 ··406
　9.3　湿法浸出-泡沫提取技术其他应用探索 ···································407
　　9.3.1　钒钛磁铁矿的综合利用 ···407
　　9.3.2　锌钴冶炼渣的综合利用 ···408
　9.4　本章小结 ···410
第10章　未来工作及设想 ···411

参考文献 ···413

（一）理论基础篇

第0章 绪 论

0.1 泡沫提取的提出和发展

20世纪90年代，美国加利福尼亚州立大学伯克利分校矿物加工与材料工程团队正式对泡沫提取(foam extraction)方法进行了初步归类[1]。早期国内部分专家在施引外文文献时也称为泡沫分离方法。泡沫提取方法包括离子浮选、沉淀浮选、吸附胶体浮选(ACF)、浮游萃取、吸附颗粒浮选等。泡沫提取方法兼具泡沫浮选过程的界面分离、提取冶金过程的体相分离、化工过程的速率分离等三重属性。从资源加工方法的角度来看，泡沫提取方法可以说是类选矿(矿物浮选)方法，不同点是针对的对象从宏观的物质(矿物、颗粒)转变成微观物质(元素、离子、基团、分子片段)，特点是利用溶液中不同物质的物理化学性质及表面亲疏水性差异，通过在液相中形成气泡作为反应的触媒、分散介质、传质介质、富集载体等，实现不同物质组分的提取。泡沫提取包含的各类方法的发展演变历史如图0-1所示。

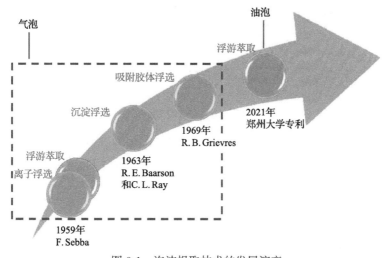

图 0-1 泡沫提取技术的发展演变

从本质上讲，泡沫提取方法建立在界面分离以及矿物浮选方法之上，基本原理则要追溯至近代西方物理化学科学体系。1860年William Haynes首次证实了油类可用于分离矿物，并于1869年申请了烃油分离硫化物和脉石矿物的全油浮选工艺的专利；1877年之后，Bessel采用油水混合体系产生的泡沫成分分别实现了石墨的高效浮选分离和碳酸岩矿物的浮选富集[2,3]。在后来建立的泡沫提取方法体系中，最早可追溯到20世纪60年代美国物理化学家Langmuir以及南非Sebba教授相继发现并提出的离子浮选和沉淀浮选。经过近些年的发展，泡沫提取方法在废水处理、环境样本检测、痕量元素富集、湿法冶金等领域开始逐渐应用,具有广阔的应用前景。

依据泡沫提取方法体系,采用 Vosviewer 对 Web of Science 核心合集数据库中文献进行聚类分析,检索关键词为"foam extraction"或"ion flotation"或"precipitation flotation"或"adsorption flotation",获得 303 条检索文献结果,对文献中的作者、标题、摘要等完整字段记录,对记录进行词语提取,获得可视化分析结果,如图 0-2 所示。

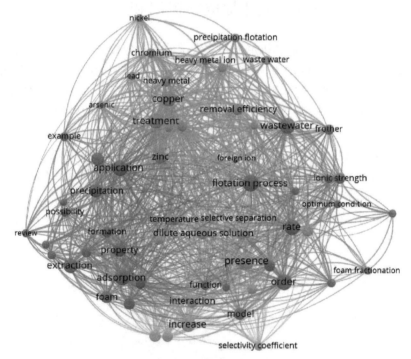

图 0-2　泡沫提取聚类视图

从图 0-2 中可知,针对泡沫提取的相关研究可以分为以下四个聚类,集中在过程研究(作用机制和浮选工艺)和应用研究(含重金属离子等废水的处理)方面。

0.1.1　离子浮选

离子浮选是泡沫提取方法中开发最早的一种针对溶液体系的特殊分离技术。美国物理化学家 Langmuir 发现溶液中重金属离子能够被硬脂酸吸附后通过浮选工艺去除这一现象[4]。南非 Sebba 教授成功地通过将带相反电荷具有表面活性的离子应用于溶液中无机离子的富集分离,继而首次明确地提出了离子浮选这一概念[5]。所谓离子浮选法,其实质是利用表面活性物质在气液界面上所产生的吸附现象,离子是能与表面活性物质相互亲和的任何溶质,如金属阳离子、蛋白质、酶、染料等,其与表面活性剂形成螯合物或络合物,再用泡沫浮选法提取分离离子复合物的分选方法[6]。该方法利用了离子被表面活性剂捕收后形成的可溶性螯合物或络合物表面具有一定的表面活性,它们可以吸附在气液界面上,通过附着在上浮的气泡上被浮选分离出来[7]。

这里要特别强调离子浮选与矿物浮选的区别。在《资源加工学》[8]一书中指出矿物浮选是一种富集悬浮在水介质中的固体颗粒的过程，通过添加表面活性剂改变固体颗粒表面的物理化学性质，从而使其表面疏水，附着在气泡上，继而使它们浮在表面而达到分离富集的目的。然而，我们要强调的是与矿物浮选不同，在离子浮选过程中要收集的物质是水相中的离子，通过改变化学条件，引入表面活性剂，使溶解的物质转化为具有疏水位点的产物，通过疏水位点附着在气泡上，气泡穿过溶液，从而浮在表面，最终产生一种浮渣，它是利用气液界面的性质达到离子富集的目的。在矿物浮选中，尽管矿物颗粒表面发生了改变，但是最终产品与浮选前是相同的固体颗粒，但在离子浮选中，最终产品有可能与初始离子是不同的化学物质。

离子浮选的效果主要取决于捕收剂类表面活性剂与离子间的作用，当表面活性剂浓度大于临界胶束浓度时，就会形成疏水基向内、亲水基向外的缔合体——胶团。捕收剂一般为离子表面活性剂，与被分离的目标离子的电荷相反。如果表面活性剂是阳离子型，则能吸附阴离子；如果表面活性剂是阴离子型，则能吸附多价金属阳离子。被捕收的目标离子与起泡性质的表面活性剂结合，通过其疏水性，在气液界面上吸附，形成的络合物从本体相中提取并分离。离子浮选过程主要包括液相吸附和泡沫相排液两阶段。液相吸附过程应合理控制表面活性物质的浓度，当浓度超过其临界胶束浓度时，在溶液中形成胶束，附着在气泡上的单体减少，不利于提取目标物质。泡沫相排液过程应注意气泡的稳定性，气泡稳定性低，泡沫的持液量减少，消泡液中的目标物质的浓度大，利于提取与富集。为了促使离子浮选的过程高效，产生的泡沫应稳定且排液量大。除此之外，影响离子浮选过程的因素还有很多，如溶液中表面活性剂浓度和温度等。

对于金属离子而言，化合价以及络合性质也对去除效果有着重要影响。离子化合价越高，与胶团结合能力越强，分离效果越好。同一种表面活性剂对于相同化合价的金属离子的去除率也有所不同。二价金属离子比一价金属离子的截留率有明显提高，但是不同金属同一价态之间的截留率又有着差别。

离子浮选具有适应性强、富集比高、处理效果好、技术简单、设备占地面积小等一系列优点，这为其工业应用提供了可能性。离子浮选最初广泛地应用于重金属废水的富集分离处理。近十几年来，离子浮选又不断应用于废水处理的各个领域，对象主要包含重金属、稀有金属和有机物，并开始与其他技术联用，充分发挥了其在废水中污染物处理方面的独特优势。张海军和薛玉兰[9]进行了离子浮选法处理含铅酸性矿冶废水的研究，浮选后溶液中铅离子残余浓度仅 0.515 mg/L。霍广生等[10]采用离子浮选法从钨酸盐溶液中分离钨钼，对于含钼量 0.4～1.2 g/L 的料液，钼去除率可达到 94%～99%。陈佳磊和李治明[11]利用溴化十六烷基吡啶对南药槟榔中的痕量 Pb^{2+} 进行提取并富集，富集倍数可达到 9.1。李琳和黄淦泉[12]以二苯氨基脲为表面活性剂提取水中铬离子，联合石墨炉原子吸收光谱法成功实现了对 Cr^{3+} 和 Cr^{6+} 含量的测定。赵宝生和蔡青[13]利用离子浮选法处理放射性废水，处理后的废水体积可减少 99%，经处理后铀含量可达 0.02 mg/L 以下。傅炎初等[14]采用十六烷基三甲基溴化铵(CTAB)为捕集剂进行活性染料废水浮选脱色研究，其脱色率高达 80%～90%。利用 Web of Science 数据库对"ion flotation"的检索结果进行聚类分析，结果如图 0-3 所示。

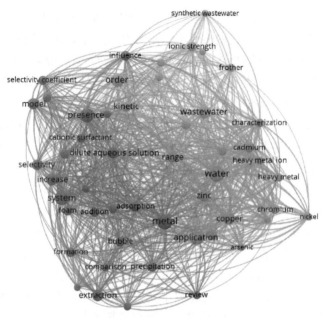

图 0-3 离子浮选聚类视图

尽管离子浮选存在诸多优势,但离子浮选的适用对象和对特定对象的分离效率具有一定的局限性,如离子浮选表面活化剂种类较少,且选择性不强,对低浓度离子的浮选效率较低等。因此,在离子浮选基础上,适应性更广的沉淀浮选技术应运而生。

0.1.2 沉淀浮选

在认识到离子浮选体系存在的客观问题后,Baarson 和 Ray 在离子浮选的基础上进一步提出了沉淀浮选的概念,即先根据溶液特性加入相应的沉淀剂将其中的金属离子进行沉淀转化,利用表面活性剂对沉淀颗粒疏水化后再引入气泡进行提取分离[15]。1966 年,Rubin 明确指出了沉淀浮选与离子浮选的区别,离子浮选是通过加入与分离离子带相反电荷的捕收剂后通过气泡浮选实现离子与捕收剂产物的分离;而沉淀浮选需要先加入金属离子沉淀剂或絮凝剂,使溶液中金属离子与沉淀剂(或絮凝剂)反应生成具有一定颗粒尺度的沉淀产物,然后利用表面活性剂与沉淀产物作用后在气泡浮选环境中黏附于上升的气泡表面,进而实现沉淀产物的提取分离[16]。利用 Web of Science 数据库对 "precipitation flotation" 的检索结果进行聚类分析,结果如图 0-4 所示。

2014 年,Morosini 等[17]研究了采用十二烷基硫酸钠对溶液中 Fe^{3+} 进行 pH 调整后的沉淀浮选,结果表明 pH=8 的弱碱性条件下浮选 5~20 min 可实现 Fe^{3+} 的高效沉淀转化和浮选分离,残余 Fe^{3+} 浓度小于 0.2 ppm(1 ppm=10^{-6})。2018 年,Farrokhpay[18]对天然水体和温泉水溶液体系中金属离子化学形态进行模拟计算,总结了沉淀浮选方法在海水中富集 Ag、分离放射性元素 Co-60 等方面结果,研究表明沉淀浮选法在重金属有价元素富集分离、水体金属离子化学形态模拟分析和水质净化等方面有着很好的研究前景。

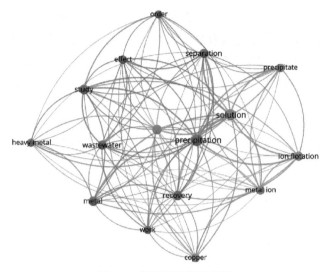

图 0-4　沉淀浮选聚类视图

　　随着沉淀药剂、浮选药剂变化，沉淀浮选工艺可以有很多种。但它们均需要向待浮选分离溶液中加入相应的表面活性剂，使其与金属离子或者沉淀产物通过静电作用或化学作用相结合，使作用产物具有一定疏水性后在浮选设备中随气泡黏附上浮，使其与溶液分离。图 0-5 为沉淀浮选工艺中金属离子与表面活性剂结合过程及其浮选分离示意图。与传统的重力沉降法相比较，沉淀浮选法具有固液分离迅速、浓缩因子高等特点，且装置易于设计和放大、占地面积小、无转动部件、运行费用低。

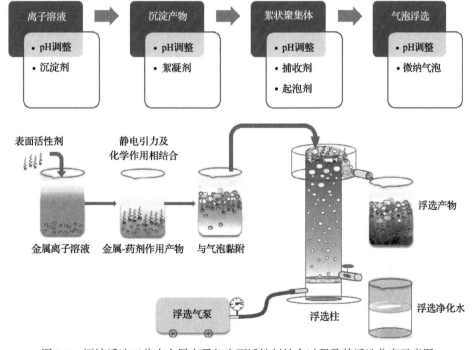

图 0-5　沉淀浮选工艺中金属离子与表面活性剂结合过程及其浮选分离示意图

沉淀浮选过程中起泡剂和调整剂等其他药剂对于调整金属离子沉淀产物浮选性能、浮选溶液起泡性能和泡沫稳定性具有显著影响。例如，笔者课题组[19]采用 Fe^{3+} 基絮凝剂对腐植酸螯合金属离子沉淀的絮体尺寸进行调整后，采用阳离子表面活性剂 CTAB 进行浮选分离实验，有效提高了 Cu^{2+}、Pb^{2+}、Zn^{2+} 离子沉淀絮体的浮选性能，实现了其高效浮选脱除。

截至目前，关于沉淀浮选的研究和发表的科技论文数量相对较少，本书将以离子浮选为基础，重点讨论沉淀浮选，其他方法将在《泡沫提取技术(下)》中讨论。

0.1.3　吸附胶体浮选和吸附颗粒浮选

除离子浮选、沉淀浮选外，吸附胶体浮选和吸附颗粒浮选是泡沫提取中后期发展起来的技术，但相关研究迟滞不前。利用 Web of Science 数据库对"adsorption flotation"的检索结果进行聚类分析，结果如图 0-6 所示。它们主要通过向溶液中加入吸附载体，对目的物进行吸附、交换吸附作用，预先捕获目的物，然后利用气泡浮选目的物。

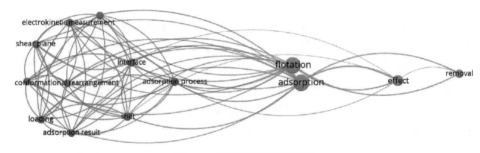

图 0-6　吸附浮选聚类视图

1. 吸附胶体浮选

吸附胶体浮选(ACF)的概念，最初是在沉淀浮选的基础上提出的。通过向溶液中添加微细胶体捕收剂，溶液中溶解的物质被吸附到胶体颗粒和/或与胶体颗粒成为共沉淀物，再加入表面活性剂改善其疏水性质，通过气泡浮选提取胶体物质。ACF 需要向溶液中加入药剂[在这一过程中一般使用三价金属盐 $FeCl_3$ 或 $Al_2(SO_4)_3$ 在溶液中原位产生 $Fe(OH)_3$ 或者 $Al(OH)_3$ 胶体]来产生胶体颗粒。

1971 年，Kim 和 Zeitlin 采用氢氧根捕收剂，利用泡沫浮选的方式提取回收钼酸盐[20]。随后，这种空气-胶体捕收剂-表面活性剂体系开始被应用于其他物质的泡沫提取过程中[21]。随后吸附胶体浮选被广泛应用于提取或富集分离海水中微量的阴离子或阳离子。1978 年，Tzeng 和 Zeitlin 采用吸附胶体浮选提取了海水中的 SeO_3^{2-}，同时指出，吸附胶体浮选是将表面带电荷的不活跃离子吸附在表面具有相反电荷的胶体上，通过胶体的吸附-混凝作用对离子进行吸附，随后使用合适的表面活性剂对胶体进行疏水改造，并采用惰性气体将富集了所吸附的微量离子的胶体浮到表面[22]。

目前这种方法已经被证实适用于溶液中离子的提取以及痕量离子的去除。同时 ACF 也被认为是混凝-絮凝过程的扩展，是代替沉降作用而产生的一种全新的固液分离的方法[23]。

在沉降过程中吸附作用并不要求选择性而是针对溶液中的全部离子。恰恰相反，吸附胶体浮选要求吸附作用具有很高选择性。

由于吸附胶体浮选受限于胶体捕收剂性质，目前常常作为工艺处理中的一个环节，尤其在废水处理工艺中。城市污水处理系统一般设有混凝气浮池[24,25]，通过明矾作为混凝剂，促使废水中胶体失稳并与混凝剂反应，最终通过气浮将废水中的颗粒物、胶体、悬浮油、分散油、乳化油等去除。

2. 吸附颗粒浮选

吸附颗粒浮选（APF）又称载体浮选，可以看作吸附胶体浮选的一种变体。它是采用吸附剂颗粒代替胶体作为吸附载体的泡沫浮选技术[26]。吸附颗粒浮选与用金属离子活化氧化物浮选、用阴离子抑制硫化物和用油类浮选煤相类似。但处理对象不同，吸附颗粒浮选的处理对象包括离子、浮选药剂和油性物质等。载体可以是矿物、聚合物树脂、活性炭、副产物、生物质或微生物，且要求具有高比表面积、高反应活性和良好的去除特性。

吸附颗粒浮选主要包括以下几个阶段：①目标离子与载体颗粒的吸附；②用于使载体聚集或疏水的表面活性剂的作用；③气泡-粒子的相互作用；④吸附后载体颗粒的浮选。

由于吸附颗粒浮选的吸附剂通常是固体颗粒，也往往被认为是吸附法和浮选法的结合。当吸附剂尺寸处于细颗粒（直径小于 10 μm）范围时，自身能够具备吸附位点丰富、吸附容量大的优点。在处理微细颗粒时，单纯用吸附法固液分离的效率低、耗时长，特别是对于一些超细颗粒，吸附剂很难通过过滤和沉淀回收。吸附颗粒浮选法可以解决吸附工艺后固液分离难的问题，实现了吸附剂的循环利用[27,28]。

研究表明，与直接离子浮选相比，吸附颗粒浮选中使用的高效吸附剂能显著提高溶液中有害物质的去除率。Mohammed 等以廉价大麦壳为吸附剂，比较了离子浮选和吸附颗粒浮选对溶液中 Pb（II）的去除效果[29]，结果表明，吸附颗粒浮选的效率更高。同时对比发现，由于使用了吸附剂载体，吸附颗粒浮选工艺对浮选剂的用量需求大幅减少。因此，吸附颗粒浮选降低了药剂添加等二次污染程度。

目前吸附颗粒浮选主要应用于废水中金属离子的处理，但也包括一些阴离子和有机物等，我们对部分实验结果进行了总结，其结果如表 0-1 所示。

表 0-1　吸附颗粒浮选的应用及其处理效率

吸附剂	处理对象	去除率	参考文献
沸石	Ni（II）、Cu（II）、Zn（II）	98.6%	[30]
黄铁矿	Cu（II）	较离子浮选提高了 50%	[31]
赤泥	Cu（II）	pH=5～6 时接近 100%	[32]
改性膨润土	亮绿染料	接近 100%	[26]
CBT	亚甲基蓝	85%	[26]
羟磷灰石	Cd（II）	超过 95%	[33]
煤炭颗粒和 CBT	油类	96%	[26]

吸附剂	处理对象	去除率	参考文献
膨润土和高岭土	Eu(Ⅲ)	95%	[34]
针铁矿	As(Ⅴ)	99.5%	[35]
氧化石墨烯	Pb(Ⅱ)	99%	[36]

注：CBT 表示煤炭选矿（跳汰）尾砂。

近年来，吸附颗粒浮选受到广泛的关注。为了提高吸附颗粒浮选的效果，Abdulhussein 和 Alwared 以十二烷基硫酸钠（SDS）为表面活性剂，葵花籽壳为吸附剂，模拟并预测了不同浮选参数对铜（Ⅱ）去除的影响[37]。结果表明，浮选时间和 pH 对浮选过程的影响较大，但在整个浮选过程中，对结果影响最大的参数是吸附剂载体用量和浮选时间。正是由于吸附剂对于吸附颗粒浮选过程的影响较大，吸附剂的类型逐渐由传统的活性炭或沸石向工业合成纳米吸附剂和一些生物吸附剂转变。同时，大量研究逐渐聚焦于适用于泡沫提取中同时具备一定疏水性和选择性的吸附剂载体颗粒。

0.2　泡沫提取在资源与环境领域的研究意义

泡沫提取作为一种具有良好应用前景的方法，具有重要的实际意义。

0.2.1　选冶过程溶液中关键金属的提取富集应用

关键金属是近年各国从国家发展战略高度提出的新概念，它们是国防、信息通信、高端制造、新能源、节能环保等新兴高技术产业及国家安全战略保障必需的稀贵金属。关键金属选冶过程的各种浓度溶液中，某些性质相似的金属元素或离子，如钨、钼、铼、钽、铌、锆、铪等分离困难，导致选冶过程效率低、能耗高，工艺过程烦琐。泡沫提取技术可根据金属离子间物理化学性质差异，针对性地提取并富集某一种或多种金属离子，使单元操作或工业流程简化，实现关键金属离子的超常规提取及富集。

0.2.2　冶金化工过程水体污染物的提取与环境治理应用

在冶金化工等工业废水中，往往含有重金属离子、聚合阴离子、有机物等一系列对环境指标具有严重影响的组分。单一泡沫提取方法或联合其他方法可实现该类组分的有效提取，在实现净化水质的同时也可实现有价组分的回收。这对环境高效治理和复杂资源的回收利用具有重要意义。

0.2.3　材料化工原材料产品纯化与除杂

目前，受限于现有冶金化工流程直接制造的原材料纯度指标不达标现状，后续的高端高纯材料制造经常面临前端产品的进一步纯化与高附加值利用难题。泡沫提取可以应用于该类原材料中微量元素的深度分离与纯化。同时泡沫提取方法可以与高端分析测试技术联合起来实现特定组分的提取检测和微量或痕量分析。

第1章 冶金资源加工离子溶液化学

溶液与溶液离子化学是资源加工、提取冶金和化学化工分离过程的基础。而泡沫提取主要取决于溶液中离子或带电粒子和表面活性剂(捕收剂、螯合剂、絮凝剂等)之间的作用。

溶液化学复杂多变，每一种物质或离子在溶液中的物理化学行为也随之多变。众所周知，溶解的金属离子不是以简单的离子形式存在于水溶液中，而是被水偶极包围，在其周围形成一个水化膜外壳，形成所谓的水合离子。众多学者就离子周围形成水合鞘的水分子是否是确定和有限的，或者水合鞘是否是一个不断变化的系统进行了讨论。一部分人认为如果离子周围形成水合鞘的水分子是确定和有限的，那么离子加上水分子就形成了相当于水合物的物质。这也意味着，水合键不是在水化分子中随机排列，而是具有方向性的。但是在实际研究过程中发现，在本体溶液中这些水合分子和水分子之间存在着速度较快的持续交换。因为在任何情况下，单个水分子都是罕见的，而且实际上每个水分子都与更多的水分子形成氢键。对于过渡金属元素而言，水分子以最小数目与之结合。例如，铜离子、钴离子、镍离子在水溶液中分别呈 $Cu(H_2O)_4^{2+}$、$Co(H_2O)_4^{2+}$、$Ni(H_2O)_4^{2+}$ 等水合离子的形式存在。随着溶液组成的变化，金属离子很容易形成各种复杂离子，甚至带相反的电荷。例如，在 Cl^- 浓度较高的溶液中，Cl^- 可取代水分子而出现 $CuCl_4^{2-}$ 和 $CoCl_4^{2-}$ 等带负电荷的络离子。各种离子在水溶液中生成络合物的形式对泡沫提取过程会产生重要的影响。此外，在组成和浓度适当的溶液中，某一元素可能同时以阳离子和阴离子两种形式存在。

因此，本章重点对资源加工与提取冶金、化工过程中产生的各类溶液中关键离子及其溶液化学进行系统介绍，主要包括碱金属和碱土金属、过渡金属、稀有金属和潜在可溶有机物质的溶液化学，将为研发泡沫提取迭代方法和技术提供理论支撑。

1.1 碱金属和碱土金属溶液化学

1.1.1 碱金属

碱金属只在水溶液中形成单价离子。由于碱金属具有低离子电荷和相对较大的离子半径，因此它们只在非常高的 pH(接近和超过 14)时才会发生水解。φ-pH 图通常被用来描绘一个电化学体系中发生各种化学或电化学反应所必须具备的电极电位和溶液 pH 条件，并判断在给定条件下某化学反应或电化学反应进行的可能性。

1. 锂

锂(lithium)是自然界最轻的金属元素，元素符号为 Li，对应的单质为银白色质软金属，被誉为"推动世界前进的重要元素"，其产品应用领域包括高能电池、航空航天、核聚变等。全球已查明的锂资源量约 4700 万 t(金属量)，中国锂资源量 700 万 t，锂储量为 320 万 t，居世界第四，以卤水型和硬岩型为主。根据锂资源特点，锂冶炼的主要方法包括硫酸法矿石提锂、沉淀法提锂、电渗析法提锂等。随着锂战略地位的凸显，锂资源开发和加工受到世界各国的重视也日益提高。

因为锂的电荷密度很大，并且有稳定的氦型双电子层，使得锂容易极化其他的分子或离子，自己本身却不容易受到极化。这一点很容易影响它及其化合物的稳定性。Li 的 φ-pH 图如图 1-1 所示，其中两条虚线分别为氢线和氧线。Li^+ 的稳定区 pH 范围为 0～13.68，LiOH 的稳定区 pH 范围为 13.68 以上。

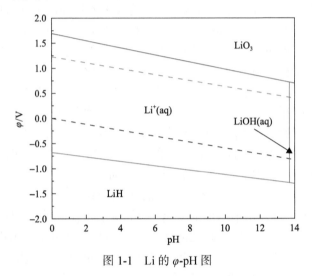

图 1-1　Li 的 φ-pH 图

不同 pH 条件下 Li(Ⅰ)的离子形态分布图如图 1-2 所示。pH 在 0～12 范围内，Li^+ 的含量(摩尔分数，余同)接近 100%，而 LiOH 的含量接近 0%。pH 在 12～14 范围内，随着 pH 的增加，Li^+ 的含量逐渐递减，而 LiOH 的含量逐渐增加。到 pH=14 时，Li^+ 的含量达到 40.7%，LiOH 的含量达到 59.3%。

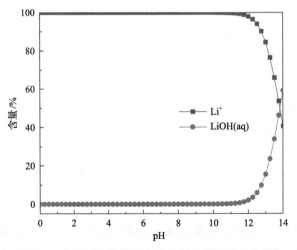

图 1-2　不同 pH 条件下 Li(Ⅰ)的离子形态分布图

假设存在一个非零和恒定的热容变化，可以做 LiOH 溶液稳定常数与温度的关系图，如图 1-3 所示。图中的实线描述了稳定常数作为温度函数的依赖关系。方程式如下：

$$\lg\beta_1^*(T) = 18.3 - \frac{3889}{T} - 3.35\ln T \tag{1-1}$$

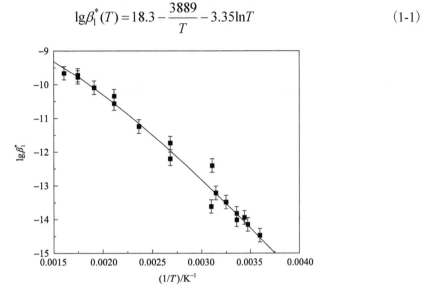

图 1-3　LiOH 溶液的稳定常数（$\lg\beta_1^*$）与热力学温度的倒数间的关系

由图 1-3 可知，随着温度的升高，LiOH 溶液稳定常数也升高。其他碱金属和碱土金属均存在类似的规律。

2. 铷和铯

铷（Rb）是第四轻的金属元素，色泽为银白色，属于元素周期表的第一组稀有碱金属。铷已广泛应用于特种玻璃、航天器离子发动机、正电子发射断层成像（PET）、医药工业、固态激光器和某些有机反应的助催化剂。但铷较稀有，世界的年产量仅为 2～4 t。铷的独立矿物很少，一般与锂、铍、铯、钽、铌等稀有金属共存，赋存于花岗伟晶岩中，主要存在于锂云母、铅锌矿中。迄今，铷主要是通过酸溶或焙烧浸出的方法从锂云母或铅锌矿中提取锂/铯的中间产物（晶体或溶液）回收的。酸溶（浸）法主要是利用了锂云母/铅锌矿易被酸侵蚀的特点。酸浸过程中，矿石中的锂、铯、铷转移到溶液中，然后通过结晶、沉淀或溶剂萃取的方法提取回收。焙烧方法是在锂云母/铅锌矿中加入钠和/或钙盐添加剂，经高温焙烧破坏矿物相，锂、铷、铯转化为可溶盐，再用水浸出回收。除了锂云母和铅锌矿外，云母、高岭土、长石、盐湖和海水等资源也含有一定量的铷。

铯（Cs），原子序数为 55，位于第六周期 ⅠA 族，是一种淡金黄色的活泼金属。它的熔点低，在空气中极易被氧化，能与水剧烈反应生成氢气且爆炸。铯是制造真空器件、光电管等的重要材料。铯在自然界没有单质形态，仅以盐的形式极少地分布于陆地和海洋中。铯资源主要来源于铯榴石、锂云母、铯硅华。国内铷、铯资源杂质成分多，开采困难，目前尚没有量产的铷、铯矿。国内铷、铯企业原料几乎全部以进口为主。

Rb 和 Cs 的 φ-pH 图如图 1-4（a）和（b）所示，不同条件下 Rb（Ⅰ）和 Cs（Ⅰ）的离子形态分布图如图 1-4（c）和（d）所示。在 pH 0～14 范围内，Rb^+ 和 Cs^+ 均可以稳定存在于水溶液中。

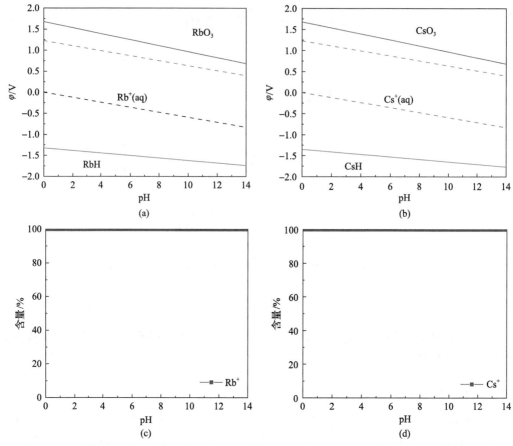

图 1-4　Rb（a）和 Cs（b）的 φ-pH 图；不同 pH 条件下 Rb（Ⅰ）（c）和 Cs（Ⅰ）（d）的离子形态分布图

1.1.2　碱土金属

钙（Ca），在元素周期表中位于第四周期ⅡA族。钙单质常温下为银白色固体，化学性质活泼。在水溶液中，钙和其他碱金属一样，只以二价阳离子的形式存在。碱金属阳离子的大小随原子序数的增加而增大，钙离子（1.00 Å）比镁离子大。由于石灰在水泥工业中的重要性，钙的水解反应已成为研究重点。Ca（Ⅱ）离子水解发生在较高 pH 的条件下，氢氧化钙[$Ca(OH)_2(s)$]是微溶于水的。

镁（Mg）是一种银白色的轻质碱土金属，化学性质活泼，能与酸反应生成氢气，具有一定的延展性和热消散性。镁元素在自然界广泛分布，是人体的必需元素之一。镁的氧化物相和氢氧化物相分别为方解石[$MgO(s)$]和水镁石，且方解石可迅速水合成水镁石。水镁石矿物的化学式为 $Mg(OH)_2(s)$，理论组成为 MgO 69.12%、H_2O 30.88%，属三方晶系，层状结构。

水镁石是蛇纹石化过程的副产物，它的主要矿物成分是 $Mg(OH)_2$，伴生矿物常有蛇纹石、方解石、白云石、菱镁矿、镁硅酸盐矿物、方镁石、透辉石和滑石等。江苏某地发现的水镁石矿以水镁石为主，而伴生方解石、硼矿物、粒硅镁石、磁铁矿等。水镁石和蛇纹石接触水易饱和，形成较强的碱性产物($pH>11$)。

Ca 和 Mg 的 φ-pH 图如图 1-5(a)、(b)所示。Ca^{2+}的稳定区为 $pH=0\sim11.29$，$Ca(OH)_2$ 的稳定区 $pH=11.29\sim14$。Mg^{2+}的稳定区为 $pH=0\sim8.41$，$Mg(OH)_2$ 的稳定区 $pH=8.41\sim14$。

Ca 和 Mg 的水解离子形态与 pH 关系图如图 1-5(c)、(d)所示。在 $pH=0\sim11$ 范围内，Ca^{2+}的含量接近 100%，而 $Ca(OH)^+$的含量接近 0%；在 $pH=11\sim14$ 范围内，随着 pH 的增加，Ca^{2+}的含量逐渐减少，而 $Ca(OH)^+$的含量逐渐增加。到 $pH=14$ 时，Ca^{2+}的含量达到 10.8%，$Ca(OH)^+$的含量达到 89.1%。在 Mg^{2+}水溶液中，$pH=0\sim9$ 范围内，Mg^{2+}的含量接近 100%，而 $Mg(OH)^+$的含量接近 0%。$pH=9\sim14$ 范围内，随着 pH 的增加，Mg^{2+}的含量逐渐减少，而 $Mg(OH)^+$的含量逐渐增加。$pH=14$ 时，Mg^{2+}的含量达到 0.6%，$Mg(OH)^+$的含量达到 99.4%。

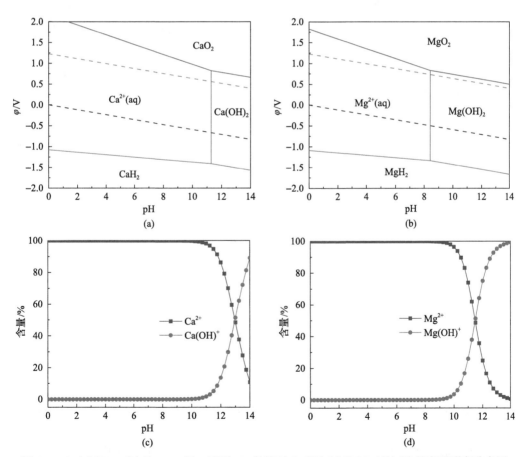

图 1-5 Ca(a)和 Mg(b)的 φ-pH 图；不同 pH 条件下 Ca(Ⅱ)(c)和 Mg(Ⅱ)(d)的离子形态分布图

1.2　过渡金属溶液化学

过渡金属是指元素周期表中 d 区和 ds 区的一系列金属元素，又称过渡元素。一般来说，这一区域包括 3～12 共十个族的元素，但不包括 f 区的内过渡元素。大多数过渡金属都是以氧化物或硫化物的形式存在于地壳中，只有金、银等几种单质可以稳定存在。

1.2.1　钒

钒是一种高熔点稀有金属，属于重要的战略性资源，广泛应用于钢铁冶金、钛合金和化工三大领域。钒在自然界分布广泛，已发现的含钒矿物有 70 余种，其中分布最为广泛的钒钛磁铁矿是提取钒的主要原料，全球已探明的钒钛磁铁矿储量为 157 亿 t，其中我国已探明储量 110 亿 t，主要分布在四川攀西地区和河北承德地区。目前钒冶炼的方法包括高炉-转炉工艺和石煤提钒工艺。传统的以钢铁为主导的高炉-转炉工艺无法高效回收钛资源，以钛为主导的钒钛磁铁矿非高炉炼铁工艺已成为研究热点和方向。

钒在水溶液中可呈现二价、三价、四价和五价的阳离子状态。钒（Ⅳ）以 VO^{2+} 形式存在，钒（Ⅴ）以 VO_2^+ 形式存在。钒（Ⅱ）在水中不稳定，且容易被氧化为钒（Ⅲ），反应伴随着氢气的产生。

钒各单体和聚合物种的优势区域如图 1-6 所示，从图中可以看出 VO_2^{2+} 和 $HV_{10}O_{23}^{5-}$ 的优势区域较大。V_2O_3 的优势区域则非常小。

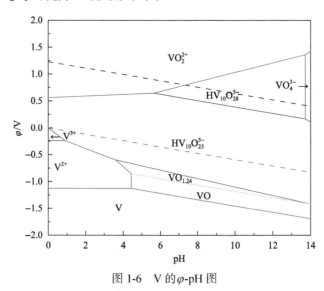

图 1-6　V 的 φ-pH 图

钒（Ⅲ）形成的水解物种与钛（Ⅲ）形成的水解物种相似，水解主要生成 VOH^{2+}、$V_2(OH)_2^{4+}$ 和 $V(OH)_2^+$ 三种物质。

采用 Visual MINTEQ 软件模拟计算 1 mg/L 钒（Ⅲ）在一定 pH 范围内的离子形态分布规律，如图 1-7 所示。从图中可以看出，在 pH≤1 时，V^{3+} 几乎不水解，1<pH<2 时，

V^{3+} 和 VOH^{2+} 在水溶液中共存，由此看出，V^{3+} 水解最先生成 VOH^{2+}；在 $2<pH<5$ 时，水溶液中 V^{3+}、VOH^{2+} 和 $V(OH)_2^+$ 三种离子共存。水解得到的物种 $V_2(OH)_2^{4+}$ 相比于其他两种物质几乎不存在。水解的方程式如下所示：

$$V^{3+} + H_2O \Longleftrightarrow VOH^{2+} + H^+ \tag{1-2}$$

$$2V^{3+} + 2H_2O \Longleftrightarrow V_2(OH)_2^{4+} + 2H^+ \tag{1-3}$$

$$V^{3+} + 2H_2O \Longleftrightarrow V(OH)_2^+ + 2H^+ \tag{1-4}$$

钒（Ⅳ）的纯氧化物相或氢氧化物相并不能在自然界存在，钒（Ⅳ）在水溶液中以氧阳离子 VO^{2+} 的形式存在，该离子的水解行为与钒（Ⅲ）水解相似，水解反应中形成的物质主要为 $(VO)_2(OH)_2^{2+}$。

采用 Visual MINTEQ 软件模拟计算 1 mg/L 钒（Ⅳ）在一定 pH 范围内的离子形态分布规律，如图 1-8 所示。从图中可以看出，钒（Ⅳ）的水解物种的存在形式为 $(VO)_2(OH)_2^{2+}$ 和 VOH^{3+}，VOH^{3+} 出现的原因是质子弛豫。在 $pH<3$ 时，钒（Ⅳ）并未开始水解，主要以 VO^{2+} 形式存在，因为钒（Ⅳ）并不能单独以离子形式存在。在 $pH>3$ 时，VO^{2+}、$(VO)_2(OH)_2^{2+}$ 和 VOH^{3+} 三种物质共存，此过程发生的反应式如下：

$$2VO^{2+} + 2H_2O \Longleftrightarrow (VO)_2(OH)_2^{2+} + 2H^+ \tag{1-5}$$

钒（Ⅴ）被广泛用作一种氧化剂。在酸性溶液中，钒（Ⅴ）以一价阳离子 VO_2^+ 的形式存在。这种离子的水解行为相当复杂，形成了大量的单体和聚合物水解物种。如果一价阳离子被水解为 $VO_2OH(aq)$ 或等价的 $H_3VO_3(aq)$，其显示的化学性质与磷酸阴离子的化学性质以及磷酸解离的强度非常相似。

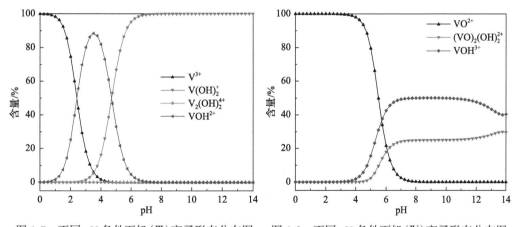

图 1-7　不同 pH 条件下钒（Ⅲ）离子形态分布图　　图 1-8　不同 pH 条件下钒（Ⅳ）离子形态分布图

采用 Visual MINTEQ 软件模拟计算 1 mg/L 钒（Ⅴ）在一定 pH 范围内的离子形态分布规律，如图 1-9 和图 1-10 所示。虽然钒（Ⅴ）水解得到的物种很多，但是大多数物种的浓度都很低，主要水解物种有 $VO_2(OH)_2^-$、$VO_3(OH)^{2-}$ 和 VO_4^{3-}。因为钒（Ⅴ）在水溶液中以

VO_2^+存在，所以在 pH≤2 时水溶液中只有 VO_2^+ 存在；在 2<pH<5 时，VO_2^+ 开始水解，在这个范围内，VO_2^+ 和 $VO_2(OH)_2^-$ 在水溶液中共存；在 5≤pH<11 时，$VO_3(OH)^{2-}$ 和 $VO_2(OH)_2^-$ 在溶液中共存；在 pH≥11 后，$VO_3(OH)^{2-}$ 和 VO_4^{3-} 在水溶液中共存。这几种离子的形成如式(1-6)~式(1-9)所示。

$$VO_2^+ + 2H_2O \rightleftharpoons VO(OH)_3(aq) + H^+ \tag{1-6}$$

$$VO(OH)_3(aq) \rightleftharpoons H^+ + VO_2(OH)_2^- \tag{1-7}$$

$$VO_2(OH)_2^- \rightleftharpoons H^+ + VO_3(OH)^{2-} \tag{1-8}$$

$$VO_3(OH)^{2-} \rightleftharpoons H^+ + VO_4^{3-} \tag{1-9}$$

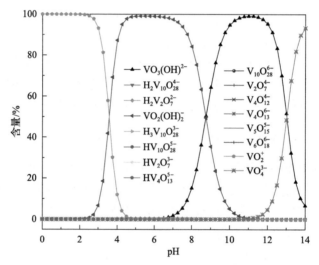

图 1-9　不同 pH 条件下钒(V)离子形态分布图

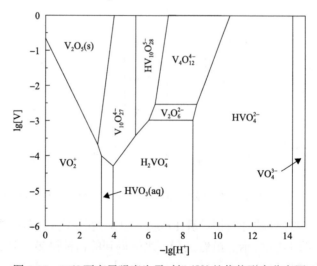

图 1-10　25℃下离子强度为零时钒(V)的优势形态分布图

1.2.2 铜

铜是关系国计民生的重要有色金属,具有导电、导热、抗张、耐磨等性能,被广泛应用于电力、电子、日用品、机械交通等领域。全球铜资源丰富,据美国地质调查局(USGS,2010～2012 年)估计,全球陆地铜资源量超过 30 亿 t,深海矿结核中铜资源约 7 亿 t。铜矿类型主要有斑岩型、砂页岩型、火山成因块状硫化物型、岩浆铜镍硫化物型、矽卡岩型等,其中前 4 类分别占世界储量的 55.3%、29.2%、8.8%和 3.1%。近年国内外对铜产品的生产和需求与日俱增,铜的回收和二次利用已显示出广阔的前景。

铜可以形成两个价态,分别为铜(Ⅰ)和铜(Ⅱ)。铜在水溶液中发生歧化反应:

$$2Cu^+ \rightleftharpoons Cu^{2+} + Cu \tag{1-10}$$

因为该反应的平衡常数是 10^6,所以水溶液中只有少量的 Cu^+ 存在。铜两种价态的单体水解物种具有相似的稳定性。

图 1-11 表明了铜(Ⅱ)各单体和聚合物物种的优势区域。从图中可以看出 $Cu(OH)_2$ 的优势区域最大,Cu_2O 的优势区域最小。

铜(Ⅱ)水解反应的主要物种为聚合物 $Cu_2(OH)_2^{2+}$,除此之外铜还包括单体物种 $Cu(OH)_3^-$、$Cu(OH)_4^{2-}$、$CuOH^+$ 和聚合物物种 $Cu_3(OH)_4^{2+}$。

采用 Visual MINTEQ 软件模拟计算 1 mg/L 铜(Ⅱ)在一定 pH 范围内的离子形态分布规律,如图 1-12 和图 1-13 所示。在低 pH 溶液下以 Cu^{2+} 为主,此时 Cu^{2+} 还未开始水解;在 pH 为 5～7 时,出现了 $CuOH^+$,由此看出水解首先生成了 $CuOH^+$;当 pH 增大到 7 时,开始生成 $Cu(OH)_2$ 沉淀和少量的 $Cu_2(OH)_2^{2+}$ 和 $Cu_3(OH)_4^{2+}$ 复合物;当 pH 为 9～14 时,生成了 $Cu(OH)_3^-$ 物种;在 pH 大于 11 时,生成了 $Cu(OH)_4^{2-}$。铜(Ⅱ)水解的反应式如式(1-11)和式(1-12)所示:

$$2Cu^{2+} + 2H_2O \rightleftharpoons Cu_2(OH)_2^{2+} + 2H^+ \tag{1-11}$$

$$Cu^{2+} + 4H_2O \rightleftharpoons Cu(OH)_4^{2-} + 4H^+ \tag{1-12}$$

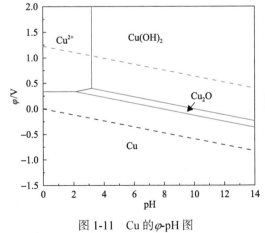

图 1-11 Cu 的 φ-pH 图

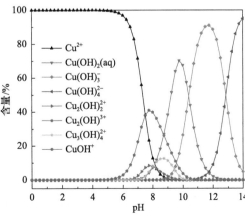

图 1-12 不同 pH 条件下铜(Ⅱ)离子形态分布图

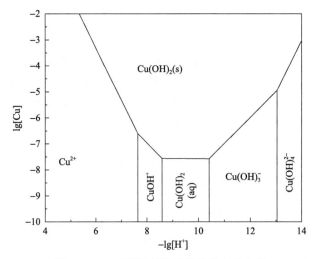

图 1-13 25℃下铜(Ⅱ)的优势形态分布图

1.2.3 钛

钛的原子序数为 22，是元素周期表中第四周期副族元素，即ⅣB 族，钛金属具有银白色光泽，熔点为 1668℃，是轻金属中高熔点金属。钛及其合金在航空航天、海洋工程、电站、医疗、化工、建筑、冶金、轻工、汽车、日常生活等领域应用广泛。世界钛资源十分丰富，已发现 TiO_2 含量大于 1%的钛矿物有 140 多种。我国是世界钛资源大国，可利用的钛资源包括钛铁矿、金红石和钛磁铁矿等。钛铁矿储量 2 亿 t，占全球储量的 28%，排名全球第一。目前，钛冶炼以氯化工艺为主流。

钛能够以多种氧化态存在于溶液中。三价态和四价态在水溶液中是稳定的。从图 1-14 可以看出，TiO_2 的优势区域非常大，Ti_6O_{11}、$Ti_{20}O_{39}$、$Ti_{10}O_{19}$ 等物质的优势区域特别小。

钛(Ⅳ)不是以 Ti^{4+} 的形式存在，而是以氧阳离子 TiO^{2+} 存在于酸性溶液中(图 1-15)。中性络合物具有较大的 pH 稳定区域。

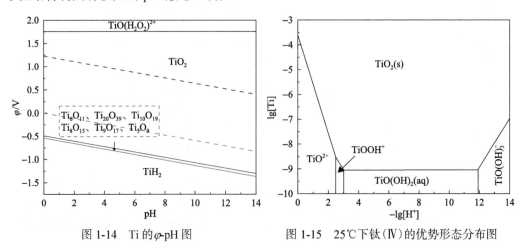

图 1-14 Ti 的 φ-pH 图   图 1-15 25℃下钛(Ⅳ)的优势形态分布图

采用 Visual MINTEQ 软件模拟计算 1 mg/L 钛(Ⅳ)在一定 pH 范围内的离子形态分布规律，如图 1-16 所示。从图中可以看出，钛(Ⅳ)在水溶液中主要以 $Ti(OH)_4(aq)$、$Ti(OH)_3^+$ 和 $Ti(OH)_5^-$ 三种形态存在，1mol/L H^+ 溶液中，钛存在形态主要为 $Ti(OH)_3^+$，随着 pH 的增加，$Ti(OH)_3^+$ 逐步水解，中性 pH 附近主要以 $Ti(OH)_4(aq)$ 形式存在，当 pH>10 时，$Ti(OH)_4$ 开始转化为 $Ti(OH)_5^-$。

钛(Ⅲ)水解存在氢氧化物相和潜在的混合羟基氧化物相。

采用 Visual MINTEQ 软件模拟计算 1 mg/L 钛(Ⅲ)在一定 pH 范围内的离子形态分布规律，如图 1-17 所示。从图中可以看出 Ti^{3+} 的水解产物主要包括 $Ti(OH)_3$、$Ti(OH)_4^-$、$Ti(OH)_2^+$、$Ti(OH)^{2+}$。当 pH=0 时，水溶液中 Ti^{3+} 占绝大部分，但同时存在微量的 $Ti(OH)^{2+}$。随着 pH 不断增大，Ti^{3+} 不断地转化为 $Ti(OH)_3$、$Ti(OH)^{2+}$ 和 $Ti(OH)_2^+$。当 pH>1 时，$Ti(OH)^{2+}$ 逐渐转化为 $Ti(OH)_2^+$ 和 $Ti(OH)_3$。当 pH>2 时，$Ti(OH)_2^+$ 开始逐渐转化为 $Ti(OH)_3$。在 pH 为 4～9.75 时，溶液中主要以 $Ti(OH)_3$ 存在。当 pH>9.75 时，随着溶液中 OH^- 不断增加，$Ti(OH)_3$ 与过量的 OH^- 反应逐渐生成 $Ti(OH)_4^-$。钛(Ⅲ)的水解方程式如下：

$$Ti^{3+} + H_2O \rightleftharpoons Ti(OH)^{2+} + H^+ \tag{1-13}$$

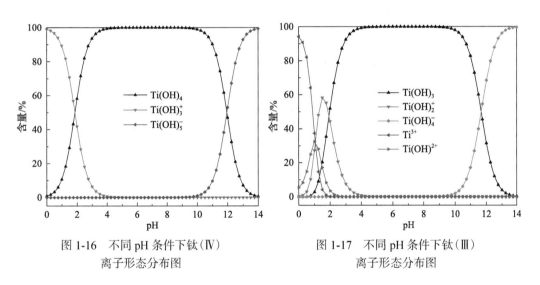

图 1-16　不同 pH 条件下钛(Ⅳ)　　　　图 1-17　不同 pH 条件下钛(Ⅲ)
离子形态分布图　　　　　　　　　离子形态分布图

1.2.4　铁

铁的水解反应在许多领域都非常重要，如分析铁水解反应在海洋环境中的行为至关重要。铁在海水中的行为极其复杂，涉及的化学过程包括有机配体螯合、水解、铁螯合物的光和生物还原、亚铁的解离和再氧化、三价铁在颗粒表面吸附、氢氧化铁的沉淀以及随后的脱水和结晶形成较难溶解及动力学不稳定物质。铁在环境中的复杂性，加上其非常低的溶解度，使得很难明确地了解其化学行为，特别是其水解反应。水解反应和氢氧化铁相的沉淀在金属铁的腐蚀中同样起着关键作用。腐蚀反应可能涉及亚铁和铁水解物质以及铁(Ⅱ)或铁(Ⅲ)(氧)氢氧化物相表面涂层的形成。

二价和三价铁离子是铁在水环境中的基本形态。铁(Ⅲ)的水解反应比铁(Ⅱ)的水解反应强得多，即使在 pH 低得多的情况下也会发生。铁的+2 和+3 氧化态在电位和 pH 较大范围内是稳定的。铁离子很容易被氢还原，而亚铁离子只在空气中缓慢氧化。

从图 1-18 可以看出，FeO*OH 和 Fe 的优势区域比较大，Fe(OH)$_2$ 的优势区域最小。25℃下铁(Ⅱ)的优势形态分布图如图 1-19 所示。

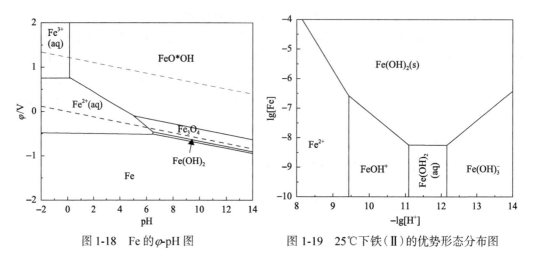

图 1-18　Fe 的 φ-pH 图　　　　　图 1-19　25℃下铁(Ⅱ)的优势形态分布图

图 1-19 表明，在整个 pH 范围内，二价铁是以 Fe^{2+}、$FeOH^+$、$Fe(OH)_2(aq)$、$Fe(OH)_3^-$ 等形态存在。图 1-20 表示的是不同 pH 下浓度固定为 1 mg/L 的 Fe(Ⅱ)的水解形态分布图。从图中可以看出，pH 的范围为 1～8 时，溶液中铁的形态主要是以 Fe^{2+} 的形式存在。随着 pH 的增大，溶解态亚铁离子生成单核团 $FeOH^+$。然而 pH>9.5 时，Fe^{2+} 开始转化为 $Fe(OH)_2(aq)$、$Fe(OH)_3^-$。

三价铁离子的水解起始于 pH=1 左右，同时生成 $FeOH^{2+}$，铁(Ⅲ)的其他水解形式包括 $Fe_3(OH)_4^{5+}$ 和 $Fe_2(OH)_2^{4+}$、$Fe_2(OH)_2^+$、$Fe(OH)_4^-$、$Fe(OH)_3(aq)$ (图 1-21)。当 pH>2 时，

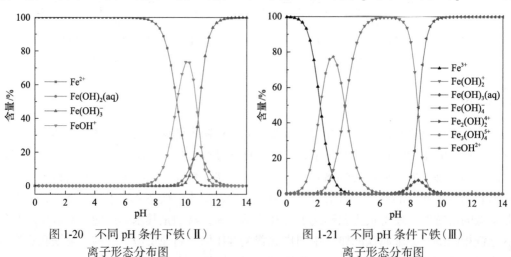

图 1-20　不同 pH 条件下铁(Ⅱ)　　　　图 1-21　不同 pH 条件下铁(Ⅲ)
　　　　离子形态分布图　　　　　　　　　　　离子形态分布图

Fe^{3+} 一部分开始转化为 $Fe(OH)_2^+$，随着 pH 的不断增大，$FeOH^{2+}$ 也开始转化为 $Fe(OH)_2^+$。在 pH 的范围为 5.5～7.5 时，全部转化为 $Fe(OH)_2^+$。当 pH>7.5 时，$Fe(OH)_2^+$ 一部分开始转化为 $Fe(OH)_4^-$，同时有微量的 $Fe(OH)_3(aq)$ 生成。在酸性溶液中形成 $FeOH^{2+}$ 和 $Fe(OH)_2^+$，而 $Fe(OH)_3(aq)$ 和 $Fe(OH)_4^-$ 出现在中性和碱性介质中，在全部转变前形成少量的 $Fe_3(OH)_4^{5+}$。

1.2.5　铝

铝在元素周期表中属于 p 区元素。由于铝工业在国民经济中占据重要地位，其溶液化学性质对泡沫提取影响显著，故在此一并介绍。铝是地壳中含量最丰富的金属，与硅、氧、氢等一起形成了大量的铝硅酸盐矿物相。铝存在于多种羟基氧化物和氢氧化物矿物相中，包括水铝石[α-AlOOH(s)]、勃姆石[γ-AlOOH(s)]和三水铝石[Al(OH)_3(s)]。三水铝石在室温下从过饱和的铝溶液中沉淀出来，但在较高温度下转变为勃姆石。

Al 的水解物质 $Al(OH)_4^-$ 的形成占主导地位，其中 $NaAl(OH)_4$ 尤为重要。水解过程还会形成较少量的铝单体物质，如 $AlOH^{2+}$ 到 $Al(OH)_3(aq)$。在更浓缩的铝溶液中，已鉴定出许多聚合铝水解物质，包括 $Al_2(OH)_2^{4+}$、$Al_3(OH)_4^{5+}$ 和 $Al_{13}(OH)_{32}^{7+}$[或更准确地说，$Al_{13}O_4(OH)_{24}^{7+}$]。

通过图 1-22 我们可以得到铝(Ⅲ)水解的信息，Al^{3+} 水解的酸碱条件为 pH=3 以上。与大多数金属离子一样，强酸性环境不利于水解。在 pH=3 时出现了第一个水解物质（$AlOH^{2+}$），随后单核物质逐渐产生，包括 $Al(OH)_2^+$、$Al(OH)_4^-$ 和 $Al(OH)_3(aq)$。在这四种单核物质中，$AlOH^{2+}$ 和 $Al(OH)_4^-$ 已得到充分证实，其余两个中间物种的形成还存在疑问。尽管从图中可以看到，它们在 pH 为 6～7 时大量出现。我们需要通过溶解度和分布测量来进一步准确地确定这两种物质。此外，还有一些多核物质因浓度过低，无法在图中显示。研究表明，一些多核水解物相往往在 pH 为 3.5～4.5 的过饱和溶液中占主导地位。目前尚未确定其组成，但推测是对称物质 $Al_{13}O_4(OH)_{24}^{7+}$。

式(1-14)～式(1-17)是 Al^{3+} 的水解主要方程式：

$$Al^{3+} + H_2O \Longrightarrow AlOH^{2+} + H^+ \tag{1-14}$$

$$Al^{3+} + 3H_2O \Longrightarrow Al(OH)_3(aq) + 3H^+ \tag{1-15}$$

$$Al^{3+} + 2H_2O \Longrightarrow Al(OH)_2^+ + 2H^+ \tag{1-16}$$

$$Al^{3+} + 4H_2O \Longrightarrow Al(OH)_4^- + 4H^+ \tag{1-17}$$

在离子强度为零条件下，铝离子的优势区图如图 1-23 所示。其中，假定固相是结晶三水铝石[Al(OH)_3]。

图 1-23 表明，和其他金属离子一样，没有发现聚合铝(Ⅲ)水解物质占优势的区域。离子强度降低有利于金属离子单体种类的形成。同时，由于 $Al(OH)_3(aq)$ 的稳定性增强，$Al(OH)_2^+$ 并没有存在优势区域。

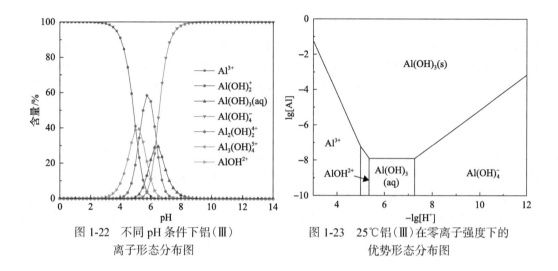

图 1-22 不同 pH 条件下铝(Ⅲ) 离子形态分布图

图 1-23 25℃铝(Ⅲ)在零离子强度下的 优势形态分布图

1.2.6 锌和铅

铅锌是国家经济建设的重要原材料之一,主要应用于电气工业、机械工业、军事工业、冶金工业、化学工业、轻工业和医药工业等领域。我国铅锌资源丰富,铅锌矿的平均品位高于世界平均水平。随着我国对环保的重视,铅锌矿选冶过程中产生的含铅锌水体污染问题越来越受到关注。因此,开展铅、锌离子的溶液化学研究也具有比较重大的意义。

图 1-24 为锌的 φ-pH 图及其在溶液中的优势形态分布图。从图中可以看出,Zn、Zn^{2+} 和 ZnO 的优势区域相当。

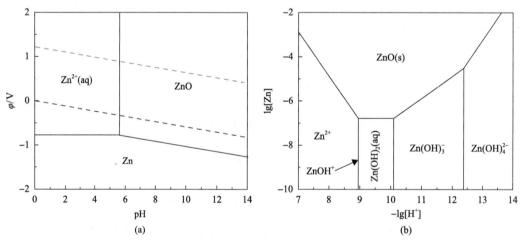

(a)

(b)

图 1-24 锌的 φ-pH 图(a)及其在溶液中的优势形态分布图(b)

锌是一种两性物质,在整个 pH 范围内,锌以 Zn^{2+}、$ZnOH^+$、$Zn(OH)_2(aq)$、$Zn(OH)_4^{2-}$、$Zn(OH)_3^-$ 等形态存在。其中 $Zn(OH)_2(aq)$ 是一种两性化合物,以絮凝沉淀的形式存在,在适宜的条件下既可以溶于酸,又能够溶于碱,锌的其他络合物均以离子形态存在于溶液中。

图 1-25 表示的是不同 pH 下浓度固定为 1 mg/L 的 Zn(Ⅱ)离子形态分布图。从图中可以看出，pH 的范围为 1～7 时，溶液中锌的形态主要是以 Zn^{2+} 的形式存在。随着 pH 的增大，溶解态的 Zn^{2+} 逐渐减少，主要生成 $Zn(OH)_2$ 沉淀，离子形态减弱。然而 pH＞9.5 时，$Zn(OH)_2$ 沉淀开始转化为负价的 $Zn(OH)_3^-$。pH＞11 时，$Zn(OH)_2$ 沉淀同时开始转化为负价的 $Zn(OH)_4^{2-}$，这可能是因为 $Zn(OH)_2$ 具有两性氢氧化物的特征，即在 pH 为酸性时，可以与 H^+ 发生化学反应，溶解于酸性溶液中；而当 pH 较大时，$Zn(OH)_2$ 又可以与 OH^- 发生化学反应，生成负价离子形态的复合物，以至于 $Zn(OH)_2$ 沉淀重新溶解于溶液中。

在天然存在的铅中有 0 价铅单质及+2 和+4 价的铅氧化物。最常见且水解行为最复杂的一种是 Pb(Ⅱ)。Pb_3O_4 和 PbO_2 可以存在于强氧化性环境。PbO_2 溶解度较低，在强碱溶液中会形成铅酸盐。烷基铅作为汽油中的抗爆剂，具有很好的商业用途，但也由于它们具有毒性，因此研究其水解性质是很有意义的。

PbO 一般以两种结晶形式出现，它们是铅黄(红色)和黄铅丹(黄色)，二者都可以稳定存在。PbO 水解时产生单核物质和多核物质，单核物质为 $Pb(OH)_2$，水解反应式如式(1-18)所示。

$$PbO(c) + H_2O \Longrightarrow Pb(OH)_2(aq) \tag{1-18}$$

水解产生的多核物质有 Pb_2OH^{3+}、$Pb_3(OH)_4^{2+}$、$Pb_4(OH)_4^{4+}$ 和 $Pb_6(OH)_8^{4+}$。目前研究已确定了 $Pb_4(OH)_4^{4+}$ 的存在，而关于 $Pb_3(OH)_4^{2+}$ 的数据相对较少。

铅(Ⅱ)离子的水解涉及七种物质，分布如图 1-26 所示。其中，至少有四种水解物质已被确定存在。

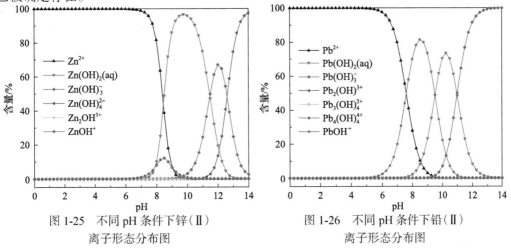

图 1-25　不同 pH 条件下锌(Ⅱ)　　　　图 1-26　不同 pH 条件下铅(Ⅱ)
　　　离子形态分布图　　　　　　　　　　　　离子形态分布图

如图 1-26 所示，在 pH 为 0～14 的范围下，Pb(Ⅱ)的固定浓度为 1 mg/L，在 pH 小于 5 时，溶液中主要存在 Pb^{2+}。当 pH 逐渐增大到 5.21 时，水解反应开始发生，首先产生的是 $PbOH^+$，pH 8～9 时达到最大值，且 $Pb(OH)_2(aq)$ 开始生成；当 pH 范围为 9～10 时，$PbOH^+$ 复合物开始减少，研究表明随着 pH 升高还会生成 $Pb_3(OH)_4^{2+}$ 和 $Pb_4(OH)_4^{4+}$ 等多核复合物。因为铅(Ⅱ)浓度较低，所以图中没有显示多核物质曲线。最后，在 pH＞10

时，$Pb(OH)_2(aq)$ 开始减少，因为 $Pb(OH)_2$ 是一种两性氢氧化物，在酸性环境下与 H^+ 发生中和反应；在碱性环境下，与 OH^- 发生化学反应，生成溶解态的金属羟基复合物，因此在 pH＞10 时 $Pb(OH)_3^-$ 开始生成并随着 $Pb(OH)_2(aq)$ 的减少而逐渐增多。

图 1-27 显示了铅（Ⅱ）的物种优势区。该图是基于固相［红色 $PbO(s)$］的平衡绘制而成。从图中可以清楚地看出，所有物种都有各自的优势区域，包括单体和聚合物。

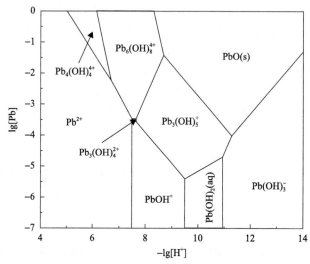

图 1-27　25℃时铅（Ⅱ）的优势形态分布图

1.3　稀有金属溶液化学

稀有金属是在地壳中含量较少、分布稀散或难以从原料中提取的金属，如锂、铍、钛、钒、锗、铌、钼、铯、镧、钨、镭等。按其物理、化学性质及生产方法上的不同可分为：①稀有轻金属，如铍、锂、铷、铯等；②稀有贵金属，如铂、铱、锇等；③稀有分散金属，简称稀散金属，如镓、锗、铟、铊、铼以及硒、碲；④稀土金属，如钪、钇、镧、铈、钕等；⑤稀有难熔金属，如钛、锆、钽、钒、铌等；⑥放射性稀有金属，如钋、镭、锕、铀、钍等。有些稀有金属既可以列入这一类，又可列入另一类，如铼可列入稀散金属也可列入稀有难熔金属。稀有金属大多具有耐高温、抗腐蚀、硬度大、导电和导热性好等特殊性能，广泛应用于特种钢、耐热合金、信息电子等高技术产业以及原子能、航空航天、尖端武器等国防军工领域，是国际公认的战略资源。

1.3.1　钨

钨的元素符号是 W，原子序数为 74，位于元素周期表中第六周期的ⅥB 族，具有熔点高、沸点高、硬度高、耐磨和耐腐蚀等特点。钨在地质矿山、机械加工、电子工业、宇航工业、国防工业等领域具有广泛应用。钨在自然界主要呈六价阳离子，其离子半径为 0.68×10^{-10} m。由于 W^{6+} 离子半径小，电价高，极化能力强，易形成络阴离子，因此钨主要以络阴离子形式 WO_4^{2-}，与溶液中的 Fe^{2+}、Mn^{2+}、Ca^{2+} 等阳离子结合形成黑钨矿或白钨矿沉淀。工业上，钨冶炼的主要工艺包括 NaOH 分解—离子交换—铜盐沉淀除钼工艺、碱分解—酸性萃取转型—硫化除钼工艺和混酸分解—冷却结晶—萃取除钼工艺。

W(Ⅵ) 在碱性及近中性水溶液中，以 WO_4^{2-}、HWO_4^-、H_2WO_4 单体形式存在。在酸性水溶液中，W(Ⅵ) 化学性质非常复杂，不仅会发生自聚合反应，还易与水溶液中氢原子、氧原子、过渡金属及配体结合。此外，当溶液浓度和反应速率不同时，钨也会聚合为不同种类的同多酸钨离子形态。Kepert[38] 曾系统地研究过不同 pH 下钨酸盐体系在水溶液中的聚合过程，如图 1-28 所示。Hastings 和 Howarth[39] 在溶液 pH 为 1～9 范围内研究了钨酸离子形态的聚合与转化，如图 1-29 所示。Nekovář 和 Schrötterová[40] 发现，在溶液 pH 为 2～6 范围内，W(Ⅵ) 会以 $W_{12}O_{41-2n}^{(10-4n)-}$（$n=0,1$）的形式存在，并且这种离子形态更容易被萃取到有机相中。

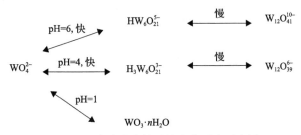

图 1-28 水溶液中钨酸盐聚合反应示意图

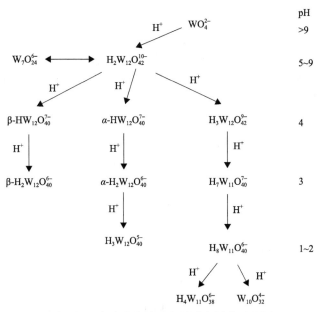

图 1-29 水溶液中钨酸离子形态转化示意图

W 的水解离子形态与 pH 关系图如图 1-30 所示。pH 在 0～2.5 范围内，$WO_3(H_2O)_3$ 的含量接近 100%，而其他水解产物的含量接近 0%。pH 在 2.5～6 范围内，随着 pH 的增加，$WO_3(H_2O)_3$ 的含量逐渐减小，而其他水解产物的含量增加，其中 WO_4^{2-} 含量增加最为明显。到 pH>6 时，WO_4^{2-} 的含量接近 100%，而其他水解产物的含量几乎为零。整个过程中的水解产物主要是 $WO_3(H_2O)_3$ 和 WO_4^{2-} 的变化，其他水解产物含量变化较小。

W 的 φ-pH 图如图 1-31 所示，其中两条虚线分别为氢线和氧线。在氢线和氧线中间即为 W 在水溶液的稳定区。在 W 水溶液中，当 pH≤6 时，为 H_2WO_4。当 6<pH<8.7 时，为 $HW_6O_{21}^{5-}$ 的优势区。当 pH≥8.7 时，为 WO_4^{2-} 的优势区。

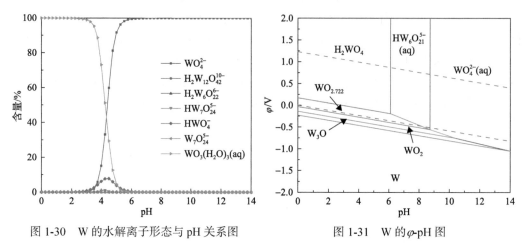

图 1-30　W 的水解离子形态与 pH 关系图　　　　图 1-31　W 的 φ-pH 图

1.3.2　钼

钼属于元素周期表第五周期ⅥB族元素，原子序数为 42，银灰色，熔点为 2610℃，沸点为 5560℃。金属钼在常温空气中比较稳定，500℃以上会迅速氧化成三氧化钼，高于 700℃的水蒸气将钼强烈氧化成 MoO_2。钼主要用于钢铁行业，其用量占年消费量的 70%～80%。我国钼资源储量约 430 万 t，占世界总量的 39%，居世界首位，主要集中分布在河南、陕西、辽宁、吉林等地。我国钼资源以斑岩-矽卡岩型钼矿床居多。国内外 90% 的硫化钼精矿经过焙烧转化为钼焙砂，再冶炼成钼金属或其合金。

钼以+3、+4、+5 和+6 价态存在于水溶液中，但在没有其他络合剂的情况下，只有+6 价态在较宽的电位与 pH 范围内具有稳定性。低氧化态钼的水解行为没有平衡数据，但 Mo(Ⅵ) 的水解行为已经有较为深入的研究。在 pH 大于 7 或 8 时，Mo(Ⅵ) 以四面体单体钼酸盐离子 MoO_4^{2-} 的形式存在，但在较低的 pH 下，单体钼离子形态会发生聚合反应形成同多酸离子 $Mo_mO_{3m+1}^{2-}$、$Mo_mO_{3m+2}^{4-}$ 和 $Mo_7O_{24}^{6-}$ 等。水溶液中，MoO_4^{2-} 质子化平衡过程如式(1-19)所示。在这个过程中，聚合物的形成速度很快。

$$7MoO_4^{2-} + (8+n)H^+ \rightleftharpoons Mo_7O_{24-n}(OH)_n^{(6-n)-} + 4H_2O \quad (n=0,1,2,3) \quad (1-19)$$

在低浓度下，MoO_4^{2-} 与 H^+ 结合形成 $HMoO_4^-$，如式(1-20)所示。

$$MoO_4^{2-} + kH^+ \rightleftharpoons H_kMoO_4^{(2-k)-} \quad (k=1,2) \quad (1-20)$$

当溶液 pH 降至 1.5 时，钼在水溶液中溶解度减小并以 MoO_3 形式析出，如式(1-21)所示。

$$MoO_4^{2-} + 2H^+ \rightleftharpoons MoO_3(s) + H_2O \qquad (1\text{-}21)$$

除碱金属离子外，钼酸盐与大多数阳离子形成不溶性沉淀。

为了直观地描绘 Mo 水溶液中 Mo 元素存在形式与 pH 的关系，绘制的 Mo 的水解离子形态与 pH 关系图如图 1-32 所示。当 pH 在 0~1.6 范围内，$MoO_3(H_2O)_3$ 的含量接近 100%，而其他水解产物的含量接近 0%。在 pH 为 1.6~6.4 范围内，随着 pH 的增加，$MoO_3(H_2O)_3$ 的含量逐渐降低，而其他水解产物的含量逐渐增加。其中，$HMoO_4^-$ 在 pH 约为 4 时含量减少。当 pH 大于 6.4 时，MoO_4^{2-} 的含量接近 100%，而其他水解产物的含量接近 0%。

Mo 的 φ-pH 图如图 1-33 所示，其中两条虚线分别为氢线和氧线。

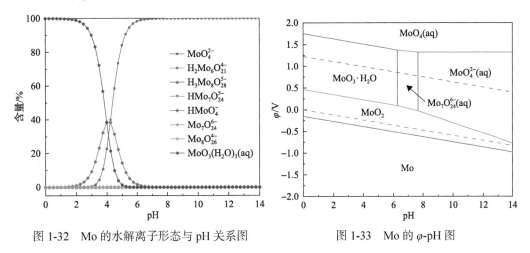

图 1-32　Mo 的水解离子形态与 pH 关系图　　　图 1-33　Mo 的 φ-pH 图

1.3.3　铼

铼属于稀有分散金属元素，原子序数为 75，位于第六周期ⅦB 族，熔点为 3180℃。在自然界中铼高度分散，主要呈 Re^{4+}，少数以 Re^{7+} 形态存在，大量赋存于细脉浸染型钼矿床或铜钼矿床中。常温下，铼在空气中很稳定，在空气中易燃烧生成 Re_2O_7。铼主要用于航空航天、石油工业的催化剂、高温仪表材料、电子工业、焊接涂层等。铼可以被制成 Ni-Re 单晶耐热合金，用于生产航空发动机涡轮叶片及高温部件，占铼总消费量的 60% 以上。我国铼资源储量和产量均很小，大部分依靠进口。铼大多从含铼的辉钼矿焙烧烟尘和淋洗液中提取出来，方法主要为溶剂萃取法。

铼以多种氧化态存在于化合物中，最常见的是 +2、+4、+6 和 7。铼在标准条件下不与水反应。铼可以耐冷和热的盐酸和氢氟酸腐蚀，但不耐硝酸和浓硫酸，不溶于盐酸，但溶于硝酸。一些铼盐具有商业价值，如高铼酸钠和高铼酸铵。铼最常见的氧化形式是 Re_2O_7，它是一种无色易挥发的化合物。铼(Ⅶ)能形成很容易溶解的强过氧化物。高铼酸盐和高氯酸盐一样可溶，而高氯酸盐的可溶性更强。ReO_4^- 在水溶液和晶体中都呈四面体结构。Re 的 φ-pH 图如图 1-34 所示。

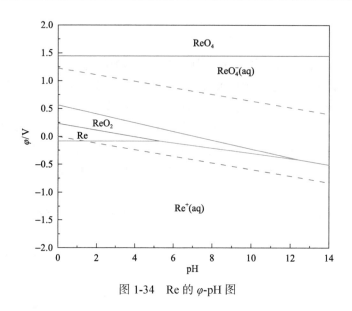

图 1-34　Re 的 φ-pH 图

1.3.4　钽和铌

钽(tantalum)原子序数为 73，化学符号 Ta，其单质是钢灰色金属，具有极高的抗腐蚀性。常温下，金属钽除氢氟酸外不受其他无机酸碱的侵蚀；高温下能溶于浓硫酸、浓磷酸和强碱溶液中；在氧气流中强烈灼烧可得五氧化二钽；高温下能与氯、硫、氮、碳等单质直接化合。钽主要应用于电容器制造、冶金、化工、航空航天和硬质合金等工业。

铌(niobium)原子序数为 41，化学符号 Nb。铌单质是一种带光泽的灰色金属。高纯度铌金属的延展性较高，但会随杂质含量的增加而变硬。铌主要消费领域为钢铁制造、高温合金陶瓷、核能、航空航天等工业和超导技术。

钽和铌性能相似，在许多领域可以互相代替，但二者性能也有差异。在自然界中，钽和铌不以游离状态存在，总是和其他元素以化合物的形式出现。大部分含钽、铌矿物是复杂的氧化物和氢化物，也有小部分是硅酸盐或硼酸盐的矿物，由于钽、铌元素与钛、锆、锂、稀土、钨、铀、钍、锡、钙、铁、锰等元素的晶体化学相似，它们之间容易发生等价和异价类质同象作用。钽、铌矿物成分十分复杂，这也造成了工业分离和提取困难。这些矿物中具有经济开采价值的矿物包括烧绿石、细晶石、铌铁矿、钽铁矿、锡锰钽矿、黑稀金矿、复稀金矿、褐钇铌矿、铌铁金红石等。钽铌在工业上常用的提取冶金方法包括基于仲辛醇为萃取剂的湿法萃取、金属热还原和碳还原等技术。

图 1-35 为钽和铌的 φ-pH 图。从图 1-35 可以看出，Ta_2O_5 是稳定的钽的化合物；Nb_2O_5 和 NbO_3^- 的稳定区分布较广，基本涵盖了氢线以上的大部分区域。酸性条件下，Nb^{3+} 是稳定存在的物质，pH>7.2 时可能形成 NbO_2 和 NbO，其稳定电位分别为 $-1.02 \sim -0.75$ V 及 $-1.60 \sim -1.25$ V。

钽离子易水解，在氢氟酸溶液中形成非常稳定的氟盐络合物。这一过程主要取决于氢氟酸浓度，常以 TaF_7^{2-}、TaF_6^- 络阴离子形式存在，这些络阴离子可与碱性染料阳离子缔合成三元络合物。

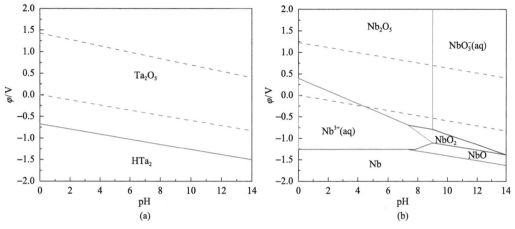

图 1-35　25℃下 Ta 的 φ-pH 图(a)和 Nb 的 φ-pH 图(b)

1.3.5　铍

金属铍是一种战略金属，具有密度低、熔点高、强度高等特点。同时，它具有所有金属中最低的热中子吸收截面，这一优势促使它被用于军事领域。在自然界中，单一的铍矿床少，共伴生矿床多。在所有含铍矿产中，仅羟硅铍石和绿柱石两种含铍矿石具有商业开采价值。金属铍冶金制备过程的流程较长，如图 1-36 所示。

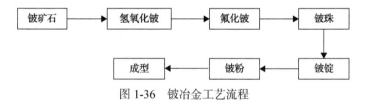

图 1-36　铍冶金工艺流程

氧化铍相包括非晶态氢氧化铍、α-Be$(OH)_2$、β-Be$(OH)_2$ 和氧化铍(BeO)，溶解平衡常数与温度的关系图如图 1-37 所示。其中，非晶态氢氧化铍最容易溶解。非晶态氢氧化铍是凝胶状的，会缓慢转变为亚稳的 α-Be$(OH)_2$，在老化几个月或在 70℃时转变为 β-Be$(OH)_2$ 沉淀。在更高的温度下，β-Be$(OH)_2$ 脱水生成氧化物。氧化铍由于其高热导率和电阻率被用于许多领域，如电子工业、核工业等。

铍在水溶液中仅呈现 +2 价态。在所有金属阳离子中，Be^{2+} 离子半径最小($r = 0.31$ Å)，因此它的水合数非常低，为 4。铍的氢氧化物和氟化物是能在水溶液中强烈络合的无机配体。当铍浓度高于 10^{-3} mol/L，在 pH 约 3 时水解。铍的单核和聚合物水解产物可以在酸性溶液中快速可逆地形成。水解过程可以形成阴离子型氢氧化物，并可溶于碱性溶液。

Be(Ⅱ)在水溶液的水解形态分布如图 1-38(a)所示，Be(Ⅱ)的优势形态分布图如图 1-38(b)所示。Be 的 φ-pH 图如图 1-39 所示。铍有四种单体水解形式，BeOH$^+$ 转化为 Be$(OH)_4^{2-}$，

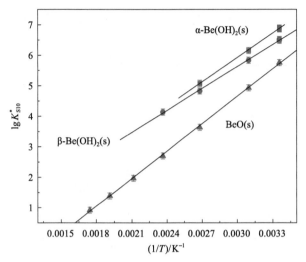

图 1-37　晶态氧化铍相溶解平衡常数随温度的变化

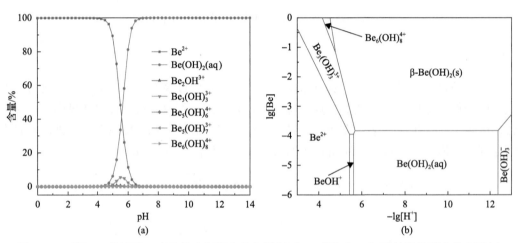

图 1-38　不同 pH 条件下 Be(Ⅱ)的水解形态分布图(a)和 Be(Ⅱ)在 25℃下的优势形态分布图(b)

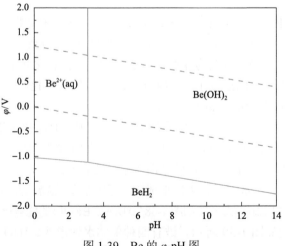

图 1-39　Be 的 φ-pH 图

符合四面体配位。铍的聚合水解产物包括 Be_2OH^{3+}、$Be_2(OH)_2^{2+}$、$Be_3(OH)_3^{3+}$、$Be_3(OH)_4^{2+}$、$Be_5(OH)_6^{4+}$、$Be_5(OH)_7^{3+}$ 和 $Be_6(OH)_8^{4+}$ 等。近年来，形成的 $Be_3(OH)_3^{3+}$ 作为主要的聚合物种类已经得到了很好的证实。Be_2OH^{3+} 和 $Be_3(OH)_3^{3+}$ 三聚体很稳定，大部分铍以这种形式存在于溶液中。多核 $Be_6(OH)_8^{4+}$ 可以忽略不计。

1.3.6　锆和铪

锆(Zr)原子序数为 40，金属锆为黑灰色，有金属光泽。锆粉呈现为深灰色甚至接近黑色，结晶锆的熔点为 (1855 ± 15) ℃。锆的热中子吸收截面只有 (0.18 ± 0.02) b$(1b=10^{-28}$ m^2/atm)，可被用作核反应堆的包壳材料。铪(Hf)原子序数是 72，化合价以四价为主，同时也有二价和三价，熔点为 (2222 ± 30) ℃，锆和铪相似，具有优良的耐腐蚀性。锆还具有良好的抗氧化性、导热性和较低的电子逸出功。相对于锆，铪的热中子吸收截面很大，表现出与 Zr 截然相反的核性能。

锆与铪在自然界中共生，锆铪矿物其实是以锆矿为主，但总是含有不同程度的铪，最为人所知的是锆石，铪在锆石中以类质同象形式富集，直至铪石。斜锆石是常见的锆矿物。在碱性岩中锆矿物非常复杂，多为锆硅酸盐矿物，如异性石、钾锆石等。

铪与锆的化学性质十分相似，不易受一般酸碱溶液的侵蚀。它易溶于氢氟酸而形成氟合配合物。高温下，铪也可以与氧气、氮气等气体直接化合成氧化物和氮化物。铪在化合物中常呈+4 价，主要的化合物是氧化铪(HfO_2)。氧化铪有三种不同的变体，将铪的硫酸盐和氯氧化物持续煅烧所得的氧化铪是单斜变体；在 400℃左右加热铪的氢氧化物所得的氧化铪是四方变体；若煅烧温度在 1000℃以上，可得立方变体。四氯化铪是铪的另一种化合物，它是制备金属铪的原料，可由氯气作用于氧化铪和碳的混合物而得。四氯化铪与水接触，立即水解成十分稳定的 $HfO\cdot(4H_2O)^{2+}$。HfO^{2+} 可存在于铪的许多化合物中，在盐酸酸化的四氯化铪溶液中可结晶出针状的水合氯氧化铪$(HfOCl_2\cdot8H_2O)$晶体。

Zr 的存在形式与 pH 的关系如图 1-40 所示。在 pH=0～2 范围内，Zr^{4+} 的含量由 80%

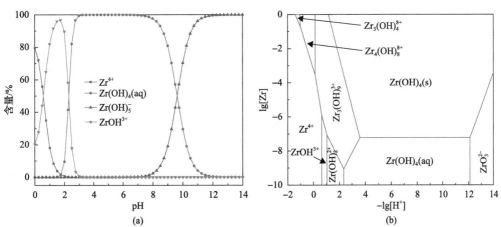

图 1-40　不同 pH 条件下 Zr^{4+} 的水解形态分布图(a)和 Zr(Ⅳ)在 25℃和 1 mol/L (H,Na)ClO_4 下的优势形态分布图(b)

逐渐降为 0；在 pH=0～3 范围内，随着 pH 的增加，$ZrOH^{3+}$ 的含量先增后减；在 pH=1～12 范围内，$Zr(OH)_4$ 先增后减，且在 pH=3～8 的范围内含量几乎达到 100%；在 pH=7～14 的范围内，$Zr(OH)_5^-$ 逐渐出现，且在 pH=12 时含量达到 100%。Zr 的 φ-pH 图如图 1-41 所示，可见 $Zr(OH)_4$ 稳定区比较明显。

图 1-42 为 Hf 的水解形态与 pH 的关系。图 1-43 为 Hf 的 φ-pH 图。可见，在 pH=0～3 范围内，Hf^{4+} 的含量由 90% 以上逐渐降为 0；在 pH=0～5 范围内，随着 pH 的增加，$HfOH^{3+}$ 的含量先增后减，且在 pH=2～4 范围内达到 100%；在 pH=4～14 范围内，$Hf(OH)_5^-$ 逐渐出现，在 pH 接近 5 时含量达到 100%。

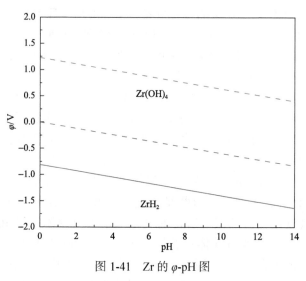

图 1-41　Zr 的 φ-pH 图

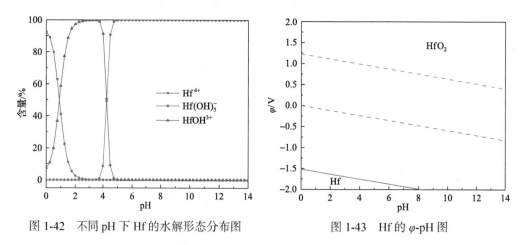

图 1-42　不同 pH 下 Hf 的水解形态分布图　　　　　图 1-43　Hf 的 φ-pH 图

1.4　有机药剂溶液化学

冶金化工过程需要使用很多种化学试剂，如选矿药剂、浸出剂、萃取剂、沉淀剂、絮凝剂等。这些化学试剂中很多属于有机药剂，它们在选冶与化工过程尚无法全部规避，这也导致后续主体的选矿、冶金与化工流程将随之产生大量具有环境危害性的含有机药剂的水体。泡沫提取方法在处理该类水体方面具有潜在的应用前景。因此，本节重点针对几种典型有机药剂及其溶液化学进行介绍。

1.4.1　选冶药剂溶液化学

未来我国将对冶金矿山生态施行更加严厉的保护政策，如何合理地处理与利用有色金属工业废水是亟待解决的重要课题。我国选矿厂每年对外排放的废水约 2 亿 t，占有色金属工业废水的 30%，占全国工业废水总量的 10%，已成为我国工业废水排放量最多的行业之一。由于矿种不同，选矿废水中污染物主要包括残留的有机药剂、溶解态的各种金属离子及其与选矿药剂、无机酸根形成的复杂化合物。其中，溶解态的各种金属离子及无机酸根的溶液化学在前面小节已基本介绍清楚。而对于难降解有机物，选矿废水中主要为残留的浮选捕收剂、分散剂、起泡剂，它们的浓度变化范围广，化学需氧量（COD）高。由于矿种不同，废水中有机污染物主要包括黄药、黑药及氰化物等。丁基黄原酸盐（俗称丁基黄药）、苯甲羟肟酸作为捕收剂应用相对广泛，它们表现出特有的溶液化学特性，后续的降解处理或泡沫提取则与它们的自身物化性质及其溶液化学密不可分。

黄药（黄原酸盐）是应用最广泛也是最重要的一类硫化矿捕收剂。化学结构通式为 $RO-\overset{S}{\underset{}{C}}-SMe$，其中，R 代表烃基，Me 代表金属离子，物理化学性质如表 1-1 所示。

表 1-1　黄药的物理化学性质

物理性质	化学性质
黄色粉末状固体	光照下可自然降解
具有刺激性气味	酸性溶液中易分解
易燃，易溶于水和醇中	捕收能力较强

黄药是弱酸盐，其有机分子的极性基团中含有氧、碳和硫原子。黄药在酸性溶液中极不稳定，在碱性条件下性质相对稳定。黄药在水溶液中的溶解度较大，且发生电离，在水中易水解生成部分黄原酸，黄原酸的分子量越大，其在水中的稳定性越强。

黄药能够与重金属离子生成难溶盐，这是其能浮选矿物的主要原因。黄药在硫化矿物表面的吸附被认为是一种电化学过程，涉及黄原酸根离子的化学吸附、黄药被氧化成双黄药以及金属黄原酸盐的生成，其反应式如式（1-22）～式（1-25）所示：

$$X^- \longrightarrow X_{ads} + e^- \tag{1-22}$$

$$2X^- \longrightarrow X_2 + 2e^- \tag{1-23}$$

$$MS + 2X^- \longrightarrow MX_2 + S + 2e^- \tag{1-24}$$

$$O_2 + 2H_2O + 4e^- \longrightarrow 4OH^- \tag{1-25}$$

其中，X^- 为黄原酸根离子；X_{ads} 为吸附的黄药；X_2 为双黄药；MS 为硫化矿物；MX_2 为金属黄原酸盐；S 为元素硫或多硫化物。

羟肟酸是一种含有肟基的有机类捕收剂，可以用于稀土浮选。它是羧酸分子中羧基二价氧被肟基取代的羧酸衍生物。羟肟酸的分子结构通式为 RC(═O)NHOH。依据非极性基的不同，可将羟肟酸类捕收剂大致分为脂肪族类和芳香族类。脂肪族类以辛基羟肟酸(OHA)为代表，芳香族类以苯甲羟肟酸(BHA)、水杨羟肟酸(SHA)为代表。羟肟酸类捕收剂具有酮式异羟肟酸和醇式羟肟酸两种互变异构体形式，两种结构可同时存在并且以异羟肟酸为主要成分。两种异构体的酸性不同，但解离后能产生相同的阴离子，其反应式见式(1-26)。

$$
\underset{\overset{\|}{R-C-NHOH}}{\overset{O}{}} \rightleftharpoons \underset{\overset{|}{R-C=NOH}}{\overset{O^-}{}} \rightleftharpoons \underset{\overset{|}{R-C=NOH}}{\overset{OH}{}} \tag{1-26}
$$

羟肟酸的酸性弱于相应的羧酸，易溶于稀碱水溶液，因此工业上使用羟肟酸时，将羟肟酸溶于稀碱溶液使用。各种羟肟酸的 pK_a 的值见表 1-2。

表 1-2 各种羟肟酸在 20℃时的 pK_a 值

化合物	pK_a	化合物	pK_a
$CH_3CONHOH$	9.400	$C_6H_{13}CONHOH$	9.670
$C_2H_5CONHOH$	9.460	$C_7H_{15}CONHOH$	9.690
$C_3H_7CONHOH$	9.480	苯甲羟肟酸	8.900
$C_5H_{11}CONHOH$	9.640	水杨羟肟酸	7.400

在无机或有机酸存在时，羟肟酸很不稳定，极易水解生成羧酸化合物和游离羟胺，其反应式见式(1-27)。

$$
\underset{\overset{\|}{RCNHOH}}{\overset{O}{}} + H_2O \xrightarrow{H^+} \underset{\overset{\|}{R-C-OH}}{\overset{O}{}} + NH_2OH \tag{1-27}
$$

羟肟酸结构中肟基存在相互靠近且含有孤对电子的氧和氮，它们具有较高的螯合能力，很容易与 Cu^{2+}、Fe^{3+}、Al^{3+}、La^{3+} 等金属离子形成难溶的金属螯合物，反应式见式(1-28)。

$$
n\left[\underset{\overset{\|}{R-C-NHOH}}{\overset{O}{}}\right] \longrightarrow \left[\begin{matrix} & H \\ O & N \\ | & \diagdown \\ M & C-R \\ \diagdown & \diagup \\ O & \end{matrix}\right]_n + nH^+ \tag{1-28}
$$

正因为羟肟酸具备这种属性，它们易与 Zn^{2+}、Cu^{2+}、Ni^{2+}、Co^{2+}、Fe^{3+} 等多种金属离子形成稳定的四元环或五元环络合物，可以作为金属螯合剂，成功用于多种矿物浮选应用。同时，羟肟酸分子中羰基氧基团和羟基去质子化后的基团都具有较强的配位能力。

1.4.2　化学试剂溶液化学

化工染料、化学药剂结构复杂，化学需氧量(COD)高时可达 2000~3000 mg/L，且生化需氧量(BOD)与 COD 之比小，可生化性差，处理难度大，对水环境危害严重等。泡沫提取或其他处理方法的效果与这些物质的溶液化学性质息息相关。因此，深入了解这些化工有机物溶液化学，有助于后续技术的针对性开发。

可溶性染料根据其在水溶液中解离的形态，可以分为阴离子型染料和阳离子型染料。

1. 阴离子型染料药剂

阴离子染料在水溶液中解离生成有色阴离子，如直接染料、酸性染料、活性染料等。活性染料是目前工业上应用最为广泛的阴离子染料，其结构组成如图 1-44 所示。

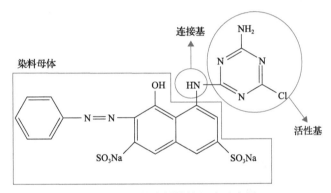

图 1-44　活性染料结构组成示意图

活性染料属于反应性染料，它们的分子中含有能够与羟基和氨基发生反应的活性基团，能够实现对纤维及混纺织物的染色。其化学结构通式为 S—D—B—Re，其中，S 为水溶性基团，如磺酸基(—SO₃H)、羧基(—COOH)、季铵基团等；D 为母体染料或染料发色体，一般是强酸性浴染色的酸性染料或者酸性络合染料；B 为桥基或连接基；Re 为活性基团或反应基。

常见的染料发色体结构包括：偶氮类、蒽醌类、酞菁类、三苯二噁嗪类等，结构如图 1-45 所示。桥连基团在染料分子结构中是为连接发色体与反应基团或者连接不同发色体而存在的，染料结构中最常见的连接基团为仲氨基团(—NH—)，也有少部分反应性染料的连接基团为叔氨基(—NR—)。

活性基团作为活性染料的核心，能够与羟基发生反应，也可以与氨基、亚氨基、巯基等具有亲核反应能力的基团发生反应。活性染料与纤维基团的反应又可分为两种：亲核取代反应和亲核加成反应。以含卤三嗪基团为例，该类结构反应基团的反应机理可用图 1-46 表示。反应过程中，碱的加入促使羟基变成亲核活性更强的氧负离子，使其与反应基团中的正电性碳原子发生亲核取代反应。其中 X 为离去基团，一般为氟、氯等基团。

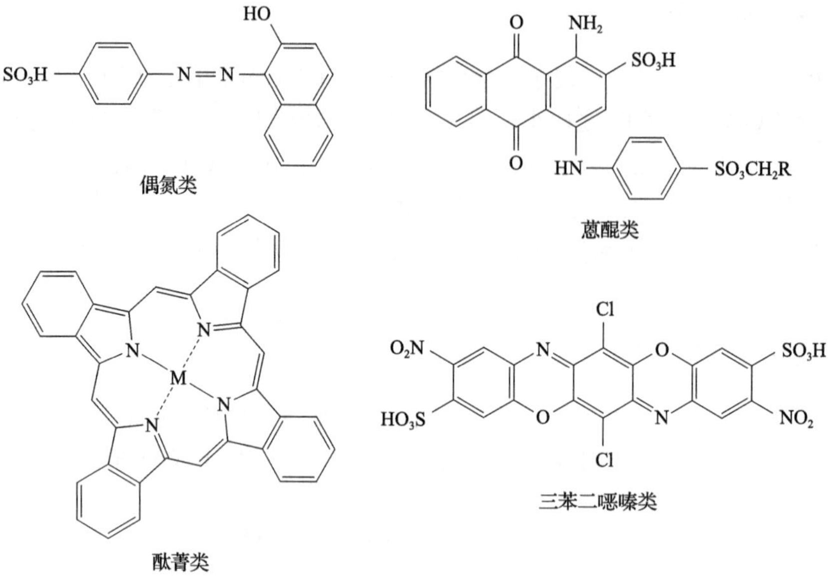

图 1-45 常见染料的发色基团

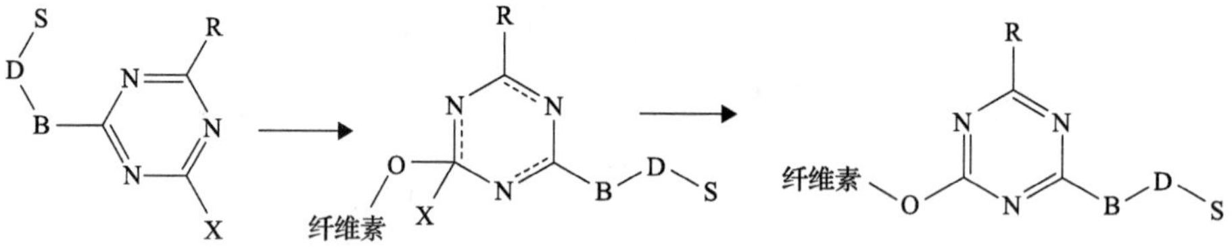

图 1-46 反应性染料与纤维素亲核取代机理

药剂结构中可以发生亲核加成类型的反应基团主要是一些含活泼卤素原子或者硫酸酯的脂链化合物。分子中与卤素原子或者硫酸酯基相连的碳原子在这些强吸电子基团的作用下呈现出正电性，再在酸或者碱的作用下消除生成 C=C 键，有利于亲核加成反应的发生（图 1-47）。

$$S-D-B-CH_2CH_2X \xrightarrow{-HX} S-D-B-\underset{H}{C}=CH_2 \xrightarrow{HY} S-D-B-CH_2CH_2Y$$

图 1-47 反应基团亲核加成反应机理

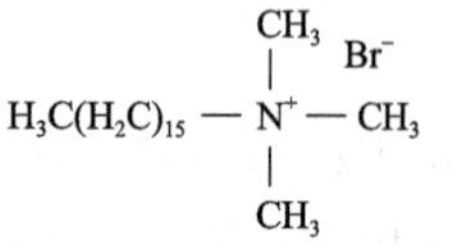

图 1-48 CTAB 分子结构示意图

从药剂结构可知，染料母体分子中含有较多的水溶性基团，亲水性比较强，其水溶性基团以磺酸基最为常见。当染料母体上含有不同数量的磺酸基时，其在水中解离成带有负电荷的—SO_3^-，若能与阳离子表面活性剂结合而富集于气泡，则可达到脱色目的。—SO_3^- 能与 CTAB［$C_{16}H_{33}(CH_3)_3NBr$，图 1-48］中—$N(CH_3)_3^+$ 结合而使染料具有疏水性。因此，部分偶氮类化工染料可以作为硫化矿的浮选抑制剂。

2. 阳离子型染料药剂

阳离子染料又称碱性染料和盐基染料。阳离子染料在溶液中生成带有正电荷的有色离子，能够与酸根阴离子如氯离子、乙酸根、磷酸根、甲基硫酸根等生成盐。阳离子染料分子中带正电的基团与共轭体系以一定方式连接，再与阴离子基团成盐。按阳离子在染料分子中的位置，阳离子染料可分为隔离型阳离子染料和共轭型阳离子染料。

隔离型染料母体和带正电的基团通过隔离基相连，常见的阳离子为取代的季铵盐，相当于分散染料的分子末端引入季铵基。正电荷固定在季铵盐的氮原子上，所以也称为定域型阳离子染料，其结构式如图 1-49 所示。

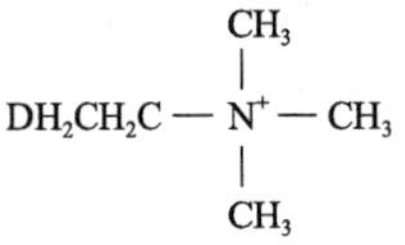

图 1-49　定域型阳离子染料结构示意图

共轭型阳离子染料分子中阳离子是染料的发色团共轭体系的组成部分，但阳离子并不定域，而是分散在几个原子上。共轭型阳离子染料一般含有杂环，主要由 O、S、N 等组成杂环结构。

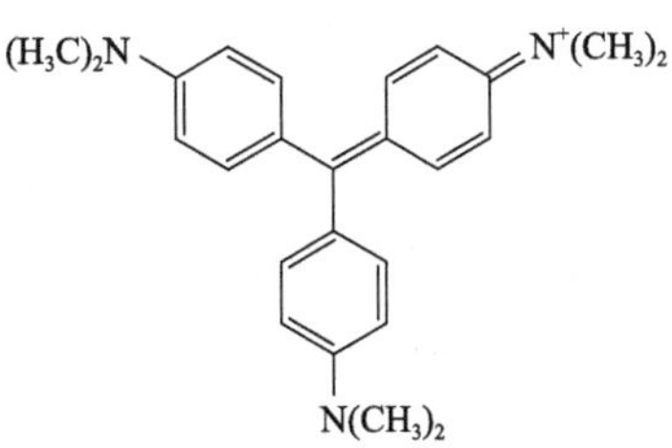

图 1-50　结晶紫溶于水后的离子结构示意图

虽然染料离子易溶于水，但是因其体积大，易与电荷相反的离子形成疏水性的离子缔合物，特别是使用具有表面活性的离子时，缔合物很容易被浮选分离。结晶紫是三苯甲烷染料中有代表性的化合物，结晶紫溶于水后的离子结构如图 1-50 所示。

三苯甲烷类试剂在各芳环上带有多个含 N、O 碱性较强的—NR_2、—OH、—SO_3H、—$N(CH_2COOH)_2$ 等基团，它们对金属离子有较强的螯合能力，可形成各种显色络合物。由于它们可以与重金属离子形成络合物，进而广泛应用于分光光度法对重金属的分析等。

由于染料能够与带有相反电荷的表面活性剂络合而使染料分子带有疏水性，浮选法逐渐开始应用于有机染料的提取或去除过程。最初主要是通过电浮选、混凝浮选等方法，这些方法主要是将浮选作为一种辅助的分离手段使用。为了提高有机染料的分离效率，泡沫提取方法如胶质气体泡沫(CGA)离子浮选、沉淀浮选等也开始应用于染料废水的处理。例如，采用泡沫提取方法，通过结晶紫与表面活性剂十二烷基苯磺酸钠(SDBS)形成疏水性离子缔合物沉淀，当空气通过微孔鼓入溶液时，产生的微小气泡与水中悬浮物黏附在一起，进而与过量的 SDBS 形成稳定的泡沫层，靠气泡的浮力一起上浮到水面，从而实现提取分离。SDBS 的结构式如图 1-51 所示。

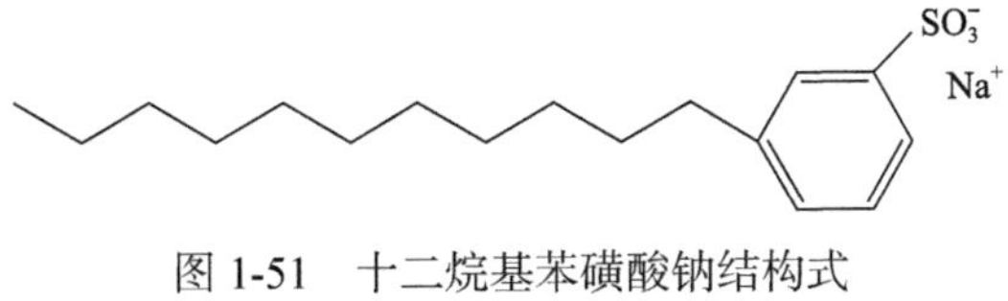

图 1-51　十二烷基苯磺酸钠结构式

除上述有机染料药剂之外,蛋白质可以作为起泡剂发挥泡沫提取起泡作用。蛋白质是氨基酸通过肽键、氢键、共价键、范德瓦耳斯力以及疏水键等作用形成的。而氨基酸本身可以称为两性表面活性剂,因此蛋白质本身具有表面活性,并能提供出色的发泡能力。但与表面活性剂等小分子相比,蛋白质具有特殊的界面性质。蛋白质分子同时具有亲水基团和疏水基团,它们能够从体相向气液界面相扩散,且容易吸附在气液界面上,降低表面张力。蛋白质分子在气液界面上吸附缓慢且几乎不可逆,而表面活性剂则在气液界面和本体溶液之间进行快速的交换。由于气相是疏水相,当蛋白质分子吸附到气液界面时,在气相疏水作用的诱导下,蛋白质的分子结构往往会部分展开进而使其疏水基团暴露于气相,同时亲水基团留在液相。此时蛋白质结构无法及时恢复到原来的结构,暴露的疏水基团会通过疏水作用结合在一起,导致蛋白质分子间的聚集[41]。

蛋白质的起泡能力由多种因素决定,包括分子大小、结构、疏水性和表面电位等,还包括 pH、温度和离子强度等。研究表明,在蛋白质的等电点附近,其分子能够快速吸附在气液界面,蛋白质分子表面电荷降低,能够促使其迅速生成泡沫[42]。在搅拌和鼓气通气的过程中,会生成大量的气液界面,此时气泡越小,即气液界面面积的变化速率越大,越容易导致蛋白质疏水聚集[43,44]。蛋白质在气液界面的吸附过程中,长链的一部分吸附在气液界面上,而其他部分则形成环状或尾部直接延伸到溶液中。这些环状结构可以为气泡提供保护,防止气泡产生聚并。因此,蛋白质在气液界面上的吸附与蛋白质泡沫的稳定性之间有紧密的联系。Martin 等研究了一系列蛋白质在气液界面上的相互作用及对应的泡沫性能之间的关系[45]。结果表明,蛋白质间的相互作用与蛋白质溶液的起泡性能没有明显的相关性,但是当泡沫形成以后,蛋白质在气液界面上相互作用的增强会提高泡沫的稳定性。

蛋白质表面的电荷、表面活性剂结构和浓度等因素影响着阴离子表面活性剂与蛋白质的相互作用。阴离子表面活性剂十二烷基硫酸钠(SDS)是有效的蛋白质变性剂,它几乎能够使所有的蛋白质变性。这是由于阴离子表面活性剂在高胶束状态下能够产生阴离子电荷,同时与蛋白质中的强疏水基团发生静电作用,从而使蛋白质结构展开。一般来说,蛋白质与 SDS 分子结合,开始于临界胶束浓度以下,并且 SDS 分子通常与蛋白质上带正电的斑块结合[46]。相较于阴离子表面活性剂,阳离子表面活性剂在与蛋白质作用过程中也通过疏水作用和静电作用来改变蛋白质的结构,但作用强度较弱。而非离子表面活性剂与蛋白质的相互作用以疏水作用为主。正是基于表面活性剂与蛋白质之间的疏水作用和静电作用,可以采用反胶束法萃取蛋白质。

第 2 章　泡沫提取药剂的基本作用

泡沫提取方法涉及多种类型的化学药剂。例如，离子浮选过程中主要通过具有表面活性的捕收剂来实现金属离子的提取。沉淀浮选过程除了需要加入捕收剂外，还要引入螯合沉淀剂、絮凝剂、起泡剂等。这些药剂不仅需要具备传统矿物浮选药剂的基本功能，可能还会需要某些特定的性能。目前，学术界尚未形成系统完善的泡沫提取药剂及其作用原理的基础理论。因此，本章围绕离子浮选、沉淀浮选中比较重要的药剂，介绍泡沫提取药剂的基本作用原理以及相关研究进展，以便为将来开发更适用的药剂和建立药剂作用及分子设计理论提供基础。

2.1　表面活性作用

2.1.1　基本概念

液体具有内聚性和吸附性，这两者都是分子引力的表现形式。内聚性使液体能抵抗拉伸引力，而吸附性则使液体可以黏附在其他物体上。假设位于液体内部的一个独立分子，它的每一面都被其他液体分子包围着，受到的作用力主要为分子间引力，且这种引力在所有方向上都是均匀的，合力为零，因此液体内部独立分子受到的总作用力得到平衡，如图 2-1 所示。

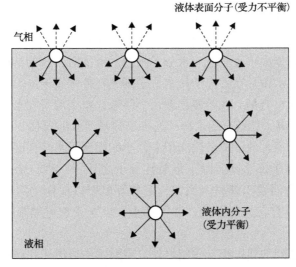

图 2-1　分子在液体内部和表面所受引力的示意图

与液体内部分子的受力行为不同，位于气液界面层的分子表面受到两种力的影响：

一种是来自液相分子的向下吸引力作用，另一种是来自气相分子的向上作用力。众所周知，气相中分子的密度比液相分子要小得多，液相分子对其的吸引力远大于气相分子的吸引力，因为处在边界内的每一个分子都受到强烈指向液体内部的引力，所以这些分子都有向液相内部迁移的趋势，同时分子与分子之间还有侧面的吸引力，液体表面呈现自动缩小的趋势。如果要增加气液界面表面积，将液相内部的分子移到表面，就必须额外做功才能克服液相中的分子内向引力，物质的表面具有表面张力 σ，在恒温恒压下可逆地增大表面积 dA，则需功 σdA，这个功就等于表面自由能的增加，或者定义为表面能。

在物理学上定义，沿着液体表面(与表面平行)，垂直作用力单位长度上的紧缩力称为表面张力，单位是 N/m。液体的单位面积的表面能的数值和表面张力相同，但它们的物理意义不同。表面张力的大小取决于相界面分子之间的作用力，受体相组成、温度等因素的影响，如在 20℃时，水的表面张力为 72.75 mN/m，苯的表面张力为 28.88 mN/m。

在泡沫提取过程中，其液相主体通常为水相，而浮选分离是在液(水)相中进行的。水具有许多独特的性质，主要是由其结构决定的。水分子中的氧原子对电子有很强的吸引力，它与两个小得多的氢原子通过分享一对电子形成共价键而结合在一起。氧对电子的吸引能力使得水分子表现出非常高的极性。在低压下的气态中，由于分子间距离过大，无法形成氢键，单独离散的水分子确实存在。但在液体状态下，水分子之间距离较小，其不是以单个分子形式存在的，而是通过氢键产生缔合分子。由于氧原子具有较大的电负性，能够吸引邻近水分子的质子，因此液态水的结构中有一个中心氧原子，四面排列有四个质子，其中两个来自相邻的两个水分子，而其分子中的两个质子又被相邻的两个水分子上的氧原子所吸引。现代液相理论在液相接近结晶温度时将其近似为晶状固体。假晶结构的水包含大量不稳定且不断分离的分子在较小距离内延伸，但这种结构仅仅在纯水中存在。

水分子具有较强的极性，依据相似相溶原理，水对盐类或强极性的溶质是一种特别好的溶剂。离子溶入水中后，离子周围存在着一个对水分子有明显作用的空间，当水分子与离子间相互作用能大于水分子与水分子间的氢键能时，水的结构就遭到破坏，在离子周围形成水化膜。水中存在的离子使水分子围绕在外来离子周围形成缩合水离子，即水化离子，又被称为水合鞘。在溶液物理化学领域，单个离子的水化程度用离子水化数来表示，是指与每个离子相结合的水分子的平均数量。水化能取决于离子的价态、温度、极性等因素。离子半径大的阳离子比离子半径小的阳离子水合程度低，而且阴离子的水合程度往往不如阳离子那么高。除了强极性分子之外，一些弱极性分子在水中也会由于偶极子间的吸引力而发生解离。例如，甲醇等可以以任何比例与水互溶，其原因有两个方面：①羟基具有较高的极性；②甲基小，以至于它可以跟随氧进入水结构之间的空间。

除了甲醇和水之间的偶极相互作用之外，甲醇中的氧原子和周围水分子中的氢原子之间会缔合形成氢键，同样的情况也适用于乙醇或丙醇。对于丁醇(C_4H_9OH)来讲，它的烷基链长度较大，疏水性强，因此它不能与水以任何比例互溶，而是表现出部分混溶性。随着烷基链长度的继续增加，溶质的混溶性逐渐变差，当碳原子数达到 8 左右时有机物在水中的溶解度变得非常小，如辛醇等在水中的溶解度小到可以忽略不计。虽然有机分子羟基末端的偶极仍然会被水偶极吸引，但分子的其余部分（长烃链端）和水分子之间仅存在微弱的范德瓦耳斯力，比水分子之间自身的吸引力要弱得多，导致有机分子在水中的溶解度甚小。然而，如果在有机分子中引入第二个羟基则会使其更容易溶于水。例如，己醇 $[CH_3(CH_2)_4CH_2OH]$ 几乎不溶于水，而己二醇 $[CH_2OH(CH_2)_4CH_2OH]$ 则溶于水。

2.1.2　表面活性剂

对于分子链更大的分子，将这些溶质加入溶剂中时，在气液界面上，由于极性端—OH基团可以与水偶极相互作用，以致—OH 基团朝向水中，非极性烃链末端朝向空气，与空气接触。由于形成了一个热力学稳定的状态，此时溶剂的表面张力急剧降低，但下降到一定程度后便下降得很慢或者不再发生变化，这些物质被称为表面活性物质，也被称为表面活性剂。表面活性剂不仅有在表面聚集排列的倾向，而且可以改变这些表面的性质。例如，当其在低浓度时吸附在体系的表面或界面上，能显著改变这些表(界)面的表(界)面自由能或者说表(界)面张力，改变体系的界面组成和结构。

表面活性剂的分子结构均由非极性的疏水基团（亲油基团）和极性的亲水基团构成，形成既有亲水性又有亲油性的"双亲结构"分子。亲水性的极性基团主要包括羧基、羟基、磺酸基、硫酸基等，如表 2-1 所示。除此之外，极性基团还包括酮基、醛基、氰基等，以及从上述酸和碱衍生出来的离子。非极性基团通常为脂肪族烃基、脂环族烃基、芳香族烃基等。这种"双亲结构"使表面活性剂很容易吸附于气液界面，从而形成独特的定向排列的分子膜。

表 2-1　常见极性亲水基团

结构	名称	结构	名称
—OH	羟基	$\begin{array}{c} OH \\ \mid \\ -P=O \\ \mid \\ OH \end{array}$	磷酰基
—COOH	羧基	—NH₂	伯氨基
—SO₃H	磺酸基	＼NH	仲氨基
—OSO₃H	硫酸基	＼N—	叔氨基
—SH	巯基	—N⁺—	季铵基
$\begin{array}{c} OH \\ \mid \\ O=P-O- \\ \mid \\ OH \end{array}$	磷酸基		

表面活性剂的分类方法多种多样。按照其在溶液中是否能够电离，可以分为离子表

面活性剂和非离子表面活性剂。其中，离子表面活性剂又可按电荷的性质分为阳离子、阴离子以及两性表面活性剂。按溶解性分类，可以分为水溶性表面活性剂和油溶性表面活性剂。按照疏水链的数目，可将它们分为单尾链表面活性剂和多尾链表面活性剂。还可以按照分子量的大小，分为高分子表面活性剂和低分子表面活性剂。

离子表面活性剂在溶液中电离后头基带电荷，带负电的称为阴离子表面活性剂，主要包括羧酸盐、烷基磺酸盐、烷基硫酸盐和磷酸盐；而带正电的称为阳离子表面活性剂，主要包括有机胺的衍生物。非离子表面活性剂在水溶液中头基不电离，其亲水基往往是由一定数量的含氧基团组成的。两性表面活性剂的极性基团由相互靠近并分别带有正电荷和负电荷的两个基团组成，主要包括咪唑啉、甜菜碱、氨基丙酸和牛磺酸衍生物类表面活性剂。

表面活性剂的分子结构除具备"双亲结构"外，其分子结构中的极性基团和非极性基团的强度必须匹配，即要求非极性端必须具有足够的大小。在水溶液中，表面活性剂的亲水基团通过静电或氢键作用与水亲和，这赋予表面活性剂一定的溶解度，而疏水(亲油)基团朝向空气，由于破坏了疏水链周围水分子间的氢键作用，体系的焓增加。为了形成尽可能多的氢键降低体系自由能，水分子在疏水链周围形成一定的笼式结构，这就是疏水水合作用的形成。此笼式结构的水分子取向比自由态水更加有序，因此疏水水合作用是一个熵减小的过程。不管是焓增加还是熵减小均增加了体系的自由能，是非自发过程。相反地，表面活性剂的疏水链离开水环境，是焓减小、熵增加、体系自由能减小的自发过程，这就是所谓的疏水效应。

表面活性剂能在不同类型界面上产生吸附作用，而使原来的界面状态发生变化。较低浓度下，表面活性剂分子在溶于水时首先会在水面上进行吸附。事实上，表面活性剂分子可在多种界面上进行吸附。通过对表面活性剂溶液进行研究发现，其溶液表面的药剂浓度高于溶液内部。同时对于表面活性剂而言，其亲水基插入水相，而疏水基在表面(气液界面)定向排列，导致表面张力小于纯水溶液。关于表面活性剂在溶液表面上的吸附，最常用的是吉布斯吸附方程，吉布斯吸附量与液相表面溶质的浓度和本体相中溶质的浓度有关，其方程式如式(2-1)所示。

$$\Gamma = -\frac{1}{RT}\frac{\mathrm{d}\gamma}{\mathrm{d}\ln c} \tag{2-1}$$

其中，Γ 为溶质的表面吸附量；γ 为表面张力；R 为摩尔气体常量；T 为热力学温度；c 为溶质在溶液中的浓度或活度。

典型的离子浮选过程是阴离子型捕收剂与带正电的目的离子进行作用(即静电缔合作用)，即离子表面活性剂在气液界面吸附形成双电层，与其电荷符号相反的目的离子靠静电引力聚集在此双电层的紧密层和扩散层中，并随气泡进入泡沫层形成两相泡沫。

随着溶液中分子含量的不同，表面活性剂的溶液相的行为将会不同于低浓度时的结果[图 2-2(a)]。随着浓度的增加[图 2-2(b)]，表面活性剂分子在溶液表面不断地吸附、定向排列，直至饱和，此时表面张力降到最低。再进一步加入表面活性剂分子[图 2-2(c)]，表面已无吸附空间，多余的表面活性剂分子只能在水体相中以有序聚集体的形式稳定存在。此时，表面活性剂的疏水尾链相互聚拢、亲水头基朝向水分子定向有序排列，形成具有疏水内核、亲水外壳的聚集体结构，称其为胶束。

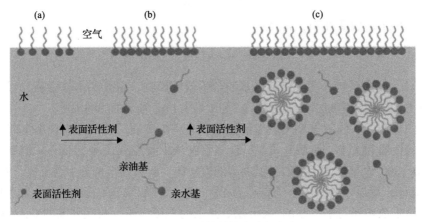

图 2-2　表面活性剂的溶液相行为

表面活性剂溶液性质发生突变的根本原因为当其浓度超过某个临界浓度时，表面活性剂分子倾向于在水溶液中形成胶束。当表面活性剂浓度较低时，以单体的形式在水-空气界面上定向排列。当表面活性剂的浓度达到一定值时，水-空气界面的分子排列达到饱和，不能再容纳更多的表面活性剂分子，表面浓度达到最大值。如果继续增加其浓度时，表面活性剂分子会在非共价键弱相互作用(包括氢键、静电相互作用、疏水相互作用、范德瓦耳斯力，以及π-π堆积作用)的驱动下，自发形成各种有序聚集体结构。表面活性剂在界面上达到饱和、溶液内部开始形成聚集体的临界浓度称为临界聚集浓度(CAC)，形成胶束时则称为临界胶束浓度(CMC)。表面活性剂分子在溶液中由于疏水作用聚集形成胶束，这一过程称为表面活性剂的胶束化作用[图 2-2(c)]。

不同表面活性剂的临界胶束浓度如表 2-2 所示。临界胶束浓度随着表面活性剂离子链长的增加而降低，每增加两个 CH_2 基团，其临界胶束浓度就会降低至原来的约四分之一。另外，烷基支链倾向于增加临界胶束浓度。因此，在泡沫提取中需要尽可能选择链短和支链化程度高的表面活性剂。

表 2-2　不同表面活性剂的临界胶束浓度值

表面活性剂	分子式	临界胶束浓度/(mol/L)
月桂酸钾	$C_{11}H_{23}COOK$	0.02
肉豆蔻酸钾	$C_{13}H_{27}COOK$	0.006
氯化月桂胺	$C_{12}H_{25}NH_3Cl$	0.03
十二烷基硫酸钠	$C_{12}H_{25}OSO_3Na$	0.006
十六烷基硫酸钠	$C_{16}H_{33}OSO_3Na$	0.0004
油酸钾	$C_8H_{17}CH=CH(CH_2)_7COOK$	0.001

溶液中无机盐的存在也会对表面活性剂的临界胶束浓度产生影响。无机盐对非离子

表面活性剂临界胶束浓度的影响在一定浓度范围内可表示为[47,48]

$$\ln \text{CMC} = -KC_{\text{salt}} + c \qquad (2\text{-}2)$$

而对于离子表面活性剂，其表达式为

$$\ln \text{CMC} = -a \ln C_{\text{salt}} + b \qquad (2\text{-}3)$$

其中，K、a、b 为系数，主要受疏水基的盐析效应影响，也受亲水基影响，当表面活性剂、盐种类、温度一定时，K 为常数；c 为常数；C_{salt} 为无机盐的浓度。

胶束的出现并不局限于离子表面活性剂。非离子表面活性剂也表现出类似的行为。这些胶束的性质和大小一直备受争议，许多学者认为胶束有几种。Hartley 模型认为胶束是含有 50～200 个单体的粗糙的近似球球的聚集体，胶束的结构分为碳氢核、Stern 层和 Gouy-Chapman 双层。胶束中心的直径为 10～28 Å，核具有液态烃性质，头基和束缚的平衡离子位于数埃厚与水接触的 Stern 层，其余的平衡离子分布在外围的 Gouy-Chapman 双层，总体形成双电层结构。但这个结构不是固定不变的，而是存在着动态平衡。围绕着该胶团的是带相反电荷的离子，大多数位于扩散层中，但由于胶束上的总电荷很大，其中一些被胶束吸引，几乎成为胶束的一部分。

在浓度更高的溶液中，Hess 模型将胶束视为层状结构，其定向方式使疏水端彼此靠近，亲水端向外朝向水。X 射线衍射分析证明了其模型中层状结构的存在，在接近饱和的常见浓度条件下，这种结构可能是热力学最稳定的结构。然而，由于在泡沫提取过程中不太可能遇到这种浓缩溶液，这里不做深入讨论。

在泡沫提取过程中，胶束的存在并不利于溶液中离子或颗粒的黏附和分离，这是因为泡沫提取工艺需要表面活性剂解离单一离子，只有这样，才能利用离子的两亲性，即一端带有电荷，另一端带有疏水基团。如果在泡沫提取过程中需要抑制胶束的生成，最简单的方法是将表面活性剂溶解在不促进胶束形成的溶剂中。例如，在碳氢化合物溶剂中，表面活性剂分子是不连续的实体，其分子保持离散。然而，由于离子浮选要求将表面活性剂添加到水溶液中，不溶性碳氢化合物可能会与溶液中其他成分发生反应，而且这一操作要求表面活性剂从烃相转移到水相。因此，目前这种方法还没有在实践中应用。

许多极性稍强的溶剂，不仅能充分溶解表面活性剂，而且能与水完全混溶。此类溶剂包括低级醇甲醇、乙醇和丙醇以及丙酮等酮类。其中，乙醇是最廉价易得的，并且可以获得较高的纯度，因此乙醇是最适用的溶剂。当添加到乙醇中时，表面活性剂分子保持为单个分子状态，并且没有明显的聚合成胶束的趋势。然而，由于醇通常含有少量水，长期存在时，在这些含醇溶液中也可能会形成一些胶束。

表面活性剂的性能和用量在很大程度上决定了泡沫提取效率的高低。目前对于药剂与泡沫提取过程中待提取组分的具体作用方式主要包括四种：①非极性分子的物理吸附。②双电层吸附，溶液中的带电离子或带电颗粒吸引相反的离子形成表面双电层。图 2-3 为带电粒子周围电荷的分布情况。③药剂特性基团能够与待提取组分发生键合的电子转移而形成化学吸附。④由化学吸附引起的更深层的作用即表面化学作用。

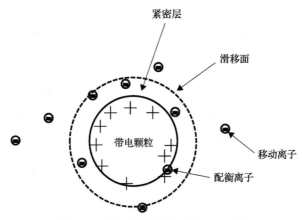

图 2-3　带电粒子周围电荷的分布情况

　　按照作用方式和功能用途，在泡沫提取方法中，表面活性剂主要分为捕收剂、起泡剂、消泡剂等[18,49-53]。

　　捕收剂是最常见且重要的表面活性剂。捕收剂选择性地与离子/颗粒产物表面通过相应的物理化学作用形成有效的疏水层黏附于气泡的气液界面上，进而形成疏水性产物，将其捕收至泡沫层。泡沫提取过程中，捕收剂的主要作用是提高待提取组分、络合物或颗粒的疏水性，提高其在泡沫上的黏附强度并缩短黏附所需要的时间。离子浮选、沉淀浮选常用的捕收剂及其类型如表 2-3 所示。

表 2-3　常用捕收剂分类

类型		药剂	分子结构式
阴离子型	羧酸盐	油酸钠	
		松香酸	
	磺酸盐	烷基苯磺酸钠	
		烷基磺酸钠	
	硫酸酯	十二烷基硫酸钠	$CH_3(CH_2)_{10}CH_2O-S-ONa$
		月桂醇聚氧乙烯醚硫酸钠	

续表

类型	药剂		分子结构式
阴离子型	磷酸酯	单酯盐	RO—P(=O)(ONa)(ONa)
		双酯盐	(RO)(RO)P(=O)(ONa)
阳离子型	胺类	烷基胺的盐酸盐或乙酸盐	R—NH₂·HCl R—NH₂·HAc
	季铵盐	十二/十六/十八烷基三甲基溴化铵	R—N⁺(CH₃)(CH₃)(CH₃) Br⁻
	吡啶		(吡啶结构式)
非离子型	醇或酯类	萜烯醇/山梨醇	(萜烯醇/山梨醇结构式)
		烷基黄酸酯	H₃C—O—C(=S)—S—CH₃
	聚醇醚类	烷基酚聚氧乙烯醚	H₁₉C₉—⬡—(OCH₂CH₂)ₙOH

2.2 混凝絮凝作用

泡沫提取过程特别是沉淀浮选体系涉及微观离子到宏观颗粒的转变，进而再通过混凝絮凝作用形成聚集体或絮体团粒。因此，本节重点讨论泡沫提取过程可能遇到的混凝絮凝现象及相关原理。首先，需要认识溶液中颗粒或胶态物质的分散稳定-脱稳聚合原理及方法。假设这些颗粒处于胶体意义上的稳定状态，混凝絮凝过程中有两个关键步骤，如图 2-4 所示。

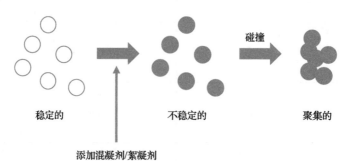

图 2-4 颗粒的不稳定引起的混凝絮凝过程原理

在不同应用领域，絮凝和混凝的差别很大。在胶体科学领域中，混凝通常是指由单纯的盐的作用或通过电荷中和作用，颗粒聚集变小、变密实从而脱稳的过程。絮凝通常是指以聚合物桥接为主导机制的颗粒趋于变大，从而形成絮体的过程。小而致密的凝结物在聚合物作用条件下，再通过在颗粒间强聚合力作用，必然聚集形成大而疏松的絮体。

根据混凝和絮凝之间的区别，可将造成胶体不稳定行为的添加剂分为混凝剂和絮凝剂。混凝剂是指含有特异性吸附电荷相反离子的无机盐，而絮凝剂是指起架桥作用的长链聚合物。

虽然混凝剂、絮凝剂有许多种类，但实践中，绝大多数使用的也只是一到两种。这些物质的性质和作用方式将在下文重点讨论。

2.2.1　无机混凝剂

铝盐和铁盐是最广泛使用的无机混凝剂，如硫酸铝和氯化铁。起初，它们的作用被认为是由金属的三价性质引起的。溶解状态下的 Al^{3+} 和 Fe^{3+} 离子被认为与不稳定的带负电荷的胶体发生作用。然而，这个观点过于简单化，因为三价金属离子在水中易水解，这对它们作为混凝剂时的行为有着巨大的影响。

1. 基本性质

从金属离子溶液化学可知，无机混凝剂通常发生金属阳离子水解，主要以水合阳离子的形式存在。由于水的极性，在一定程度上金属阳离子是与水结合的，这意味着它们是由一定数量的水分子包围着，这些水分子是由金属正离子和水分子负(氧)端之间的静电吸引所维持着。就一级水化层而言，水分子与中心金属离子直接接触，在二级水化层中，更多的水分子松散地排列着。因为这个过程实质上涉及水分子的分裂，所以把它称为我们熟知的水解。就三价金属离子 Al^{3+} 和 Fe^{3+} 而言，一级水化层由六个水分子通过八面体配位组成，如图 2-5(a) 所示。因为中心金属离子上的高价正电荷，所以可以推断有一个电子在水分子中趋于这个金属离子，这会导致解离出一个质子，即 H^+，而留下一个附着的羟基和一个正电荷减少的金属离子，如图 2-5(b) 所示。

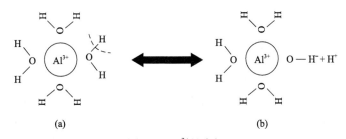

图 2-5　Al^{3+}的水解

(a)水合铝阳离子(仅部分水分子被显示)；(b)失去 H^+ 后形成 $Al(OH)^{2+}$

因为水解会导致氢离子的释放，所以这在很大程度上取决于溶液的 pH。高 pH 促进解离，反之亦然。此外，由于每一个质子的释放，正电荷的降低使得进一步的解离更困难。随着 pH 的增加，有一系列的水解平衡，如下所示。

$$Me^{3+} \longrightarrow Me(OH)^{2+} \longrightarrow Me(OH)_2^+ \longrightarrow Me(OH)_3 \longrightarrow Me(OH)_4^-$$

为简单起见，在水化层中的水分子省略。

在水解过程中的每一个阶段都存在一个相应的平衡常数：

$$M^{3+} + H_2O \Longrightarrow M(OH)^{2+} + H^+ \qquad K_1$$

$$M(OH)^{2+} + H_2O \Longrightarrow M(OH)_2^+ + H^+ \qquad K_2$$

$$M(OH)_2^+ + H_2O \Longrightarrow M(OH)_3 + H^+ \qquad K_3$$

$$M(OH)_3 + H_2O \Longrightarrow M(OH)_4^- + H^+ \qquad K_4$$

就 K_2 而言，可以通过以下公式计算：

$$K_2 = \frac{[M(OH)_2^+][H^+]}{[M(OH)^{2+}]} \tag{2-4}$$

其中，方括号表示各种物质的摩尔浓度。

对于 Al(Ⅲ) 和 Fe(Ⅲ) 混凝剂，一定程度下会生成不带电荷的氢氧化物 $M(OH)_3$，它们在水中的溶解度很低，在一定的 pH 范围内容易形成沉淀。这种沉淀对金属混凝剂的水解作用非常重要。金属氢氧化物的溶度积计算依据如下：

$$M(OH)_3(s) \Longrightarrow M^{3+} + 3OH^-$$

$$K_s = [M^{3+}][OH^-]^3 \tag{2-5}$$

表 2-4 为 Al(Ⅲ) 和 Fe(Ⅲ) 的水解平衡常数(pK 值)和它们的非晶态氢氧化物溶度积常数(pK_{Sam})(25℃和离子强度为零时的值)。

表 2-4　Al(Ⅲ)和 Fe(Ⅲ)的水解平衡常数(pK 值)和它们的非晶态氢氧化物溶度积常数

金属离子类别	pK_1	pK_2	pK_3	pK_4	pK_{Sam}
Al^{3+}	4.95	5.6	6.7	5.6	31.5
Fe^{3+}	2.2	3.5	6	10	38

图 2-6 是基于表 2-4 中 Al(Ⅲ) 和 Fe(Ⅲ) 的水解结果而绘制的形态分布图。在一定的 pH 条件下，非晶态沉淀物存在时，溶解物质的总浓度是金属的有效溶解度。从图 2-6 可以看出，两种金属混凝剂处在中性 pH 附近出现一个最低的溶解度。Fe(Ⅲ) 的最低溶解度远低于铝，而且最低溶解度范围相当宽。就铝而言，阴离子形式的 $Al(OH)_4^-$ 在中性 pH 以上是占主导地位的溶解物质。上述两种无机混凝剂的水解产物，可能以多核形态存在，有时对混凝过程影响很大。在低浓度时，这些形态对于混凝过程可能没有显著的意义。实际上，在混凝过程中只有单体的形式和氢氧化物沉淀相对比较重要。

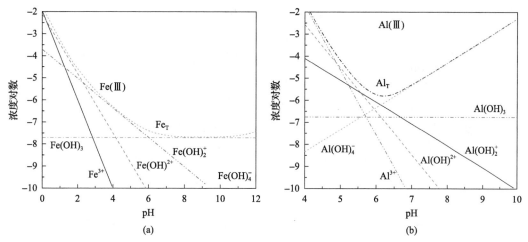

图 2-6 Fe(Ⅲ)和 Al(Ⅲ)的物质形态分布图(只给出了单分子的水解产物)

基于以上水解作用,无机混凝剂基本上有两种作用方式,它可以使带负电荷的胶体不稳定且聚集。在低浓度和适当的 pH 条件下,阳离子水解产物可以吸附且中和带电颗粒,从而导致带负电胶体脱稳和聚集。处于高浓度的混凝氢氧化物沉淀的出现起着非常重要的作用,可形成所谓的卷扫混凝或卷扫絮凝。

目前,有许多基于预水解高分子金属盐的商业产品。一个常见的例子是高分子聚合氯化铝,它可以通过控制氯化铝溶液聚合而生产出来。这些产品很可能含有大量的 Al_{13}。就硫酸铝而言,制备出高度聚合的预水解形式是很难的,因为硫酸盐可以促进氢氧化物沉淀的形成。在少量溶解的二氧化硅的存在下,可以显著提高它们的稳定性,所以生产的产品被称为多铝硅酸盐硫酸盐。

2. 电荷中和作用

对于无机混凝剂,金属离子处于非常低的浓度时,只存在它们的水溶物,即水合金属离子和各种水解产物(图 2-7)。水解阳离子如 $Al(OH)^{2+}$ 要比游离的金属离子在负电荷表面的吸附更牢固,因此可以有效地中和表面电荷。一般来说,中性 pH 条件下,在金属离子浓度较低时,铝盐用量通常达到几微摩尔每升,电中和才能发生。

研究发现,在 pH 为 6 的无机悬浮液中,所需的中和表面电荷的铝混凝剂的量是颗粒表面每平方米约 5 μmol(每平方米 130 μg 的铝)。然而,即使金属离子浓度非常低,非晶态氢氧化物的溶解度也可能超过该浓度。此外,在中性 pH 的区域中,阳离子水解产物只代表一小部分可溶性金属离子,特别是对于铝(图 2-7)。如果在这种情况下观察到电荷中和,表明有效的混凝物质可能是胶体氢氧化物。就氢氧化铝而言,零电点(PZC)pH大约为 8,所以沉淀颗粒在低 pH 时应该是带正电荷。对于氢氧化铁,其零电点偏低,当pH 为 7 左右时出现零电点。即使溶液中溶质的浓度没有超过溶解度,某种形式的表面沉淀也可能因在表面上成核而形成。实际上,区分表面沉淀和溶液中的胶体氢氧化物颗粒的附着物是困难的。实践中往往是这些效应的组合,这就形成了基于沉淀电荷中和(PCN)的模型,如图 2-8 所示。

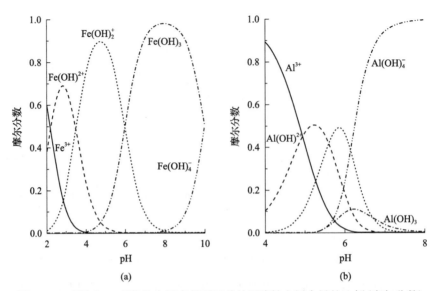

图 2-7　Fe(Ⅲ)和 Al(Ⅲ)的水解态相对于总的可溶性金属含量的比例(摩尔分数)

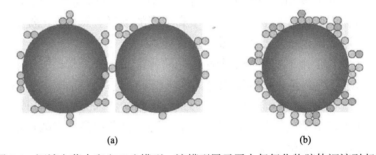

图 2-8　沉淀电荷中和(PCN)模型，该模型展示了由氢氧化物胶体沉淀引起的
颗粒电荷中和(a)和电荷反转(b)

无机混凝剂很可能在高剂量时有能力使电荷反转。这意味着，存在一个最佳剂量，在该剂量下混凝最有效。电荷中和作用的另一个缺点是，当颗粒浓度低时，碰撞率会很低，因此聚集率也会很低，可能需要长时间才产生足够大的聚集体。有学者认为，预水解混凝剂的优点应该是由于高电荷阳离子物质的存在，如 $Al_{13}O_4(OH)_{24}^{7+}$。该离子携带 7 个正电荷的事实表明，它会非常强烈地吸附在负离子表面，这在中和颗粒电荷时是非常有效的。

3. 卷扫絮凝作用

在大多数实际操作中，无机金属混凝剂的用量比非晶态氢氧化物的溶解度和大量沉淀产生时的浓度高很多。相对于简单的电荷中和，它可以实现更有效的分离，但原因仍无法完整给出。最有可能的解释是，原来的杂质颗粒以某种方式掺入越来越多的氢氧化物沉淀中，从而从悬浮液中除去。这部分颗粒的行为通常被认为是一种"清扫"行为，因此才有了术语"卷扫混凝"或"卷扫絮凝"。

氢氧化物沉淀，可以被视为"架桥"颗粒，因此从某种角度看"卷扫絮凝"可能是更恰当的术语。另外，大的聚集体的形成需要某种形式的搅拌，因此同向碰撞是重要的，而这又支持使用术语"絮凝"。然而，也广泛使用"卷扫混凝"。因为氢氧化物沉淀形成的聚集体几乎普遍被称为"絮状物"，这与广泛使用的被称为"混凝剂"的添加剂相混淆。

卷扫絮凝几乎总是能比电荷中和作用引起更快的聚集并且得到更大的絮状物。根据斯莫卢霍夫斯基(Smoluchowski)理论，氢氧化物沉淀的产生大幅度增加了有效颗粒的浓度，因此增加了碰撞速率。氢氧化物沉淀是由大量的胶体颗粒形成的，其很快就会形成。这些小颗粒的聚集产生了低密度的具有相对大体积的絮体。根据同向聚集理论，碰撞速率与悬浮颗粒的体积分数成正比，它可以通过氢氧化物沉淀而大大增加。这就是卷扫絮凝比电荷中和更有效的主要原因。在"卷扫"条件下产生的絮状物的絮凝能力也更强，因此在相同的剪切条件下会变得更大。预水解无机混凝剂(如聚氯化铝)的作用，在适当的剂量下也很可能涉及氢氧化物沉淀和卷扫絮凝。然而，相比于通过高分子絮凝剂形成的絮状物，氢氧化物絮状物的絮凝能力仍是较弱的。氢氧化物絮状物导致一个值得注意的实际问题，即这个过程会产生大量需要进一步处理的污泥。在一个典型的水处理厂，产生的大部分污泥是与金属氢氧化物有关联的，就卷扫絮凝来说，最好不要过量投加混凝剂，以免造成污泥的大幅增加。

卷扫絮凝的一个重要优点是，无论是细菌、黏土、氧化物，或是其他物质，它不依赖于要去除的杂质颗粒的性质。对于相对稀的悬浮液，在最佳的混凝剂投加量下可以最快速地产生氢氧化物沉淀，并且几乎不依赖悬浮颗粒的性质和浓度。

图 2-9 显示了采用金属水解混凝剂处理悬浮颗粒的试验过程中的浊度变化。在这一过程中，向悬浮液加入不同量的混凝剂，再采用标准的混合与沉淀操作。在这个操作过程中，通常在投加药剂后立即进行快速混合。接着是一个长时间的缓慢搅拌过程，在此期间因同向聚集作用而形成絮状物。然后再经过一段时间的絮状物沉淀，取样本上清液并对其浊度进行测量。

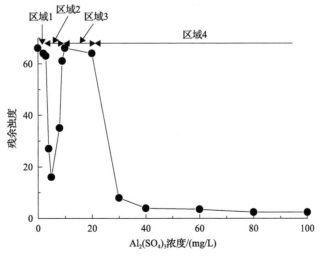

图 2-9　pH=7 条件下一定浓度硫酸铝混凝剂的高岭土悬浮液的浊度变化

由图 2-9 可以看出，当混凝剂用量非常低时，溶液的浊度较高，这表明体系很少或没有沉淀产生(区域1)。随着混凝剂用量的增加，有一个相当狭窄的范围(区域2)，浊度显著地减少。这是由吸附的物质引起电荷中和的区域，并且很容易发现颗粒电荷几乎为零。随后，混凝剂用量越高，则浊度越高，这表明颗粒的再稳定是由过量的吸附和电荷反转导致的(区域3)。最后，当药剂用量更高时，由于氢氧化物沉淀和卷扫絮凝(区域4)，溶液浊度大幅降低。值得注意的是，在区域 4 的溶液浊度要低于区域 2，表明了卷扫絮凝比电荷中和形成的絮体更大。

2.2.2 有机絮凝剂

有机高分子絮凝剂一般都是线型高分子聚合物。这类高分子聚合物是由至少一个重复单元或单体组成的长链分子。它们的分子量从几千到数百万(或达到上千单位单体)不等。

1. 基本性质

目前已有许多类型的有机高分子絮凝剂用于各种固液分离过程。概括地说，这些絮凝剂可以根据它们的带电性分成三个类型：非离子型(不带电荷)、阴离子型(带负电)、阳离子型(带正电)。在这些种类中，不同絮凝剂的化学结构、分子量以及电荷密度存在很大的差别。高分子絮凝剂商业产品如下。

非离子型：聚乙烯醇(PVA)、聚环氧乙烷(PEO)。

阴离子型：聚苯乙烯磺酸钠。

阳离子型：聚乙烯亚胺、聚烯丙基二甲基氯化铵、聚(2-乙烯基咪唑啉)。

常用的绝大多数高分子絮凝剂基本是合成制备的，如通过丙烯酰胺单体很容易聚合得到高分子量的聚丙烯酰胺(PAM)产品。聚丙烯酰胺的结构如图 2-10 所示。图 2-10(a)中聚丙烯酰胺分子结构没有离子基团，表示是一个非离子型聚合物。然而，聚丙烯酰胺主链上的酰胺基团可被水解，得到羧基，如图 2-10(b)所示。在 pH 为 5 或更高时，羧基电离产生羧基离子，从而使聚丙烯酰胺表现出阴离子特性。

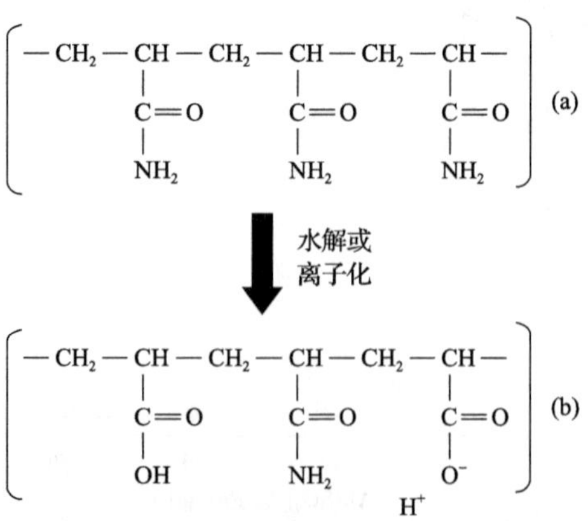

图 2-10　聚丙烯酰胺分子的片段(a)和酰胺基团水解后和羧基离子化后的片段(b)

事实上，聚丙烯酰胺在制备过程中通常会发生部分水解，因此，即使标称"非离子物质"的 PAM 也可稍带有阴离子的性质。PAM 可以通过控制水解程度调控电性，但它也可能通过丙烯酰胺和丙烯酸的共聚来产生阴离子 PAM。这种情况下，聚合物将是纯聚丙烯酸，带 100%的负电。阴离子 PAM 的电荷密度通常以百分比表示。例如，"30%电荷"表示丙烯酰胺基团的 30%以上由丙烯酸单元取代。

如果有机絮凝剂分子完全伸展，具有非常高的分子量的聚合物可以有接近 100 μm (0.1 mm)的长度。而在溶液中，聚合物无规卷曲构型的尺寸小得多，通常小于 1 μm。聚合物无规卷曲构型可认为是随机游动的，类似于布朗运动。它在溶液中具有一个聚合物的有效尺寸，如回转半径，它与分子量的平方根成比例。

如果絮凝剂单体结构有电离基团，这可能导致聚合物链的片段之间出现显著斥力，并由典型的不规则卷曲结构铺展开。水溶液中电解质的离子强度对絮凝剂分子链铺展具有重要作用(图 2-11)。

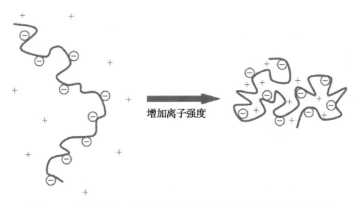

图 2-11　离子强度对溶液中阴离子的絮凝剂分子构象的影响
更高的盐浓度导致链条采取无规卷曲结构，在低盐浓度的链则更加延展

溶液中高分子絮凝剂的特征，特别是分子量，通常由光散射或黏度来反映。高分子聚合物溶液的黏度可以通过毛细流动法获得。对于固定体积的溶液，在规定条件下通过毛细管所需的时间和黏度成正比。因此，一个聚合物溶液的黏度，相对于溶剂(水)仅是流动时间的比值。溶液比黏度被定义如下：

$$\mu_{sp} = \frac{\mu - \mu_0}{\mu_0} = \frac{t - t_0}{t_0} \tag{2-6}$$

其中，μ 和 μ_0 分别为絮凝剂溶液和水的黏度；t 和 t_0 分别为对应在毛细管中的流动时间。比浓黏度是由比黏度除以聚合物浓度 c 而得：

$$\mu_{red} = \mu_{sp}/c \tag{2-7}$$

如果比黏度与浓度成正比，则比浓黏度应该是恒定的，与浓度无关。比浓黏度与浓度的关系常常是接近线性的，并且可以将线外推到浓度为零，这称为特性黏度[μ]。

通常，絮凝剂特性黏度在高盐浓度(典型的 3 mol/L NaCl)中测定，以便尽量减少电荷对聚合物构象的影响，使链呈现出无规卷曲构型。

特性黏度是与聚合物分子量相关的，Mark-Houwink 方程定义：

$$[\mu] = kM_\eta^a \tag{2-8}$$

其中，k 和 a 为经验常数，通过实验确定。对于许多聚合物，a 的值为 2/3 左右，k 为 $(1\sim 10) \times 10^{-5}$ L/g 数量级。M_η 表示黏均分子量。

特殊情况下，聚合絮凝剂只给出特性黏度值 $[\mu]$，而不是分子量值。

有机絮凝剂的另一个重要的特性是电荷密度，可以通过胶体滴定法方便地测定。电荷密度被表示为一定量的电荷基团占每单位聚合物的质量。因此，如果阳离子高分子絮凝剂被说成是"30%带电"，这通常意味着 30% 单体单元是阳离子的，70% 是非离子的。

2. 吸附作用

为了有效地发生絮凝，需要有机高分子絮凝剂被吸附在颗粒上。一般地，聚合物链在表面上的吸附比溶液无规则链的吸附更受限制，所以有一些熵损失。出于这个原因，聚合物段和表面位点之间肯定发生有利的相互作用。然而，各个片段和表面之间的吸引是弱的，因为聚合物链的吸附发生在其许多位点上，所以总的作用力强。事实上，聚合物的吸附往往非常强，而且过程是不可逆转的。

吸附作用包括以下几种类型。

(1)静电作用：当絮凝剂吸附在带相反电荷物质的表面上，如阳离子絮凝剂吸附在带负电颗粒表面，静电引力起主要作用，并且吸附力很强。絮凝剂的分子量低，吸附基本上可以是定量的。这种强吸附特点是高分子絮凝剂得以实际应用的一个重要因素。盐的浓度高可以减弱电荷的相互作用，使吸附变弱。

(2)氢键：在 PAM 和金属氧化物存在下，PAM 的酰胺基和表面羧基之间能形成氢键。

(3)疏水作用：主要由絮凝剂吸附有机链的疏水性非极性段表面产生。

(4)离子结合：在某些情况下，通过加入某些金属离子，尤其是二价离子(如钙离子)，阴离子 PAM 可以吸附在带负电颗粒的表面上，这些吸附颗粒可以通过"钙桥接"机制连接 PAM 上阴离子表面活性位置。有些带负电颗粒在钙离子浓度相当低的条件下，可以容易地被阴离子 PAM 凝聚，但不存在钙时，则无絮凝发生。

当絮凝剂分子链从溶液中吸附在物质表面上时，原来的无规则卷曲结构不再保持，结构中许多位点由于相互作用被吸附。从本质上讲，链条不再卷曲，并最终可能达到平衡配位吸附状态，如图 2-12 所示。当黏结剂聚合物链吸附到颗粒表面时，药剂片段分布可能有以下几种情况：①附着排列在其表面；②尾段投射在溶液中(每两个链)；③形成圈状，链连接在一起。

图 2-12 是常见的吸附平衡状态图，从分子链条与颗粒表面首次接触的瞬间开始，这种平衡状态可能需要一段时间来完成。

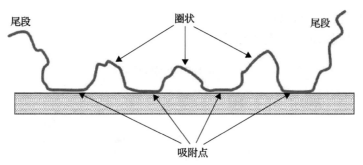

图 2-12　吸附聚合物链的平衡构象

3. 架桥絮凝作用

当絮凝剂加入到颗粒悬浮液中，单链可以附着两个或更多个颗粒。一旦絮凝剂中一个链连接到一个颗粒，与其他颗粒碰撞便可以给其他分子链一个桥接。

早期"吸附-架桥"絮凝模型被提出并加以解释此类现象。高分子絮凝剂在胶粒表面的吸附作用是通过多点吸附和粒间架桥方式与胶粒连拉在一起，形成了具有三维空间的絮状结构。后来，絮凝过程的定性反应模式被进一步提出，并补充了压缩过程的机械脱水作用，将整个絮凝过程分为七个步骤，形象地解释了聚丙烯酰胺系列高分子聚合物的"架桥"机理。

反应①：分散体系中加入有机高分子絮凝剂，絮凝剂的一端首先吸附于微粒上，而另一端伸向溶液，随时可以通过碰撞接触吸附于其他微粒，形成架桥作用，成为不稳定的微粒，产生絮团。

反应②：许多不稳定微粒上的絮凝剂分子在另一个有吸附空位的微粒上吸附，通过架桥作用实现且形成随机絮团，此时絮凝剂分子在两个微粒间发挥架桥作用，形成不规则的絮团。

反应③：不稳定微粒上的絮凝剂分子的另一端伸向溶液，在运动过程中不能及时与其他微粒碰撞接触实现架桥作用。由于絮凝剂是带有许多官能团的线型高分子聚合物，没有吸附微粒的另一端在运动过程中将会缠绕本身的微粒，并通过官能团的吸附作用覆盖微粒表面，产生分散作用，因而不能再与其他微粒实现架桥作用，同时形成稳定的微粒。

反应④：若絮凝剂用量过大，每个微粒表面均被絮凝剂分子所饱和，不再有吸附空位，絮凝剂不可能再实现架桥作用，反而由于空间位阻效应使分散体系稳定。

反应⑤：通过架桥作用形成的絮团，若还继续进行剧烈或长期的搅拌，则絮团将被打散而破裂，形成散碎的絮团。

反应⑥：散碎絮团在运动过程中，通过微粒本身所带的高分子聚合物对它进行二次吸附，形成了再次稳定的碎散絮团，由于它的分散作用，分散体系形成稳定的胶体，因而不易絮凝。

反应⑦：架桥作用所形成的松散絮团，因外部作用力不均，产生机械脱水收缩，不规则的松散絮团被压缩成絮团小球。

架桥絮凝过程示意图如图 2-13 所示。

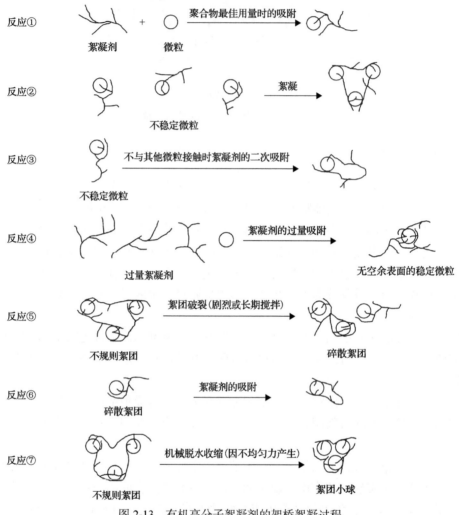

图 2-13　有机高分子絮凝剂的架桥絮凝过程

絮凝剂产生架桥絮凝作用的基本要求是，颗粒上需要有足够的未覆盖表面，以便絮凝剂的片段吸附在其表面上。换句话说，吸附量不宜过高。另外，为了使颗粒之间有效结合，吸附量不宜太低，否则颗粒之间将不足以形成"桥"。这些因素决定了最佳的絮凝剂用量。La Mer 提出，最佳用量和"半表面覆盖率"相对应。如果絮凝剂覆盖颗粒表面的部分用比例值 θ 表示，则未覆盖部分是 $1-\theta$，则成功碰撞分数(即覆盖和未覆盖之间)正比于 $\theta(1-\theta)$。当 $\theta = 0.5$，这个值具有最大值，这符合 La Mer 的"半表面覆盖"的提法。然而，对于吸附的絮凝剂，很难精确地界定"表面覆盖"。最佳絮凝通常发生在远低于饱和度(单层)的范围。

架桥絮凝的絮体(絮凝物)比无机絮凝剂形成絮体的强度强得多，这是由于有机絮凝剂连接的颗粒之间的化学键比范德瓦耳斯力强。有机高分子絮凝剂桥接产生强絮体，它们可以变得非常大，并且因为絮体是分形物体，这意味着絮体密度变低。所以经常观察到有机絮凝剂产生的絮体的开放蓬松结构。虽然有机絮凝剂桥接产生强絮体，可以承受高剪切，当絮体被破坏后，可能不容易重组絮凝。这主要是聚合物链断裂造成不可逆转絮凝的结果。

4. 絮凝动力学

絮凝剂分子需要在絮凝可能发生之前吸附在颗粒上。吸附后，聚合物链发生重排或重构，最终将达到一个平衡状态。颗粒和絮凝剂发生碰撞，从而形成聚集体或絮体，过程如图 2-14 所示。

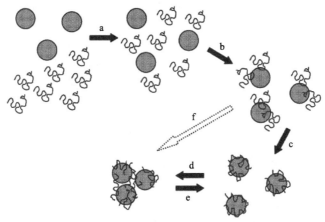

图 2-14　聚合物吸附和絮凝的步骤示意图
a. 混合；b. 吸附；c. 吸附链的重构；d. 碰撞成絮体；e. 絮体破碎；f. c+(d,e) 同时发生

这几个过程可能同时发生。絮凝剂在悬浮液中的混合是重要的一步，这取决于给药期间和给药后搅拌强度。絮凝剂溶液是黏性的，需要剧烈搅拌以实现聚合物分子快速和均匀分布在整个悬浮液中。如果混合不充分，很可能造成絮凝剂的局部用药过量并过量吸附一些颗粒，而在其他颗粒上吸附不足，吸附过剩可以使一些颗粒重新稳定。

絮凝过程可以被视为一个碰撞过程，碰撞速率依赖于传输过程。如果絮凝剂分子被假定是一个无规卷曲状的球形物，具有一定的流体力学半径，并且颗粒是均匀的球体，就可以用斯莫卢霍夫斯基的方法来计算碰撞速率。假设一个絮凝剂分子和颗粒之间的每次碰撞导致吸附，碰撞速率即是吸附速率，絮凝剂分子和颗粒的碰撞是被扩散或是被流体运动所约束的，取决于碰撞物种的尺寸和剪切速率。

絮凝剂分子和悬浮颗粒之间的碰撞速率可以用二阶速率方程式表示，如式 (2-9) 所示：

$$J_{12} = k_{12}N_1N_2 \tag{2-9}$$

其中，J_{12} 为在单位时间和单位体积内发生碰撞的次数；k_{12} 为碰撞率系数；N_1 和 N_2 分别为颗粒浓度和絮凝剂浓度（在大多数实际情况 $N_2 \gg N_1$）。

在颗粒彻底不稳定之前,絮凝剂通过架桥相互作用或电荷中和被吸附到表面。为此,假定颗粒浓度保持恒定和吸附符合一阶速率过程,则发生吸附所需要的时间可以从式(2-9)得出。随着吸附的进行,聚合物浓度在溶液中逐渐降低,吸附速率也逐渐降低。特征吸附时间 t_A 与被吸附絮凝剂的摩尔分数 f 的关系由下式给出:

$$t_A = -\frac{\ln(1-f)}{k_{12}N_1} \tag{2-10}$$

上式表明,对于低浓度颗粒体系,吸附时间将更长,并和絮凝剂初始浓度无关。此外,可以得出絮凝剂被100%吸附需要无限长的时间。

为了计算 t_A,需要有碰撞率系数 k_{12} 的表达式。对于扩散和流体运动或剪切,分别对应式(2-11)和式(2-12):

$$扩散:\qquad k_{12} = \frac{2k_BT}{3\mu}\frac{(d_1+d_2)^2}{d_1d_2} \tag{2-11}$$

$$剪切:\qquad k_{12} = \frac{G}{6}(d_1+d_2)^3 \tag{2-12}$$

其中,d_1 和 d_2 分别为颗粒与絮凝剂分子的直径。

通过对直径和剪切速率 G 的合理假设,可以从式(2-10)及相应碰撞率系数计算吸附时间。当然,吸附扩散和流体动力学同时存在,但假如其中一个影响不大,这样更方便计算吸附时间。图2-15是球状直径 1 μm 的颗粒,絮凝剂(分子量在几千到数百万范围内)卷曲直径从 10 nm 变至 1000 nm 的吸附时间结果。当颗粒浓度(N_1)被假定为 2×10^{14} 个/m³ 时,这相当于 1 μm 的颗粒体积分数大约为 100 ppm。扩散控制吸附过程的结果是在25℃的水溶液系统中获得的。那些剪切引起的吸附,剪切速率 50s⁻¹ 和 500s⁻¹ 分别是絮凝和快速混合过程中典型的值。

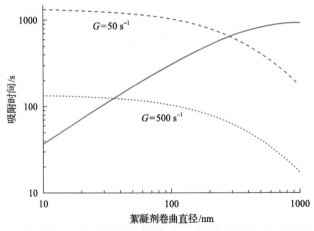

图 2-15　絮凝剂吸附时间和絮凝剂卷曲直径的关系

通过扩散运输(实线)和剪切(虚线);剪切速率见曲线上所示;颗粒的浓度为 2×10^{14} 个/m³ 时,直径为 1 μm

可见，吸附时间在扩散控制过程中随絮凝剂尺寸的增加而增加，而由于剪切作用造成吸附时间减少。絮凝剂分子大小在这两个过程具有同等意义。当 $G=50\ s^{-1}$ 时，这时絮凝剂卷曲直径在 300 nm 范围，吸附应主要被扩散控制；但对于较高的剪切速率，当絮凝剂卷曲直径大于 35 nm 时，吸附将主要取决于流体动力学条件。预测实际吸附时间比较长，甚至长达几分钟。

絮凝时间的长短实际上取决于颗粒间的碰撞速率和相应的吸附时间。颗粒的絮凝可以通过碰撞之间的平均时间来表征，如

$$t_F = \frac{2}{k_{11}N_1} \tag{2-13}$$

其中，t_F 为一个特性絮凝时间；因子 2 存在是因为碰撞率系数 k_{11} 是聚集率系数 k_a 的两倍，碰撞率系数 k_{11} 通过式 (2-11) 和式 (2-12) 中 $d_1=d_2$ 计算。

如图 2-15 所示，在相同颗粒浓度和剪切速率条件下，可以计算出以下 t_F 和 t_A 值 (t_A 值对应直径 100 nm 的絮凝剂)：

扩散：$t_F=815\ s$，$t_A=310\ s$；

剪切，$G=50\ s^{-1}$：$t_F=150\ s$，$t_A=310\ s$；

剪切，$G=500\ s^{-1}$：$t_F=15\ s$，$t_A=104\ s$。

对于仅仅存在扩散条件 (没有施加剪切力) 的絮凝体系，大多数颗粒在经历一次碰撞之前优先被吸附，所以吸附不会是限制步骤。然而，剪切引起的颗粒碰撞更加迅速，并且吸附时间比絮凝时间长。对絮凝剂而言，$G=50\ s^{-1}$ 时，传输过程最有效，但吸附时间 (310 s) 约为絮凝时间的两倍。在较高的剪切速率下，吸附和絮凝速率都取决于剪切，但 t_A 是 t_F 的约 7 倍。这意味着，在絮凝剂达到充分脱稳之前，颗粒会与其他颗粒平均经历 7 次碰撞。

2.3　新型药剂在泡沫提取中的作用

在泡沫提取技术开发过程中，我们开发了一系列新型高效药剂，这类药剂可以同时发挥螯合作用、表面活性作用，也可以发挥混凝絮凝作用。甚至，腐植酸 (HA) 螯合剂、铁 (Fe^{3+}) 基絮凝剂、表面活性剂 (CTAB) 三者起到非常好的协同作用。其中，以 HA 作为螯合剂与金属离子 Cu^{2+}、Pb^{2+}、Zn^{2+} 作用后发现，沉淀絮体颗粒 MHA (M 表示金属) 粒径较小，尤其是对于溶液中低浓度的金属离子，其形成的颗粒粒径低于 10 μm，不利于后期泡沫提取，需对其调控生长成为大尺寸絮体沉淀物。由于沉淀絮体颗粒 MHA 表面 Zeta 电位呈电负性，而 Fe^{3+} 基絮凝剂在溶液中带正电，再通过 Fe(Ⅲ) 与 HA 之间强烈的电荷中和键合作用，螯合沉淀溶液中引入 Fe^{3+} 基絮凝剂有助于沉淀絮体颗粒 MHA 的进一步长大。

2.3.1　Fe^{3+} 基絮凝剂的作用

Fe^{3+} 用量对沉淀絮体颗粒平均粒径影响规律以及 Fe^{3+} 用量对沉淀絮体颗粒 MHA-Fe

表面 Zeta 电位的影响规律如图 2-16 所示。

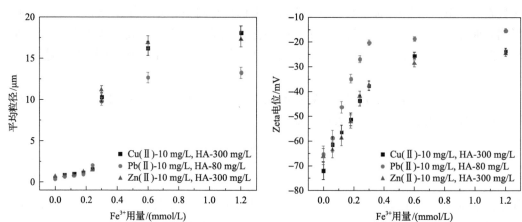

图 2-16　Fe^{3+} 用量对沉淀絮体颗粒 MHA-Fe 平均粒径(a) 和 Zeta 电位(b)的影响

由图 2-16 可以看出，随着 Fe^{3+} 用量的增加，沉淀絮体颗粒 MHA-Fe 的平均粒径呈现出先增大后趋于稳定的趋势，颗粒尺寸显著增大。对于 10 mg/L 的低浓度 Cu^{2+}、Pb^{2+}、Zn^{2+} 金属离子沉淀絮体而言，Fe^{3+} 用量由 0 mmol/L 增大到 0.30 mmol/L 时，Cu(Ⅱ)/Pb(Ⅱ)/Zn(Ⅱ)-HA 的平均粒径分别由 0.5 μm、0.4 μm 和 0.7 μm 增大到 10.3 μm、9.8 μm 和 11.2 μm。继续增加 Fe^{3+} 的用量至 1.20 mmol/L 以上时，沉淀絮体颗粒的平均粒径分别稳定在 18.1 μm、13.3 μm 和 17.3 μm。可见，较低用量的 Fe^{3+} 对沉淀絮体颗粒的粒径的生长调控作用存在局限性，当 Fe^{3+} 的用量增大到一定程度，则对沉淀絮体颗粒有显著的调控增大作用。

同时可以看出，在溶液环境中，沉淀絮体颗粒表面 Zeta 电位是影响絮体生长的重要因素，沉淀絮体颗粒表面 Zeta 电位的电负性随着 Fe^{3+} 用量的增加而呈现出先显著减小后趋于稳定的变化趋势。具体而言，Cu(Ⅱ)/Pb(Ⅱ)/Zn(Ⅱ)-HA-Fe 沉淀絮体颗粒表面 Zeta 电位分别由不加 Fe^{3+} 时的–71.87 mV、–65.28 mV 和–66.15 mV 变化至 Fe^{3+} 用量为 0.3 mmol/L 时的–37.72 mV、–20.33 mV 和 –37.45 mV。继续增加 Fe^{3+} 用量至 1.2 mmol/L 时，三种沉淀絮体产物的表面 Zeta 电位稳定在 –23.71 mV、–15.39 mV 和 –24.62 mV。沉淀絮体颗粒表面 Zeta 电位的绝对值显著减小，向趋于"零电点"的方向靠近，这说明颗粒间的静电斥力作用显著降低，因而沉淀絮体颗粒更易于聚集生长成为大尺寸沉淀絮体。

研究表明，Fe^{3+} 基絮凝剂对 MHA 沉淀絮体颗粒的粒径和表面 Zeta 电位有良好的混凝调控作用。它的作用机制，一方面在于 Fe^{3+} 对沉淀絮体颗粒的静电引力作用，另一方面在 pH>4.0 以上的溶液条件下，Fe^{3+} 水解生成的羟基络合物对二价金属离子又有一定的共沉淀作用和吸附作用。

2.3.2　阳离子表面活性剂的作用

除此之外，阳离子表面活性剂在溶液中同样带有正电，对于 HA 与重金属离子的螯合颗粒同样具有键合作用。因此我们同样采用阳离子表面活性剂(同时也作为捕收剂作用)对沉淀絮体颗粒进行絮凝生长调控，并在过程中对沉淀絮体颗粒的粒径和 Zeta 电位变化规律进行研究。

对于浓度 10 mg/L 的 Cu(Ⅱ)、Pb(Ⅱ)、Zn(Ⅱ)溶液与 HA 形成的螯合沉淀 MHA，在溶液 pH=5.0 的条件下分别加入 20～800 mg/L 的 DTAB、CTAB、STAB 表面活性剂，反应 30 min 后分别统计沉淀絮体颗粒的平均粒径和表面 Zeta 电位值。三种不同烃基链长表面活性药剂加入到 MHA 螯合沉淀溶液中经 500 r/min 搅拌 30 min 后，沉淀絮体颗粒平均粒径变化如图 2-17 所示。

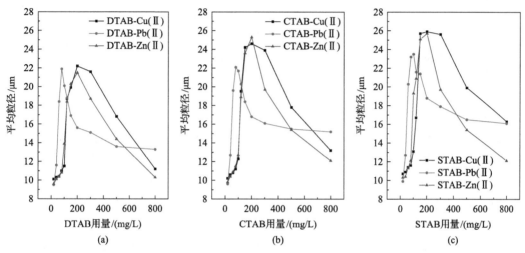

图 2-17　DTAB、CTAB、STAB 用量对沉淀絮体颗粒 MHA 粒径的影响
(a)DTAB 用量的影响；(b)CTAB 用量的影响；(c)STAB 用量的影响

由图 2-17 可知，DTAB、CTAB、STAB 三种阳离子表面活性剂对沉淀絮体颗粒 MHA 粒径影响显著，对于沉淀絮体颗粒的粒径有较为显著的调控作用。随着三种阳离子表面活性剂用量的增加，沉淀絮体颗粒平均粒径呈现出先增加后减小的总体变化规律。对于三种金属离子与 HA 的螯合沉淀而言，在加入 DTAB 药剂分别为 200 mg/L、80 mg/L 和 200 mg/L 时，与 Cu(Ⅱ)/Pb(Ⅱ)/Zn(Ⅱ)-HA 螯合沉淀颗粒作用后产生沉淀絮体颗粒的平均尺寸最大值分别为 22.2 μm、21.9 μm 和 21.5 μm。相应的 CTAB 对 Cu(Ⅱ)/Pb(Ⅱ)/Zn(Ⅱ)-HA 螯合沉淀作用后，产生的沉淀絮体颗粒平均粒径最大值分别为 24.6 μm、22.1 μm 和 25.3 μm。STAB 对 Cu(Ⅱ)/Pb(Ⅱ)/Zn(Ⅱ)-HA 螯合沉淀作用后，产生的沉淀絮体颗粒平均粒径最大值分别为 25.9 μm、23.5 μm 和 25.7 μm。显然，在三种药剂用量相同的条件下，对沉淀颗粒 MHA 平均粒径调控作用的强弱顺序分别为 STAB＞CTAB＞DTAB，表明阳离子表面活性剂的烃基链越长，得到的沉淀絮体颗粒尺寸越大。

加入三种阳离子表面活性剂后，测定沉淀絮体颗粒 MHA 表面的 Zeta 电位值的变化规律如图 2-18 所示。

可见，DTAB、CTAB、STAB 三种阳离子表面活性剂对沉淀絮体颗粒 MHA 表面 Zeta 电位影响显著，对于沉淀絮体颗粒表面电负性具有明显的调控作用。随着阳离子表面活

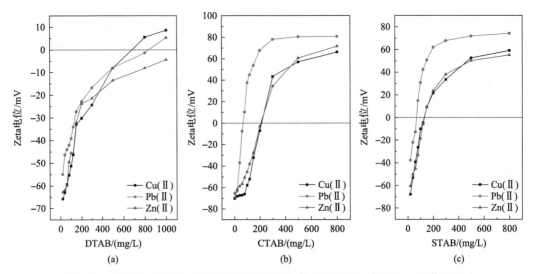

图 2-18　DTAB、CTAB、STAB 用量对沉淀絮体颗粒 MHA 表面 Zeta 电位的影响

(a)DTAB 用量的影响；(b)CTAB 用量的影响；(c)STAB 用量的影响

性剂用量的增加，原本带有较高负电位的 Cu(Ⅱ)/Pb(Ⅱ)/Zn(Ⅱ)-HA 沉淀絮体颗粒表面电负性明显降低，其电负性趋于向"零电点"附近靠近。当沉淀絮体颗粒表面 Zeta 电位达到"零电点"时，药剂用量大小顺序为 DTAB＞CTAB＞STAB。这可以说明，表面活性剂烃基链越长，它对沉淀絮体颗粒表面的静电吸附作用越强，进而越有利于沉淀絮体颗粒的生长。

　　综上可知，适量阳离子表面活性剂能够有效降低腐植酸基药剂与金属离子沉淀絮体颗粒的表面电负性，进而使沉淀絮体颗粒变大。但是过量的阳离子表面活性剂会使得沉淀絮体颗粒表面 Zeta 电位的电性反转，由表面负电位变化为正电位。随着阳离子表面活性剂用量的进一步增加，其表面正电性越来越强，这同样会使沉淀絮体颗粒间的静电斥力作用增强，颗粒难以聚集生长，进而使得沉淀絮体颗粒平均粒径降低。

2.3.3　不同药剂间的作用方式探讨

　　比较而言，Fe^{3+} 基絮凝剂对沉淀絮体颗粒 MHA 的生长调控作用弱于有机表面活性剂，但是调控沉淀絮体颗粒表面 Zeta 电位接近"零电点"附近所需的 Fe^{3+} 用量明显低于 DTAB/CTAB/STAB。阳离子表面活性剂和 Cu(Ⅱ)、Pb(Ⅱ)、Zn(Ⅱ) 与 HA 作用生成沉淀的主要作用机理与 Fe^{3+} 基絮凝剂的作用机制相似，均存在静电引力作用。但由于 Fe(Ⅲ) 独特的性质，Fe^{3+} 基絮凝剂对于沉淀絮体颗粒 MHA 的生长调控作用相对阳离子表面活性剂具有优势。Fe^{3+} 基絮凝剂对沉淀絮体颗粒 MHA 的生长调控作用弱于阳离子表面活性剂，但是调控沉淀絮体颗粒表面 Zeta 电位接近"零电点"附近所需的用量明显更低。然而在后续微泡提取过程中，CTAB 将作为捕收剂对沉淀产物进行浮选分离，并且其对 MHA-Fe 沉淀絮体有进一步的颗粒调控作用。因此在这一过程中，我们采用阳离子表面活性剂 CTAB 和 Fe^{3+} 絮凝剂的复配方式，来实现沉淀絮体的混凝生长过程协同调控。

　　在浓度为 10 mg/L 的 Cu(Ⅱ)、Pb(Ⅱ)、Zn(Ⅱ) 先后与腐植酸基药剂 HA、Fe^{3+} 和

CTAB 作用后产生沉淀絮体颗粒的粒径显著不同，低浓度离子难以形成大尺寸沉淀絮体颗粒，而高浓度金属离子产生的沉淀絮体颗粒尺寸则相对较大。针对浓度 10～100 mg/L 的 Cu(Ⅱ)、Pb(Ⅱ)、Zn(Ⅱ)溶液，在 pH=6.0、HA 用量 80～1500 mg/L、Fe^{3+}用量为 0.2～1.2 mmol/L、CTAB 用量为 60～300 mg/L 的最佳反应条件下，对相应沉淀絮体颗粒粒径进行统计计算，得到沉淀-絮体调控-浮选分离三个阶段沉淀絮体颗粒的粒径变化规律如图 2-19 所示。

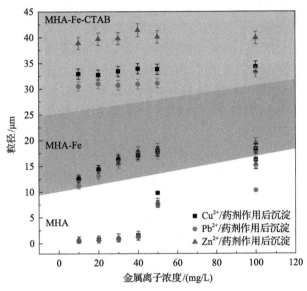

图 2-19　不同浓度 Cu^{2+}、Pb^{2+}、Zn^{2+} 金属离子与药剂作用后沉淀絮体颗粒粒径变化规律

由图 2-19 可以明显看出，浓度为 10～100 mg/L 的 Cu(Ⅱ)、Pb(Ⅱ)、Zn(Ⅱ)先后与腐植酸基药剂 HA、Fe^{3+} 和 CTAB 作用后，形成的沉淀絮体颗粒 MHA、MHA-Fe 和 MHA-Fe-CTAB 粒径明显是一个逐步生长变大的过程。其中 MHA 的粒径范围在 15 μm 以下，而加入 Fe^{3+} 后形成的 MHA-Fe 粒径范围在 10～20 μm，进一步加入 CTAB 后形成的 MHA-Fe-CTAB 粒径范围在 30～40 μm。

三个阶段中，沉淀絮体颗粒 MHA 和 MHA-Fe 的粒径都是随着金属离子浓度的增加而呈现先增大后趋于稳定的变化趋势。金属离子浓度小于 50 mg/L 时，沉淀絮体颗粒 MHA 粒径范围小于 2.0 μm，加入 Fe^{3+} 后沉淀絮体颗粒粒径可至 10.0～20.0 μm。结合前述分析可知，其原因在于较低浓度下金属离子与 HA 作用过程中化学传质作用相对较弱，而螯合产生沉淀絮体颗粒的 Zeta 电位电负性较强(-71.74～-24.55 mV)，沉淀絮体颗粒间静电斥力作用较强，且 HA 与 Cu(Ⅱ)、Pb(Ⅱ)、Zn(Ⅱ)反应的条件稳定常数较小(0.24～1.54)，因而沉淀絮体颗粒难以进一步聚集生成大尺寸沉淀絮体颗粒。而 Fe^{3+} 对 MHA 的调控生长作用机制主要在于 Fe^{3+} 与 HA 反应的条件稳定常数更大(1.02～3.01)，与 HA 作用过程中的化学形态更为多样(单齿配体和双齿配体)，对颗粒表面 Zeta 电位的电负性降低作用更显著。过量 Fe^{3+} 在溶液 pH 中性范围内，水解作用产生的氢氧化物沉淀絮体对二价金属离子具有共沉淀作用，能够进一步对微细沉淀颗粒产生吸附和颗粒增大作用。

因此，Fe^{3+}对不同浓度 Cu(Ⅱ)、Pb(Ⅱ)、Zn(Ⅱ)与 HA 产生的沉淀絮体颗粒 MHA 粒径具有明显的调控生长作用。

对于 Cu(Ⅱ)、Pb(Ⅱ)、Zn(Ⅱ)三种金属离子的沉淀絮体颗粒而言，加入相应浓度的 CTAB 后，经过 Fe^{3+} 调控生长的不同浓度金属离子沉淀絮体颗粒进一步生长成为更大尺寸粒径的沉淀絮体颗粒 MHA-Fe-CTAB，其粒径分别增大到 32.9～35.0 μm、30.5～33.5 μm 和38.9～41.3 μm。沉淀絮体颗粒粒径随浓度增加保持基本稳定不变的趋势，这说明经过阳离子表面活性剂进一步调控后的沉淀絮体颗粒粒径大小较为稳定。

结合前述阳离子表面活性剂 CTAB 对沉淀絮体颗粒表面 Zeta 电位影响可知，表面活性剂对沉淀絮体颗粒 MHA-Fe 进一步调控生长的机制主要是由于 CTAB 表面活性剂水解后的烃基链极性基团带正电，对于带负电的沉淀絮体颗粒 MHA-Fe 具有强烈的吸附电中和作用，使得形成的 MHA-Fe-CTAB 颗粒表面 Zeta 电位绝对值进一步降低至"零电点"附近，因而使得颗粒间的静电斥力作用降低，静电引力作用增强，沉淀絮体颗粒更容易聚集生成大尺寸沉淀絮体颗粒。

2.4　新型泡沫提取药剂的分子设计

各类表面化学药剂在泡沫提取过程中发挥着举足轻重的作用。在螯合沉淀、混凝絮凝、气泡捕捉、浮选分离过程中，它们都促使泡沫提取方法表现出与其他方法的显著差异和优势。针对泡沫提取方法特点，开发设计高性能药剂是提高该方法效果的关键。对于任何一种表面活性药剂，它的结构决定了性能。国内外学者运用量子化学、分子轨道理论、同分异构理论、螯合理论进行药剂分子结构与性能的定量构效关系及药剂作用机理的研究，为新药剂的开发与应用提供了重要的理论指导。

与传统选矿类似，泡沫提取药剂分子结构中的极性基团主要取决于药剂的价键因素，而价键因素可以用基团的电负性、分子轨道指数和能量判据进行表征。基团电负性计算、分子轨道计算和能量判据计算是进行药剂极性基团设计的主要方法[54,55]。基团电负性计算简便且有效，是目前设计极性基团的主要方法。但就计算结果的精确程度来说，分子轨道计算和能量判据计算更加精确，但其计算过程相对复杂。

近年来，量子化学计算及分子动力学模拟成为一种新的药剂分子设计方法。首先设计构建药剂分子与离子或颗粒模型，然后运用量子化学或分子动力学模拟药剂分子与离子或颗粒表面的作用过程，通过计算药剂分子与离子或颗粒的作用能，判断药剂分子的作用强度及选择性，从而进行药剂筛选及设计。通过量子化学计算，还可以获得药剂分子的结构和各种化学性质参数，如原子电荷、态密度、前线轨道等，进而推断药剂分子的作用机理。

2.4.1　矿源腐植酸基药剂的分子设计

矿源腐植物质(腐植酸)被认为是一种具有应用前景的金属离子螯合沉淀剂，兼具絮凝作用。郑州大学团队以廉价易得的低品质褐煤为原料，通过化学提取及改性方法制备了一系列煤基工业药剂。在此基础上，团队结合量子化学计算、分子动力学模拟等微观研究方法，设计并制备出一种腐植酸基泡沫提取药剂。本节重点阐述改性腐植酸基药剂设计及研究进展。

众所周知，腐植酸是分子量超过 100000，并且没有固定化学结构的大分子有机化合物。因此，寻找可以模拟腐植酸所有物理化学性质的理想模型非常困难[56,57]。考虑到计算难度和药剂分子性质需求，我们采用芳环和支链上具有一定羧基和酚羟基的 Buffle 链状腐植酸结构模型，如图 2-20 所示。

图 2-20　Buffle 链状腐植酸结构模型[58]

灰色：碳原子；红色：氧原子；白色：氢原子

首先构建了水合铜（Ⅱ）、锌（Ⅱ）及腐植酸结构模型并进行结构优化，分子动力学模拟计算流程如图 2-21 所示。几何优化采用 Smart 算法，能量收敛标准为 1×10^{-4} kcal/mol。采用 Materials Studio 2017 软件的 Adsorption Locator 模块进行 Monte Carlo（MC）搜索，确定铜（Ⅱ）、锌（Ⅱ）在腐植酸表面最优吸附构型；然后在 NVT 系综、298 K 下，采用 Forcite 模块对最优吸附构型进行 100 ns 分子动力学（MD）模拟[59]。分别通过 group-based 和 Ewald 求和方法计算范德瓦耳斯力和静电作用能，非键截断距离为 1.55 nm[60]。

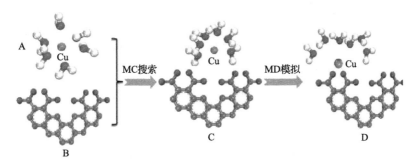

图 2-21　分子动力学模拟计算流程图

灰色：碳原子；红色：氧原子；白色：氢原子；棕色：铜原子

基于 Materials Studio 2017 软件的 DMol3 模块，对腐植酸基药剂与铜（Ⅱ）、锌（Ⅱ）作用体系进行态密度、静电位、前线轨道能量等相关量子化学计算[61]。计算过程采用交换关联泛函 GGA-PW91 和全电子极化原子轨道基组（DNP）[62]。为了更准确地描述范德瓦耳斯作用，计算过程采用 Ortmann、Bechstedt 和 Schmidt（OBS）提出的色散校正项

DFT-D[63]。此外，为加快计算过程中的收敛速度，拖尾（smearing）值设为 0.005 Ha（1Ha= 27.2114eV）。结构优化及能量计算收敛标准如表 2-5 所示。

表 2-5 结构优化及能量计算收敛标准

收敛判据参数	精度
最大位移	0.005 Å
最大力	0.002 Ha/Å
最大能量变化	1.0×10^{-5} eV/atom
自洽场（SCF）	1.0×10^{-6} eV/atom

日本化学家福井谦一提出了前线轨道理论，分子中存在一系列能级从低到高排列的分子轨道，在构成分子的众多轨道中，分子的性质主要由活泼的分子前线轨道决定[64]。能量最高的分子轨道称为最高占据分子轨道（highest occupied molecular orbital，HOMO），能量最低的分子轨道称为最低未占据分子轨道（lowest unoccupied molecular orbital，LUMO）。按照化学势原则，电子转移是从高轨道向低轨道，轨道越低，电子越稳定，反之轨道越高，电子越不稳定。HOMO 的电子能量最高，所受束缚最小，最容易发生电子跃迁，因此 HOMO 具有优先提供电子的作用；LUMO 在所有未占据轨道中能量最低，因而 LUMO 具有优先接受电子的作用[65]。当分子间发生化学反应时，分子轨道会发生相互作用，电子可以从一种分子的 HOMO 转移到其他分子的 LUMO，如图 2-22 所示。此外，HOMO 与 LUMO 之间的带隙（$\Delta E = E_{LUMO} - E_{HOMO}$），即稳定化能是表征分子稳定性的重要参数。稳定化能反映了电子从 HOMO 向 LUMO 发生跃迁的能力，可以间接表示分子参与化学反应的能力。稳定化能越高，腐植酸与铜（Ⅱ）、锌（Ⅱ）相互作用越强，形成的吸附产物越稳定[66]。

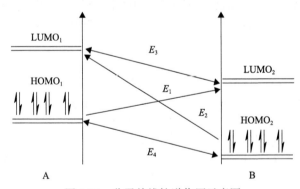

图 2-22 分子前线轨道作用示意图

药剂分子设计中的螯合理论是基于螯合剂的高稳定性、选择性和专属性等特性[67]。1971 年，意大利矿物加工研究所（CNR）首次采用螯合剂作为浮选捕收剂[68]。根据化学键配位理论，腐植酸羧基、酚羟基中的氧原子可以提供孤对电子，而常见的金属离子[如 Cu（Ⅱ）、Zn（Ⅱ）]d 轨道上具有空轨道，导致这些酸性基团可以与金属离子以配位键的形式形成金属离子配合物。

基于前线轨道理论，采用 Materials Studio 2017 软件的 DMol3 模块对腐植酸与

Cu（Ⅱ）、Zn（Ⅱ）配合物，以及腐植酸基药剂与 Cu（Ⅱ）、Zn（Ⅱ）配合物的稳定构型、前线轨道能量分布以及稳定化能（$\Delta E = E_{LUMO} - E_{HOMO}$）进行计算，根据稳定化能判据确定需要引入的化学活性官能团。首先对腐植酸中常见羧基、酚羟基等酸性基团与 Cu（Ⅱ）、Zn（Ⅱ）形成金属离子配合物的能力进行计算。腐植酸中羧基、酚羟基与 Cu（Ⅱ）、Zn（Ⅱ）配合物的稳定构型、前线轨道能量分布以及稳定化能计算结果如图 2-23 所示。

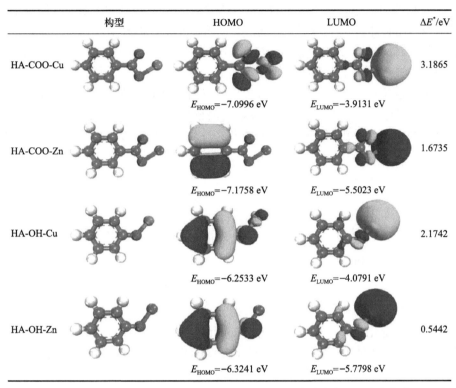

图 2-23　腐植酸（HA）酸性基团对 Cu（Ⅱ）、Zn（Ⅱ）前线轨道分布以及稳定化能的影响
灰色：碳原子；红色：氧原子；白色：氢原子；棕色：铜原子；青蓝：锌原子
*此数据为四舍五入得出

　　从图 2-23 可以看出，腐植酸中羧基、酚羟基与 Cu（Ⅱ）、Zn（Ⅱ）配合物的 HOMO 和 LUMO 电子云分布不尽相同。根据分子前线轨道理论，HOMO 轨道和 LUMO 轨道能量越接近，轨道重叠程度越大，轨道间相互作用越强，形成配合物的稳定化能越大[65]。对羧基而言，腐植酸中羧基与 Cu（Ⅱ）配合物的 HOMO 和 LUMO 均分布在羧基氧原子与 Cu（Ⅱ）形成的复合物上，配合物的 HOMO 与 LUMO 电子云重叠程度较大，因此羧基与 Cu（Ⅱ）形成的金属离子配合物具有较大的稳定化能。而羧基与 Zn（Ⅱ）配合物的 HOMO 主要分布在腐植酸碳骨架的苯环上，LUMO 主要分布在羧基氧原子与 Zn（Ⅱ）形成的复合物上，HOMO 与 LUMO 电子云几乎没有重叠，故羧基与 Zn（Ⅱ）配合物的稳定化能较小。同时看出，羧基与 Cu（Ⅱ）配合物的稳定化能为 3.1865 eV，而羧基与 Zn（Ⅱ）配合物的稳定化能为 1.6735 eV。对酚羟基而言，酚羟基与 Cu（Ⅱ）、Zn（Ⅱ）配合物的 HOMO 主要分布在腐植酸碳骨架的苯环上，LUMO 主要分布在 Cu（Ⅱ）、Zn（Ⅱ）上。由于酚羟基与

Cu(Ⅱ)、Zn(Ⅱ)配合物的 HOMO 与 LUMO 电子云重叠程度较小，故酚羟基与 Cu(Ⅱ)、Zn(Ⅱ)配合物具有较小的稳定化能，致使酚羟基与 Cu(Ⅱ)、Zn(Ⅱ)较难形成稳定的金属离子配合物。酚羟基对 Cu(Ⅱ)、Zn(Ⅱ)配合物的稳定化能分别为 2.1742 eV 和 0.5442 eV，远低于羧基与 Cu(Ⅱ)、Zn(Ⅱ)配合物的稳定化能。

受腐植酸中酚羟基与 Cu(Ⅱ)、Zn(Ⅱ)配合物的稳定化能远低于羧基与 Cu(Ⅱ)、Zn(Ⅱ)配合物的稳定化能以及腐植酸分子中存在大量的酚羟基的启发，我们提出一种新药剂设计及制备策略。这个新策略是通过化学方法消耗掉腐植酸中大量的酚羟基，同时引入更多与金属离子结合能力较强的羧基。这样一方面可以增强腐植酸与金属离子间的静电作用，促进金属离子与腐植酸的吸附；另一方面通过引入大量的羧基可以提供更多的金属离子结合位点，进一步增强腐植酸与金属离子形成配合物的能力。通过查阅大量文献，团队发现柠檬酸由于廉价易得，O/C 比值较高，含有大量的羧基，可以作为理想的腐植酸改性剂。进而，我们通过将腐植酸中的酚羟基与柠檬酸中的羧基在特殊条件下进行酯化反应，如图 2-24 所示，获得了新型改性腐植酸基药剂[69,70]。

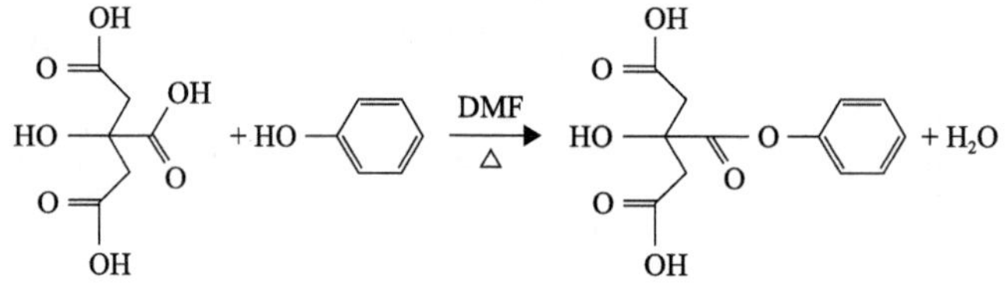

图 2-24　腐植酸基药剂的改性制备原理

新型腐植酸基药剂中羧基、酚羟基与铜(Ⅱ)、锌(Ⅱ)配合物的稳定构型、前线轨道能量分布以及稳定化能的计算结果如图 2-25 所示。从图 2-25 可以看出，新型腐植酸基药剂中羧基、酚羟基对铜(Ⅱ)、锌(Ⅱ)配合物的 HOMO 和 LUMO 电子云分布不尽相同。对酚羟基改性而言，腐植酸基药剂对铜(Ⅱ)的 HOMO 和 LUMO 均分布在羧基与铜(Ⅱ)形成的复合物上，前线轨道重叠程度极大，故新型腐植酸基药剂可以与铜(Ⅱ)形成稳定的金属离子配合物。而新型腐植酸基药剂与锌(Ⅱ)配合物的 HOMO 主要分布在药剂碳骨架的苯环上，LUMO 主要分布在锌(Ⅱ)上，并且 LUMO 电子云密度极大，前线轨道几乎没有重叠，因此新型腐植酸基药剂与锌(Ⅱ)相互作用较弱。

从图 2-25 中稳定化能结果还可以看出，新型药剂与铜(Ⅱ)、锌(Ⅱ)配合物的稳定化能分别为 3.4586 eV 和 1.0068 eV。而对于羧基改性而言，腐植酸基药剂与铜(Ⅱ)配合物的 HOMO 和 LUMO 均分布在羧基与铜(Ⅱ)形成的复合物上，前线轨道重叠程度较大，故新型药剂与铜(Ⅱ)具有较强的相互作用，可以形成稳定的配合物。新型药剂与锌(Ⅱ)配合物的 HOMO 主要分布在腐植酸基药剂碳骨架的苯环上，LUMO 主要分布在锌(Ⅱ)上，前线轨道几乎没有重叠，相互作用较弱，故较难形成稳定的配合物。

为进一步研究新型药剂与铜(Ⅱ)、锌(Ⅱ)的相互作用，采用静电位主要性能参数作为分析新型腐植酸基药剂与铜(Ⅱ)、锌(Ⅱ)的作用机理。通过分析药剂及其与金属配合物的静电位变化，可以确定药剂表面潜在的金属离子结合位点以及电荷转移趋势。静电位颜色较深的区域表明具有较高的电荷密度，对金属离子有较强的吸附作用[71]。

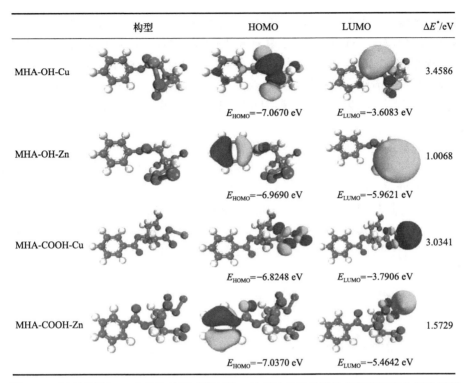

构型	HOMO	LUMO	ΔE^*/eV
MHA-OH-Cu	$E_{HOMO}=-7.0670\ eV$	$E_{LUMO}=-3.6083\ eV$	3.4586
MHA-OH-Zn	$E_{HOMO}=-6.9690\ eV$	$E_{LUMO}=-5.9621\ eV$	1.0068
MHA-COOH-Cu	$E_{HOMO}=-6.8248\ eV$	$E_{LUMO}=-3.7906\ eV$	3.0341
MHA-COOH-Zn	$E_{HOMO}=-7.0370\ eV$	$E_{LUMO}=-5.4642\ eV$	1.5729

图 2-25　新型药剂（MHA）酸性基团对铜（Ⅱ）、锌（Ⅱ）前线轨道分布以及稳定化能的影响

灰色：碳原子；红色：氧原子；白色：氢原子；棕色：铜原子；青蓝：锌原子

＊此数据为四舍五入得出

腐植酸基药剂与铜（Ⅱ）、锌（Ⅱ）配合物静电位变化如图 2-26 所示。从图 2-26（a）可

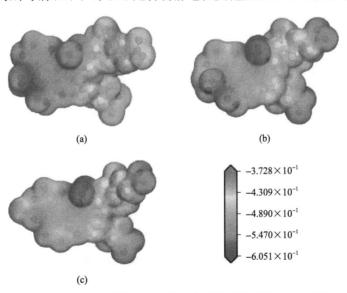

(a)　　　　　　(b)

-3.728×10^{-1}

-4.309×10^{-1}

-4.890×10^{-1}

-5.470×10^{-1}

-6.051×10^{-1}

(c)

图 2-26　腐植酸基药剂与铜（Ⅱ）、锌（Ⅱ）配合物的静电位变化

(a)腐植酸；(b)腐植酸-铜（Ⅱ）；(c)腐植酸-锌（Ⅱ）

灰色：碳原子；红色：氧原子；白色：氢原子；棕色：铜原子；青蓝：锌原子

以看出，药剂碳骨架上两个羧基之间的区域具有较高的负电荷密度，该区域可能是潜在的金属离子结合位点。而药剂支链上具有较低的电荷密度，对金属离子的相互作用较弱。由图 2-26(b)和图 2-26(c)可知，铜(Ⅱ)、锌(Ⅱ)主要吸附在两个羧基之间负电荷密度较高的区域，并且随着铜(Ⅱ)、锌(Ⅱ)在药剂表面的吸附，负电中心发生转移，药剂表面的负电荷密度降低。结果表明，在药剂与铜(Ⅱ)、锌(Ⅱ)吸附过程中，羧基起着至关重要的作用。

新型药剂与铜(Ⅱ)、锌(Ⅱ)配合物的静电位变化如图 2-27 所示。比较而言，药剂碳骨架上羧基之间的区域具有更高的负电荷密度，表明药剂对金属离子具有更强的结合能力[72]。而未改性腐植酸基药剂支链由于存在较强的静电斥力作用，对金属离子的吸引力较弱。铜(Ⅱ)、锌(Ⅱ)主要吸附在两个羧基之间负电荷密度较高的区域，并且随着铜(Ⅱ)、锌(Ⅱ)在新型腐植酸基药剂表面的吸附，药剂表面的负电荷密度逐渐降低，仍表明羧基在新型药剂与铜(Ⅱ)、锌(Ⅱ)相互作用过程中起主导作用。

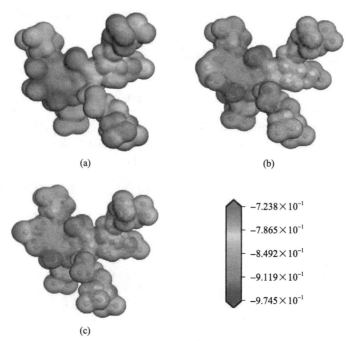

图 2-27　新型药剂与铜(Ⅱ)、锌(Ⅱ)配合物的静电位变化
(a)腐植酸基药剂；(b)腐植酸基药剂-铜(Ⅱ)；(c)腐植酸基药剂-锌(Ⅱ)
灰色：碳原子；红色：氧原子；白色：氢原子；棕色：铜原子；青蓝：锌原子

从上述研究可知，由于新型设计的药剂对铜(Ⅱ)的前线轨道重叠程度较大，致使药剂与铜(Ⅱ)相互作用增强，而药剂对锌(Ⅱ)的相互作用稍微增加。通过分子设计理论计算结果表明，相比于普通腐植酸基药剂，新型设计的改性药剂与金属离子的相互作用更强。

2.4.2　新型药剂的性质、性能及应用前景

通过化学提取的矿源腐植酸及后续改性制备出的新型改性腐植酸基药剂的官能团组

成、光密度比分别如表 2-6、表 2-7 所示。

表 2-6 矿源腐植酸及新型改性腐植酸基药剂的官能团组成 （单位：%）

来源	总酸性	COOH	OH$_{pH}$	OH$_{tot}$	OH$_{alc}$	C=O$_{qui}$	C=O	OCH$_3$
矿源腐植酸	6.59	3.96	2.63	4.01	1.36	1.8	2.3	0.23
新型改性药剂	7.37	4.9	2.47	3.96	1.45	3.03	2.01	0.21

表 2-7 矿源腐植酸及新型改性腐植酸基药剂的光密度比

	光密度比	拟合参数	R^2
矿源腐植酸	3.53	$a=-1.072$，$b=6.667\times10^{-4}$	0.999
新型改性药剂	3.47	$a=-0.975$，$b=6.564\times10^{-4}$	1.000

矿源腐植酸与新型改性腐植酸基药剂的表面形貌如图 2-28 所示。

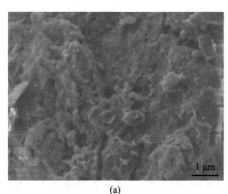 

图 2-28 矿源腐植酸(a)与新型改性腐植酸基药剂(b)的扫描电镜图

研究发现，腐植酸表面粗糙，结构相对密实。而通过分子设计制备的新型药剂表面疏松多孔，呈现卷曲絮状形态，孔结构丰富且向药剂内部延伸，孔结构的打开为金属离子提供了更多的结合位点，因此更有利于药剂与金属离子的相互作用。

矿源腐植酸和新型改性腐植酸基药剂的红外光谱如图 2-29 所示。

从图 2-29 可以看出，矿源腐植酸和新型药剂在 1708.23 cm^{-1} 和 3426.42 cm^{-1} 处都存在明显的特征吸收峰。1708.23 cm^{-1} 处吸收峰，主要是腐植酸羧基中 C=O 的特征振动峰[73]。而 3000~3500 cm^{-1} 处长且宽的特征吸收峰，归因于腐植酸酚羟基—OH 特征振动[74]。相比于腐植酸的红外光谱，新型药剂在 1616.53 cm^{-1}、1378.15 cm^{-1} 和 1032.19 cm^{-1} 处出现了较强的特征吸收峰。在 1616.53 cm^{-1} 处具有较强的特征峰，主要是新型药剂中非

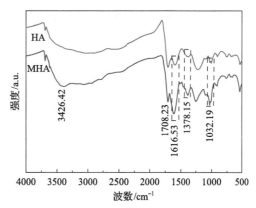

图 2-29 矿源腐植酸与新型腐植酸基药剂的红外光谱

对称 COO—的 C=O 和 C—O 伸缩振动峰,1378.15 cm^{-1} 处较强的特征峰归因于对称的 COO—伸缩振动。1032.19 cm^{-1} 处特征峰,源于新型药剂酯基 C—O 伸缩振动。上述红外结果表明,可以通过柠檬酸与腐植酸酯化反应成功引入酯基。

腐植酸基药剂吸附铜(Ⅱ)、锌(Ⅱ)前后的红外光谱如图 2-30 所示。

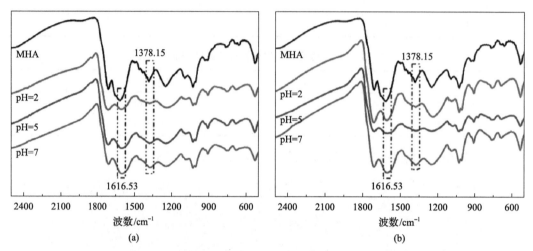

图 2-30　不同 pH 下新型腐植酸基药剂与铜(Ⅱ)(a)和锌(Ⅱ)(b)吸附前后红外光谱变化

从图 2-30 可以看出,铜(Ⅱ)、锌(Ⅱ)与新型药剂表面作用前后,对于 1708.23 cm^{-1} 的羧基,随着溶液 pH 变化,药剂中羧基伸缩振动变化较明显,主要是因为铜(Ⅱ)、锌(Ⅱ)在药剂吸附过程中,腐植酸表面的羧基参与反应。另外,1616.53 cm^{-1} 和 1378.15 cm^{-1} 处的非对称 COO—的 C=O、C—O 和对称的 COO—伸缩振动峰,随溶液 pH 变化出现了明显的伸缩振动,表明新型药剂中酯基氧原子参与表面络合、螯合反应,促进腐植酸基药剂与铜(Ⅱ)、锌(Ⅱ)的相互作用。

综上可以得出,基于泡沫提取药剂的基本作用研究以及分子设计计算,进而在实验室制备了新型药剂产品。新型药剂不仅可以用于微泡离子浮选,发挥表面活性捕收剂的作用,还可以应用于微泡沉淀浮选,发挥螯合沉淀剂、絮凝剂的作用。同时,在 Fe(Ⅲ)基絮凝剂以及阳离子表面活性剂作用下,廉价易得的新型药剂在微泡沉淀浮选过程减少了其他多种化学药剂的引入或降低了添加量,具有非常好的经济效益和环境效益。制备出的新型腐植酸基药剂表现出良好的应用前景。

第3章　泡沫提取过程中胶体与聚集

泡沫提取，特别是微泡沉淀浮选过程中涉及溶液中微观物质向宏观物质颗粒的转化演变。第2章中已提到，溶液中颗粒间存在不同种类的相互作用，这些作用取决于颗粒的性质。颗粒间相互作用可以产生吸引力或排斥力。若吸引力占主导，这些颗粒会黏附在一起形成絮体或聚集体。若颗粒相互排斥，则颗粒被分散并阻止进一步聚集。在后一种情况下，颗粒是稳定的。而聚集体形成时，颗粒不稳定。这些性质主要与胶体尺寸范围内的颗粒相关，这也被称为胶体或颗粒稳定性，这类作用被统称为胶体间作用。因此，本章针对泡沫提取过程中胶体与颗粒聚集体系进行重点讨论和研究。

3.1　胶体及相互作用

3.1.1　基本概念

1. 颗粒尺寸的重要性

在认识不同类型胶体作用之前，了解一些重要的颗粒基本特征是非常必要的。首先，胶体间作用是短程力，相互作用范围通常远小于颗粒尺寸。直到颗粒紧密接触时才起作用，因此胶体作用对颗粒的传输传递影响较小。颗粒相互接近时，胶体作用对颗粒间是否发生黏附至关重要。

胶体的一个重要特征是颗粒间作用取决于颗粒尺寸。大多数情况下，作用强度与粒径的一次幂成正比。另外，还有其他影响因素，如流体阻力和重力。流体阻力与颗粒的投影面积成正比，从而与颗粒尺寸的平方成正比。而重力与颗粒的质量成正比，因此与颗粒尺寸的三次方成正比。

举例来说，两个球形颗粒与层状颗粒接触时受到三种不同形式的作用力，如图3-1所示。胶体吸引力 F_A 将颗粒保持在平面上，流体阻力 F_D 由平行于表面流动而引起，垂直向下的重力 F_G 与 F_A 的方向相反。

图3-1中颗粒直径相差两倍，箭头的长度表示作用力的大小。对于较小的颗粒，吸引力大于重力，颗粒保持黏附。而对于较大的颗粒，尽管 F_A 加倍，但 F_G 相对较小颗粒增大8倍。这意味着重力足以将较大颗粒分离。胶体间作用随着颗粒尺寸的增加而降低，颗粒尺寸对胶体间作用非常重要。此外，阻力增大4倍也会对大颗粒分离产生一定影响。

这个简单的例子解释了这样一个普遍的现象，对于较小的颗粒胶体间作用更为显著，而较大的颗粒则更容易被流体阻力或其他外部力影响，这也是为什么这种效应被称为胶体间作用。

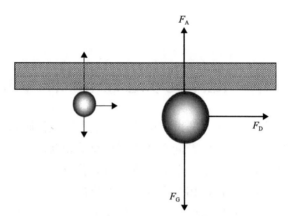

图 3-1　与层状颗粒相接触的球形颗粒受力情况

F_A：胶体吸引力（如范德瓦耳斯力）；F_D：流体阻力；F_G：重力。对于较小的颗粒（左），

胶体吸引力最大，对于较大的颗粒（右），其他作用力更为重要

2. 作用力和势能

在某些情况下，颗粒间胶体作用力可以直接测量。颗粒的相互作用势能通过将微粒从无限远距离移动到给定作用距离 h 所做的功把两者联系起来。如果在给定作用距离下，相互作用力为 $P(x)$，那么通过 δx 距离所做的功为 $P(x)\delta x$。因此，将颗粒从无限远距离移动到作用距离 h 的总功，或者颗粒间相互作用势能 V 可以表示如下：

$$V = \int_h^\infty P(x)\mathrm{d}x \tag{3-1}$$

力的符号为正表示排斥力，为负表示吸引力，力的符号与相互作用势能一致。

通常颗粒间作用力很容易获得，再根据式（3-1）计算相互作用势能。

3. 空间相互作用

采用推导方式计算平行平板间的相互作用与作用距离之间的关系是解决颗粒间相互作用问题的常见方法。例如，一些水体中的颗粒具有层状特征（如黏土），但在许多情况下，我们需要考虑大致呈球形颗粒的相互作用。1934 年，德亚金（Deryagin）发现球形或其他形状颗粒间作用的近似表达式。因此，我们只考虑以下两种情况，一是不等径球形颗粒表面间相互作用，二是球形颗粒表面和层状颗粒间相互作用。上述两种情况均与胶体间作用涉及的诸多常见问题有关，如图 3-2 所示。

Deryagin 假设球形颗粒间作用可以视为同心平行环间作用的总和。此假设仅适用于作用距离远小于球形颗粒直径的情况。由于胶体间作用通常是短程力，当颗粒间距离为 h 时，单位面积的相互作用势能为 $V(h)$，直径为 d_1 和 d_2 的不等径球形颗粒间相互作用力很容易得到：

$$P(h) = \frac{\pi d_1 d_2}{d_1 + d_2} V(h) \tag{3-2}$$

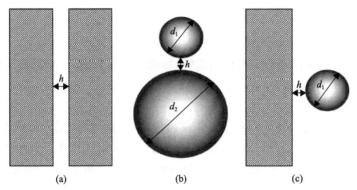

图 3-2　(a) 层状颗粒间作用；(b) 不等径球形颗粒间作用；
(c) 球形颗粒和层状颗粒间作用 (颗粒间作用距离均为 h)

对于球形颗粒与层状颗粒相互作用的情况,可以将层状颗粒视作一个无限大的球体,通过计算球形颗粒间相互作用得到 ($d_2=\infty$)：

$$P(h)=\pi d_1 V(h) \tag{3-3}$$

此相互作用力等于作用距离为 h 的两个等径球形颗粒间作用力的两倍。式 (3-2) 和式 (3-3) 仅适用于作用距离极小的情况 ($h \ll d_1$),对于较大的作用距离不再适用。

4. 颗粒间作用力的类型

1940 年,由 Deryagin 和 Landau 以及 Verwey 和 Overbeek 提出的范德瓦耳斯作用与双电层理论成为胶体稳定性的理论基础,现在普遍称为 DLVO 理论。DLVO 理论外的相互作用力统称为非 DLVO 作用。在实际体系中,非常重要的颗粒间作用力类型有范德瓦耳斯作用 (通常是吸引力)、双电层作用 (排斥力或者吸引力)、水合效应 (排斥力)、疏水作用 (吸引力)、空间位阻 (通常是排斥力)、聚合物桥联 (吸引力)。

3.1.2　范德瓦耳斯作用

1. 分子间作用力

1873 年,范德瓦耳斯 (van der Waals) 通过所有原子和分子间存在不同类型吸引力的假设来解释真实气体的非理想行为。当分子是极性时,即电荷分布不均匀,偶极之间的吸引力非常重要。当相互作用的分子具有永久偶极时,则会对它附近的中性分子诱导出偶极而产生吸引力。当原子或分子是非极性的,电子围绕原子核运动产生 "瞬时偶极",诱导其他分子产生偶极,从而产生吸引力。从胶体稳定性角度看,分子间相互作用非常重要。1930 年,伦敦 (Fritz London) 首先发现量子力学效应,也由于这个原因,分子间作用力有时被称为伦敦-范德瓦耳斯力。然而,由于电子振荡产生光的色散,这也被称为色散力。

所有作用力取决于分子间距离 r,分子间作用势能与分子间距离的六次方成反比。可见,分子间作用力随距离的增加迅速减小。

$$V(r) = -\frac{B}{r^6} \tag{3-4}$$

其中，B 为取决于相互作用分子性质的常数(被称为伦敦常数)，负号表示吸引。

2. 宏观物体间作用

已知几何形状的两个物体间总相互作用可以通过分子间作用力加和得到。对相互作用宏观物体的体积进行积分可以代替总相互作用，结果取决于单位体积内分子数和适当的伦敦常数 B。20 世纪 30 年代，哈马克(Hamaker)采用了此方法，表明当作用距离较大时，分子间作用非常明显。

两个作用距离为 h 的层状颗粒，其单位面积范德瓦耳斯作用能如下：

$$V_A = -\frac{A_{12}}{12\pi h^2} \tag{3-5}$$

此表达式假设层状颗粒无限厚(层状颗粒厚度要远大于作用距离)。该方程适用于层状颗粒 1 和颗粒 2 组分不同的情况。常数 A_{12} 称为 Hamaker 常数，取决于颗粒的性质。A_{12} 计算如下：

$$A_{12} = \pi^2 N_1 N_2 B_{12} \tag{3-6}$$

其中，N_1 和 N_2 为颗粒中单位体积的分子数；B_{12} 为分子 1 和分子 2 间相互作用的伦敦常数。

对于不等径球形颗粒间相互作用，Hamaker 常数表达式如下：

$$V_A = -\frac{A_{12}}{12}\left(\frac{y}{x^2 + xy + y} + \frac{y}{x^2 + xy + x + y} + 2\ln\frac{x^2 + xy + x}{x^2 + xy + x + y} \right) \tag{3-7}$$

$$x = h/d_1, \quad y = d_2/d_1$$

对于球形颗粒-层状颗粒的情况，可以将球形颗粒视作无限大($y=\infty$)，相互作用势能如下：

$$V_A = -\frac{A_{12}}{12}\left(\frac{1}{x} + \frac{1}{x+1} + 2\ln\frac{x}{x+1} \right) \tag{3-8}$$

假定作用距离非常小($x \ll 1$)，表达式(3-7)和式(3-8)可以分别简化为

$$V_A = -\frac{A_{12}d_1 d_2}{12h(d_1 + d_2)} \tag{3-9}$$

$$V_A = -\frac{A_{12}d_1}{12h} \tag{3-10}$$

短程力表达式也可以由 Deryajin 法［式(3-2) 和式(3-3)］和层状颗粒间作用能表达式(3-5) 推导。根据式(3-1) 进行积分时，得到与式(3-9) 和式(3-10) 相同的结果。当作用距离超过粒径的百分之几时，这种近似不太准确。

图 3-3 显示了两个等径球形颗粒间作用能随作用距离 h/d 的变化。相互作用能也可以表达成范德瓦耳斯作用与 Hamaker 常数的比值(V/A)。虽然不是很准确，但是该短程力表达式足以满足许多实际情况。当 Hamaker 常数是 10^{-20} J(约 k_BT 的 2.5 倍)时，对于等径球形颗粒，作用距离为颗粒直径的 5%时相互作用能和热能相当。在更大的作用距离条件下，相互作用能将变得微不足道。

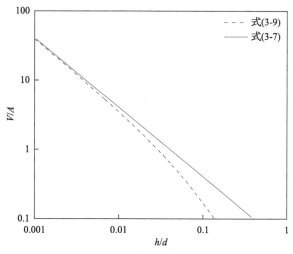

图 3-3　等径球形颗粒间范德瓦耳斯力

实线和虚线分别由 Hamaker 方程式(3-7) 和近似短程力方程式(3-9) 得到

很明显，宏观物体间范德瓦耳斯力随作用距离的变化与分子间作用不同。层状颗粒间的相互作用能与作用距离的平方成反比，对于非常接近的球形颗粒存在 $1/d$ 的关系。这意味着随着作用距离的增加，层状颗粒间相互作用减小程度比分子间 $1/r^6$ 更小。由于这个原因，范德瓦耳斯力对颗粒的作用更加重要。

3. Hamaker 常数

Hamaker 常数可以通过不同的方法来计算，在某些情况下可以通过直接测量吸引力来获得。基于分子间作用力具有可加性假设的原始 Hamaker 方法是不可靠的。20 世纪 50 年代，发展了另一种"宏观"方法。此方法没有对分子间相互作用进行假设，并且仅适用于宏观性质，特别是介电常数。但对于层状颗粒，Lifshitz 得出的结果和 Hamaker 表达式相同，如式(3-5) 所示。因此，对于近似球形颗粒，由式(3-9) 和式(3-10) 获得的 Hamaker 结果是合理的。Hamaker 法(微观) 和 Lifshitz 法(宏观) 得到的 Hamaker 常数不同，在很多情况下结果差异很小(表 3-1)。

对于非极性材料，范德瓦耳斯相互作用主要来自紫外区，并且基于光学色散数据可以获得简单的表达式。虽然这是从式(3-6) 对 Hamaker 常数的定义得出的，但它仅适用于从材料的体相性质中获得的数据。

表 3-1 Hamaker 常数 [a]

物质	$A/10^{-20}$ J			
	真空中		水中	
	精确值	近似值[采用式(3-12)]	精确值	近似值[采用式(3-16)]
水	3.7	3.9	—	—
熔融石英	6.5	7.6	0.83	0.61
方解石	10.1	11.7	2.2	2.1
蓝宝石(Al_2O_3)	15.6	19.8	5.3	6.1
云母	10.0	11.3	2.0	1.9
聚苯乙烯	6.6	7.8	0.95	0.67
聚四氟乙烯	3.8	4.4	0.33	0.015
正辛烷	4.5	5.3	0.41	0.11
正十二烷	5.0	5.9	0.50	0.21

a. 精确值主要来自 Israelachvili 的报道(1991 年),近似值采用式(3-12)和式(3-16)获得。

对于真空中颗粒 1 和颗粒 2 的相互作用,Hamaker 常数 A_{12} 如下:

$$A_{12} = \frac{27}{32} \frac{hv_1 v_2}{v_1 + v_2} \left(\frac{n_1^2 - 1}{n_1^2 + 2} \right) \left(\frac{n_2^2 - 1}{n_2^2 + 2} \right) \tag{3-11}$$

其中,h 为普朗克常量;v_1 和 v_2 为物质的特性色散频率;n_1 和 n_2 为折射率。色散频率由折射率随频率的变化获得(特征值 3×10^{15} Hz),折射率是外推到零频率的值。

对相同介质相互作用的 Hamaker 常数 A_{11} 如下:

$$A_{11} = \frac{27}{64} hv_1 \left(\frac{n_1^2 - 1}{n_1^2 + 2} \right)^2 \tag{3-12}$$

在 Hamaker 常数的表格中,给出了单一物质的 Hamaker 常数 A_{11}。对不同物质相互作用的复合 Hamaker 常数可由以下几何均值从单个值近似计算:

$$A_{12} \approx \sqrt{A_{11}A_{22}} \tag{3-13}$$

根据式(3-11)和式(3-12),如果两种物质的色散频率几乎相等,则该近似是有效的。

对于非极性物质,范德瓦耳斯相互作用的频率贡献较低(由偶极分子旋转导致)。最典型的例子是水,因为水分子的极性而具有非常高的介电常数。除了由式(3-12)给出的"色散"分量外,对 Hamaker 常数还有一个重要的"零频率"(或"静态")贡献。对于水分子,零频率接近 $(3/4)k_B T$ 或者约为 3×10^{-21} J,小于总值 3.7×10^{-20} J 的 10%(表 3-1)。

然而，零频率对于水中颗粒的相互作用更为重要。另一种复杂因素是零频率易受溶解性盐的影响，并且在离子强度较高时迅速减小。

表 3-1 给出了常用各种物质的 Hamaker 值，包括物质在水中和真空的 Hamaker 值。这些值基于 Lifshitz 理论和近似表达式式(3-12)和式(3-16)的"精确"计算获得。大多数 Hamaker 常数在 10^{-20} J 数量级。高密度矿物颗粒往往具有较高 Hamaker 常数，而低密度矿物颗粒具有较低的 Hamaker 常数。这是因为高密度颗粒的折射率很大，而 Hamaker 常数取决于折射率。

尽管 Hamaker 常数非常小，却非常重要。与热能测量值 k_BT(其中 k_B 为玻尔兹曼常量，T 为热力学温度)相比，也更为准确。在常温下，k_BT 约为 4×10^{-21} J，和 Hamaker 常数相当。

4. 分散介质的影响

对于水溶液体系需要分离的颗粒，需要改进 Hamaker 常数。颗粒 1 和颗粒 2 在介质 3 中相互作用的 Hamaker 常数(A_{132})如下：

$$A_{132} = A_{12} + A_{33} - A_{13} - A_{23} \tag{3-14}$$

等式右边的 Hamaker 常数代表颗粒在真空中的相互作用。因此，A_{13} 表示颗粒 1 和介质 3 在真空中的相互作用。式(3-14)的形式可以通过以下事实解释，悬浮液中的颗粒可以有效地取代等体积的悬浮介质。当颗粒接近时，重新形成了颗粒-颗粒间以及介质-介质间的相互作用，但是两个颗粒-介质间的相互作用消失(图 3-4)。这种效应和阿基米德浮力原理类似。

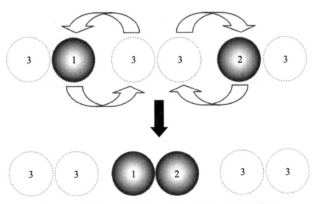

图 3-4　颗粒 1 和颗粒 2 在介质 3 中的相互作用

在两个颗粒靠近的过程中，等体积的介质被替换。此过程中涉及 1 个 3-3、1 个 1-3 和 1 个 2-3 相互作用的消失与 2 个 3-3 和 1 个 1-2 相互作用的产生。

按照式(3-13)的"几何平均数"假设，A_{132} 表达式如下所示：

$$A_{132} = (A_{11}^{1/2} - A_{33}^{1/2})(A_{22}^{1/2} - A_{33}^{1/2}) \tag{3-15}$$

如果同种物质 1 与介质 3 相互作用，其对应的表达式如下所示：

$$A_{131} = (A_{11}^{1/2} - A_{33}^{1/2})^2 \qquad (3\text{-}16)$$

上述方程说明，同种物质在另外一种介质中相互作用的 Hamaker 常数总为正（即引力）。然而对于不同的物质，式（3-15）表明在某些条件下 Hamaker 常数可为负，即存在范德瓦耳斯斥力。当 A_{33} 介于另外两个值之间（如 $A_{11} < A_{33} < A_{22}$）时，会发生上述情况。这种情况可能会出现在非水体系中，因为水的 Hamaker 常数比其他物质低（表 3-1），所以水体系中的范德瓦耳斯相互作用总是吸引力。

式（3-15）和式（3-16）表明，复合 Hamaker 常数取决于水和其他介质的 Hamaker 常数平方根的差异。这意味着，Hamaker 常数在水和其他介质中的数值要明显小于真空。同样地，对于水分散体系，当颗粒间的 Hamaker 常数值 A_{11} 与水 Hamaker 常数值 A_{33} 相差不大时，则复合 Hamaker 常数值 A_{131} 极大地受水的零频率影响。

式（3-13）中的几何平均数假设只适用于 Hamaker 常数的色散分量，而不适用于零频率，因此当中间介质为水时，式（3-15）等表达式将不再适用。解决这个问题的简单方法是仅以光学色散数据计算复合 Hamaker 常数，然后在最终结果中添加零频率。然而，由于零频率随离子强度的增加而减小，Hamaker 常数较低时，仍然存在着不确定因素。

对于水体中的颗粒，Hamaker 常数的大概范围是 $(0.4 \sim 10) \times 10^{-20}$ J。金属颗粒的 Hamaker 常数较大，但是在天然水中并非如此。而对于该范围末端较低的值，主要来自零频率的贡献，因此这些数据并不是很可靠。由于 Lifshitz 法包含中间介质的影响，处理和另一种介质间作用的方法在 Lifshitz 法中是不必要的。

5. 阻滞

由于范德瓦耳斯作用本质上是电磁相互作用，因此它们受到称为阻滞的相对论效应的影响。分子中波动的偶极子会诱发其他分子产生相应的偶极子，从而产生吸引力。如果分子相距很远，则需要一定的时间来传输相互作用。实际上，波动存在相位差，这将导致吸引力减小和对作用距离的不同依赖。当分子间距离较远且相互作用"完全停滞"时，如式（3-4）所示，相互作用能是 $1/r^6$ 而不是 $1/r^7$。然而，若作用距离足够远，分子间作用力则可忽略不计，阻滞对它的影响很小。

宏观物体间的阻滞会显著降低范德瓦耳斯引力。虽然在宏观理论中已经包含了这个影响，但可以通过修正的简化 Hamaker 方法来解释这种阻滞现象。许多情况下，可以采用经验校正因子。对于球形颗粒间的作用，校正因子可用于式（3-9）。

$$V_A = -\frac{A_{12}}{12h}\frac{d_1 d_2}{d_1 + d_2}\frac{1}{1 + \dfrac{12h}{\lambda}} \qquad (3\text{-}17)$$

其中，λ 为色散相互作用的特征波长，通常可以假定为 100 nm 数量级。

计算表明，式（3-17）与实验结果是一致的，即使是纳米级的作用距离，也存在显著的阻滞效应。当作用距离为 10 nm 时，相互作用能小于无阻滞效应时的一半。

对于球形颗粒，如果直接使用简化的 Hamaker 表达式，如式(3-17)所示，将会造成范德瓦耳斯引力偏高，主要原因如下。

(1)从几何原因来看，如果 h/d 超过 0.01，则式(3-17)计算的结果偏高。

(2)h 超过 1 nm，则阻滞效应会显著减小。

3.1.3　双电层作用

1. 基本假设

水溶液中大多数颗粒表面都带电荷，并具有双电层。当水体中两个带电的颗粒相互靠近时，双电层的扩散部分发生重叠并产生相互作用。带相同电荷的颗粒间会产生静电斥力，这正是多数情况下胶体具有稳定性的原因。

最重要的假设是带电颗粒间相互作用取决于 Zeta 电位 ζ，而不是真实界面电位 φ_0。我们认为电动电位或者 Zeta 电位与 Stern 电位 φ_δ 相近。实际上我们假设，电位为 ζ 的电动剪切面和 Stern 面一致。

上述假设有以下优点：

(1)Zeta 电位在许多情况下可以直接通过实验方法得到。

(2)Zeta 电位远低于表面电位，一些有用的近似值更容易被接受。

(3)双电层相互作用主要取决于颗粒周围的扩散层，因此 Zeta 电位比表面电位更有意义。

离子浓度为 10～200 mg/L 的 Cu(Ⅱ)、Pb(Ⅱ)、Zn(Ⅱ)离子溶液，在溶液 pH 为 5.0，与足量新型药剂腐植酸基药剂反应 30 min 后，MHA 螯合沉淀颗粒的 Zeta 电位值随溶液中金属离子浓度变化规律如图 3-5 所示。由图 3-5 可知，随着溶液中金属离子浓度的增大，螯合沉淀颗粒表面的 Zeta 电位电负性均呈现趋于"零电位"的减小趋势变化。离子浓度由 10 mg/L 增加到 200 mg/L 时，Cu(Ⅱ)-HA、Pb(Ⅱ)-HA、Zn(Ⅱ)-HA 沉淀表面 Zeta 电位值分别由–71.74 mV、–65.28 mV 和–65.96 mV 减小至–18.89 mV、–11.17 mV 和–18.22 mV。

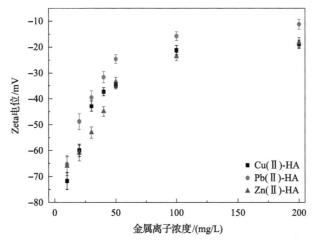

图 3-5　MHA 螯合沉淀颗粒表面 Zeta 电位随离子浓度变化规律

颗粒表面 Zeta 电位电负性的降低从一定程度上说明，新型药剂中解离的—COOH 和—OH 官能团与金属离子螯合进而使其电负性降低。而根据胶体稳定理论和 DLVO 理论可知，颗粒表面 Zeta 电位的绝对值越高，则颗粒间静电斥力作用越强；Zeta 电位的绝对值越小，则颗粒间静电斥力作用越弱。微细颗粒更易于聚集形成更大尺寸的颗粒。这也从侧面表明颗粒间的相互作用是取决于 Zeta 电位而不是真实界面电位。

双电层理论涉及两个限制条件：恒定电位和恒定电荷。我们假设当表面相互接触时表面电位 φ_0 保持不变。当表面电位由势能确定离子和能斯特方程所控制时，此假设自然合理。然而，由于颗粒碰撞速度非常快，因此平衡条件不可能保持不变，就会对恒定电位的假设产生怀疑。

若颗粒带有固定数量的电荷，则表面电荷密度恒定，那么恒定电荷的假设看起来似乎是合理的。然而，当表面非常接近时，这样的假设不再合理。人们普遍认为恒定电位和恒定电荷的假设是两种假设的极端，他们认为某些中间状态更合理。我们这里采用近似的表达式给出两种极端情况下的结果，这在解决实际问题时更容易被接受。我们首先处理带电层状颗粒间作用，通过 Deryagin 近似可以得到两个相互接近的球形颗粒之间的表达式。假设电位很低（低于 50 mA），相当于水体颗粒的 Zeta 电位。另一个假设是，体系仅含对称的（z-z 型）电解质，如 NaCl 和 CaSO₄，否则方程难以处理。

2. 层状颗粒与球形颗粒间作用

考虑 Zeta 电位分别为 ζ_1 和 ζ_2 的两个层状颗粒，假设电位值很低，将其浸入对称的 z-z 型电解质溶液中。如果层状颗粒间距很大，溶液中层状颗粒附近的电位分布将不受其他层状颗粒影响并呈指数下降。层状颗粒接近时，颗粒间产生相互作用，层状颗粒间的电位分布形式见图 3-6。图中显示距离层状颗粒一定距离处具有最小电位。

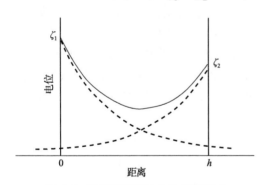

图 3-6　层状颗粒间的电位分布形式
实线表示具有不同 Zeta 电位的层状颗粒在线性叠加近似值（LSA）下的电位分布图，虚线表示孤立层状颗粒的电位变化；假设层状颗粒间的电位是两个互不影响颗粒电位的总和

假设层状颗粒间的电位很低，单位面积上的相互作用力可以用下式表示：

$$P = n_0 k_B T \left[y^2 - \frac{1}{\kappa^2}\left(\frac{dy}{dx}\right)^2 \right] \quad (3-18)$$

其中，n_0 为单位体积阳（阴）离子摩尔浓度；κ 为德拜-休克尔（Debye-Hückel）参数；y 为电位的无因次形式，定义如下：

$$y = \frac{ze\varphi}{k_B T} \quad (3-19)$$

其中，z 为离子的价态；e 为电子电荷；φ 为层状颗粒间到某颗粒距离为 x 点处的电位。

式(3-18)和其他的近似表达式只对 $y<2$，或者电位小于 50 mA 的 1-1 型电解质成立。式(3-18)括号内第一项是渗透压，当扩散层相互重叠时，扩散层反离子浓度比层状颗粒表面高，因而产生了渗透压。括号内第二项是麦克斯韦(Maxwell)应力，它的值取决于电位梯度。

由于层状颗粒间各处压力相同，因此很容易确定电位值最低面。电位最低处电位梯度为零，并且不存在 Maxwell 应力，作用力可以根据渗透压项进行计算：

$$P = n_0 k_B T y_{\min}^2 \tag{3-20}$$

假设最小值区域的电位是单层层状颗粒贡献的总和，这称为线性叠加近似值(LSA)。由此引出层状颗粒间相互作用表达式：

$$P = 2\varepsilon\kappa^2\zeta_1\zeta_2 \exp(-\kappa h) \tag{3-21}$$

其中，ε 为水的介电常数。

对应的相互作用势能表达式：

$$V_E = 2\varepsilon\kappa\zeta_1\zeta_2 \exp(-\kappa h) \tag{3-22}$$

式(3-22)的基本特征是，相互作用取决于层状颗粒 Zeta 电位的乘积，并与颗粒间距离呈指数关系。指数项包含 Debye-Hückel 参数 κ。当 κ 值较高时(如在高浓度盐中)，相互作用范围相当短，并随距离增加迅速衰减。盐浓度较低时，κ 值较小，相互作用的范围变宽，这对于胶体稳定性而言非常重要。对于相同符号的 Zeta 电位，V_E 是正值，相互作用总是相斥，若两颗粒的 Zeta 电位符号相反，则为吸引。

两个间距为 h，直径为 d_1 和 d_2，Zeta 电位分别为 ζ_1 和 ζ_2 的球形颗粒间相互作用能，可以由 Deryagin 方法得到：

$$V_R = 2\pi\varepsilon\zeta_1\zeta_2 \frac{d_1 d_2}{d_1 + d_2} \exp(-\kappa h) \tag{3-23}$$

对于球形颗粒-层状颗粒体系($d_2=\infty$)：

$$V_R = 2\pi\varepsilon\zeta_1\zeta_2 d\exp(-\kappa h) \tag{3-24}$$

3. 交互作用-DLVO 理论

1)势能图

假设颗粒间范德瓦耳斯力和双电层作用具有可加性，据此可以对胶体颗粒的稳定性进行定量处理。这种方法最初由莫斯科的 Deryagin 和 Landau，以及荷兰的 Verwey 和 Overbeek 研究小组提出。他们共同以 DLVO 理论命名，现在已被广泛使用。

将前述范德瓦耳斯力和静电相互作用的简单表达式用在直径为 d、Zeta 电位为 ζ 的等径球体上，得出总相互作用能 V_T 的表达式：

$$V_{\mathrm{T}} = \pi\varepsilon\zeta^2 \, d\exp(-\kappa h) - \frac{Ad}{24h} \tag{3-25}$$

对于 V_{E} 和 V_{A}，右侧项分别来自式(3-22)和式(3-9)，其中 $d_1=d_2=d$ 且 $\zeta_1=\zeta_2=\zeta$。由于所做的假设，该表达式仅适用于 ζ 值较低、作用距离较小($h\ll d$)、作用距离处($h<5$ nm)阻滞作用较弱的情况。

图 3-7 显示了直径为 1 μm 的球形颗粒间总相互作用能随作用距离 h 的变化规律。图 3-7 是著名的势能图，对于解释胶体稳定性非常重要。假设电解液浓度为 50 mmol/L 的 1-1 型电解液；Zeta 电位为 25 mV，Hamaker 常数是 2 $k_{\mathrm{B}}T$(大约 8.2×10^{-21} J)，这些值为水体系颗粒的典型值。相互作用能也以 $k_{\mathrm{B}}T$ 为单位表示。

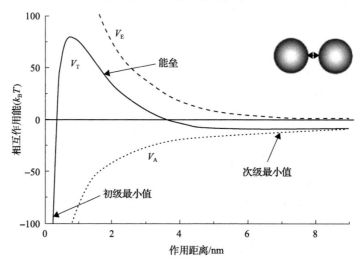

图 3-7　两个直径为 1 μm 等径球形颗粒在 50 mmol/L 1-1 型电解液中相互作用的势能图

假设颗粒的 Zeta 电位 25 mV，Hamaker 常数是 2 $k_{\mathrm{B}}T$。图中曲线包括静电作用能(V_{E})、
范德瓦耳斯作用能(V_{A})和总相互作用能(V_{T})

图 3-7 中最明显的特征是具有非常高的能量势垒，高度约为 80 $k_{\mathrm{B}}T$。相互靠近颗粒的能量必须超过能量势垒才能互相接触。势垒高度比颗粒的平均热能(3/2 $k_{\mathrm{B}}T$)高出很多，因此碰撞的胶体颗粒不可能超越这个势垒。换句话说，在此条件下，悬浮液是稳定存在的胶体。

若颗粒能够克服潜在的能量势垒，颗粒将处于极小值位置。根据式(3-25)，当 h 逐渐趋于零时，静电斥力接近于一个常数[因为 $\exp(0)=1$]，范德瓦耳斯引力趋于无穷。实际上短程排斥力会阻碍颗粒之间的接触，尽管吸引力比静电斥力大很多，但吸引力仍是有限的。

在较大的作用距离处存在二级极小值，这是由于两种类型的相互作用取决于作用距离。双电层斥力随着距离的增大呈指数下降，而范德瓦耳斯引力与作用距离成反比。由此可见，当作用距离足够大时，吸引力大于排斥力，因此出现了二级极小值。这个极小值是否与热力学能显著相关取决于粒径大小和离子强度，因此也决定了 κ 值和斥力的范围。通常对于大约 1 μm 或更大的颗粒尺寸和适当的离子强度，二级极小值有几个 k_BT，因此足以将颗粒聚集在一起。在某些实际情况下，这种效应可能非常重要。

2) 离子强度的影响——临界聚沉浓度

随着盐浓度和离子强度的变化，Zeta 电位和 Debye-Hückel 参数 κ 发生变化。假设 Zeta 电位不变，且与离子强度无关。离子强度仅影响 κ，它通过式 (3-25) 中指数项决定了静电斥力的排斥范围。这种效应称为双电层压缩，如图 3-8 所示。

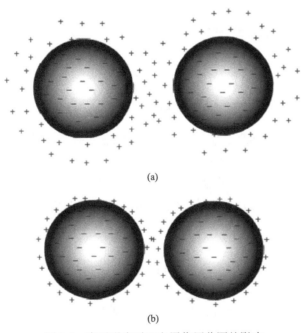

图 3-8　离子强度对双电层作用范围的影响
(a) 低盐浓度；(b) 高盐浓度

从图 3-8 可以看出，在低离子强度时，颗粒周围的扩散层变厚，阻止颗粒进一步接触。随着盐浓度的增加，扩散层变薄，在排斥力起作用之前颗粒可以互相靠近。靠近过程中，范德瓦耳斯引力可能显著高于静电斥力。

图 3-9 是 1-1 电解质在不同电解质浓度的势能曲线，其中电解质浓度为 50～400 mmol/L。

从图 3-9 可以看出，随着盐浓度的增加，势垒降低，最大值左移。这是由于 κ 增加导致在给定的作用距离处静电斥力降低。在临界浓度 (本例中是 196.6 mmol/L) 时，最大值出现在 V_T =0 处。在经典的 DLVO 理论中，这被认为颗粒完全失稳的盐浓度，称为临界聚沉浓度 (CCC)。在临界聚沉浓度下，存在二级极小值，使颗粒必须克服 25 k_BT 的势垒才能在初级极小值时实现接触。在大约 400 mmol/L 的盐溶液中，能垒几乎消失。颗粒达到初级极小值的过程中不受任何阻碍。对于更小的颗粒，在 CCC 下二级极小值变小，颗粒容易越过势垒达到初级极小值。

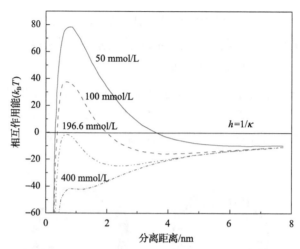

图 3-9　1-1 电解质浓度对总相互作用能的影响(适合于 25℃的水溶液分散体系)

图 3-9 中的曲线形式说明,临界聚沉浓度的概念并不是明确的。然而,就其他参数来说,建立临界聚沉浓度是必要的。我们只需要确定 $dV_T/dh =0$ 和 $V_T=0$ 时的条件。显而易见,作用距离为 $h=1/\kappa$(即扩散层的厚度)时,出现最大值。将 h 代入式(3-25),令 $V_T=0$,得到对应临界聚沉浓度的 κ 值。根据 Debye-Hückel 参数 κ 的定义,得到如下临界聚沉浓度表达式:

$$CCC = 3.14 \times 10^{-35} \frac{\zeta^4}{z^2 A^2} \tag{3-26}$$

假设表达式中 $\zeta=25$ mV,$z=1$,$A=2 k_B T$,计算得到 CCC=196.6 mmol/L。其对应于图 3-9 中的临界聚沉浓度。

式(3-26)有许多重要特性,表明了 CCC 和离子电荷 z 的平方成反比。换句话说,相比 1-1 电解质,2-2 电解质的 CCC 降低至 1-1 电解质的 1/4。若采用其他双电层表达式,并且不限低电位,那么 CCC 与 $1/z^6$ 成正比。这仅适用于表面 Zeta 电位较高的情况。当 Zeta 电位低于 30 mV 时,利用式(3-26)分析,颗粒会发生聚沉,这显然是不切实际的。

改变盐浓度的同时也必然会引起 Zeta 电位的变化。一般而言,随着惰性电解质浓度的增加,其 Zeta 电位减小。若颗粒的表面电荷密度 σ 是已知的,颗粒表面的 Zeta 电位和盐浓度(通过参数 κ)可以通过式(3-27)计算获得。

$$\zeta = \frac{\sigma}{\varepsilon\kappa} = \frac{\sigma}{2.28z\sqrt{c}} \tag{3-27}$$

如果将 σ 视为常数,式(3-27)可用于计算 Zeta 电位随盐浓度的变化关系。Zeta 电位随着盐浓度和离子电荷的增加而降低。

随着离子强度的增加,ζ^* 增加,颗粒的实际 Zeta 电位降低。由此得出,在一定的盐浓度(临界聚沉浓度)下,两条线相交。在这个浓度下,$\zeta=\zeta^*$。假定表面电荷为 30 mC/m^2(或者每 5 nm^2 表面上带有 1 个元电荷)时,1-1、2-2 及 3-3 电解质体系的 ζ^* 随着盐浓度的变化如图 3-10 所示。

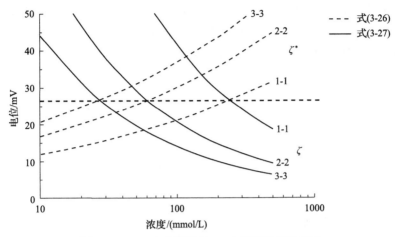

图 3-10　Zeta 电位随惰性 z-z 电解质浓度的变化

实线表示具有恒定表面电荷 $(30\ mC/m^2)$ 颗粒的 Zeta 电位随惰性 z-z 电解质浓度的变化，不同曲线表示不同电解质类型，
实线与虚线的交点表示颗粒完全失稳时的临界盐浓度和 Zeta 电位；适用于 25℃的水溶液分散体系

从图 3-10 可以看出，对于所有的盐而言，其临界 Zeta 电位是相同的，与 z 无关。在所有情况中，ζ^* 约为 26.5 mV。该值可以从临界 Zeta 电位的表达式导出。

$$\zeta = 4.22 \times 10^5 (\sigma A)^{1/3} \tag{3-28}$$

目前只有一部分实验数据可以说明 ζ^* 与 z 无关，也有许多数据不能支持这一结论。关于该结论，尤其是当表面电荷密度恒定时，可能不适用于所有情况。因此不应将与电解质类型无关的临界 Zeta 电位作为常用判断标准。

即使 Zeta 电位随离子强度发生变化，临界聚沉浓度仍取决于 $1/z^2$。当 CCC 取决于反离子价态时，可能涉及某些形式的特定吸附。

3）特定反离子吸附

前述关于盐效应的讨论都是针对惰性电解质而言，以非特异性方式作用来降低颗粒表面 Zeta 电位和扩散层的"厚度"。在一定作用距离处，这些效应能够降低颗粒间双电层排斥。虽然离子电荷（特别是反离子电荷）对双电层排斥的影响较大，但离子电荷对双电层排斥的影响仅取决于离子价态。因此，对于胶体颗粒而言，钙盐和镁盐应该具有相同的临界聚沉浓度。此外，如果盐仅通过对离子强度起影响作用，那么 CCC 不应该取决于颗粒浓度。

关于离子在颗粒表面特异性吸附有许多重要特征。在某些情况下，这可能是表面电荷的起源。更普遍的是，离子特异性吸附可能会显著地改变双电层结构。离子特异性吸附不仅需要静电作用，还需要离子对颗粒表面的物理或化学亲和力作用。这种情况下最明显的特征是反离子可能会发生过量吸附，从而使电荷反转。

关于胶体稳定性的最重要的一点是，反离子的特异性吸附可以改变颗粒表面电荷而离子强度不发生明显的变化。这提供了一种通过调节 Zeta 电位来改变胶体稳定性的方法。

根据式(3-27)，通过改变颗粒表面电荷密度，Zeta电位发生变化。然后可以根据式(3-26)，在给定条件下计算CCC。CCC随表面电荷降低而降低。另外，在固定的离子强度下改变颗粒表面电荷密度直到Zeta电位达到临界值，从而使颗粒完全失稳。图3-11显示了1-1电解质的临界浓度随表面电荷密度变化情况，对于给定的离子强度，在临界电荷密度处，颗粒完全失稳。

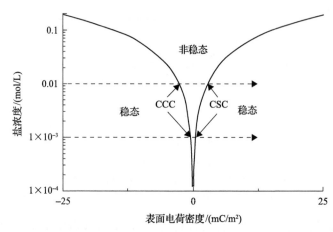

图3-11　不同的盐浓度下电荷密度对胶体稳定性的影响

　　可见，随着盐浓度增加，存在更宽范围的电荷密度导致颗粒完全失稳。从盐浓度为0.01 mol/L的带负电颗粒开始，加入少量含有特异性吸附的阳离子盐，这将减少颗粒表面电荷，到电荷密度约-2.6 mC/m^{2}时颗粒完全失稳。若继续添加特异性吸附的阳离子盐，颗粒表面的电荷被中和进而反转。当电荷密度达到$+2.6$ mC/m^{2}时，颗粒之间的静电斥力足以再次使颗粒稳定，这称为临界稳定条件(CSC)。

　　在离子强度降低一个数量级(10^{-3} mol/L)的情况下，表面电荷密度为± 5 mC/m^{2}才会导致颗粒完全失稳。这与某些混凝剂的作用密切相关，因为天然水的典型离子强度在$10^{-3}\sim$ 10^{-2} mol/L($1\sim10$ mmol/L)范围内。在更高的盐浓度下，去稳定化范围变宽，几乎在任何电荷密度下都会发生颗粒聚沉。

　　目前，仍没有简单的方法可以将电荷密度降低与加入的特定离子吸附量相关联。在这种情况下，通常假定是定量吸附，即添加的所有离子均被吸附(至少达到电荷中和点)。添加剂的量与电荷密度减少量呈线性关系，最佳添加量与颗粒的初始电荷密度密切相关。由此得出，在这种情况下，最佳添加量与颗粒浓度成正比，这与惰性电解质中的行为明显不同。

　　4) 稳定率

　　目前为止，我们仅考虑当势能曲线达到最大值$V_T=0$时的完全失稳状态，这通常被认为是颗粒聚集率达到最大值的位置(即每次碰撞都会导致附着)，称为快速聚集，这与绝对速率无关。然而，即使存在能量势垒，仍有一定比例的颗粒有足够的动能克服能垒，从而发生碰撞。

　　聚集动力学的问题将在下一章中讨论。目前，我们只需要考虑布朗扩散影响下的相对聚集率。因为当颗粒完全失稳时聚集率达到最大值，所以当颗粒仅部分失稳时，有较低的聚集速率。最快聚集速率与部分不稳定悬浮液聚集速率的比率称为稳定性比率(W)。等效概念是碰撞效率(α)，即碰撞导致颗粒黏附的比率。根据这些定义，可以得出：

$$W = \frac{1}{\alpha} \tag{3-29}$$

通过将问题视为力场中的扩散问题，可以将稳定性比率与势能图联系起来。对于直径 d 的等径球形颗粒，可获得以下结果：

$$W = 2\int_0^\infty \frac{\exp(V_T / k_B T)}{(u+2)^2} du \tag{3-30}$$

其中，u 为一个无量纲的作用距离，$u=2h/d$。因为只考虑热能，式(3-30)包含了 $V_T/k_B T$。

事实证明，对积分最大的贡献来源于势能曲线 V_{max} 的最大值区域。根据 V_{max} 可以粗略估算稳定率。当能全为 5 $k_B T$、15 $k_B T$ 和 25 $k_B T$ 时，稳定率大约分别为 40、10^5 和 10^9。当溶液浓度较低时，悬浮液聚集速率不高。因此，当悬浮液浓度减少 10^9，对颗粒稳定性影响可以忽略。

结合 DLVO 理论及一些简单的假设，稳定率 W 随惰性盐浓度 c 的变化曲线如图 3-12 所示。

图 3-12 显示 $\lg W$-$\lg c$ 的两个线性区域。在临界聚集浓度之上，$W=1$，$\lg W=0$。在较低浓度下，$\lg W$ 与 $\lg c$ 呈线性降低。直线的斜率取决于 Zeta 电位、粒径及反离子的价态。虽然实验结果符合线性关系，但是其斜率与预测结果不太一致。有几种可能的解释，包括二级极小值效应、表面电荷分布不均匀以及颗粒间的水合作用。绘制 $\lg W$-$\lg c$ 图的原因是其提供了一种确定 CCC 的简便方法，即两线相交处即为 CCC。

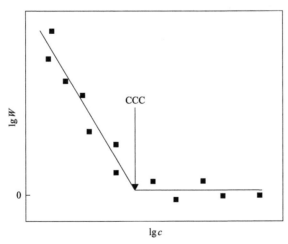

图 3-12　稳定率 W 随惰性盐浓度 c 的变化曲线

对数曲线上的交点表示临界聚沉浓度

5) 颗粒间 DLVO 相互作用的计算

以前述泡沫提取药剂 HA 与 Cu^{2+}、Pb^{2+}、Zn^{2+} 作用产生的三种螯合颗粒为例。当以

Fe(Ⅲ)作为絮凝调整剂后，溶液体系中颗粒间具有明显的相互作用力，其中颗粒间相互聚集碰撞的作用力主要为静电作用，根据 DLVO 理论对其颗粒间的静电作用力进行计算。

我们假定两个絮体颗粒间的作用非常小，那么对于此时溶液中颗粒的范德瓦耳斯力则简化为式(3-10)；同时对于两个相同的球形颗粒而言，其直径 $d_1 = d_2$，同时颗粒的 Zeta 电位相同，则球形颗粒间的相互作用力可由式(3-23)简化为

$$V_R = 2\pi R\varepsilon\zeta^2\left[\frac{\kappa\exp(-\kappa h)}{1+\exp(-\kappa h)}\right] \tag{3-31}$$

$$V_T = V_A + V_R = -\frac{AR}{12h} + 2\pi R\varepsilon\varphi^2\left[\frac{\kappa\exp(-\kappa h)}{1+\exp(-\kappa h)}\right] \tag{3-32}$$

$$\frac{F}{R} = -\frac{A}{12h} + 2\pi R\varepsilon\varphi^2\left[\frac{\kappa\exp(-\kappa h)}{1+\exp(-\kappa h)}\right] \tag{3-33}$$

其中，V_T 为颗粒间总的作用能，kT；V_A 为范德瓦耳斯作用能，kT；V_R 为颗粒间静电作用能，kT；A 为用于计算水系颗粒物之间作用的 Hamaker 常数，可以由颗粒材料的表面张力分析计算得出，本文中根据 HA 药剂为褐煤腐植酸，因此参考相应文献中褐煤颗粒的 Hamaker 常数，取值 0.3×10^{-20} J；F 为相互作用力，N；R 为颗粒尺寸半径，m；ε 为水的介电常数或相对介电常数，6.95×10^{-10} C²/(J·m)；φ 为表面电位，由测定的 Zeta 电位值替代计算，V；h 为颗粒间相对距离，m；κ 取特定电解质浓度(0.01 mmol/L NaCl)条件下德拜长度(Debye Length)的倒数，3.29×10^8 m⁻¹。

将不同浓度条件下的金属离子溶液所对应的 Zeta 电位值结合式(3-1)可得到颗粒间静电作用力随 Fe^{3+} 用量变化的关系，如图 3-13 所示。

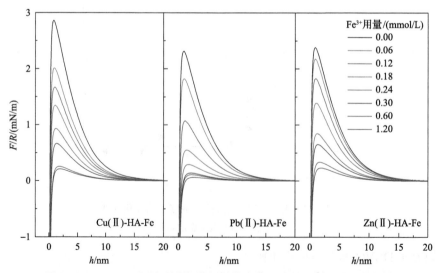

图 3-13 MHA-Fe 沉淀颗粒絮体间的静电作用力随 Fe^{3+} 用量变化规律

从图 3-13 可以看出，Fe^{3+} 用量对 MHA-Fe 颗粒间作用力影响显著。对于相同 Fe^{3+} 用量条件下的沉淀颗粒而言，沉淀颗粒在相互靠近的过程中，在 0～20 nm 的接触作用距离内，颗粒间范德瓦耳斯力和静电作用力使得颗粒间作用力呈现出先增加后减小的趋势，在 0.9 nm 处的距离范围内出现了作用力的极大值。

在不添加 Fe^{3+} 的情况下，沉淀颗粒间距离为 0.9 nm 处，Cu(Ⅱ)/Pb(Ⅱ)/Zn(Ⅱ)-HA 螯合沉淀颗粒间的斥力作用极大值分别为 2.86 mN/m、2.31 mN/m 和 2.38 mN/m。而随着 Fe^{3+} 用量的增加，斥力作用的极大值显著减小，在 Fe^{3+} 用量为 1.20 mmol/L 时，Cu(Ⅱ)/Pb(Ⅱ)/Zn(Ⅱ)-HA-Fe 沉淀絮体颗粒间的斥力作用极大值分别减小到 0.21 mN/m、0.06 mN/m 和 0.23 mN/m。Fe^{3+} 的加入显著降低了沉淀絮体颗粒间的斥力作用，沉淀颗粒更易于相互聚集生长。

结合颗粒尺寸变化、颗粒表面 Zeta 电位变化和 DLVO 计算结果可以看出，新型泡沫提取药剂 HA 与低浓度金属离子螯合沉淀颗粒尺寸较小的主要原因在于颗粒表面的静电斥力作用较强，而通过三价金属离子 Fe^{3+} 基絮凝剂的生长调控作用，其表面 Zeta 电位负性得到有效降低，颗粒间斥力作用显著减弱，进而使微小螯合沉淀 MHA 颗粒能够更容易聚集生长成为大尺寸的 MHA-Fe 沉淀絮体。

4. 非 DLVO 相互作用

前文关于胶体稳定性的讨论只限于范德瓦耳斯作用力和双电层排斥方面，这些都包含在经典的 DLVO 理论中。颗粒间所有其他可能的相互作用统称为非 DLVO 相互作用。

1)水合效应

由于各种原因，水分子在颗粒表面附近的性质与体相不同。因为大多数颗粒表面带有电荷和离子基团，这些基团会产生水合效应。一些颗粒，尤其是生物来源的颗粒，表面具有各种类型的亲水性物质，如蛋白质和多糖。这些颗粒带有大量的"结合水"，对颗粒间相互作用有重要影响。

与双电层排斥不同，具有水合效应的两个颗粒接触通常会受额外排斥力阻碍。若颗粒间发生接触，需要破坏颗粒表面溶剂化层，导致颗粒间产生排斥作用。此过程涉及做功，因此增加了系统的自由能。与双电层排斥的范围相比，水合排斥力范围更大，且会对胶体稳定性产生影响，尤其是在高离子强度下。水合效应可以控制胶体稳定性，并能对某些异常结果做出合理解释。

通过直接测量带负电颗粒的表面相互作用力发现，当盐浓度高于 1 mmol/L 时，由于水合阳离子的吸附，这种额外的排斥力非常明显。排斥力随反离子的水合程度（$Li^+ \approx Na^+ > K^+ > Cs^+$）增加，并在 1.5～4 nm 的范围内呈指数下降，衰减长度约为 1 nm。

2)疏水引力

当颗粒表面没有极性、离子基团或氢键结合位点时，该表面对水分子没有亲和力，我们称这样的表面为疏水表面。水在疏水表面附近的性质与体相水显著不同，因为体相水分子由于分子间氢键紧密联系，这意味着分子间可以形成相当大的水分子团簇，尽管它们是瞬态的，并随热能波动而不断形成和分解。两个疏水表面间隙中的水分子很难形成一定尺寸的水分子团簇。对于更窄的间隙，这可能是严重的限制因素，并会导致水分子的自由能增加。换言之，疏水性表面间存在吸引力。疏水表面力测量实验表明，疏水吸引力比范德瓦耳斯引力更强并且范围更广。然而，有一些证据表明，溶解的气泡可能起重要作用，附着在疏水表面上的小气泡可以提供显著的额外吸引力。

对水溶液体系中分散颗粒而言，表面可能具有一定程度的疏水特性。颗粒间疏水吸引力是长程力，并在颗粒聚集中起重要作用。在胶体稳定性方面，对于疏水作用的研究较少，而且疏水作用的范围尚不清楚。有证据表明，除去水中溶解的气泡，可以有效减少颗粒间的疏水作用力，这进一步说明微纳米气泡的存在对颗粒间疏水作用力的影响，这称为"油团聚"，此过程取决于颗粒间的疏水性。在矿物浮选或泡沫提取过程中，气泡附着对疏水作用至关重要。

3) 空间位阻

吸附层，尤其是聚合物吸附，在胶体稳定中起重要作用。某些情况下，少量吸附的聚合物可通过桥联作用促进絮凝。对于吸附量较大的情况，聚合物由于空间位阻效应增强胶体稳定性。最有效的稳定剂是对表面具有一定亲和力但以聚合物链延伸进入水相方式吸附的聚合物。最简单的情况是末端吸附的嵌段共聚物，其具有一些在颗粒上强烈吸附的链段和延伸到水相的亲水链段。这些聚合物形成如图 3-14 所示的吸附层，可以显著提高胶体稳定性。水分散体系的典型实例是非离子表面活性剂，其具有提供吸附(通过疏水作用)的烃链和亲水性"尾部"。

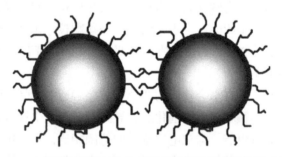

图 3-14　有机药剂分子链作为吸附层的颗粒间疏水作用示意图

颗粒靠近时，吸附层发生接触，导致部分亲水链之间相互渗透。由于聚合物链被水合层的重叠使体系脱去结合水，从而增加体系自由能和颗粒间排斥作用。一旦吸附层开始重叠，排斥力变得无限大，但颗粒间距离较大时排斥力为零。

假设吸附层的有效 Hamaker 常数非常低，且层间范德瓦耳斯引力可忽略不计。这种情况下，吸附的聚合物可以通过颗粒间距离来调控颗粒间的吸引力。然而，颗粒间的接触可能形成相当弱的聚集体，因此很容易被剪切力破坏。吸附层的厚度是决定空间位阻程度的最重要因素。由于范德瓦耳斯力与颗粒粒径大小成正比，对于相同的胶体稳定性，较大的颗粒需要更厚的稳定层。

空间位阻效应是普遍存在的现象，在早期的胶体文献中常称为"保护胶体"。一个典型的例子就是由 Michael Faraday 发现的金溶胶-凝胶的稳定性，自古代起，这种效应在无意间被发现，目前已经被应用到水墨和其他颜料的制备中。

3.2　颗粒碰撞及聚集

3.2.1　碰撞效率

关于聚集率的大部分研究源于 1915 年斯莫卢霍夫斯基所做的工作。一般认为初始相等粒径的颗粒（初始颗粒）在经过一段时间聚集后，会形成包含不同大小和浓度的颗粒聚集体。例如，粒径大小为 i 的颗粒 N_i，粒径大小为 j 的颗粒 N_j，其中，N_i 和 N_j 是指不同聚集体的数量浓度，"粒径大小"是指组成该聚集体初级颗粒的数目，因此可看作"i 级"和"j 级"聚集体。通常假设聚集是一个二阶过程，该假设认为碰撞率与两种碰撞颗粒的浓度乘积成正比。因此，单位时间和单位体积内 i、j 颗粒之间发生的碰撞次数 J_{ij}（碰撞频率）如下所示：

$$J_{ij} = k_{ij}N_iN_j \tag{3-34}$$

其中，k_{ij} 为一个二阶碰撞率系数，取决于许多因素，如颗粒大小和传输机制（见本章后面部分）。

就颗粒的聚集率而言，由于颗粒间的相互作用，并非所有的碰撞都能生成聚集体。颗粒碰撞成功部分的概率称为碰撞效率。如果颗粒之间存在强烈的斥力，就不能碰撞生成聚集体，碰撞效率 $\alpha \approx 0$。颗粒间没有明显净斥力或存在吸引力时，其碰撞效率约为 1。

通常假定碰撞效率与胶体相互作用无关，仅取决于颗粒传输。这种基于颗粒间短程作用力的假设是合理的，其作用力范围远小于颗粒粒径大小，所以在这些力发挥作用之前颗粒几乎已经互相接触。然而，如果有长程吸引力存在的情况下，碰撞效率可能会增加，因此 $\alpha > 1$。

假设每次碰撞都能有效地形成聚集体（即碰撞效率 $\alpha = 1$），因此其碰撞率等于聚集率。然后将 "k 级" 聚集体的浓度变化率表示如下，其中 $k=i+j$：

$$\frac{\mathrm{d}N_k}{\mathrm{d}t} = \frac{1}{2}\sum_{\substack{i+j \to k \\ i=1}}^{i=k-1} k_{ij}N_iN_j - N_k\sum_{i=1}^{\infty} k_{ik}N_i \tag{3-35}$$

其中，等式右侧两项分别表示大小为 k 的聚集体的"产生"和"破碎"。前一项给出了由任意一对 $i+j=k$ 聚集体碰撞的形成率（例如，5 级的聚集体可能由 2 和 3 级或 1 和 4 级的聚集体碰撞形成）。式(3-35)只适用于没有聚集体破碎的不可逆聚集。碰撞率系数 k_i 主要取决于颗粒尺寸和发生碰撞的机制。

3.2.2 碰撞机制

颗粒的输运机制如图 3-15 所示。

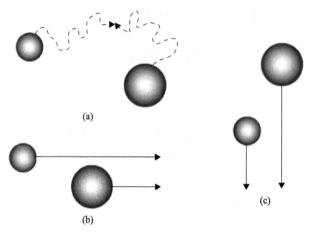

图 3-15 碰撞颗粒输运机制

(a)布朗扩散；(b)流体剪切；(c)速差沉降

1. 布朗扩散(异向凝聚)

由热能引起的水溶液中所有颗粒的随机运动称为布朗运动，因此颗粒间随时都可能发生碰撞，将其称为异向凝聚。斯莫卢霍夫斯基通过计算 i 型球体颗粒在固定球体 j 上的扩散速率来解决这个问题。如果每个 i 型颗粒都被碰撞接触球体的中心区域捕获，那么 i 型颗粒会从悬浮体系中有效地去除，并且在球体 j 的径向方向沿浓度梯度处于稳定状态。经过较短时间后即可建立稳态条件，在单位时间内与 j 颗粒接触的 i 颗粒数目如下所示：

$$J_i = 4\pi R_{ij} D_i N_i \tag{3-36}$$

其中，D_i 为 i 型颗粒的扩散系数；R_{ij} 为碰撞半径，是相互接触颗粒中心之间的距离。对于短程的相互作用，可以假定碰撞半径为颗粒半径的总和。

此时，在实际悬浮体系中，发生碰撞的中心颗粒位置不固定而且其本身会进行布朗运动。对两种颗粒使用相互扩散系数，即单个扩散系数的总和：

$$D_{ij} = D_i + D_j \tag{3-37}$$

如果 j 型颗粒的浓度是 N_j，在单位时间单位体积内 i-j 型颗粒发生碰撞的数目可简化为

$$J_{ij} = 4\pi R_{ij} D_{ij} N_i N_j \tag{3-38}$$

相比于式(3-34)，此公式给出了异向碰撞率系数。如果假设碰撞半径是颗粒半径的总和，

将其代替斯托克斯-爱因斯坦方程中的扩散系数，得到结果如下：

$$k_{ij} = \frac{2k_B T}{3\mu} \frac{(d_i - d_j)^2}{d_i d_j} \tag{3-39}$$

对于尺寸相差不大的颗粒而言，该公式中的重要一点在于碰撞率系数几乎与粒径无关。其原因在于 $d_i = d_j$ 时，$(d_i + d_j)^2/d_i d_j$ 的值为 4，当颗粒直径相差不到 2 倍时，此项值变化不大。如果布朗碰撞率系数与粒径无关，这似乎并不合理，因为对于较大的颗粒而言，扩散作用并不明显。但是碰撞半径（以及由此导致的碰撞概率）随颗粒粒径的增加而增大，而这种效应可以弥补扩散系数的损失。当 $d_i \approx d_j$，碰撞率系数变成：

$$k_{ij} = \frac{8k_B T}{3\mu} \tag{3-40}$$

对于在 25℃ 的水溶液分散体系而言，粒径大小相同的颗粒的 k_{ij} 值是 1.23×10^{-17} m³/s。粒径大小不同的颗粒，该系数始终大于式(3-40)给出的值。

对 k_{ij} 常数值的假设，能够极大地简化聚集动力学问题。这特别适用于等径球形颗粒的初始聚集阶段。在这种情况下，初始颗粒的碰撞十分重要，可以从式(3-35)右边的第二项计算初始颗粒的损失速率：

$$\frac{dN_1}{dt} = -k_{11} N_1^2 \tag{3-41}$$

其中，k_{11} 为初始颗粒的碰撞率系数，浓度为 N_1。

此时，两个单颗粒的碰撞会导致两者的损失和偶极子的形成。所以，总颗粒（包括聚集体）的净损失是 1，总颗粒数浓度 N_T 的下降速率是原初颗粒浓度下降速率的一半。因此：

$$\frac{dN_T}{dt} = -\frac{k_{11}}{2} N_1^2 = -k_a N_1^2 \tag{3-42}$$

其中，k_a 为聚集率系数，等于碰撞率系数的一半：

$$k_a = \frac{4k_B T}{3\mu} \tag{3-43}$$

式(3-41)和式(3-42)仅适用于颗粒的初始聚集阶段，此时大多数颗粒都处于单独存在状态，因此这些公式的应用范围非常有限。然而，斯莫卢霍夫斯基明确指出式(3-35)的应用前提是假设常数 k_{ij} 的值来自式(3-40)，这使得式(3-42)同样可以表达为

$$\frac{dN_T}{dt} = -k_a N_T^2 \tag{3-44}$$

此式与式(3-42)的唯一区别在于等式右侧是 N_T，而不是 N_1。对此式积分，得到在时间为 t 时总浓度的表达式：

$$N_T = \frac{N_0}{1 + k_a N_0 t} \tag{3-45}$$

需要注意最后两个表达式是基于以下两个重要假设。

(1) 碰撞发生在尺寸差异不大的颗粒与聚集体之间，才可以认为碰撞率系数为常数。

(2) 碰撞是在球形颗粒之间发生的。

第二个假设是斯莫卢霍夫斯基处理该问题的固有假设，因为只用简单的理论来处理非球形颗粒的碰撞与扩散问题太过于困难。在实际中，虽然颗粒可能最初是等大的球体，但聚集体却不可能是球形的。两个硬质球体颗粒会碰撞形成一个哑铃状的聚集体（图 3-16），这很明显是非球形的。

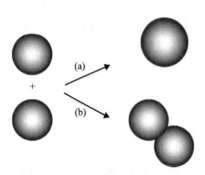

图 3-16　两个球形颗粒碰撞后聚集体的形状
(a) 由于聚结作用形成一个更大的球体；
(b) 形成哑铃型的聚集体

两个碰撞液滴（如在油-水乳浊液中）接触后形成球形聚集体的唯一可能途径就是凝聚作用。目前可以假设真实聚集体的非球形性质并不会对异向凝聚造成太大影响。

从式（3-45）可以看出，总颗粒浓度减少到初始浓度的一半所需的时间为 τ，可由下式给定：

$$\tau = \frac{1}{k_a N_0} \tag{3-46}$$

此特征时间被称为凝聚时间或聚集过程的半衰期。这个时间也可以认为是一个给定颗粒发生碰撞的平均间隔时间。凝聚时间 τ 取决于初始颗粒浓度这一事实是聚集动力学性质的二阶结果。对于一阶过程而言，放射性衰变、半衰期与初始浓度完全无关。

在式（3-45）中引入 τ，可得下式：

$$N_T = \frac{N_0}{(1 + t/\tau)} \tag{3-47}$$

在 25℃时，水溶液分散体系的 k_a 值是 6.13×10^{-18} m³/s（先前引述 k_{ij} 值的一半）。这里给出了 τ 的值：$\tau = 1.63 \times 10^{17}/N_0$。数值计算实例如下，对于每立方米包含 10^{15} 个初始颗粒的悬浮液（或粒径 0.5 μm 颗粒物的体积分数约为 65 ppm），其聚集半衰期是 163 s。因此，在接近 3 min 时间内，颗粒数浓度将减少到 5×10^{14} m⁻³。根据式（3-47）可知，如果要将该数值减小到原来的 1/2，将需要 3 τ 或约 8 min 的总时间。这个例子表明，随着聚集过程的进行和颗粒浓度的减小，颗粒发生进一步聚集所需的时间也越来越长。因此，在短时间内（几分钟的时间段内）仅靠布朗扩散不足以产生大聚集体。在实际过程中，应用某种流体剪切力效应可以大大提高颗粒的聚集率。

我们还应注意到斯莫卢霍夫斯基的处理方法还能对个别聚集体和总浓度 N_T 进行计

算。单级颗粒、双级颗粒的数量浓度和通常情况下 k 级聚集体的数量浓度，可表示如下：

$$N_1 = \frac{N_0}{(1+t/\tau)^2}$$

$$N_2 = \frac{N_0(t/\tau)}{(1+t/\tau)^3} \qquad (3\text{-}48)$$

$$N_k = \frac{N_0(t/\tau)^{k-1}}{(1+t/\tau)^{k+1}}$$

由式(3-48)得到关于聚集体的总浓度和颗粒总数的比值为无量纲时间 t/τ 的函数，如图 3-17 所示。当 $k \geqslant 2$ 时，聚集体浓度在一定时间后经历最大值。这是聚集体"产生"和"破碎"的直接结果。此外需要指出的是，在任何情况下单级颗粒的预测浓度值都大于任何的单个聚集体。根据式(3-48)可知，所有聚集体的浓度总是大于更大聚集体的浓度。

尽管式(3-48)基于各种简化假设，但是当初始颗粒比较均匀时，图 3-18 中的预测结果与实测聚集体的粒径分布非常一致。

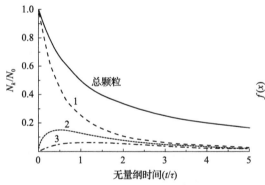

图 3-17 由式(3-48)计算得到的总颗粒浓度
的相对浓度及单级(初级)颗粒(1)、双级
颗粒(2)和三级颗粒(3)的相对浓度变化

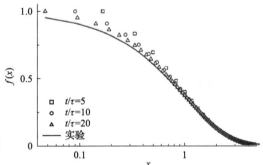

图 3-18 聚集体粒径分布随式(3-50)中简化
粒径 x 变化的结果

符号代表的是在不同的聚集时间下根据式(3-48)进行斯莫卢
霍夫斯基法计算的结果，图中完整曲线代表的是
式(3-51)中的指数分布

在式(3-48)中聚集体颗粒尺寸大小以聚集数 k 为单位(即聚集体中初级颗粒数目)。它与聚集体的质量成正比，所以基于 k 的分布相当于颗粒质量分布。此外，将平均聚集数定义为由聚集过程中特定阶段初级颗粒的初始数 N_0 与总颗粒数 N_T 的比率：

$$\bar{k} = \frac{N_0}{N_T} \qquad (3\text{-}49)$$

然后可以将聚集数以更一般的简化形式写出：

$$x = \frac{k}{\overline{k}} \tag{3-50}$$

聚集体粒径分布设为 $f(x)$，而 $f(x)\,\mathrm{d}x$ 是聚集体中粒径在 $x \sim (x+\mathrm{d}x)$ 范围内所占的分数。这种方法假定了一个连续的粒径分布，而斯莫卢霍夫斯基在式(3-48)和图 3-17 中表示的是离散的聚集体粒径。而把聚集体的粒径分数、N_k/N_T 与频率函数 $f(k)$ 等同起来也是合理的。对于任何的无量纲化聚集时间的值 t/τ，我们可以从式(3-47)计算出颗粒的总数量 N_T，然后从式(3-49)计算出平均聚集数。然后可以计算每个粒径为 k 的聚集体的简化粒径 x，并将 $f(x)$ 对 x 作图。

在图 3-18 中做了三个不同聚集时间 5τ、10τ 和 20τ 条件下的结果。如图 3-18 中的指数分布所示：

$$f(x) = \exp(-x) \tag{3-51}$$

当以适当的简化形式时，聚集体的粒径分布可以在碰撞发生较长时间后接近其极限形式。有时称其为自保持分布，因为在聚集体悬浮体系中它们可以不受初始条件影响。自保持分布的精确形式取决于许多因素，而且可能很难预测。

2. 流体剪切(同向凝聚)

由于颗粒浓度减少和布朗运动过程的二阶性质，(异向)聚集并不容易导致大聚集体的形成。在实际中，聚集(絮凝)过程几乎总是在悬浮液受到某种形式剪切的条件下才会发生，如搅拌或者流动。由流体运动引起的颗粒输运对颗粒碰撞率有显著的影响，这个过程称为同向凝聚。

斯莫卢霍夫斯基探讨了同向凝聚问题的理论方法。对于同向碰撞，他考查了球形颗粒在均匀层流剪切中的情况。

图 3-19 显示了斯莫卢霍夫斯基提出的均匀层流剪切中的同向絮凝碰撞模型。两个非等径球形颗粒处于均匀剪切流场中。流体的流速只在垂直于流动方向上随距离呈线性变化关系。Z 方向上流体速度的变化率是 $\mathrm{d}u/\mathrm{d}z$，这是剪切速率，用符号 G 表示。假设一个半径为 a_j 的颗粒中心位于流体速度为零的平面上，平面上下的颗粒以不同的速度沿着流

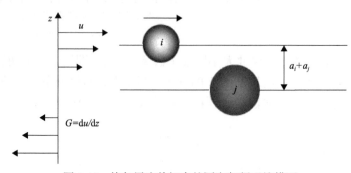

图 3-19 均匀层流剪切中的同向絮凝碰撞模型

线运动，流速与运动方向取决于它们的位置。如果其中心位于距离 $u=0$ 的平面为 a_i+a_j 的流线上，半径 a_i 的颗粒将只与中央的球形颗粒接触，a_i+a_j 为碰撞半径。所有距离小于碰撞半径的颗粒都能够与中央球体发生碰撞，碰撞率取决于其浓度和位置（速度）。

这样很容易计算出 i 级颗粒与中心 j 级颗粒的碰撞率，从而推导出在剪切流悬浮液中 i-j 颗粒的碰撞频率。用颗粒的直径表示，结果如下：

$$J_{ij} = \frac{1}{6} N_i N_j G (d_i + d_j)^3 \tag{3-52}$$

该公式与普遍化速率公式(3-34)相比，可以得到同向碰撞率系数：

$$k_{ij} = \frac{G}{6} (d_i + d_j)^3 \tag{3-53}$$

这和式(3-39)给出的异向碰撞率系数有一个重要区别，异向碰撞率系数与大小一致的颗粒粒径无关。相比之下，式(3-53)表明，同向碰撞率系数与粒径大小的三次方相关。这意味着，对于聚集体而言，颗粒数减少的部分可以由增加的碰撞率系数补偿，这样聚集率就不会像在异向凝聚情形下减少那么多。

由于碰撞效率对颗粒（聚集体）粒径有较强的依赖性，不可能假设出值恒定的碰撞率系数。这样一来，就比异向凝聚情形更难预测出聚集体的粒径分布。因此，必须采用数值方法来解决该问题，但在给聚集体的碰撞率系数赋值时仍然有相当大的不确定性。为此，在等大球体间发生聚集的最初始阶段，我们的讨论应进行严格的条件限定。假设每次碰撞都形成一个聚集体（$\alpha=1$），我们可以计算总的颗粒浓度的降低率：

$$\frac{\mathrm{d}N_\mathrm{T}}{\mathrm{d}t} = -\frac{2}{3} N_\mathrm{T}^2 G d^3 = -k_\mathrm{a} N_\mathrm{T}^2 \tag{3-54}$$

这类似于异向凝聚相应的表达式(3-44)，同向凝聚速率系数如下：

$$k_\mathrm{a} = \frac{2}{3} G d^3 \tag{3-55}$$

虽然式(3-54)比式(3-44)适用范围更严格，并且只适用于聚集过程的最初始阶段，但是探讨同向凝聚的结果时该公式仍然很有用。

式(3-54)中 d^3 项的存在意味着颗粒的体积是一个重要因素。在等大球形颗粒的悬浮体系中，颗粒的体积分数是每个颗粒体积乘以单位体积颗粒的个数：

$$\phi = \frac{\pi d^3 N_\mathrm{T}}{6} \tag{3-56}$$

结合式(3-54)，得出：

$$\frac{\mathrm{d}N_\mathrm{T}}{\mathrm{d}t} = -\frac{4G\phi N_\mathrm{T}}{\pi} \tag{3-57}$$

　　假设凝聚过程中体积分数保持不变，因此式(3-57)得到了聚集效率与颗粒数浓度的一级相关性。假设初始颗粒的体积的确会保持不变(在沉降过程中没有颗粒损失)，剪切速率 G 和体积分数 ϕ 在聚集过程中保持不变，对式(3-57)积分，得出：

$$\frac{N_T}{N_0} = \exp\left(\frac{-4G\phi t}{\pi}\right) \tag{3-58}$$

其中，指数项中包含无量纲数组 G、ϕ、t，这对于聚集程度的确定具有非常重要的作用。原则上，如果这个数组的值是恒定的，那么无论各项单独的值是多少，都会得到相同的聚集程度。例如，加倍剪切速率、减半聚集时间都不会影响聚集程度。但在实际当中，高剪切速率条件对聚集会产生不利影响，所以这一结论可能会产生误导。无量纲项 Gt，有时被称为坎普数值(首先由 Thomas R Camp 提出)，在实际絮凝单元操作中非常重要。而颗粒的体积分数 ϕ 具有同等意义。

　　前面的所有讨论都基于层流剪切的假设，但这并不符合实际情况，而在湍流条件下的聚集更为常见。1943 年，坎普和斯坦提出解决该问题的方法。从量纲分析可知，平均或有效剪切速率来自对悬浮液的能量输入，如在容器中的搅拌。平均剪切速率可以用每单位质量的输入功率 ε 和黏度 ν（$\nu=\mu/\rho$，其中 ρ 是悬浮密度）表示：

$$\bar{G} = \sqrt{\frac{\varepsilon}{\nu}} \tag{3-59}$$

　　平均剪切速率 $\bar{G}$，可以放到前面的表达式中代替层流剪切速率 G。这样得出的结果与各向同性湍流碰撞率计算结果十分吻合。

　　对于带有搅拌器的溶液而言，其单位质量的输入功率主要取决于搅拌容器的搅拌功率 P，即 $P=\varepsilon$。

　　对于特定构型的搅拌容器而言，其搅拌功率 P 的大小由搅拌器的功率准数、溶液密度、搅拌速度、搅拌桨叶类型及直径，以及其他经验参数决定。本实验中沉淀颗粒絮体生长破碎实验的搅拌容器为：搅拌桨叶类型-三叶螺旋桨直径 $d=0.04$ m，圆柱型搅拌器内径 $D=0.085$ m，$d/D=0.47$。其搅拌功率可以由经验公式(3-60)进行计算。

$$P = N_P \rho n^3 d^5 \left(\frac{n^2 d}{g}\right)^{\frac{\zeta_1 - \lg Re}{\zeta_2}} \tag{3-60}$$

其中，P 为搅拌功率，W；N_P 为功率准数；ρ 为溶液密度，kg/m^3；d 为搅拌桨叶直径，0.04 m；g 为重力加速度，m/s^2；n 为搅拌速度，r/min；ζ_1、ζ_2 为经验参数，三叶螺旋桨叶体系中 $\zeta_1=2.6$，$\zeta_2=18.0$。

　　式(3-60)中功率准数 N_P 值大小可根据 N_P-Re 计算图确定不同搅拌转速条件下在雷诺数 Re 的大小对应确定其功率准数值，对于转速为 $500\sim3000$ r/min 时，其中 Re 值的大小可以由式(3-61)进行计算。

$$Re = \frac{d^2 n\rho}{\mu} \tag{3-61}$$

当搅拌转速在 500～3000 r/min 时，雷诺数 Re 值的大小为 1.3×10^4～7.8×10^4。根据 N_P-Re 计算图可知，当流体 $Re > 1.0\times10^4$ 时，功率准数 N_P 值保持不变，$N_P = 0.3$。

计算不同搅拌速度条件下流体搅拌功率 P 和剪切速率 G 值，结果如表 3-2 所示。由表 3-2 可知，随着沉淀絮体溶液中搅拌速度的增大，其对应搅拌功率和流体剪切速率增加。

表 3-2　不同搅拌速度条件下搅拌功率大小和流体速度梯度（剪切速率）对应计算值

n/(r/min)	P/W	G/s^{-1}
500	0.016	5.56
1000	0.149	17.19
2000	5.064	100.14
3000	38.861	277.40

在水溶液体系中，流体剪切作用对于金属离子沉淀及絮体颗粒的尺寸具有明显的影响。在流体剪切作用非常弱的条件下，颗粒更容易发生碰撞聚集且不易被流体的拖拽作用侵蚀破坏。而在流体作用由弱增强的过程中，已经形成的沉淀颗粒会受到表面侵蚀和大尺度破裂等流体的破坏作用，使得大尺寸絮体颗粒破裂成为尺寸更小的颗粒。

在泡沫提取过程中，以新型药剂 HA 与金属离子螯合为例，在剪切速率 $G = 5.6$～277.4 s^{-1} 条件下，搅拌时间为 30 min 时采用激光粒径仪测定沉淀絮体颗粒的尺寸，得到 MHA、MHA-Fe 和 MHA-Fe-CTAB 絮体尺寸随搅拌功率的变化关系如图 3-20 所示。

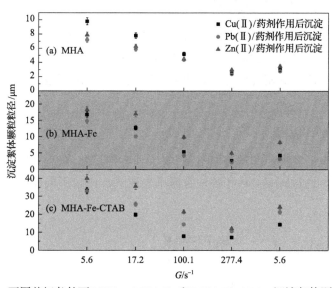

图 3-20　不同剪切条件下 MHA、MHA-Fe 和 MHA-Fe-CTAB 沉淀絮体颗粒的粒径变化

由图 3-20 可知，随着溶液搅拌剪切速率的增大，Cu^{2+}、Pb^{2+}、Zn^{2+} 金属离子与药剂 HA、Fe^{3+} 基絮凝剂和 CTAB 药剂先后形成的沉淀絮体 MHA、MHA-Fe 和 MHA-Fe-CTAB 颗粒尺寸呈现明显的减小趋势。这说明在高剪切速率条件下，沉淀絮体尺寸会显著降

低，而在絮体破碎后降低搅拌剪切速率时，三种沉淀絮体的尺寸又有不同程度的恢复，这说明其抗剪切作用和破碎后的恢复再生长能力存在差异性。具体而言，在剪切速率为 5.6 s^{-1} 时，稳定后的 MHA、MHA-Fe 和 MHA-Fe-CTAB 沉淀絮体的尺寸分别为 7.2～9.8 μm、14.8～18.3 μm 和 32.8～40.1 μm。当流体剪切速率增大到 277.4 s^{-1} 时，相应沉淀颗粒尺寸分别降低到 2.4～3.0 μm、2.2～6.0 μm 和 7.2～12.2 μm。在高剪切速率作用后，沉淀颗粒尺寸均被破碎至最低值，其中 MHA 和 MHA-Fe 沉淀颗粒均破碎至 5.0 μm 以下，表明其抗剪切作用较弱。MHA-Fe-CTAB 在 277.4 s^{-1} 的高剪切作用下颗粒尺寸仍能保持在 7.2～12.2 μm，表明其抗剪切作用比 MHA 和 MHA-Fe 沉淀颗粒更强。

当流体剪切速率由 277.4 s^{-1} 再降低恢复至 5.6 s^{-1} 的弱剪切作用条件时，MHA、MHA-Fe 和 MHA-Fe-CTAB 沉淀絮体的尺寸分别又恢复至 2.8～3.5 μm、3.2～8.3 μm 和 14.4～24.1 μm。从结果可以明显看出，浮选分离阶段的沉淀絮体 MHA-Fe-CTAB 的恢复再生长能力要明显强于螯合沉淀 MHA 和沉淀絮体 MHA-Fe，表明 Fe^{3+} 基絮凝剂和阳离子表面活性剂 CTAB 的加入显著提高了金属螯合沉淀 MHA 的抗剪切破碎和恢复再生长能力。

3. 速差沉降

每当尺寸或密度不同的颗粒在悬浮液中发生沉降时，就会发生另外一种重要的碰撞机制。较大的致密颗粒沉降速度更快，在沉降中可以与更多沉速缓慢的颗粒发生碰撞。假设颗粒为球形，其沉降率由斯托克斯法求出，便可以计算出合适的速率。等密度颗粒的碰撞频率如下式所示：

$$J_{ij} = \left(\frac{\pi g}{72\mu}\right)(\rho_S - \rho_L)N_i N_j (d_i + d_j)^3 (d_i - d_j) \tag{3-62}$$

其中，g 为重力加速度；ρ_S 为颗粒的密度；ρ_L 为流体的密度。

从上面等式可以看出，碰撞率既取决于颗粒粒径的大小，又取决于碰撞颗粒间粒径的差异。颗粒与流体间的密度差异也很重要。因此，速差沉降也是大颗粒和聚集体形成的一种重要机制。

4. 碰撞效率的比较

目前已经考虑了三种不同的碰撞机制，极大地方便了对典型条件下的碰撞率的比较。最简单的方法就是通过式（3-34）和各种碰撞率表达式，比较不同碰撞率系数。相应的碰撞率系数如下：

$$\begin{aligned} \text{异向凝聚：} & k_{ij} = \frac{2k_B T}{3\mu}\frac{(d_i - d_j)^2}{d_i d_j} \\ \text{同向凝聚：} & k_{ij} = \frac{G}{6}(d_i + d_j)^3 \\ \text{速差沉降：} & J_{ij} = \left(\frac{\pi g}{72\mu}\right)(\rho_s - \rho_L)N_i N_j (d_i + d_j)^3 (d_i - d_j) \end{aligned} \tag{3-63}$$

如果我们只考虑直径为 d 的等径球形颗粒间的碰撞，那么速差沉降速度为零。在这种情况下，可以将同向凝聚与异向凝聚的碰撞率系数比写成如下形式：

$$\frac{k_{ortho}}{k_{peri}} = \frac{G\mu d^3}{2kT} \tag{3-64}$$

剪切速率为 10 s^{-1} 时（对应于相对温和的搅拌），直径约 1 μm 颗粒的两个剪切速率系数相等。对于较大的颗粒而言，剪切速率更高时同向凝聚的动力学速率将变得更大。

在图 3-21 中，以一个颗粒直径为 2 μm，另一个颗粒直径从 0.01 μm（10 nm）变到 20 μm 为例，对不同尺寸颗粒的三种碰撞机制碰撞率系数进行了比较。假定剪切速率 G 为 50 s^{-1}，颗粒密度为 2 g/cm^3。所有其他相关数值都采用水在 25℃时的值。

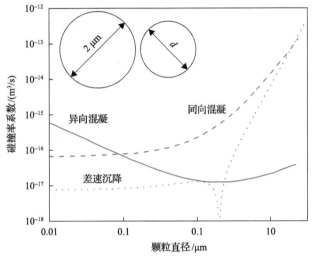

图 3-21　三种不同碰撞机制碰撞率系数的比较

左边颗粒的直径为 2 μm，右侧颗粒的直径是变量 d；剪切速率是 50 s^{-1}；颗粒密度是 2 g/cm^3

图 3-21 结果有以下几个值得注意的特点：

（1）当颗粒直径相等时，异向碰撞率系数的变化曲线可取得最小值。在最小值附近，碰撞率系数与颗粒尺寸无关。然而，当粒径明显变化时，碰撞率系数会比"定值"大一个数量级或者更多。

（2）等径颗粒的速差沉降速度为零，因为它们都以相同的速度沉降而不发生碰撞。而当第二个颗粒比第一个大几微米时，这一机制变得非常重要。

（3）第二个颗粒直径超过约 0.1 μm 时，初始阶段的同向碰撞率系数大于异向碰撞率系数，当直径 d 大约为 2 μm 时，同向碰撞率系数明显比异向碰撞率系数大。

5. 流体动力学相互作用的影响

前面处理的聚集率问题都是假设溶液为完全不稳定的悬浮液（$\alpha =1$），且所有的碰撞都能够使颗粒保持稳定的附着状态。而在实际中，黏性流体中两个颗粒之间的距离变小时，颗粒的互相靠近会受到明显的阻碍。当颗粒彼此靠近（或靠近另一表面）时，"排挤"出小缝隙中的水会变得越来越困难。即使颗粒间没有斥力时，这种水动力或黏性效应也会减缓颗粒的聚集过程。

在布朗运动引起的碰撞(异向凝聚)过程中,主要作用在于颗粒互相靠近过程中颗粒扩散系数的降低。在没有其他相互作用存在时,这种作用能够有效地阻碍颗粒聚集。然而,即使颗粒运动速度降低,在某种程度上颗粒之间普遍存在的吸引力(范德瓦耳斯力)也会克服黏滞阻力,使其发生聚集。对于经典的 Hamaker 常数值,其作用会使斯莫卢霍夫斯基速率降低约一半。

在同向碰撞的情况下,水动力的影响作用更加显著。在实际中,颗粒的周围也发生流动,所以流线必将偏离直线路径(图 3-22)。

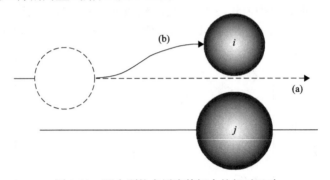

图 3-22　两个颗粒在层流剪切中的相对运动

(a)直线路径,根据斯莫卢霍夫斯基理论中的假设;(b)实际路径,遵循在黏性流体中的弯曲路径

对球形颗粒而言,这种效应可以通过数值方法进行处理,其结果可以表示为限定性碰撞效率 α_0。这是由斯莫卢霍夫斯基法的式(3-52)得到的碰撞分数,在不考虑颗粒间的任何其他排斥作用的情况下(例如,完全不稳定的悬浮),颗粒发生接触。如果颗粒之间是斥力,如双电层斥力,其实际碰撞效率将小于 α_0。

由于范德瓦耳斯引力在克服水阻力时起着重要作用,α_0 则取决于 Hamaker 常数的大小。假设悬浮颗粒完全失稳,Hamaker 常数为 10^{-20} J(约 $2.5\ kT$),结果如图 3-23 所示。

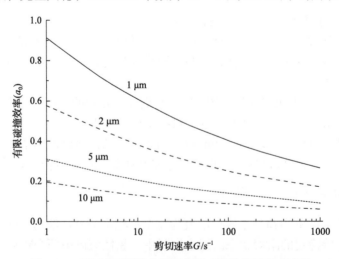

图 3-23　等径球形颗粒有限碰撞效率随剪切速率的变化

假定流体为 25℃ 的水，对于确定的粒径值而言，G 值的范围为 1～1000 s^{-1}，α_0 显著减小。即使在低剪切速率下，有限碰撞效率值也可以非常小。例如，根据式(3-54)预测值可知，剪切速率约为 50 s^{-1} 时，粒径为 10 μm 的颗粒只有 10% 左右会发生碰撞聚集。

这些是等径颗粒的碰撞结果。对于不同粒径的球形颗粒而言，碰撞效率可能会更低。在某些情况下，小颗粒围绕一个大颗粒的碰撞轨迹是保持较大的分隔距离，因此碰撞将很难发生。例如，对于直径 20 μm 和 2 μm 的颗粒，最接近的距离约为 1.4 μm。这远大于范德瓦耳斯引力的范围，因此很难发生任何聚集。

3.3　聚集体特性与表征

3.3.1　聚集体的基本特性

当固体颗粒聚集时，产生的聚集团簇可能会有许多不同的形状。等径球体是最简单的情况，毫无疑问两个颗粒将会形成一个哑铃形状的聚集体。第三个颗粒能够以几种不同的方式附着，聚集程度越高，可能的结构数量会迅速增加，如图 3-24 所示。

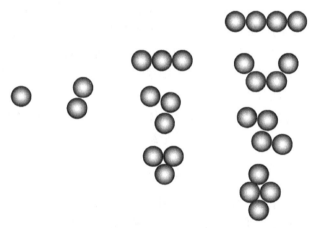

图 3-24　等径硬质球体颗粒 4 级碰撞聚集体的可能形状

在实际的聚集过程中，可能形成包含数百或数以千计的初级颗粒聚集体。

3.3.2　聚集体的分形维数

目前，聚集体被公认为具有自相似、分形结构。自相似性是指聚集体会有独立于观察尺度范围的相似结构。图 3-25 给出了两个维度的自相似性原理图。图中基本的 "+，−" 形状形成了四个层次的结构，从单个十字形状(1 级)，到 125 个十字形(4 级)的 "+，−" 型排列，这一过程可以无限继续下去。我们可以得到从单个十字形(1 级)开始，1～4 每个阶段的十字形数目。其序列将是：1，5，25，125，…。我们还可以测量每个单一结构的"大小"。一种简单的测量其大小的方法是对每个布局中间十字形数量进行测定，即 1，3，9，27，…。有一种方法可以测量图 3-25 中每个结构的线性尺寸 L，以及每个 N 所对应的十字形数量。在每一级中，N 增加了 5 倍，L 增加了 3 倍。因此，N 与 L 幂数相关，其指数为 lg5/lg3=1.465，可以得出：

$$N = L^{1.465} \tag{3-65}$$

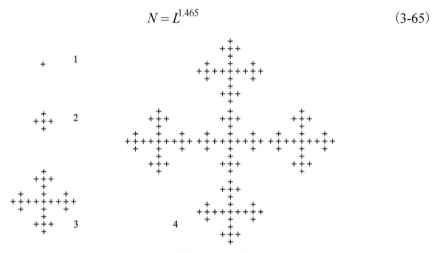

图 3-25　二维分形聚集体的形状

如果颗粒均匀充满了二维平面，其数目应随平面的面积的增加而增加，即为线性测量值的平方。式(3-65)的指数为非整数值，该值就是分形维数，图 3-25 所示的物体具有分形特征，其分形维数为 1.465。这就意味着，随着分形物体的增大，其结构逐渐变得更加开放。分形、自相似性的物体在自然界中很常见，像花菜、树叶和肺一样多变的结构都呈现出明显的分形特征分支结构。

颗粒的聚集体具有分形特征，因此聚集体的质量(或它内部初级颗粒的数量)M 大小与其粒径 L 呈指数关系，可以得出质量分形维度 d_F：

$$M \propto L^{d_F} \tag{3-66}$$

因此，采用双对数 lg-lg 图以 M 对 L 作图得到一条直线，其斜率为 d_F。

聚集体具有有效的分形维数，正如前面所提到的二维情形下的"分形"一词。在三维空间中，聚集体的分形维数，原则上可以取 1～3 之间的任意值。Mandelbrot 首次提出分形维数的概念，用于表征自然界中具有自相似性和标度不变性物质的尺度形貌特征。分形维数值 $d_F=1$ 意味着一个质量与长度成正比的线性聚集。而均匀聚集体具有非分形特征，因此应该像固体物一样，质量随尺寸大小呈立方变化，即 $d_F=3$。

早期的聚集体结构模型都是以扩散作用为基础，通过添加单个颗粒生长成聚集团簇[图 3-26(a)]。这种情况往往会产生十分紧凑的聚集体，其分形维数约为 2.5。之后的模拟研究能够适用于聚集团簇-团簇之间的碰撞，这在很多情况下也更符合实际的模型。这种模型能够得到更加开放的聚集体结构[图 3-26(b)]，d_F 约为 1.8。

图 3-26 说明了不同结构的产生原因。对于颗粒-团簇碰撞的情况而言，逐渐靠近的颗粒能够在接触之前沿某种途径渗入团簇中。两个团簇靠近彼此时，在显著互相渗透之前可能已经发生接触，从而产生了更加开放的结构。

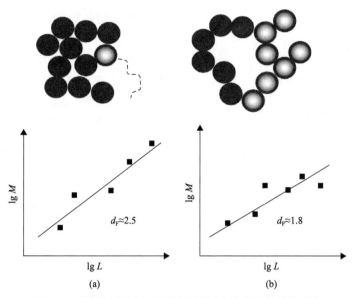

图 3-26　颗粒-团簇(a)和团簇-团簇(b)分形聚集体的形状

现有模型的假设前提是颗粒之间不存在互相排斥作用，且碰撞只是由布朗运动引起(异向凝聚)，所以这个过程有时被称为有限扩散凝聚(DLA)。如果颗粒间有明显的斥力，碰撞效率将会降低，那么就说聚集是受限制的反应，在这种条件下会形成更密实紧凑的聚集体(有更高的 d_F)。对这种效应的解释是由于碰撞效率低，颗粒和团簇不得不在黏附之前发生多次碰撞，从而获取更多的机会来产生不同的组成结构，并实现某种程度的互相渗透。

在不同流体剪切条件下所产生聚集体的分形维数往往要比那些由扩散形成聚集体的分形维数高。在搅拌悬浮液中，聚集体会发生明显的结构调整，这或许是由于聚集体发生了破损和重组，从而使 d_F 进一步增加，其值通常约为 2.3。

分形维数在水溶液中颗粒物的形貌结构分析中有着广泛的应用，可以用来表征絮体颗粒物的不规则程度。例如，Zhang 等[75]研究了不同分子量聚丙烯酸(PAA)对溶液中氧化铝颗粒絮体性质的影响，结果表明不同分子量和投加量的 PAA 对氧化铝颗粒絮凝后形成的絮体结构满足分形结构特性，其分形维数值在 1.1～2.4 之间变化。Zhong 等对聚合铝-高岭土-腐植酸体系形成的絮体沉淀的结构进行了分形维数计算，结果表明不加腐植酸时聚合铝-高岭土絮体结构相对更为密实，加入腐植酸后形成的絮体则更为疏松，腐植酸加入量为 10 mg/L 时其分形维数值由 1.83 降低至 1.75。这也进一步说明了金属离子溶液中不同的沉淀转化药剂及其用量对沉淀颗粒的结构有显著的影响。因此，分形维数值能够有效地反映水溶液体系中沉淀颗粒结构的密实与疏松程度。当分形维数值越大，聚集体越密实；而分形维数值越小时，聚集体的结构越疏松开放。

实际聚集体的分形维数只能采用间接法。当初级颗粒足够小，折射率足够低时，适合用瑞利-甘-德拜(RGD)光散射法进行测量。以透过聚集体悬浮液散射光的强度对散射矢量 q 作图，可以得到一个特征模型，如图 3-27 所示。

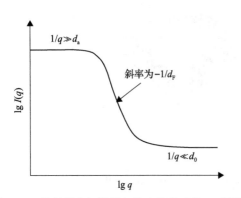

图 3-27　散射强度与散射矢量变化关系的双对数图

当 q 值足够低，如在低散射角度下，$1/q$ 远远大于聚集体的粒径，散射光强度取决于聚集体的粒径。所以，对于确定的聚集程度而言，散射光强度是恒定的，与 q 无关。当 q 值较大时，测得的范围小于原颗粒粒径大小，散射光的强度与单独初始颗粒形成的聚集体强度一样，这会导致散射强度恒定，与 q 无关。q 取中间值时，长度 $1/q$ 的值处于初始颗粒和聚集体的粒径之间，可以得到散射光强度 $I(q)$ 随 q 变化情况，如式（3-67）所示。

$$I(q) \propto -q^{d_F} \tag{3-67}$$

因此，在双对数图上应该有一个线性变化范围，斜率为 $-1/d_F$。此方法已被广泛应用，甚至在 RGD 方法都不能近似适用的情况下也能够使用该方法。在这种情况下，可以得到 $\lg I(q)$ 对 $\lg q$ 的线性变化范围，但斜率是否能给出真实的分形维数仍然是值得怀疑的。

同样地，采用新型泡沫提取药剂 HA 与三种金属离子螯合并经过絮凝调控生长后的聚集体进行分析，先利用显微镜对相应条件下的絮体进行图像拍摄，并对采集后图像进行软件提取，再通过二维分形维数值的方法计算沉淀絮体颗粒的分形维数，测定絮体的投影面积 A、周长 P，然后根据式（3-66）取对数值得到式（3-68），并求得二维分形维数 d_F：

$$\ln A = d_F \times \ln P + \alpha \tag{3-68}$$

其中，A 为沉淀絮体颗粒的二维投影面积，m^2；P 为沉淀颗粒絮体二维投影区域的周长，m；d_F 为分形维数值；α 为无量纲参数。

新型腐植酸基药剂与不同浓度金属离子作用后，沉淀絮体颗粒的分形维数变化如图 3-28 所示。

由图 3-28 中沉淀絮体颗粒的分形维数变化规律可知，不同浓度的 Cu（Ⅱ）、Pb（Ⅱ）、Zn（Ⅱ）金属离子与新型药剂形成的 MHA、MHA-Fe 和 MHA-Fe-CTAB 沉淀颗粒分形维数值呈现明显降低的趋势。以金属离子浓度 50 mg/L 为例，三个阶段的分形维数值分别为 1.62~1.63、1.52~1.54 和 1.41~1.45，这说明 Fe^{3+} 和 CTAB 药剂的加入使得腐植酸螯合金属离子沉淀颗粒的结构变得更加疏松开放。

在金属离子的螯合沉淀转化阶段，浓度为 10~100 mg/L 的 Cu（Ⅱ）、Pb（Ⅱ）、Zn（Ⅱ）与新型 HA 药剂形成的沉淀颗粒 Cu（Ⅱ）/Pb（Ⅱ）/Zn（Ⅱ）-HA 的分形维数值大小分别为 1.79~1.57、1.80~1.59 和 1.75~1.55。随着金属离子浓度的增加，药剂 HA 与金属离子形成的螯合沉淀 MHA 的分形维数呈现先降低后趋于稳定的规律，结合前述研究中螯合沉淀颗粒尺寸随金属离子浓度变化规律可知，在螯合沉淀颗粒粒径增大的同时，其分形

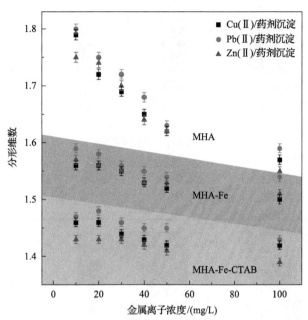

图 3-28　腐植酸基药剂与不同浓度金属离子作用后沉淀絮体颗粒的分形维数变化

维数值在降低，说明低浓度金属离子与 HA 形成的螯合沉淀颗粒较为密实，而高浓度金属离子形成的沉淀颗粒更为疏松。在用 Fe^{3+} 对金属离子螯合沉淀颗粒进行调控生长阶段中，离子浓度的增加也对沉淀颗粒的分形维数值有一定程度的降低作用，Cu(Ⅱ)/Pb(Ⅱ)/Zn(Ⅱ)-HA-Fe 的分形维数值大小分别为 1.56～1.50、1.59～1.53 和 1.57～1.50，分形维数值随着金属离子浓度增加变化范围较小，说明 Fe^{3+} 絮凝调控后的沉淀絮体的结构较为稳定，相对于 MHA 螯合沉淀更为疏松。在加入 CTAB 对沉淀复合体进一步调控的阶段中，沉淀絮体颗粒 MHA-Fe-CTAB 的分形维数值进一步降低，Cu(Ⅱ)/Pb(Ⅱ)/Zn(Ⅱ)-HA-CTAB 的分形维数值大小分别为 1.46～1.42、1.48～1.43 和 1.43～1.40。然而絮体的分形维数值随着金属离子浓度的增加只有微弱变化，这说明加入 CTAB 后得到的絮体结构更为稳定，相对于 MHA 和 MHA-Fe 沉淀颗粒而言，其结构更为疏松开放。

通过对各个阶段中沉淀颗粒的分形维数进行分析可知，Cu^{2+}、Pb^{2+}、Zn^{2+}金属离子与 HA、Fe^{3+} 和 CTAB 药剂形成的沉淀絮体 MHA、MHA-Fe 和 MHA-Fe-CTAB 颗粒尺寸增加的同时，其表面形貌明显更加疏松而粗糙。

原子力显微镜(AFM)也已被广泛用于测定各种材料、水体颗粒物及絮体结构的表面形貌信息。通过采用特定的 AFM 探针能够得到沉淀颗粒的表面形貌、精确测定其表面粗糙度和刚度值等结构信息，进一步验证上述聚集体的形态特征。对三个阶段得到的沉淀颗粒采用液滴法平铺于表面平整的玻璃基片上，在 20℃条件下干燥 24 h 后，以 JPK NanoWizard 4 原子力显微镜的 QI 模式配备 DNP-10 探针对 MHA、MHA-Fe 和 MHA-Fe-CTAB 颗粒分别进行测定，得到的 AFM 表面形貌和三维形貌图如图 3-29 所示。

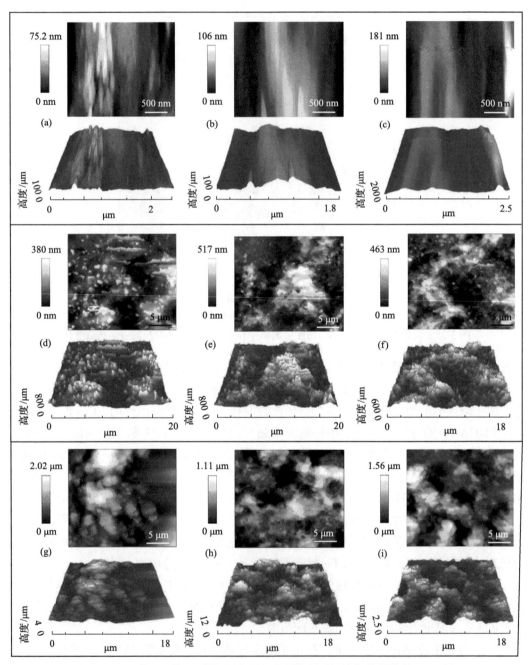

图 3-29　Cu^{2+}、Pb^{2+}、Zn^{2+}金属离子与药剂作用后沉淀絮体颗粒的 AFM 图

(a~c)Cu(Ⅱ)/Pb(Ⅱ)/Zn(Ⅱ)-HA 表面形貌及 3D 形貌图；(d~f)Cu(Ⅱ)/Pb(Ⅱ)/Zn(Ⅱ)-HA-Fe 表面形貌及 3D 形貌图；

(g~i)Cu(Ⅱ)/Pb(Ⅱ)/Zn(Ⅱ)-HA-Fe-CTAB 表面形貌及三维形貌图

由图 3-29 中沉淀絮体的 AFM 形貌图可以明显看出，Cu^{2+}、Pb^{2+}、Zn^{2+}金属离子与 HA 形成的螯合沉淀 MHA 表面形貌较为平整，其表面相对最大高度分别为 75.2 nm、106 nm 和 181 nm。而加入 Fe^{3+}后，沉淀颗粒 MHA-Fe 的表面形貌明显变得更加粗糙不平整，

Cu(Ⅱ)/Pb(Ⅱ)/Zn(Ⅱ)-HA-Fe 表面凸起的最大高度分别为 380 nm、517 nm 和 463 nm。进一步加入 CTAB 后，得到的絮体沉淀颗粒表面形貌更加粗糙，Cu(Ⅱ)/Pb(Ⅱ)/Zn(Ⅱ)-HA-Fe-CTAB 表面不平整部分的最大凸起高度分别为 2.02 μm、1.11 μm 和 1.56 μm。

通过数据处理软件(JPK Data Processing)对样品的 AFM 图进行处理，提取得到对应样品颗粒表面的平均粗糙度和算术平方根粗糙度数据，如图 3-30 所示。

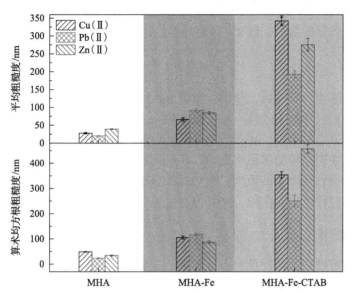

图 3-30　Cu^{2+}、Pb^{2+}、Zn^{2+} 与药剂作用后沉淀颗粒的平均粗糙度和算术平方根粗糙度

由图 3-30 可以看出，三个阶段中逐渐形成的 MHA、MHA-Fe 和 MHA-Fe-CTAB 沉淀絮体颗粒的粗糙度明显增大。加入 Fe^{3+} 基絮凝剂后，Cu(Ⅱ)/Pb(Ⅱ)/Zn(Ⅱ)-HA 螯合沉淀颗粒的平均粗糙度分别由 27.8 nm、20.4 nm 和 39.5 nm 增大到 66.2 nm、91.9 nm 和 84.5 nm，算术均方根粗糙度分别由 48.6 nm、23.7 nm 和 34.4 nm 增大到 105.2 nm、117.5 nm 和 86.4 nm；继续加入 CTAB 后，沉淀絮体表面粗糙度进一步增大，Cu(Ⅱ)/Pb(Ⅱ)/Zn(Ⅱ)-HA-Fe-CTAB 的平均粗糙度分别为 342.3 nm、193.1 nm 和 276 nm，算术平方根粗糙度分别为 353.9 nm、251.6 nm 和 458.1 nm。这也表明 Fe^{3+} 基絮凝剂和 CTAB 药剂对腐植酸螯合沉淀颗粒表面粗糙度具有显著的调控增长作用，使得沉淀絮体表面更为粗糙不平整。

3.3.3　聚集体的碰撞率

对于异向凝聚而言，聚集体的增大会导致碰撞半径增加，扩散系数减少，这些影响往往会抵消，使得碰撞率系数不会极度依赖于聚集体的粒径。对于分形聚集体而言，水力半径(决定拖拽阻力进而决定了扩散系数)可能略小于对应于聚集体物理范围的外部"捕获半径"。这意味着布朗碰撞会比式(3-39)所预测的速率发生得更快。然而，对于粒径大于几微米的聚集体而言，异向凝聚可以忽略不计，剪切诱导碰撞作用变得更加重要。

在同向凝聚的情形中，分形聚集体的有效捕获半径极为重要，其数值极大地依赖于分形维数。通过代替式(3-39)，i 级颗粒和 j 级之间碰撞的碰撞率系数可以表达如下：

$$k_{ij} = \frac{Gd_0^3}{6}\left(i^{\frac{1}{d_F}} + j^{\frac{1}{d_F}}\right)^3 \tag{3-69}$$

其中，d_0 为初级颗粒的直径。假设 i 级聚集体直径由下式给出：

$$d_i = d_0 i^{1/d_F} \tag{3-70}$$

对于"聚结球体"的假设，分形维数值 d_F=3，聚集体尺寸的增加相对较慢(1000 级聚集体的捕获半径只增加 10 级)。对于较低的 d_F 值而言，聚集体尺寸增大得更加迅速，这会使颗粒聚集率急剧增加。正如式(3-58)推导时所做的假设那样，聚集体的分形性质会明显地导致有效聚集体的体积不守恒。对于典型 d_F 值的有效絮体而言，其体积会大幅增加，这也是碰撞频率增加的原因。聚集体的分形性质的另一个重要结果是，水动力相互作用远远小于固体颗粒间作用，但并没有出现非等径颗粒对聚集体的大幅影响。

3.3.4 聚集体的密度

沉淀颗粒的密度和沉降性能是沉淀絮体的重要物理性质，对于后续的泡沫提取效果有着显著的影响，这对固液分离过程有着重要影响。

在水溶液中，有效聚集体密度 ρ_E 简化如下：

$$\rho_E = \rho_A - \rho_L = \phi_S(\rho_S - \rho_L) \tag{3-71}$$

其中，ρ_A、ρ_L 和 ρ_S 分别为聚集体、液体和固体颗粒的密度；ϕ_S 为固体聚集体内的体积分数(勿与悬浮液中颗粒的体积分数混淆)。

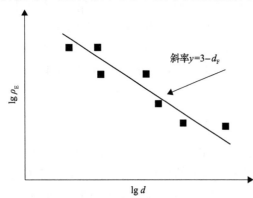

图 3-31　有效聚集体密度对聚集体尺寸的双对数图

不规则絮体颗粒的密度往往难以直接测定，传统的斯托克斯公式往往能很好地用于计算水体中沉淀颗粒的密度。有效聚集体密度的实验值(通常由沉降法得到)结果如图 3-31 所示。

在有效聚集体密度对聚集体尺寸量度(通常是直径)的 lg-lg 图(图 3-31)中，其结果通常显示为特征斜率的线性下降。这意味着有如下形式的关系：

$$\rho_E = Bd^{-y} \tag{3-72}$$

其中，B 和 y 为实验常数。

可以很容易地证明 ϕ_S 与 d^{3-d_F} 成正比。因为有效的密度直接与 ϕ_S 成正比，其遵循以下公式：

$$d_F = 3 - y \tag{3-73}$$

当 $d_F=3$（即对于非分形对象而言），$y=0$，聚集体密度不随尺寸大小变化。分形维数越低，y 值越大，因此密度随聚集体尺寸减小得越快。聚集体密度实验测定所得到的 y 值为 1~1.4，对应的分形维数范围为 2.0~1.6。

根据斯托克斯定律及相关文献报道，具有更大尺寸的球形沉淀颗粒相对于微细沉淀颗粒而言，在水体中的沉降阻力更小、沉降速度较快，能够快速地沉降分离。但是，除了沉淀颗粒的尺寸之外，颗粒的形状及结构特征对于其在水体中的沉降和浮选性能有着显著影响。相关研究也表明，不规则的非球形沉淀颗粒的沉降速度为球形颗粒的 70%~100%[76]。因此，斯托克斯定律对于不同颗粒尺寸的适用范围存在一定差异，对于 1000 μm 以上的颗粒而言，斯托克斯定律往往会产生较大误差，其更适用于颗粒粒径在 50 μm 以内的沉淀颗粒的沉降速度和密度计算。对于不规则形状的沉淀絮体而言，可以用修正的斯托克斯公式来计算絮体颗粒的密度，其计算公式如式(3-74)所示。

$$V = \frac{g}{34\mu}(\rho_S - \rho_L)d^2 \tag{3-74}$$

$$\rho_S = \rho_L + \frac{34\mu V}{gd^2} \tag{3-75}$$

其中，V 为沉淀颗粒絮体的沉降速度，mm/s；μ 为水的绝对黏度，mPa·s；ρ_S、ρ_L 分别为沉淀颗粒和溶液的密度，g/cm^3；g 为重力加速度，m/s^2。

根据以上分析，在实验室对新型改性腐植酸基药剂 HA 与金属离子螯合絮凝后的颗粒密度进行了测试。由于斯托克斯定律是在流体扰动较小的层流状态下进行的相关计算，因而采用沉降柱的方法对浓度为 50 mg/L 的 Cu^{2+}、Pb^{2+}、Zn^{2+} 溶液形成的 MHA、MHA-Fe 和 MHA-Fe-CTAB 沉淀絮体颗粒的沉降速度进行测定后，再根据修正的斯托克斯公式(3-74)和式(3-75)计算颗粒密度值，得到的相应结果如图 3-32 所示。

由图 3-32 可知，对于 Cu^{2+}、Pb^{2+}、Zn^{2+} 先后与腐植酸基药剂 HA、Fe^{3+} 和 CTAB 作用后沉淀絮体颗粒 MHA、MHA-Fe 和 MHA-Fe-CTAB 的粒径而言，其粒径范围分别为 4.5~6.7 μm、15.6~17.1 μm 和 31.6~40.1 μm。随着沉淀颗粒尺寸的增大，对应测得 MHA、MHA-Fe 和 MHA-Fe-CTAB 沉淀颗粒的絮体沉降速度分别为 1.0~1.1 mm/s、5.0~7.0 mm/s 和 3.5~6.5 mm/s。加入 Fe^{3+} 基絮凝剂后，它们的沉降速度显著增大。而进一步加入 CTAB 后，絮体颗粒的平均沉降速度又稍有下降。结合修正的斯托克斯公式(3-74)，分别代入颗粒粒径和沉降速度数值后计算得到，三个阶段沉淀颗粒的密度值呈现明显的减小趋势，Cu^{2+}、Pb^{2+}、Zn^{2+} 金属离子与药剂形成的 MHA、MHA-Fe 和 MHA-Fe-CTAB 沉淀颗粒密度分别为 1.79~2.92 g/cm^3、1.61~2.01 g/cm^3 和 1.09~1.23 g/cm^3。絮体颗粒密度的降低表明，Fe^{3+} 和 CTAB 药剂的加入使得较为密实的 MHA 螯合沉淀颗粒结构发生了明显改变，颗粒经过调控生长后其密度变小，结构更为疏松。

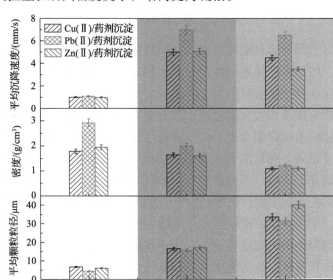

图 3-32　Cu^{2+}、Pb^{2+}、Zn^{2+}金属离子与药剂作用后沉淀絮体颗粒的平均沉降速度和
密度值随沉淀颗粒大小变化

3.3.5 聚集体的强度

前面所有对聚集动力学的讨论都是基于不可逆聚集的假设，因此并未考虑聚集体发生破碎的情况。而这显然不符合实际情况，因为大多数聚集过程都是在搅拌的悬浮液体中发生的，几乎都是在湍流条件下进行的。在这些情况下，将会不可避免地发生聚集体的破碎。

事实证明，聚集体的尺寸只会发生有限程度的增大，这取决于它们的强度和有效剪切速率，或能量耗散率 ε：

$$d_{\max} = C\varepsilon^{-n} \tag{3-76}$$

其中，C 和 n 都为常数，具体取决于体系。

通常认为聚集体尺寸的受限是聚集体增长和破碎之间动态平衡的结果，进而形成了聚集体尺寸的稳态分布。在图 3-33 中用示意图对两种破碎模式进行了说明。有两种公认的聚集体破碎模式：①聚集体表面的小颗粒物侵蚀；②聚集体分裂成大致相等的片段。

聚集体破碎的模式取决于与湍流微尺度相关的聚集体尺寸。湍流是一种复杂的现象，但可以通过不同大小的漩涡进行表征。对于搅拌容器而言，最大漩涡的大小相当于容器或叶轮。这些大尺度漩涡的能量通过尺寸减小的漩涡连接起来。柯尔莫哥洛夫微尺度理论把惯性范围从黏性子范围中分离开来，其中惯性范围的能量转移耗散很少，而黏性子

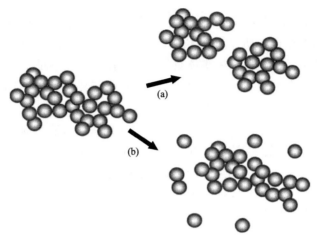

图 3-33　聚集破碎模式

(a) 分裂成大致相等的碎片；(b) 表面的小颗粒物侵蚀

范围的能量会耗散为热量。柯尔莫哥洛夫(Kolmogorov)微尺度(l_K)取决于流体的运动黏度 v 和单位质量的能量耗散 ε：

$$l_K = \left(\frac{v^3}{\varepsilon} \right)^{1/4} \tag{3-77}$$

l_K 的值是平均剪切率的函数，它与能量耗散率有关。微尺度随剪切速率的变化关系如图 3-34 所示。此条件下，假设流体是 25℃ 的水。对于剪切速率范围为 50～100 s^{-1} (适用于许多经典的聚集过程)的情况，微尺度的量级是 100 μm。

通常认为聚集体尺寸与湍流尺度相同或更小的情况下，主要发生表面侵蚀破碎，而大尺寸的聚集体往往发生分裂破碎。就聚集体破裂所需的力而言，f_0 一定是取决于颗粒-颗粒键断裂的数目和这些键的强度。键断裂数目取决于碎片的横截面。把凝聚体强度 σ 定义为断裂力和横截面面积的比值是比较合理的，可以表示为

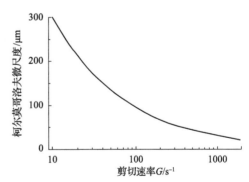

图 3-34　柯尔莫哥洛夫微尺度随剪切速率的变化关系

$$\sigma = \frac{4f_0}{\pi d^2} \tag{3-78}$$

聚集体强度的这种表示方式取决于聚集体体系，它指的是每单位面积上所受到的力，已有报道其大小从几 N/m^2 到大约 1000 N/m^2。这意味着，约 50 μm 典型大小的聚集体破碎所需的实际受力会处于 nN 到 μN 的范围中。每单位面积内颗粒-颗粒键的数目势必取

决于聚集体的密度,因此也取决于分形维数。对于开放型、低密度的聚集体(低的 d_F 值),单位面积只有少数几个键,所以聚集体强度应该相对较弱。而更加致密的聚集体则具有较高的强度,其原因可能是致密聚集体更易发生表面侵蚀而不是分裂。此外,随着聚集体尺寸增大后会变得不那么密实,并且由式(3-78)所定义的聚集体强度也会降低。这也是决定聚集体最大尺寸的另一个因素。

在泡沫提取实验过程中,以经过 Fe(Ⅲ)及 CTAB 调控后的药剂 HA 与金属离子螯合聚集体为例进行分析发现,在流体搅拌剪切过程中,流体剪切速率和作用时间是影响絮体颗粒尺寸的主要因素。经过 HA 螯合沉淀、Fe^{3+} 絮凝调控和 CTAB 进一步调整后的沉淀絮体 MHA-Fe-CTAB,在不同剪切(5.6～277.4 s^{-1})条件下随剪切作用时间(0～30 min)的破碎及恢复再生长规律如图 3-35 所示。

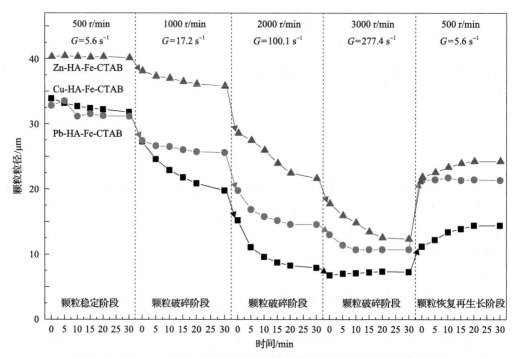

图 3-35　MHA-Fe-CTAB 沉淀颗粒的粒径值随剪切作用强度和时间的变化

由图 3-35 可知,流体搅拌剪切强度是影响颗粒粒径大小的主要因素。随着溶液中流体剪切作用的增大,MHA-Fe-CTAB 絮体颗粒粒径均呈现先降低后趋于稳定的变化趋势。具体而言,在流体剪切率为 5.6 s^{-1} 时,形成的 Cu(Ⅱ)/Pb(Ⅱ)/Zn(Ⅱ)-Fe-HA 沉淀颗粒的粒径较为稳定,大小分别为 33.9 μm、32.8 μm 和 40.1 μm。在 30 min 的剪切作用时间内,絮体粒径大小基本不随时间变化,说明低剪切作用条件下,沉淀颗粒粒径较为稳定。当搅拌速度增大到 1000 r/min 以上,流体剪切作用强度大于 17.2 s^{-1} 以上时,絮体颗粒粒径显著降低,且随着剪切作用时间的延长,颗粒粒径呈现先迅速降低然后趋于稳定的趋势。当 $G=277.4$ s^{-1} 时,破碎稳定后的三种沉淀絮体的粒径大小分别为 7.2 μm、10.7 μm 和 12.2 μm。

在颗粒絮体破碎后的恢复再生长阶段，$G=5.6\ s^{-1}$ 的弱剪切条件下，絮体的粒径在 10 min 内可快速恢复至较大尺寸然后保持稳定，Cu^{2+}、Pb^{2+}、Zn^{2+} 形成的三种沉淀絮体颗粒的粒径大小分别为 14.4 μm、21.3 μm 和 24.1 μm。由此可以看出，在颗粒破碎和恢复再生长阶段，影响沉淀絮体颗粒尺寸大小的主要因素是搅拌速度(流体剪切率)，其次是搅拌时间。

为进一步查明搅拌速度(流体剪切率)及作用时间对沉淀絮体破碎的影响作用，我们采用 Design-Expert 软件中的响应面设计进行中心组合响应面优化研究，这可作为多因素影响实验结果参数优化的有效方法[77-79]。对于 MHA、MHA-Fe 和 MHA-Fe-CTAB 的流体剪切影响因素优化实验，以搅拌速度 500~3000 r/min、作用时间 0~30 min 作为影响参数，相应实验条件下测得的沉淀颗粒粒径作为其对应因变量结果，采用中心组合响应面法进行优化后得到相应的响应面图如图 3-36 所示。相应实验条件下 MHA、MHA-Fe 和 MHA-Fe-CTAB 沉淀颗粒破碎过程中影响参数的响应值与实际搅拌速度、时间的关系函数如表 3-3 所示。

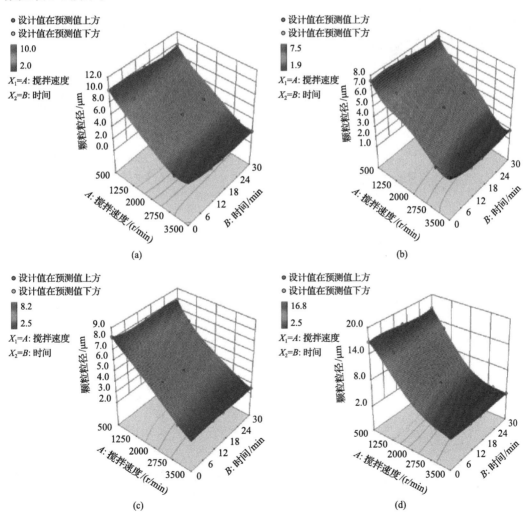

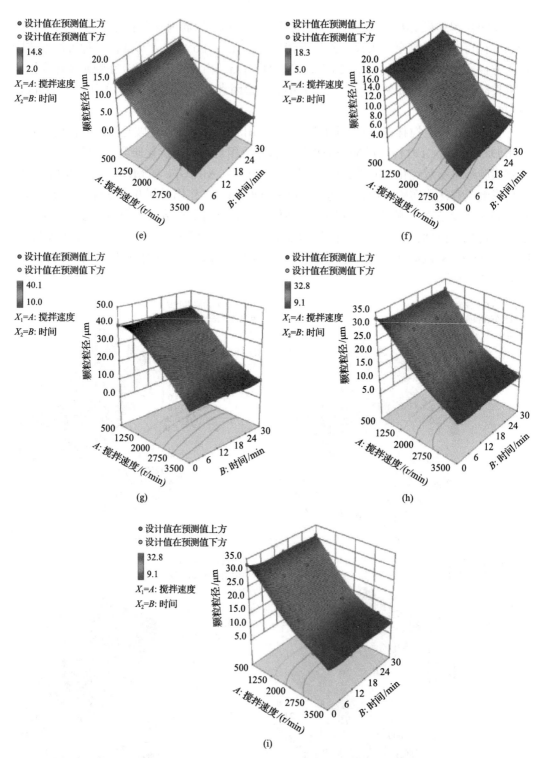

图 3-36　MHA、MHA-Fe 和 MHA-Fe-CTAB 沉淀颗粒破碎过程影响参数的响应面优化

(a)～(c) MHA-Cu(Ⅱ)/Pb(Ⅱ)/Zn(Ⅱ)；(d～f) MHA-Fe-Cu(Ⅱ)/Pb(Ⅱ)/Zn(Ⅱ)；

(g～i) MHA-Fe-CTAB-Cu(Ⅱ)/Pb(Ⅱ)/Zn(Ⅱ)

表 3-3　MHA、MHA-Fe 和 MHA-Fe-CTAB 沉淀颗粒破碎过程中影响参数的
响应值与实际搅拌速度和时间的关系函数

沉淀颗粒		响应关系函数	R^2
MHA	Cu	$Y = 5.49-2.93A-0.098B+0.14AB-0.36A^2+0.16A^3+7.030\times10^{-3}B^2+0.25A^4$	0.9997
	Pb	$Y = 4.60-1.93A-0.14B-0.031AB-0.90A^2+0.023AB^2+0.029A^3+0.031A^3B-9.288\times10^{-3}AB^3+0.42A^4$	0.9999
	Zn	$Y = 4.70-1.64A-0.12B+0.026B^2+0.062A^2-8.688\times10^{-3}AB^2-0.049A^3-5.792\times10^{-3}B^3-9.063\times10^{-3}A^2B^2-0.026A^3B+6.909\times10^{-3}AB^3+0.093A^4$	0.9999
MHA-Fe	Cu	$Y = 6.29-5.33A-0.44B+0.18AB+2.18A^2+0.12A^2B+0.27A^3+0.011B^3-0.017AB^3-0.31A^4$	0.9999
	Pb	$Y = 4.39-4.16A-0.41B+0.24AB+2.12A^2+0.014B^3-0.032A^2B^2-0.051A^3B-0.18A^4-0.014B^4$	0.9999
	Zn	$Y = 11.16-6.42A-0.64B+0.89A^3+0.033B^3$	0.9944
MHA-Fe-CTAB	Cu	$Y = 15.13-7.85A+3.97A^2+0.24A^2B+0.26A^3-0.042B^3-0.078A^2B^2-0.75A^4+0.023B^4$	0.9998
	Pb	$Y = 9.24-6.49A-1.04B+4.54A^2-1.06A^3$	0.9960
	Zn	$Y = 23.82-12.42A-1.37B-0.57AB+1.56A^2+0.62A^2B+1.08A^3-0.13A^2B^2+0.11A^3B+0.037AB^3-0.44A^4+0.024B^4$	0.9998

注：A：搅拌速度；B：搅拌时间；Y：颗粒尺寸。

由图 3-36 响应面优化结果及表 3-3 中函数关系式可知，对应不同沉淀颗粒絮体优化后响应结果方程的相关系数 R^2 均大于 0.99，说明中心组合响应面法可以有效地反映流体剪切搅拌速度和搅拌时间对沉淀颗粒絮体的影响关系。该方法也进一步量化得到了搅拌速度和时间对沉淀颗粒尺寸的影响关系。总之，在特定流体剪切作用下，通过研究沉淀颗粒絮体的破碎和恢复再生长特性，可以得到流体作用强弱和剪切作用时间对絮体沉淀颗粒粒径的影响关系。

综合以上研究，并结合 AFM 测定的絮体沉淀硬度变化规律可知，Fe^{3+} 和 CTAB 药剂对沉淀絮体颗粒的抗剪切破碎能力和恢复再生长能力有明显提高作用，使得沉淀颗粒的硬度特性有了显著变化，最终形成的金属离子/药剂沉淀絮体颗粒 MHA-Fe-CTAB 具有相对硬度较小的絮体结构。在较高的流体剪切作用条件下破碎稳定后的粒径仍然在 7.2～12.2 μm 之间，并且其破碎后能较快恢复再生长成为粒径在 14.4～24.1 μm 的较大尺寸的颗粒。对于最终形成的絮体沉淀颗粒而言，在浮选溶液流体环境中能够保持其结构特性，有利于泡沫提取。

第 4 章　泡沫提取气泡的制造与作用

　　泡沫是由不溶性气体分散在液体或熔融固体中所形成的分散物系，其中前者居多，它包括一个不连续的气相（分散相）和一个连续的液相（分散介质）。从气液分层看，泡沫也被定义为液相中的气泡受浮力作用上浮至气液界面富集，形成的由液膜隔开的气泡聚集体。也可以说，泡沫是密度接近气体、而不接近液体的气液分散体系。气泡泡沫现象在自然界中早已存在，并且已经广泛应用于人类日常生产生活中，逐渐展现出非常好的利用价值。

　　泡沫提取过程中，被分离物质在固体-气体-液体三个相的接触下进行，虽然这个过程看起来相对简单，但在这个三相系统中也有其他过程同时发生，气泡的产生、大小以及泡沫的聚集等显著影响分离过程。尤其是，当气泡或泡沫具有某些传质、活性特点时，它们的性质对泡沫提取的影响将会变得非常重要甚至不可估量。因此，本章重点围绕气泡泡沫基本性质、产生的原理、制造方法、基本作用以及主要应用进行阐述。

4.1　气泡泡沫简介

　　人们常常肉眼可见的是，泡沫是由被极薄的液膜所隔开的许多气泡组成的。当气体通入含活性剂的水溶液时，首先在液体内部形成被包裹的气泡，表面活性剂分子开始在气泡表面排成单分子膜，亲油基指向气泡内部，亲水基则指向溶液。某种情况下，气泡也可能会从表面跳出，此时气泡表面的单分子膜与上述单分子膜的分子排列完全相反，进而构成了比较稳定的双分子层气泡体。

　　泡沫可以分为两种，一种是气体以微小的球形分散在较黏稠的液体中，气泡表面有较厚的膜，这种泡沫为稀泡沫（foam）。另外一种泡沫是由于气体和液体的密度相差较大，气泡升至液面，形成气泡聚集物，这种泡沫称为浓泡沫（froth）。对于泡沫的结构而言，目前人们普遍接受的还是由 Plateau 提出的泡沫结构平衡法则。他认为表面杂乱的泡沫内部具有规则的结构，并具有液膜、节点和柏拉图通道三个结构要素。相邻的气泡间是由液膜隔开的，并且四个气泡共用柏拉图通道，其中三个液膜以 120°的夹角围成一个凹三角状的柏拉图通道，而四个气泡围成的柏拉图通道以 109.47°的夹角形成了气泡的节点。这些柏拉图通道最终构成了泡沫的骨架。这一观点在 1973 年被美国数学家 Taylor 和 Almgren 通过数学推导进行了证明，但目前关于这一理论的许多细节仍有待实验科学验证。

　　如图 4-1 所示，稀泡沫的稳定性通常由表面活性分子在气液界面形成的单分子膜层维持，这些分子定向排列于气液界面，伸向气相的碳氢链之间相互吸引，使表面活性剂分子形成坚固的膜保持可溶。当泡沫破裂时，则不会产生浮渣。

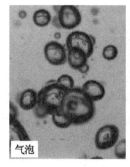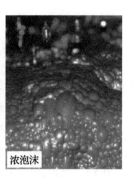

图 4-1　泡沫形式示意图

与稀泡沫类似，浓泡沫也是一个气液两相系统，它们的稳定性同样也是被气液界面上的不溶性单分子膜决定。但是，浓泡沫中的气泡非常小，当泡沫崩塌时，界面上的分子会聚集。因此，如果浓泡沫完全破裂，表面会留下可见的颗粒残留物。这些残留物可能以小晶体的形式存在，也可能是浮渣的形式。通常情况下，浓泡沫通常比稀泡沫更不稳定。必须指出的是稀泡沫和浓泡沫的区别只是为了方便，以便更清楚地讨论和研究影响泡沫稳定性的因素。通常，泡沫提取或矿物浮选体系将结合稀泡沫和浓泡沫的特性。

比较气液两相系统（泡沫）和液液两相系统（乳液），可以看出，泡沫和浓乳液之间有一些相似之处，即分散相相对于分散介质的比例较高。因此可以说，泡沫是气体在液体分散介质中的浓缩乳液。乳液也可以通过单分子膜（如泡沫）或吸附在固体表面来稳定。在泡沫中，分散相的尺寸可能比乳液中大得多。泡沫通常足够大，直径可达几厘米。在乳液中，肉眼无法看到颗粒，只有在显微镜下才能分辨。稀泡沫和浓泡沫是热力学上不稳定的体系，但有时泡沫有可能会持续很长时间。

需要强调的是，纯液体是很难形成稳定泡沫的。因为泡沫中作为分散的气体所占的体积分数一般都超过了 90%，占极少量的液体作为外相被气泡压缩成薄膜，这是很不稳定的一层液膜，极易破灭。所以，要使液膜稳定，必须加入起泡剂。其次，溶液的起泡性能与表面活性剂有明显的相关性：①在具有相似化学性质和表面张力的溶液中是不易形成泡沫的（如苯和四氯化苯溶液）；②在具有强亲水性溶质的溶液中不易形成稳定泡沫（如甘油、蔗糖）；③在溶液表面张力适度降低的溶液中可以形成不稳定的泡沫（如存在短链脂肪醇/短链脂肪酸的溶液）；④在溶液表面张力强烈/剧烈降低的稀溶液中可以形成稳定持久的泡沫（如存在皂类、合成洗涤剂、蛋白质等高表面活性物质的稀溶液）。这类物质的溶液的表面张力很容易降低至 25 mN/m 左右，同时这类分子在液膜上下两侧的气液界面呈定向排列，非极性碳氢链端伸向气相并相互吸引，形成表面活性剂分子膜。

在实验过程中很难准确确定泡沫最初形成的具体时间。少量文献中涉及了微泡溶液的介绍，但是文献中使用的大多不是纯溶液，因为溶液中极少量的添加物/杂质（如 0.002 mol/L 硫酸钠溶液或 0.0005 mol/L 皂苷溶液）均对产生气泡有较大影响。此外，在存在少量表面活性物质的溶液中，不可避免会形成疏水性液膜。事实证明，极少量的单分子膜（浓度低至 10^{-9} mol/cm^2）可以有效地阻止气泡在溶液中上升，最终使气泡在界面持续一段时间。

4.2　气泡产生原理

自从矿物浮选、泡沫提取技术诞生以来，对气泡的研究已经进行了半个多世纪。到目前为止，气泡的类型和分类还没有明确、全面的界定，许多学者试图根据气泡的大小分布对气泡进行分类。我们将普通气泡、细气泡和超细气泡分别定义为宏观气泡、微气泡和纳米气泡。宏观气泡、微气泡、纳米气泡的尺寸范围分别为 $0.6\sim10$ mm、$1\sim100$ μm、$1\sim1000$ nm。此外，气泡的分类不仅取决于其大小范围，还取决于介质的特性和行为。我们对目前的气泡的尺寸边界进行了总结。根据上述不同类型气泡的尺寸范围，总结出的尺寸范围及其主要性质(图 4-2)。

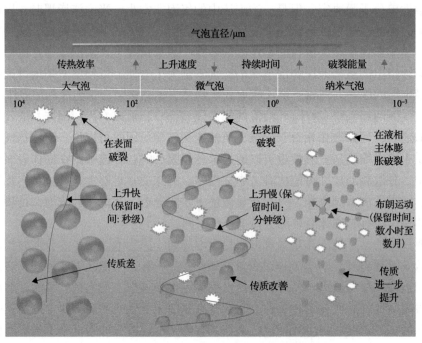

图 4-2　气泡的尺寸范围及其在介质中的主要性质

宏观气泡被广泛应用于有价矿物的泡沫浮选。研究发现，泡沫浮选中宏观气泡对于微细粒和超细粒的分离效果不明显，尤其是小于 10 μm 的颗粒。据查，主要原因是泡沫浮选过程中微细颗粒与气泡碰撞概率和碰撞效率低，气泡的尺寸对气泡和颗粒的捕获概率有显著影响，从而影响浮选效率。近年来，有报道称微气泡和/或纳米气泡可以提高超细颗粒的浮选效率。如图 4-3 所示，微纳米气泡浮选与常规浮选在工艺基础上存在显著差异。与常规浮选工艺相比，在微纳米气泡浮选过程中，采用了更小的气泡，以提高细颗粒的捕收概率，此外，AFM 成像证实，附着在疏水矿物表面的纳米气泡可以形成气态毛细管桥，其机制可以通过图 4-3 所示的两阶段颗粒-气泡附着模型表示。

从泡沫提取或泡沫浮选的角度来看，气泡尺寸的减小与分离效率的提高有很大的关系。这是因为微纳米气泡尺寸较小、疏水性较高、上升速度较低，不仅增加了碰撞概率，而且增加了黏附概率。微纳米气泡分离过程所涉及的机制主要包括：①纳米气泡促进胶体物质聚集；②纳米气泡附着并扩散到絮体表面，增加疏水性；③纳米气泡夹杂并被困在絮体内部，降低表观密度；④上升微气泡增加絮体捕获。因此，微气泡和纳米气泡的结合将显著提高分离效率。

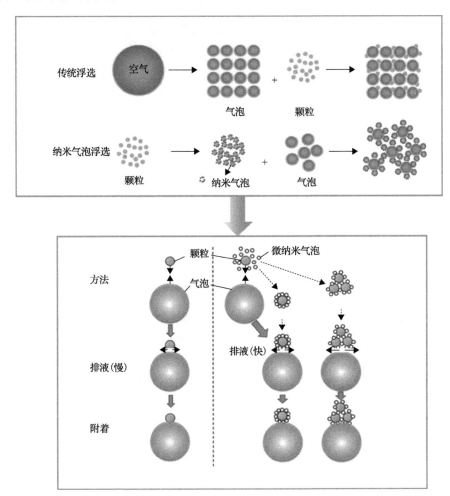

图 4-3　常规和微纳米气泡浮选中颗粒-气泡附着过程示意图

　　微纳米气泡具有比表面积大、上升速度慢、界面电位高、传质效率高，以及含有大量自由基等传统气泡之外的特殊物理化学性质。如图 4-4 所示，基于密度可视化和网络图，微纳米气泡被广泛应用于矿物及二次资源加工、环境与水处理、金属分离纯化等多个领域。以矿物浮选为例，微气泡和纳米气泡可以显著增加气泡与细粒矿物的碰撞概率，因为纳米气泡可以作为增强微气泡黏附的核心，显著提高细粒矿物的浮选效率。在环境领域，微纳米气泡被广泛用于去除工业废水中的重金属离子和降解有机污染物。从目前掌握的研究数据可以看出，微纳米气泡更适用于泡沫提取过程。

　　截至目前，针对微气泡的研究论文发表数量大于纳米气泡，但纳米气泡的研究发展速度相对较快。随着技术的发展，纳米气泡受到了人们的重视。

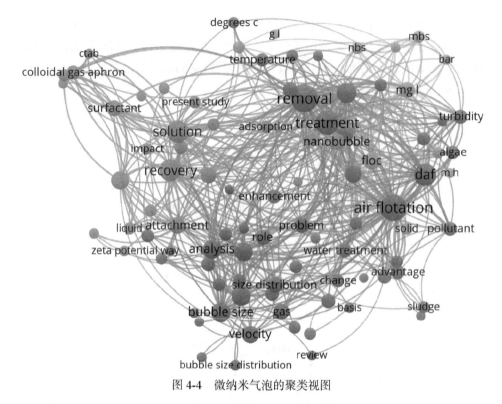

图 4-4 微纳米气泡的聚类视图

气泡的形成被认为是一个静态或准静态过程,然后是动态过程,即聚合和破裂[80]。聚合是一个由小气泡形成巨大气泡的过程。相反,破裂会从一个大的气泡中形成微小的气泡。气泡产生背后的物理机制与在恒定温度下压力降低到某个临界值以下有关,即气泡形成的驱动机制是压力变化[81]。微气泡和纳米气泡的生成过程通常分为两类,其原理如图 4-5 所示。一种是液相通过晶核形成新相(气泡相),这是一个相变过程;另一种是溃灭和收缩。

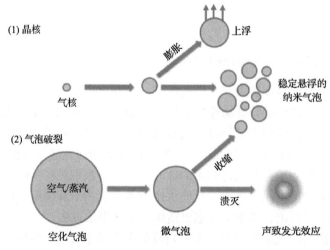

图 4-5 形成稳定微气泡悬浮液的两种可能途径

根据图 4-6 所示的经典成核理论，溶液中的气泡成核表示通常处于亚稳状态的液体形成新的热力学相(气体)[82]。气泡核的产生首先是由压力降低导致气体溶解度降低。然后在系统多余自由能的驱动下，气体分子不断聚集并穿过自由能屏障，从而形成独立的气泡[83,84]。根据经典成核理论，气泡成核包括均相成核和非均相成核。均相成核是指溶解在单一均相体系中的组分可以聚集在一起形成稳定的第二相。如果系统包含两种不互溶介质，并且在两种不互溶介质的界面处生成稳定组分，则称为异相成核。

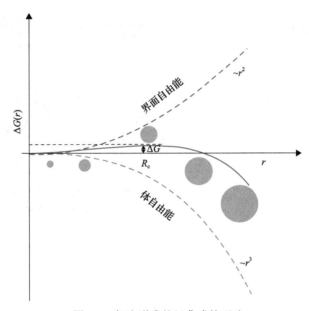

图 4-6　气泡形成的经典成核理论

在经典成核理论的基础上，成核速率 R 可以由形成新相的吉布斯自由能变化 ΔG 以指数关系 $\exp(-\Delta G/k_B T)$ 来预测，其中 k_B、T 分别为玻尔兹曼常量和温度。在均相成核的情况下，在气体过饱和溶液中形成球形气泡核的自由能变化 ΔG 可用式(4-1)表示。

$$\Delta G = \frac{4}{3}\pi r^3 \Delta G_{lg} + 4\pi r^2 \gamma \tag{4-1}$$

其中，r 为原子核半径；γ 为气液界面的表面张力；ΔG_{lg} 为相同压力下单位体积液体和气体原子核之间单位体积吉布斯自由能的差值。

从式(4-1)中可以看出，对于小半径 r，$4\pi r^2 \gamma$ 的表面自由能项将主导 r^3 的体自由能项，从而产生正的 ΔG，这可能为气泡核的均匀生长创造能量屏障。反过来，异相成核的可能性更大，成核速度更快，因为某些表面上存在一些杂质会显著减少核的表面积，使其远低于 $4\pi r^2$，从而导致 ΔG 内的表面自由能项更低。根据上述分析，产生气泡的主要原理是气泡核在气体过饱和溶液中的非均匀生长。此外，基体表面的疏水性也有利于气泡成核，粗糙度高的表面更容易形成气泡[85]。然而，对于平滑的亲水基体表面，气泡的形成通常需要较高的气体过饱和度[86]。

与气泡成核相反，微气泡通常在液体中不稳定，它们会经历一个膨胀和破裂的过程，通过浮力或收缩，最终崩塌破裂。在气泡破裂过程中，通过微孔的破裂和收缩可以形成纳米气泡。除了气泡破裂的最后阶段会导致纳米气泡内部的压力和温度极高外，气泡动力学可以用 Rayleigh-Plesset 方程来解释，但微气泡收缩为稳定纳米气泡的机制尚未得到很好的解释。

　　为了研究气泡的成核和演化行为，Surtaev 等[87]报道了微加热器脉冲加热导致过冷水中蒸汽气泡成核和演化实验，结果如图 4-7 所示。

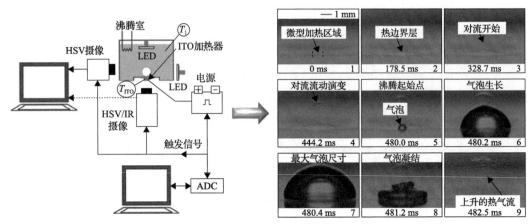

图 4-7　过冷水脉冲加热期间形成气泡的寿命(ΔT_{sub}=73 K，Q=10.5 W)

　　图 4-7 显示了 Q=10.5 W 和 ΔT_{sub}=73 K 时加热壁侧面的高速视频帧，显示了以下传热和气泡成核演变发展阶段。

　　第一阶段：液体的非稳态加热，在受热面附近形成了热边界层(1，2)。

　　第二阶段：以"羽流"形式在与重力相反的方向形成对流(3，4)。

　　第三阶段：在受热面上出现并生长气泡，直至达到最大尺寸(5～7)。

　　第四阶段：气泡完全坍塌后凝结和形成对流的阶段(8，9)。

4.3　气泡制造方法

　　如何稳定、可控地制造大量微纳米气泡，是泡沫提取技术得以成功的关键。目前人们已研发了多种实用化的微气泡制造技术，其主要指标包括微气泡的尺寸及均一性、制备速率、适用气体组分、装置的能量效率、可靠性、紧凑性等。依据气泡形成的方式，可将微纳米气泡的制造方法从原理上分为空化法、气液膜分散法、电解法、微流控法等。

4.3.1　空化法

　　当压力在压力相对较低的液体中迅速变化时，就会形成充满蒸汽的空腔，这种现象称为气穴现象。Thornycroft 和 Barnaby 于 1895 年首次报道了"气穴"一词[88]。Agarwal 等[80]也将气泡形成、生长和破裂的整个过程定义为空化。它似乎与沸腾相似，只是驱动机制是压力变化，而不是温度变化。可以采用不同的技术包括水动力、声强迫等来产生空化现象。在所有这些技术中，气泡产生背后的物理机制与表面张力和能量沉积导致的压力降低有关，并且可以通过计算空化数 K［其定义为式(4-2)］，直接预测具有流量收缩的设备或部件中产生的空化[89]。如果空化数 K 小于 1.5，则可能发生空化现象。

$$K = \frac{2(P_{min} - P_{vap})}{\rho v^2} \qquad (4\text{-}2)$$

其中，P_{min} 为发生在限制附近的最小压力，Pa；P_{vap} 为液体的蒸气压，Pa；ρ 为液体的密度，kg/m³；v 为通过限制的流速，m/s。

根据产生方式，空化大致分为两类，即水动力空化和声空化[90]。流动液体中压力变化引起的空化称为水动力空化，而通过超声波引起的空化称为声空化。

1. 水动力空化

水动力空化是产生微气泡和纳米气泡的最常用方法之一，这是因为过程设计简单，产生量高[91]。水动力空化的关键前提是使得管道中的液体以高速运动并自然形成低压[92]。

根据亨利定律：$P_g = Hx$，其中 P_g 为气体的分压，H 为亨利常数，x 为气体的溶解度。在等温等压条件下，亨利常数保持不变，而气体的溶解度与气体的分压成正比。由于液体中形成低压，从而形成孔洞。液体流速越快，气泡尺寸越小[93]。水力空化可以由伯努利方程很好地描述，表示如下：

$$P + \frac{1}{2}\rho V^2 = C(常数) \qquad (4\text{-}3)$$

重新排列式(4-3)得到：

$$V^2 + \frac{2P}{\rho} = \frac{2C}{\rho} \qquad (4\text{-}4)$$

其中，V 为某一点上液体的流速；P 为压力；ρ 为液体密度。

根据式(4-4)可以得出，当流速超过空化现象开始的阈值 $\sqrt{\dfrac{2C}{\rho}}$ 时，可能会出现负压[94]。

Terasaka 等[95]详细讨论了几种基于水动力空化机制的商用微型和纳米气泡发生器。一种是文丘里管型气泡发生器，它主要利用流场的剪切、碰撞等作用，使较大的气穴破碎形成微气泡。这类气泡发生器形成强剪切流动的流场中往往存在负压区，并且与外界气体联通，通过负压抽吸作用将气体引入。文丘里管型气泡发生器的主要结构包括入口段、管段、喉部和锥形流出段，其中喉管段流通面积小并且其上带有开孔，其前后连接出、入口段，并与外界气体联通。文丘里管型气泡发生器的本质是通过入口部分将加压流体引入管道喉部。当液体通过文丘里管的喉部受节流作用而被加速时，由伯努利原理可知，液体的动态压力随之快速降低，将外界气体吸入，从而通过气蚀形成微气泡和纳米气泡。文丘里型空化管由 Liu 和 Wang[96]发明，随后 Zhang 等[97]进一步进行了研究，

Xu 等[98]将文丘里型空化管集成到循环流回路系统中，通过生成微纳米气泡来探索气泡-颗粒相互作用。

图 4-8 描绘了循环流动回路的示意图和文丘里型空化管。

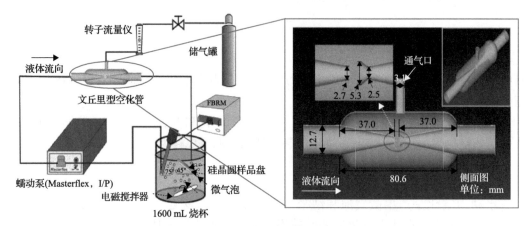

图 4-8　水力空化循环流动回路示意图和文丘里型空化管

FBRM：粒径分析仪

可以看出，文丘里型空化管最窄的横截面积的直径为 2.5 mm。文丘里型空化管中的平均流体速度(称为喉部速度)是根据最窄的横截面积计算的。此外，空化管还包含一个进气口，允许外部空气进入空化管。

通过循环流动回路，文丘里型空化管产生的微纳米气泡与颗粒相互作用如图 4-9 所示。

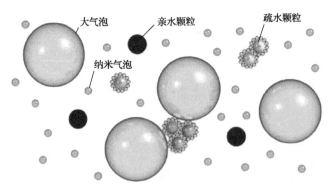

图 4-9　高速水动力空化管中产生的微纳米气泡与颗粒相互作用

另一种是加压减压型气泡发生器，这种方法产生的微气泡密度大、粒径小。研究表明，产生的微气泡尺寸范围在 10～150 μm，这使得它成为目前最广泛使用的产生微气泡和纳米气泡的方法。这种方法气液两相首先进入加压的溶气罐中，罐内的高压提高了气体的溶解度，大量的气体溶解于液体中。随后含有溶气的液体在通过释放器时压力陡降，在空化、剪切、湍动等多种作用下，过饱和气体从溶液中释放出来，形成了大量的微细气泡。这种气泡分两个阶段形成：第一阶段，液体在明显高于大气的分压下被气体饱和，分压可高达 3～4 Pa；第二阶段，当使用减压阀将分压快速降至大气压力时，形成气泡[95]。微气泡和纳米气泡的大小与数量取决于所施加的压差[99]。但这种方法存在一个明显的缺点，即溶气和释气的过程是不连续的。

加压减压型气泡产生过程中，溶气罐和释放器是最为关键的装置。其中溶气罐决定了溶气过程的效率，从而影响气泡的产生。溶气罐通常包含上层的气体区和下层的液体区，液体一般从溶气罐的上端进入，并在气体区域形成液柱。溶气罐的下端连接出水管，顶部连接进气管。溶气罐内的溶气压力对微泡的尺寸具有显著的影响，提高容器压力能够使微气泡的尺寸减小，但会增加溶气罐内的能耗。

释放器起到降压释气的作用，最简单的释放器包括节流孔、针阀等，但也有国内外学者研制了专用的释放器。Meada 等采用节流孔作为释放器，以空气、水作为两相介质，研究了释放器的内部流场。实验表明，随着质量流量的增加，释放器内流场从无空化状态发展为泡状空化和片状空化。空化气泡中的蒸汽进入高压区后冷凝，导致空化气泡回缩形成完全由不溶气体构成的微气泡。这表明，流体空化是产生大量微气泡的关键。

2. 声空化

Rayleigh-Plesset 方程是一个模拟流体中空心泡运动的常微分方程，其表达式为

$$\frac{P_b(t) - P_\infty(t)}{\rho_L} = R\frac{d^2R}{dt^2} + \frac{3}{2}\left(\frac{dR}{dt}\right)^2 + \frac{4v_L}{R}\frac{dR}{dt} + \frac{2S}{\rho_L R} \tag{4-5}$$

其中，$P_b(t)$ 为空气泡内的压力；$P_\infty(t)$ 为离开空泡无穷远处的压力；ρ_L 为气泡周围的液体密度；R 为气泡的半径；v_L 为气泡周围液体的黏度；S 为气泡的表面张力。

依据这一方程可知，周期性地改变流场的压力能够控制气泡周期性振荡并使其脱落。声空化主要基于这一原理，即通过暴露在频率高于 16 kHz 的超声波中的周期性重复声波中产生气泡，这涉及微观空穴或/和微气泡的产生、膨胀、生长和绝热塌陷[100]。在这种情况下，当能量充足的声波产生超过环境静水压力的高负压周期时，就会发生气穴现象[101]。通过应用超声波能量，可以在液体中形成一个均匀的高能核，并使其稳定，从而实现溶解气体和气泡之间的平衡。在较大的超声能量下，液体中的气泡核心可以生长、收缩和破裂[102]。

从图 4-10 可以清楚地看出，通过声空化产生的微气泡和纳米气泡有三种方法。第一种方法是将超声变幅杆尖端浸入液体中，并发射波长小于声波波长的声波[103]。第二种方

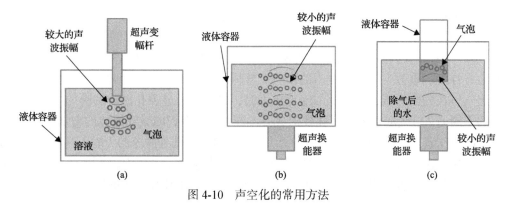

图 4-10　声空化的常用方法

法是安装外部超声换能器,这种方法的声波振幅相对较小[104]。第三种方法与第二种方法类似,它使用槽式间接辐照来保护气泡的形成[105]。

超声波法也可以通过直接调制液相的压力,从而使液体发生空化和溃灭,如图 4-11 所示。

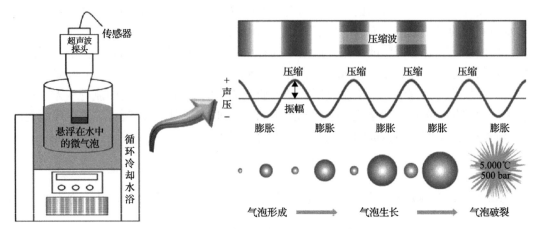

图 4-11 声空化产生的气泡生命周期示意图

图 4-11 表明,气泡的成核和膨胀发生在负压条件下的溶液中,而生长的气泡在正压条件下收缩[106]。膨胀波与压缩波的交替作用使得溶液中的气核首先扩张为大尺寸的气泡,之后向心破裂。破裂后气泡内的蒸汽冷凝,从而形成了大量较低尺寸的气泡。声音的频率提供了流动性并使气泡振荡。此外,由于采用了声波压缩阶段,微气泡的尺寸可能会减小,最终会破碎,从而导致局部压力、温度和能量耗散率升高。

4.3.2 气液膜分散法

通过由孔板或多孔介质向液体通气,可以低能耗地形成大量的气泡,这种方法是常用的曝气方法之一。为了制造出较小的气泡,就需要采用更小的孔径,然而直接采用微孔制备微气泡需要的孔径极低,这大大提高了装置的制备难度。同时,也使得孔板介质更容易堵塞。近年来,Kukizaki 等[107-109]提出了气液膜分散法(又称膜法),它被认为是一种生成微气泡的有效替代方法。它的基本原理是气体透过膜分散介质,在液体的剪切力作用下分散形成微小气泡。一般而言,膜微气泡发生器包含以下组件:加压储气罐、气体压力调节器、气体流量计、多孔膜[90]。气液膜分散法中气泡的形成主要分为三个步骤[110]:气泡形成、生长和脱落。气泡在形成过程中,受到了液体黏性剪切力、膜的界面张力、浮力、重力、气相惯性力的影响。气体经质量流量计控制后注入膜组件的壳侧中,当气体在壳侧的压力达到膜的泡点压力时,气体会通过膜孔渗透到膜的内部;随着气体的不断通入,气泡首先在膜孔处形成并不断长大,在管内流动液体的剪切力作用下,分散形成微气泡;直到气泡所受的剪切力大于阻止其从膜孔处脱落的力时,气泡从膜孔处脱落。该方法最显著的优点是,可通过改变膜孔径来控制生成的气泡大小[109]。此外,气泡的生长和脱落特性也在很大程度上取决于膜的孔径。对于孔径较小的膜而言,气泡往往更小，分离更快，并保持球形结构。对于孔径较大的膜而言，由于浮力作用，气泡倾向于呈垂直拉伸状，并且随着体积的增大而离开的时间更长[111]。气泡的尺寸随着液速增大而显著减小，气速增大对气泡的尺寸几乎没有影响。溶液中表面活性剂浓度的增大有效抑制了气泡的聚并，从而使气泡尺寸减小。

通过具有有序纳米孔膜的微气泡形成过程，如图 4-12 所示。

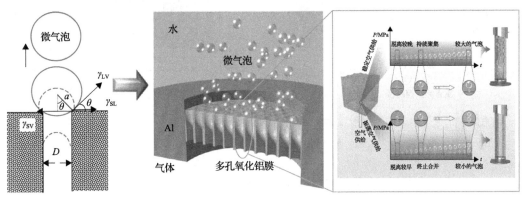

图 4-12　通过具有有序纳米孔膜的微气泡形成过程[112]

从图 4-12 可以清楚地看到膜的孔径和疏水性的影响。其中微气泡处于从陶瓷孔脱离的临界亚稳状态，可以使用杨（Young）方程来描述。固气界面能 γ_{SV}、固液界面能 γ_{SL}、液气界面能 γ_{LV} 和平衡接触角 θ 之间的关系可由拉普拉斯-杨（Laplace-Young）方程式（4-6）计算。

$$\gamma_{SV} = \gamma_{SL} + \gamma_{LV} \cos\theta \qquad (4\text{-}6)$$

通过考虑孔隙与气泡尺寸之间的几何关系，假设生成的气泡为球形，可获得孔径 D、半径 α 和接触角 θ 的相关方程[式（4-7）]。

$$2\alpha \sin\theta = D \qquad (4\text{-}7)$$

显然，如果孔径（D）增加，生成的气泡半径（α）应呈比例增加。此外，如果陶瓷膜的外表面变得更疏水，则气泡尺寸会减小。悬浮微泡在液体溶液中的气泡尺寸依赖性由式（4-6）决定。

许多研究报道了不同类型的微泡生成膜[113-115]，目前的常用的膜主要包括多孔玻璃（SPG）膜、陶瓷膜和金属膜。如 Kukizaki 和 Goto 所述，使用具有均匀孔隙的 Shirasu 多孔玻璃膜在由分散的气态和含有表面活性剂的连续水相组成的系统中生成微气泡[116]。在此过程中，气体经质量流量计控制后注入膜组件的壳侧中，当气体在壳侧的压力达到膜的泡点压力时，气体会通过膜孔渗透到膜的内部，在管内流动液体的剪切力作用下，分散形成微气泡。实验观察到，主气泡直径约为主孔径的 8.5 倍，这有力地证明了微气泡直径可以由膜孔径控制。为了减小气泡尺寸，Melich 等[117]提出了一种可行的策略，即将内部材料插入膜的多孔中，这会显著增加液体剪切应力，从而产生更小的微气泡尺寸和更窄的微气泡分布。

Xie 等[114,115]开发了一种基于气液膜分散技术的微气泡生成平台,系统地研究了几何内部结构(内置螺旋内件包括圆柱型、螺旋型、扭曲型和多边型)对产生的微泡大小的影响,如图 4-13 所示。

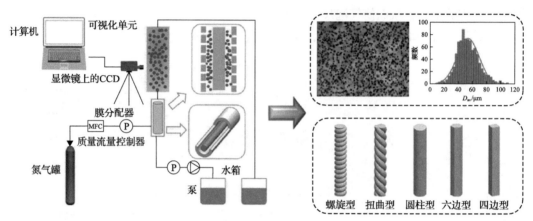

图 4-13　基于气液膜分散技术的微气泡生成平台的示意图

从图 4-13 看出,该平台主要由膜组件、泵、显微镜上的 CCD、质量流量控制器和可视化单元组成。在实验过程中,气体通过 MFC 连续注入膜组件,并分散到膜组件中的微泡中。为了立即观察形成的微泡,将膜组件的出口直接连接到显微镜上带有 CCD 的可视化单元。最后,利用图像分析算法对采集到的微泡图像进行分析。实验结果表明,随着内部结构的插入,微泡的尺寸显著减小。与插入其他内件的膜相比,由于迪恩涡的产生,具有螺旋内件的膜的气泡尺寸最小。

通过在多孔氧化铝膜上覆盖纳米孔穿透膜也可以制备单分散微气泡[118]。当气体通过多孔氧化铝纳米孔被推入水中时,会形成微气泡,这一点通过纳米颗粒跟踪分析(NTA)、原子力显微镜(AFM)和红外吸收光谱(IRAS)等不同技术得到进一步证实。在气体输入方面,使用快速切换电磁阀将空气供应模式从稳定切换到振荡可以显著减小气泡尺寸。结果表明,用振荡供气代替稳定供气,不但促进了气泡的早期分离,而且抑制了分离后的气泡聚并。

4.3.3　电解法

电解法主要是利用两个浸入水溶液中电极上的电化学反应生成电解微气泡[90,119]。1789 年,Deiman 和 van Troostwijk 就观察到了一种神奇的现象,即通过两根放在水管内的金丝放电而观察到了气泡[120]。1800 年,Nicholson 和 Carlisle 通过一个电堆对水进行电解产生气泡[121]。自 1900 年以来,电解技术在两个重要发现后迅速发展,即电解释放的气体是氢和氧,气体流量与电流有关[122]。简单的水电解装置如图 4-14 所示。该装置由三个组件组成:水溶液、阴极和阳极。当两个电极之间建立外部电压时,阴极和阳极表面分别发生析氢反应(HER)和析氧反应(OER)。根据所用电解溶液的类型,水分解反应可用以下反应式表示[123]。

在酸性溶液中:

阴极：$2H^+ + 2e^- \longrightarrow H_2$　　　　　　(4-8)

阳极：$H_2O \longrightarrow 2H^+ + 1/2O_2 + 2e^-$　　(4-9)

在中性和碱性溶液中：

阴极：$2H_2O + 2e^- \longrightarrow H_2 + 2OH^-$　　(4-10)

阳极：$2OH^- \longrightarrow H_2O + 1/2O_2 + 2e^-$　　(4-11)

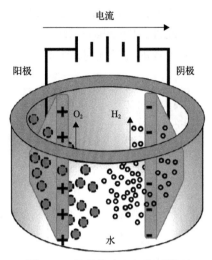

图 4-14　简单的水电解装置模型

Zouboulis 等[31]认为，电解过程中会产生气体流量较低的较小($45\sim180$ μm)的氢和氧气泡。反应中附着在电极上的气泡不断增大，电解反应产生的气泡的直径 R 与其在电极上附着的时间 t 呈指数关系，即 $R(t)\sim t^x$。电解水的缺点是气泡产率偏低、氢气泡排放且电极成本高。干预微气泡的脱落过程，使气泡加速脱离电极，能够有效提高电解法产生气泡的效率。通过增大电流虽然能够达到增大气泡产率的效果，同时也能够减小气泡的粒径，但是电流增大的同时热效应会增大，可能会引发电解液的热紊流，影响气泡的单分散性。对此，电解法的主要改进方式是增加电解液的流动，对附着气泡施加拖拽力，或者配合其他方式如超重力、外加磁场等来加速微气泡的脱落。在电极表面构造微结构能够有效增加气泡形成的面积，并改变电极润湿性，可以促进气泡的脱落和定向移动。

为了提高电化学水分解过程的效率，国内外不少学者对电化学微气泡产生装置进行了改进。Li 等[124]构建了三电极水分解反应系统，包括反应系统和显微镜高速成像系统，如图 4-15 所示。通过高速显微成像系统和电流波动记录及分析反应系统中的气泡动力学。

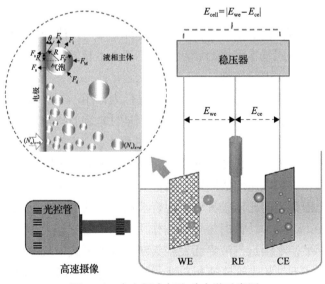

图 4-15　水电解中气泡动力学示意图

结果表明，在给定的反应体系和外加电压条件下，具有网状界面工程的电极在气泡成核和分离方面表现出巨大的潜力。

此外，Postnikov 等[125]还采用了一种安全、简单的方法，即交替极性电解法来生成尺寸可控的纳米气泡，如图 4-16 所示。纳米气泡可以独立存在，平均尺寸为 60~80 nm。

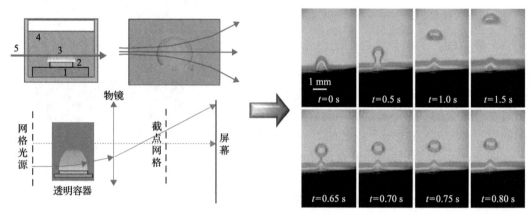

图 4-16　交替极性电解产生的微气泡的动态行为

1. 基体；2. 电极；3. 气泡团；4. 电解质；5. 光束

右图比例尺均为 1mm

4.3.4　微流控法

微流控是制备活性气泡的重要手段，这种方法主要是通过构造微流道内的气液两相混流产生微气泡。与传统的制造装置相比，微流控装置具有可控性好、体积小、气泡和液滴的单分散性好等优点[126]。因此，微流控法常用来制备单分散的微气泡群。微流控法的核心原件是微流控芯片，在微流控芯片中，不相溶的气液两相流体分别进入气液混合段，当流场产生的应力足够大时，两相界面发生夹断而形成微气泡。微流控芯片中，两相混合段的基本流道结构包括：T 型、Y 型、流动聚焦、共轴流等类型。其中 T 型和 Y 型又被称为交叉流。不同基本流道的微泡形成机理不尽相同，因此可以根据微泡形成机理的变化，对气泡的尺寸进行预测。

当流体的静压力和表面张力起主导作用，黏性力作用不明显时，微气泡的形成过程为挤压模式(squeeze regime)。挤压模式下气体周期性地向管内填充，在接近完全充满流道时，气相的扩展受到管壁的限制[127]。在挤压过程中，上游流道阻塞，因此其流体静压升高，进而克服表面张力作用，使界面变形，最终气液界面夹断形成气泡。此时产生的气泡尺寸由气液两相表观流速比值决定，通常气泡段长度明显大于管径。

当黏性力与表面张力的比值较大时，混合段微气泡的形成转为滴流模式，或称非受限断裂(unconfined breakup)。此时流体黏性作用成为决定气泡大小的主导因素，并在剪切力与表面张力的平衡点附近气液界面发生夹断。这种方式下气泡尺寸通常明显小于管径。同时，滴流模式下气相表观流速相对液相较低，通常形成较分散的泡状流。

当气液两相流速比值较低时，微气泡的形成模式被称为射流模式(jetting regime)。这种模式下，气相会形成细长的圆柱状突出射流，其长度可发展到数倍于管径，射流末端因 Rayleigh-Taylor 不稳定性而周期性断裂形成单分散的微气泡。射流模式中需要较强的剪切或静压形成的驱动力以形成射流，同时射流必须具有一定的稳定性，以保持气泡的持续产生。该模式在液液系统中较为普遍，而在气液系统中因表面张力以及强不稳定性而较难满足其发生条件。

上述三种微气泡形成过程中，只有挤压模式可产生直径大于管径的微气泡，而射流模式产生的微气泡尺寸显著小于另外两类模式。此外，在挤压与滴流两种模式之间，还存在静压力与剪切力同时作用的过渡区域。

1. 交叉流方法

交叉流结构中，不相溶的气液两相流体分别由两个入口流入混合段。对于 T 型微流道(图 4-17)，通常使连续相平行流入混合段，离散相的流入方向则与混合段呈一定夹角。连续相从主通道一端进入，分散相从支通道进入，在 T 型交错口处相接触生成气泡并向主通道下游移动。

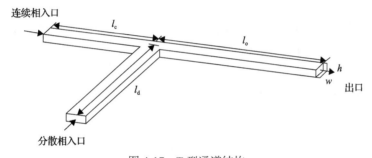

图 4-17　T 型通道结构

研究表明，T 型微流通道挤压模式的发生条件为 $10^{-4} < Ca$ (毛细数) < 0.0058，气泡段长度 L 与微流道宽度 w 之比应大于 2.5。滴流模式发生的条件为 $0.013 < Ca < 0.1$，$\sqrt{(L/w)(w_b/w)} < 1$ (宽度 w_b)。过渡模式则介于上述两种模式之间。

因此在挤压模式下，气液系统形成稳定的塞状流，其气泡段长度可以估算为

$$L = \alpha \left(\frac{Q_G}{Q_L} \right) + W \tag{4-12}$$

其中，Q_G、Q_L 分别为气相、液相的流量；α 为常数，与微流道内的流阻有关，受到上游两相流量的影响，故可视为可变参数。

考虑微流道结构的影响时，气相填充与挤压断裂两个阶段的数学模型如下：

$$\frac{V}{hw^2} = \frac{V_{fill}}{hw^2} + \alpha \frac{Q_G}{Q_L} \tag{4-13}$$

其中，V 为微气泡体积；h 为微流道高度；V_{fill} 为填充阶段的气泡体积。

目前常常采用两相流道差异较大的交叉流结构以达到滴落模式，滴落模式下气泡或液滴的等效相对直径与 Ca 呈指数关系：

$$\frac{r_{3D}}{h} = \alpha Ca^{\beta} \tag{4-14}$$

其中，r_{3D} 为离散相的等效相对直径；β 为指数常数，但其取值在文献中各不相同，其大致范围为 $-0.11 \sim -1$。

此外，在挤压与滴落之间的过渡区域，微气泡的尺寸与气液两相的流速比值有关，气泡段长度经验关联式为

$$\frac{Lw_{b}}{w} = 0.26\varphi^{0.18} Ca^{-0.25} \tag{4-15}$$

其中，w_{b} 为气泡宽度(略小于流道宽度)；φ 为气相与液相的流速比。

2. 共轴流方法

共轴流中气相由毛细喷嘴射流汇入液相中，射流方向与液相流动的方向相同(图 4-18)。然而，不同的流道设计与流动参数的共轴流所形成的微气泡机理不同，在微流道的约束下，其机理也可分为滴流和射流两种形式。除此之外，当共轴流配合微节流口结构时，有时会造成流动失稳，两相界面破裂，这也会产生微气泡。

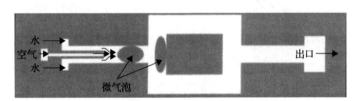

图 4-18　共轴流结构图[128]

底流模式下，黏性作用成为决定气泡尺寸的主导因素。因此在黏性剪切力驱动下，微气泡克服表面张力作用由喷嘴处脱落，在这一过程中 Ca 同样影响着微气泡的尺寸。通过设计收缩-扩张段的液相流道，获得了具有高度单分散性的微气泡，同时也对气泡尺寸与 Ca 的关系进行了估算：

$$\frac{(D_{b})}{w} = 3.26(Q_{G}/Q_{L})^{\alpha} Ca^{\beta} \tag{4-16}$$

其中，D_{b} 为气泡直径；α、β 为幂指常数，不同流道结构的取值差异较为明显。

共轴流射流模式要产生微气泡，其液相与气相的雷诺数均需远小于 1，液相毛细数大于 5，其气相流速要远小于液相流速。在这些条件下，剪切应力能够克服表面张力，从而在射流的末端形成微气泡。采用静态斯托克斯方程，推导出气相射流的半径应满足：

$$\tilde{r}/R \propto \left(\frac{Q_\mathrm{G}}{Q_\mathrm{L}}\right)^{\beta} \tag{4-17}$$

其中，R 为圆管半径；β 为幂指常数，其数值取决于气液两相的黏度比，其取值范围为 $1/4 \sim 1/2$。

在出口处无完整流道的情况下，也可由共轴流方法产生微气泡。Ganan-Calvo 等采用薄壁节流口代替微管道约束液相流动，获得了单分散性良好的 $10~\mu\mathrm{m}$ 级微气泡列。液流包裹的气柱因惯性作用产生绝对不稳定性，使气柱尖端周期性地自激断裂形成微气泡。这一原理形成微气泡的条件为气相雷诺数 $Re_\mathrm{G} \in [0.07, 14]$，液相雷诺数 $Re_\mathrm{L} \in [40, 1000]$。通过实验与理论研究，形成的微气泡直径应满足：

$$D_\mathrm{b}/D \propto (Q_\mathrm{G}/Q_\mathrm{L})^{0.4} \tag{4-18}$$

对于完全无约束的气液共轴流，在气相韦伯数较高时，气体惯性作用超过毛细作用，使气相在入流口下游形成细长的气柱状射流，并在对流不稳定性的作用下发生断裂，形成尺寸均一的微气泡，其直径满足：

$$D_\mathrm{b} = (Q_\mathrm{G}/Q_\mathrm{L})^{0.5} \tag{4-19}$$

3. 流动聚焦法

流动聚焦法采用近似十字形的流道结构，包括一个气相入口、两个液相入口和一个出口，出口可连接微管道或经过节流孔进入较宽的下游流道，示意图如图 4-19 所示。

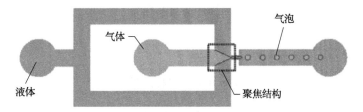

图 4-19　聚焦结构微气泡形成示意图

针对带节流孔的流动聚焦结构中气泡的形成，前期过程中气柱直径线性收缩速度远低于毛细力驱动下气柱收缩速度。在较低的毛细力下，气柱收缩主要是由压力驱动，即气柱的阻塞作用导致上游压力升高，并挤压气柱使其收缩。气液界面脱离壁面之后，不稳定性的作用使得气柱颈部收缩速度加快，且收缩过程转为非线性。在后段非线性过程中，气柱颈部最小直径 w_m 的收缩过程满足：

$$w_\mathrm{m} \propto (T-t)^{\frac{1}{3}} \tag{4-20}$$

其中，T 为气泡形成的周期；t 为通气时间。

在非线性过程中收缩过程不稳定，由于气柱周围液体流动的影响，上式中的幂指数会发生一定变化。气柱收缩过程的影响因素较为复杂。节流孔的形状影响两段收缩过程的持续时间，对于矩形截面的节流孔，减小其截面宽高比(w_c/h)可缩短较缓慢的线性收缩过程。当其值减小至 $w_c/h=1$ 时，整个收缩过程均呈非线性。因此，采用较大宽高比的节流孔形状可使气泡脱落过程更稳定、单分散性更好，采用正方形节流孔则可提升气泡制备效率。液体性质对气泡尺寸有一定影响，尤其在低黏条件下(<11 mPa·s)，气泡尺寸与液体黏度成反比。此外，大量气泡的形成也可造成流场的变化。一方面，流动聚焦构件下压力随气泡的形成而改变，可对气泡制备过程及效率产生影响。另一方面，操作参数的变化可能使气泡制备过程呈现高阶周期性乃至混沌性特征。

另一类流动聚焦结构的流道呈十字形，液体由两个垂直于气流方向的入口注入。在壁面约束和液流挤压的共同作用下，多以滴落模式形成微气泡，所形成的气泡在出口流道中呈柱塞状，其长度通常大于出口流道宽度 w_c。微气泡形成过程可分为准备阶段、膨胀阶段、收缩阶段和夹断阶段。其中，气泡形成主要受到收缩阶段的控制，气泡颈部在液流作用下线性地收缩，其收缩速度主要由气液两相流速及液体黏度决定。在断裂阶段，气泡颈部形成明显的内凹，进入非线性加速的收缩至夹断过程。对于矩形横截面流动聚焦结构中的柱塞流，由气柱断裂形成气泡的周期约为

$$T = \frac{w_c}{u_L} = \frac{w_c^2}{Q_L} \tag{4-21}$$

其中气泡速度为

$$u_b = (Q_L/Q_G)w_c^2 \tag{4-22}$$

气泡段长度为

$$L = w_c(Q_L/Q_G)/Q_L \tag{4-23}$$

Fu 等通过对实验数据拟合得到，气泡尺寸满足：

$$L = 1.40w_c\left(\frac{Q_G}{Q_L}\right)^{1.01} Re^{0.64} \tag{4-24}$$

流动聚焦法也可能以射流方式形成气泡。首先在流道中形成细长的气体射流，然后尖端断裂而形成微气泡，这种方式产生的气泡尺寸可能为恒值，也可能不均匀。射流模式形成的气泡尺寸较小，产生的气泡尺寸 d_b 满足：

$$d_b/w_c \propto (Q_G/Q_L)^{\frac{5}{12}}(u_G/u_L)^{\frac{1}{12}} \tag{4-25}$$

液流夹角较小时形成的气泡更长，气泡长宽比满足：

$$\frac{L}{w_{G}} \propto \sigma \mu_{L}^{\frac{1}{10}} (\theta/\theta_{\max})^{-\frac{1}{8}} (Q_{G}/Q_{L})^{\frac{1}{4}} \tag{4-26}$$

其中，θ 为液相入口的夹角，$\theta \in (60°, 180°)$，$\theta_{\max} = 180°$。

液体黏度的提高可看作增强了流道对气柱的约束作用，因此形成气泡的尺寸随着黏度提高而减小。在黏度 $\mu \in [5, 400]$ mPa·s 时，毛细数 $Ca_{L} \in [0.00065, 0.2]$ 范围内，气泡尺寸满足相似律：

$$r_{b}/w_{c} \propto (Q_{G}/Q_{L})^{0.17} Ca_{L}^{-0.10} \tag{4-27}$$

非牛顿液相介质的流变学特性也是影响气柱收缩过程的因素之一，它能够使非线性收缩速度的幂指数发生变化。

4.4　气泡的性质与表征

水溶液中的气泡，尤其是微纳米尺度的气泡，与宏观气泡相比显示出许多不同的特性。微气泡在溶液中的上升行为与宏观气泡存在显著的差异。宏观气泡在溶液中快速上升，并在液面破裂。而微气泡可以在溶液中停留较长时间，并且气泡内的气体向液相扩散较快，使得微气泡在上升过程中逐渐缩小直至消失。这些优异特性使得微纳米气泡获得了更大的相界面积，更高的气液传质速率，更多的化学自由基，也促进了微纳米气泡的广泛应用。从 2000 年世界上第一张纳米气泡的直接观测图片[129]开始，纳米气泡的分析表征一直是最近 20 多年科学研究中的重点工作。为了在微米尺度上研究气液、气液固等多相体系的特征，已通过不同的技术表征了气泡的尺寸、尺寸分布、气体含量等特性。纳米气泡能够降低流体界面的流动阻力，可以应用于表面污染物去除以及用于肿瘤成像的超声波辐射技术等。

在泡沫提取方法中，相对于宏观气泡，微纳米气泡也能够发挥奇特的作用，特别是针对微细粒级颗粒的作用效果更好。本节将从微纳米气泡的突出理化性质出发，着重分析微纳米尺寸的气泡与宏观气泡的不同。

4.4.1　尺度和浓度

在泡沫提取过程中，需要对气泡传质系数、气泡速度和停留时间进行定量和准确的评估，更需要准确的气泡尺寸和气泡尺寸分布。然而，气泡大小受气体发生器的内部参数以及气体和液体的化学性质的影响，如压力[130,131]、表面活性剂[132,133]、温度[134]、溶液中气体的过饱和度[135]、电解质[136,137]等。

表 4-1 系统地总结了不同条件下气泡尺寸和浓度的变化。由于微纳米气泡通常小于光学分辨率极限，因此通常需要采用间接测量尺寸的技术[138]。此外，研究证明，区分纳米气泡和纳米液滴或纳米颗粒并不像人们想象得那么容易[139]。因此，准确且可重复地描述气泡大小和浓度对于评估其潜在应用至关重要。

表 4-1　不同条件下气泡尺寸和浓度的变化

影响因素	气泡尺寸变化	气泡浓度变化	参考文献
压力	随着气压的增加,气泡尺寸增大。当气压较低时,气泡尺寸变化明显;然而,当空气压力超过一定值时,气泡尺寸的变化并不明显。	根据 Rodrigues 和 Rubio 的报道,气泡的浓度随着压力的增加而增加,这可以用亨利定律来解释。随着压力的增加,更多的空气被溶解,因此,形成更多空腔,当流量通过针阀减压时,会产生更多的气泡。	[130] [131] [140] [141]
表面活性剂	气泡的平均大小与表面活性剂的浓度呈负相关。表面活性剂可以降低表面张力,从而减小气泡尺寸。此外,气液界面上的表面活性剂分子与水形成氢键,使气泡表面的液膜更加稳定,从而防止气泡聚结,减小气泡尺寸。	表面活性剂存在下的气泡浓度大约是去离子水的25倍,可以用界面现象来解释。在气液界面吸附表面活性剂后,空穴和气核的稳定提供了抵抗压力波动的机械强度,表面活性剂的存在也降低了气泡破裂的强度。	[132] [133] [135] [141]
温度	随着温度的升高,该分布的整体平均气泡半径先减小,然后略有增大。热收缩是可逆的:冷却后,它们会恢复到原始状态。	气泡浓度始终与温度无关。这表明浓度没有变化,这意味着一旦产生纳米气泡,在测试的热间隔内保持稳定。	[134] [142]
溶液中气体的过饱和度	随着过饱和度的增加,气泡生长速度变快,成核停止得更早。与低过饱和度相比,过饱和度越高,平均气泡尺寸越大。	与未脱气液体相比,脱气液体产生的纳米气泡浓度将显著降低。可以得出以下结论,溶解气体在形成过程中起着至关重要的作用。	[143] [144]
电解质	气泡的大小会随着溶液中电解质浓度的增加而减小,这可以解释为电解质稳定了界面气液膜,从而抑制了气泡的聚结,从而减小了气泡的尺寸。	随着电解液浓度的增加,气泡数也增加。原因可能是电解液促进了气泡的成核。另一个原因可能是溶液中有带电粒子,这更有利于气泡的稳定性,因此可以观察到更多的气泡。	[136] [137] [145]

已有多种技术用于测量微纳米气泡的尺寸和浓度。在应用的测量方法中,动态光散射(DLS)、纳米粒子跟踪分析(NTA)和电子显微镜被认为是最典型的工具。每种测量方法都有其自身的优点和局限性。Eklund 等[139]和 Batchelor 等[138]采用上述技术,对各种类型的气泡进行了系统介绍,有关其他方面的知识可以查阅他们的文献,本节重点介绍微纳米气泡的相关技术表征原理及方法。

1. 动态光散射

动态光散射(DLS)的原理基于散射光强度的自相关函数的衰减,这是由于粒子的相关布朗运动[146]。较小的粒子比较大的粒子具有更快的散射强度去相关,因此,它们可以用于尺寸测定[147]。如图 4-20(a)所示,样品由单色相干光源照明,并分析散射光[138]。根据散射光的自相关,可以计算粒子的平移扩散系数 D,用于确定粒子大小 r,如式(4-28)所示:

$$D = \frac{k_B T}{6\pi\eta r} \tag{4-28}$$

其中,k_B 为玻尔兹曼常量;T 为温度;η 为溶液的动态黏度。

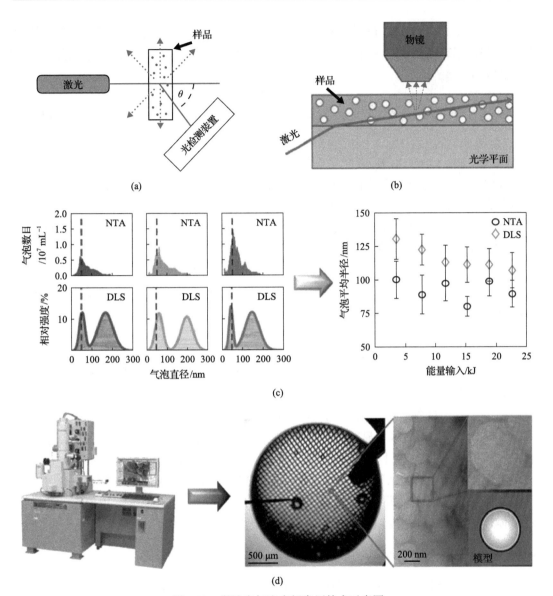

图 4-20　微纳米气泡表征常用技术示意图

(a)DLS；(b)NTA；(c)NTA 和 DLS 技术检测到的气泡尺寸分布和平均气泡半径；(d)电子显微镜下观察到的气泡

DLS 是微纳米气泡尺寸测量中最常用的技术，原因是使用方便、测量时间短、方法非常灵敏。DLS 的可测量尺寸范围通常为 5～10000 nm，适用于纳米和微气泡测量[148,149]。但是 DLS 没有提供测量颗粒浓度的方法。

2. 纳米粒子跟踪分析

纳米粒子跟踪分析(NTA)也是基于光散射，但使用的是成像方法。通过分析单个粒子的布朗运动以确定其流体动力学尺寸[139]。从图 4-20(b)可以清楚地看到，在常规显微镜中观察液体样品，同时以与观察线约 90°的角度进行照明，观察分散的颗粒，并在黑色背景下记录为亮点的视频[138]。NTA 技术利用暗场显微镜捕捉溶液中每个散射物体的运动，并根据布朗运动的 Stokes-Einstein 关系式(4-29)[147]，分析它们的轨迹以分别确定它们的大小。

$$\frac{\Delta R^2(t)}{4t} = D = \frac{k_\mathrm{B}T}{6\pi\eta r} \tag{4-29}$$

其中，$\Delta R^2(t) = \left| r_1(t) - r_1(0) \right|^2$ 是粒子的均方位移。

NTA 通常对记录和分析设置敏感[150]。对于粒径测定而言，其准确性可靠得多，可靠粒径范围为 30～1000 nm。与 DLS 相比，NTA 允许测定颗粒粒径和浓度。图 4-20(c)给出了两种方法测量的典型气泡尺寸分布和平均气泡半径 R_m。结果表明，不同浓度的纳米气泡悬浮液粒径分布相似，半径范围可达 300 nm，主峰出现在 50 nm 左右。此外，DLS获得的平均半径大约比 NTA 获得的半径大 30 nm，这归因于强度加权尺寸分布中存在第二个峰值[134]。然而，基于光散射的技术的缺点是它们无法区分纳米气泡与纳米颗粒或纳米液滴[151,152]。

3. 电子显微镜

电子显微镜(EM)是检测微纳米气泡的有力工具，且提供了非常高的分辨率[139,153]。它的缺点是电子显微镜成本高、耗时长，并且需要大量培训。此外，样品制备和测量可能会影响结果。目前，EM 中有多种样品制备和成像技术，其中主要是低温电子显微镜(Cryo-EM)和液体透射电子显微镜(TEM)[154,155]。Cryo-EM 可以在成像之前快速冻结"湿"样品，以保持样品的完整性，气泡被锁定在样品中。如图 4-20(d)所示，通过 Cryo-EM[153]观察到了水溶液中的纳米气泡形态。此外，液体 TEM 可以以非常高的分辨率研究天然分散体，并区分气泡、液滴和颗粒。然而，这种方法的一个显著特点是，电子束为非常小的液体体积提供了大量能量，这很容易导致辐解而形成氢气泡[156]。

4.4.2　上升速度

气泡的上升速度是一个关键参数，在传质过程中起着重要的作用[157]。1850 年，斯托克斯(Stokes)[158]开创了理论分析的先河，1911 年，Hadamard[159]和 Rybczynski[160]进一步发展了理论分析。一些研究提到了确定单个球形气泡终端速度的理论方法，该方法可以用斯托克定律和/或 Hadamard-Rybczynski 方程(H-R 方程)在雷诺数为 0[60]时表示。在此基础上，得出了气泡直径和液体黏度是影响上升速度的因素。微气泡的上升速度(U_B)可表示如下：

$$U_\mathrm{B} = \frac{1}{6}\frac{gd_\mathrm{B}^2(\rho_\mathrm{L} - \rho_\mathrm{G})}{\mu_\mathrm{L}}\left(\frac{1+\kappa}{2+3\kappa}\right) \tag{4-30}$$

其中，κ 为气相黏度 μ_G 和液相黏度 μ_L 之比；ρ_G、ρ_L 分别为气相和液相的密度；d_B 为气泡直径；g 为重力加速度。

图 4-21(a)中所示的实验装置可以用来测量微纳米气泡的上升速度,该装置由高速摄影机、测量单元和图像分析软件组成[161,162]。气泡尺寸对上升速度的影响如图 4-21(b)所示。Azgomi 等[163]研究表明,对于较大尺寸的气泡,上升速度增加。图 4-21(c)显示了直径为 95.3 μm 的微气泡的测速结果,研究发现直径没有明显变化。此外,图 4-21(d)显示了微气泡在饱和空气的超纯水中的上升速度 U_B 可以作为气泡尺寸的函数,这与斯托克斯方程预测的结果更为一致,表明存在不可移动的气泡表面[164,165]。

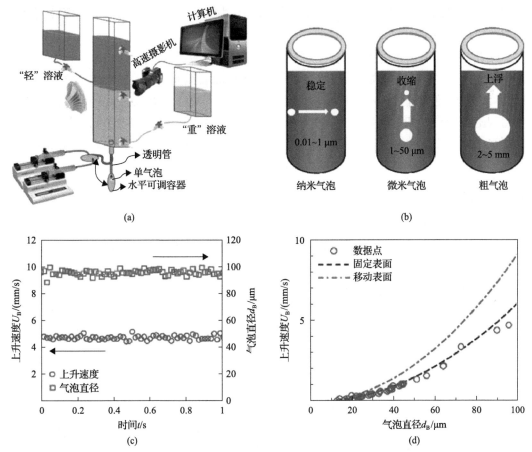

图 4-21　用于产生精确体积的单个气泡的实验装置示意图(a);纳米气泡、微气泡和粗气泡的上升速度不同示意图(b);测量的微气泡直径和上升速度示例(c);微气泡在饱和空气的超纯水中的上升速度图(d)

现有研究通过力学分析的方法对水中气泡上浮过程进行了理论推导,对半径位于 40~500 μm 的微小气泡进行了仿真计算,发现气泡运动方程中的阻力系数与黏滞系数可对气泡上升速度产生显著影响,两者的值与气泡上升速度成反比。对于 $Re \leqslant 150$ 条件下的微气泡运动,气泡上浮过程中的阻力系数(C_D)可表示为

$$C_D = \frac{1.5Re^{0.767} + 24}{Re} \tag{4-31}$$

对于半径小于 150 μm 的微小气泡的短距离运动,可以做如下假定:①气泡在运动过

程中保持球形；②气泡内气体保持恒稳状态；③气泡上浮过程中半径不变。当不考虑气泡上浮过程中加速度影响时，即气泡上升过程只受到浮力与黏性阻力的作用时，其上升速度可表示为

$$U_B = \sqrt{\frac{8}{3}\left[\frac{Rg(\rho_f - \rho_g)}{\rho_f C_D}\right]} \tag{4-32}$$

其中，U_B 为气泡上升速度；g 为重力加速度；ρ_f 为液体密度；ρ_g 为气泡内气体密度；C_D 为气泡上升过程中的阻力系数。

除此之外，气泡上升速度能够决定气泡含气率的大小。含气率是指气液体系中气体总体积占气液总体积的分数，是决定体系气液相界面面积大小的关键参数。气泡上升速度的降低与气泡尺寸的减小高度相关，从而导致含气率的持续增加。此外，气泡上升速度与起泡剂的类型和浓度也有关。由于起泡剂的亲水基团与水亲和力不同，与水的相互作用水平会发生变化，气泡的表面黏性会发生改变，进而可以通过影响表面阻力来影响气泡的上升速度。

4.4.3　传质效率

在许多过程中，气泡往往作为界面接触单元。气液相转移速率往往控制着过程效率。根据经典双膜理论，两相间的传质速率取决于传质系数、传质界面面积和两相间的浓度梯度[166]。在气液相操作中，可以通过测量体积传质系数来表征传质，体积传质系数是评价鼓泡塔性能的重要参数。它是液体传质系数 k_L 和界面面积 A 的乘积。液体传质系数是影响液膜更新的湍流和液体参数的函数，界面面积取决于气泡尺寸分布，它是气体流量、流体性质和其他操作参数的函数[167]。确定气液体系中传质速率的另一个关键参数是界面面积 A[136]。传质速率可用式(4-33)描述[164]。

$$\frac{dn_i(t)}{dt} = k_{L,i}A(t)\left[C_{s,i}(t) - C_{b,i}\right] \tag{4-33}$$

其中，k_L 为传质系数；A 为气液界面面积；n 为微气泡中组分的摩尔数；C_s 为气液界面的组分浓度；C_b 为体相的组分浓度。

两相界面在泡沫提取过程中扮演着重要角色，反应器内气液相面积(a)的计算公式为

$$a = \frac{6\phi_G}{d_B} \tag{4-34}$$

其中，d_B 为气泡直径；ϕ_G 为气体含气率，其可表示为

$$\phi_G = \frac{V_g}{V_1} \tag{4-35}$$

其中，V_1 为气泡群的上升速度；V_g 为表观气速。

这表明，泡沫提取体系中的含气率与进入反应器的气体体积流量以及气泡群上升的速度相关。因此，充气流量的大小将会影响含气率，进而对气液相界面积产生影响，并影响过程效率。同时，一些研究表明，在泡沫工况下的流体系统，Marangoni 效应会抑制气泡间的聚并，同样能够影响气液相界面积。

表面更新理论认为，传质为非稳态分子扩散过程，但是界面上的流体微元具有不同的暴露时间，当假设气液接触时间是由零到无限大之间随机分布时，其传质系数表达式为

$$K_L = \sqrt{SD_L} \tag{4-36}$$

其中，S 为表面更新率，其值为表面更新时间的倒数。

微纳米气泡可以提高气液传质效率，因为组分的传质速率取决于气液相的传质面积，微纳米气泡的传质面积要高得多[168]。为了研究微纳米气泡的传质效率，提出了体积传质系数（k_L）的方程，并基于图 4-22（a）所示的实验装置进行了进一步的验证[169]。此外，

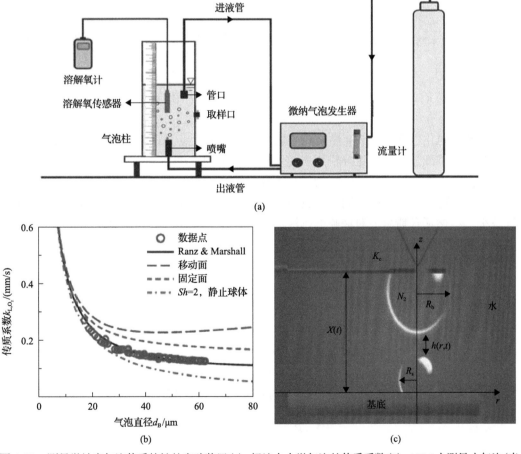

图 4-22　测量微纳米气泡传质特性的实验装置(a)；超纯水中微气泡的传质系数(b)；AFM 力测量小气泡(半径 R_s)和大气泡(半径 R_b)之间的力是通过它们之间的薄层 $h(r,t)$ 测量的，作为压电行程 $X(t)$ 的函数(c)

图 4-22(b) 显示了直径为 15～60 μm 的微气泡的传质系数 k_L。k_L 从 0.13 mm/s 增加到 0.26 mm/s，d_B 从 62 μm 减少到 16 μm，测得的 k_L 值与文献中的值一致[164,170]。此外，还通过原子力显微镜（AFM）测试了微气泡之间的传质，如图 4-22(c)所示。观察到，薄膜界面变形、表面力和传质的建模与气泡尺寸变化的独立测量结果一致[171]。可见，使用微纳米气泡可以提高气体的传输效率。

4.4.4　液膜排液

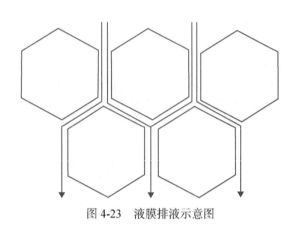

图 4-23　液膜排液示意图

在两个气泡的碰撞接触过程中，两个气液界面之间首先形成一层液体薄膜，液膜的排液和薄化破裂直接决定着气泡是否发生兼并。液膜排液是造成气泡液膜变薄的主要原因。液膜排液主要指泡沫结构要素中的液体渗出，从而使泡沫中气、液两相分离的过程，如图 4-23 所示。液膜的排液方式包括两种：重力排液和热力学排液。一般而言，湿泡沫的液膜较厚，主要通过重力排液，而多边形泡沫以热力学排液为主。热力学排液一般主要有两个方面的原因：一是在表面张力作用下，弯曲气液界面内外两侧产生一定的压力差而驱动的拉普拉斯（Laplace）压力作用；二是由表面张力所引起的相邻气液界面间的分离压力作用。

在液膜薄化过程中，气液界面的势能出现两个最低点。液膜较厚时，气泡的 Laplace 压力在液膜排液过程中起主导作用。随着液膜厚度的减小，气液界面间双电层斥力逐渐增加而占据主要地位，此时势能为正；液膜进一步薄化时，范德瓦耳斯力逐渐出现，双电层斥力和范德瓦耳斯引力间存在竞争作用，并形成势垒（势能最高）；随着液膜厚度继续减小，范德瓦耳斯引力对液膜的排液起主导作用，此时气液界面势能降为最低，该点对应的液膜厚度约 5 nm；液膜继续薄化时，液膜间出现结构斥力，并随液膜厚度减小而增大，从而使总势能急剧增加。

当液膜内液体质量分数较大时，重力作用在排液过程中占据主导作用；随着液膜排液的进行，液膜厚度减小，Laplace 压力和分离压力作用（范德瓦耳斯力、静电力及疏水力等）主导的排液过程逐渐凸显，而实际泡沫浮选、泡沫提取过程中的液膜排液主要以 Laplace 压力和分离压力作用下的热力学排液为主。

气泡间液膜排液的初始驱动力是 Laplace 压力，该压力是在表面张力作用下，弯曲气液界面内外两侧产生一定的压力差，Laplace 压力 P_c 一般可表示为

$$P_c = 2\gamma \frac{R_c}{R_c^2 - R_f^2} \tag{4-37}$$

其中，γ 为表面张力；R_f 和 R_c 分别为液膜半径和毛细管半径，当 $R_f \ll R_c$ 时：

$$P_c = \frac{2\gamma}{R_c} \tag{4-38}$$

在 Laplace 压力的驱动下，液膜不断进行排液并进一步薄化。随着液膜厚度减小至一定值时，液膜之间出现一种促进或阻碍液膜薄化的作用力，这种作用力被称为分离压力。当液膜厚度降至 200 nm 左右时，液膜的薄化受到 Laplace 压力和分离压力的共同驱动。Derjaguin 和 Churaev 将分离压力定义为，平行膜表面法向压力与形成液膜相邻相中的压力差值，用 Π 表示。从本质上讲，分离压力即为表面力，其在数值上等于单位面积的表面力，所以促进液膜排液的驱动力可以用 ΔP 表示：

$$\Delta P = \frac{2\gamma}{R} - \Pi \tag{4-39}$$

其中，Γ 为溶液表面张力；R 为气泡半径；Π 为液膜之间的分离压力。

当 $\Pi = 0$ 时，气泡的 Laplace 压力是液膜排液唯一的驱动力，分离压力在排液过程中不起作用；当 $\Pi > 0$ 时，分离压力表现为斥力，阻碍液膜的排液；当 $\Pi < 0$ 时，分离压力表现为引力，加速了液膜的排液，液膜厚度在降低至临界厚度时气泡破裂。

液膜的排液动力学模型是研究气泡间相互作用的基础。气泡间液膜排液是一个典型的多尺度过程，其中包含毫米级的气泡、微米级的液膜半径和纳米级的液膜厚度。这种多尺度下由距离制约的分离压力、速度相关的流体压力与界面形变的复杂耦合关系只能通过自洽式排液模型来描述。

Stefan-Reynolds 平坦膜模型、Taylor 排液模型、Stokes-Reynolds-Young-Laplace (SRYL) 模型是使用较为广泛的液膜排液动力学模型。Stefan-Reynolds 模型是以平坦液膜为前提推导的，当气液界面无滑移时，圆柱形平坦液膜排液动力学方程可表示为

$$\frac{\mathrm{d}h}{\mathrm{d}t} = -\frac{2h^3 \Delta P}{3\mu R_f^2} \tag{4-40}$$

式中，h 为液膜厚度，m；t 为排液时间，s；ΔP 为液膜内部与液体体相压力差，Pa；μ 为液体黏度，Pa·s；R_f 为液膜半径，m。

当气液界面存在滑移时，则公式可以进一步修正为

$$\frac{\mathrm{d}h}{\mathrm{d}t} = -\frac{2fh^3 \Delta P}{3\mu R_f^2} \tag{4-41}$$

除了 Stefan-Reynolds 模型外，Taylor 模型也常用于描述气泡间液膜薄化动力学过程，在气液界面无边界滑移时存在：

$$F_h = \frac{6\pi\mu R^2}{h} \frac{\mathrm{d}H}{\mathrm{d}t} \tag{4-42}$$

其中，F_h 为流体压力，N；R 为小球半径，m。

当研究对象为球形气泡，需考虑范德瓦耳斯力及静电力作用时，则上式在无边界滑

移时可表示为

$$-\frac{\mathrm{d}h}{\mathrm{d}t} = \frac{h}{3\mu R}\left(-\varepsilon\varepsilon_0\frac{2\varphi\varphi_1\mathrm{e}^{-\kappa h}-\varphi_1^2-\varphi_2^2}{\mathrm{e}^{2\kappa h}-1}+\frac{A}{12\pi h^2}\right)+\frac{2R\rho gh}{9\mu} \tag{4-43}$$

其中，φ_1、φ_2 为两个气液界面的表面电位，V；ε 为水的介电常数，F/m；ε_0 为真空介电常数，F/m；κ^{-1} 为德拜长度，m；A 为 Hamaker 常数；ρ 为液体密度，g/cm^3；g 为重力加速度，m/s^2。

气液界面完全滑移时则有

$$-\frac{\mathrm{d}h}{\mathrm{d}t} = \frac{4h}{3\mu R}\left(-\varepsilon\varepsilon_0\frac{2\varphi\varphi_1\mathrm{e}^{-\kappa h}-\varphi_1^2-\varphi_2^2}{\mathrm{e}^{2\kappa h}-1}+\frac{A}{12\pi h^2}\right)+\frac{8R\rho gh}{9\mu} \tag{4-44}$$

需要注意的是，Taylor 模型也未考虑气泡相互接近时气液界面的形变，气泡半径大于 100 μm 时，Laplace 压力难以克服气液界面所受流体压力而维持气液界面的球形曲率。两个气泡相互接近时，气液界面会发生形变。气液界面的形变使液膜各点的曲率发生变化，造成液膜内外产生了一定的压力差，液膜在该压力差的作用下发生排液薄化，随着液膜厚度的减小，分离压力 Π 的作用也逐渐显现。如果分离压力为正值，则表现为斥力，阻碍液膜的薄化；如果为负值，则表现为引力，促进液膜的薄化。

液膜的排液过程也可用 Navier-Stokes 方程来描述，但 Navier-Stokes 方程是高度非线性方程，很难用解析的方法求解。对于液膜和低速流体，该方程可简化为线性 Stokes 方程：

$$\nabla P = \mu\nabla^2 u \tag{4-45}$$

式中，P 为液膜间相对于液膜外体相的附加压力；u 为液体流速；μ 为液体黏度。

将式(4-45)与液膜薄化的连续性方程相结合，可以获得雷诺润滑方程：

$$\frac{1}{2}U_\mathrm{u}\frac{\partial h}{\partial r}+\frac{\partial h}{\partial t} = \frac{1}{12\mu r}\frac{\partial}{\partial r}\left(rh^3\frac{\partial P}{\partial r}\right) \tag{4-46}$$

其中，h 为液膜厚度；r 为中心至势垒环的径向距离；U_u 为界面处的滑移速度。

对于无表面活性剂体系，气液界面无法承受剪切力，因此属于完全滑移界面。但研究发现，在 Marangoni 效应下，极少量的表面活性剂或杂质可使得气液界面变得无滑移。在不考虑界面滑移的情况下，式(4-46)可简化为(Stokes-Reynolds 方程)：

$$\frac{\partial h}{\partial t} = \frac{1}{12\mu r}\frac{\partial}{\partial r}\left(rh^3\frac{\partial P}{\partial r}\right) \tag{4-47}$$

气液界面上的法向应力平衡给出了曲率压力、流体压力和分离压力之间的关系，如下所示：

$$P = P_\mathrm{cur} - \Pi \tag{4-48}$$

其中，P 为流体压力；Π 为分离压力；P_{cur} 为曲率压力，可表示为

$$P_{cur} = \frac{2\gamma}{R} - \frac{\gamma}{2r}\frac{\partial}{\partial r}\left(r\frac{\partial h}{\partial r}\right) \tag{4-49}$$

其中，r 为气泡半径；γ 为空气-水的界面张力。

因此可以获得液膜间的分离压力为

$$\Pi = \frac{2\gamma}{R} - \frac{\gamma}{2r}\frac{\partial}{\partial r}\left(r\frac{\partial h}{\partial r}\right) - 12\mu\int_{r=\infty}^{r}\frac{1}{rh^3}\left(\int_{r=0}^{r}r\frac{\partial h}{\partial t}\,dr\right)dr \tag{4-50}$$

4.4.5　稳定特性

在泡沫提取过程中，稳定持久的泡沫对分离过程是不利的。泡沫提取的核心是要生成具有瞬时稳定性的活性泡沫。鉴于这个原因，我们有必要对泡沫的稳定性进行简要讨论。

借助高清摄像机拍摄了单个气泡在气液界面的破裂行为，如图 4-24 所示。如果一个气泡在纯水体系中形成并上升到液体表面，那么它会穿透表面，并在很短的时间内破裂，大约持续 10^{-2} s；如果气泡表面存在单分子层表面活性剂，则该气泡可能会持续数秒；但如果该气泡在溶解有少量表面活性剂的溶液中产生，那么该气泡可能会持续相当长的时间，甚至数小时。值得注意的是，当气泡在存在表面活性剂的溶液中产生时，气泡直径要小得多。假设在静止液体的表面同时形成多个气泡，那么在存在表面活性剂的条件下，我们可以看到它们相互靠近，进而聚集起来。因为如果没有表面活性剂存在，气泡会向容器侧面推进，但在到达容器侧面之前，气泡会破裂。

图 4-24　高清摄像机拍摄的气液界面单个气泡的破裂行为历程

如果所有气泡的直径均相同，则相邻气泡之间形成平面边界。但实际上新制备的泡沫，气泡大小是不均匀的，它们之间存在弯曲界面。由于气泡内气体的压力与气泡半径成反比，小气泡中的气压要比大气泡中的气压大，所以气体将缓慢地从较小的气泡扩散到较大的气泡中，导致泡沫体系的热力学不稳定性，最终结果是气泡逐渐变小消失，大气泡逐渐变大。

稳定的泡沫是指液膜不会随时间明显变薄的泡沫，这种变薄是由于在重力作用下向

下排水造成的,即泡沫排液。随着水的排出,气泡壁最终变得非常薄,随机振动足以打破气泡之间的隔膜。两个气泡之间的隔膜破裂,气泡兼并,形成一个新的气泡,其体积将由两个合并气泡的体积之和构成,但其压力将略小。这种破裂的冲击可以传递到其他气泡,从而进一步破裂。通常,可以观察到泡沫破裂的过程是一系列崩解,从一个点开始,持续相当长的一段距离,然后停止。

气泡在液相流体力学的影响下发生运动并彼此碰撞,当发生弹性碰撞时,气泡的大小和数量不发生变化。由于泡沫层中气泡的动力学环境相对稳定,气泡的运动较弱,因此弹性碰撞发生的概率较低。而当气泡非弹性碰撞时,气泡表面受到挤压变形并伴随着液膜的排液,液膜厚度逐渐减小,气泡表面能降低。一旦液膜破灭,则相邻气泡发生兼并。气泡兼并后,泡沫层中气泡的数量减少,而单个气泡的体积增大。气泡兼并是气泡碰撞的结果,也是泡沫层不稳定的主要原因。

气泡粗化主要由溶液中不同直径气泡间的气体扩散引起。通常,体积较小的气泡具有较大的毛细压,而大气泡的毛细压较小,在 Laplace 压力的作用下,气体分子通过液膜从小气泡向大气泡扩散,结果大气泡的尺寸越来越大,小气泡逐渐消失。不过由于气泡粗化持续的时间一般较长,因此液膜排液和气泡兼并就成为引起泡沫衰变最常见的两种形式。

微纳米气泡最显著的特性是它们能够减小尺寸并在水溶液下坍塌,而普通的大气泡则在表面快速上升和破裂。在微纳米气泡收缩过程中,双电层中积累的电荷密度迅速增加。当气泡坍塌时,气液界面将发生剧烈变化,聚集在双电层界面的高浓度离子将立即释放累积的化学能。同时,在微纳米气泡崩塌过程中产生大量的活性氧物种(ROS),包括羟基自由基($\cdot OH$)、单线态氧($^1O_2$)和超氧阴离子自由基($\cdot O_2^-$)[172]。活性氧物种无法直接测量,因此通过电子自旋共振或与探针分子的反应性来量化浓度[173]。Michailidi 等[174]利用基于 5,5-二甲基-1-吡咯啉-N-氧化物(DMPO)自旋捕获的电子顺磁共振对崩塌过程中产生的自由基进行定量分析。Liu 等[175]使用一种灵敏的荧光探针在纳米泡水中证实了活性氧物种的存在,并以亚微摩尔量级对其数量进行了量化。这些活性氧物种的氧化功能正逐渐被考虑用于高级氧化工艺,所以微纳米气泡在实际应用中具有巨大的潜力[80]。

微纳米气泡崩塌产生的自由基数量受许多因素影响,如 pH、催化剂、用于生成微纳米气泡的气体类型、载气等。研究发现,溶液 pH 对氧微气泡崩塌产生的自由基数量有显著影响,向产生微气泡的溶液中添加酸会产生许多自由基[80]。然而,微泡塌陷产生的自由基不足,但铜催化剂可以显著增强微泡塌陷产生的自由基[176]。气体类型也会影响生成的自由基数量。例如,与氮气相比,氧气有利于自由基的形成[177]。臭氧作为微气泡载气更容易产生大量的羟基自由基[176]。

4.5 气泡泡沫作用

泡沫提取过程中待分离组分是由固相(沉淀颗粒)、液相(水)和气相(气泡)三者组成的三相体系，而气泡选择性黏附是由颗粒、水、气泡组成的三相界面间的物理化学性质所决定的。泡沫提取一般可分为以下三个主要步骤：①产生气泡；②粒子与气泡碰撞黏附；③形成泡沫层。泡沫提取的决定性因素之一是颗粒在气泡表面的黏附程度，即气泡的矿化程度。颗粒-气泡矿化是泡沫提取的核心作用过程，在气泡矿化过程中疏水性颗粒优先附着在气泡上，从而形成气固联合体。此过程受颗粒表面润湿性、物理性质、气泡大小及反应器中热力学和流体动力学等多种因素的影响。

4.5.1　气泡与颗粒间的作用

泡沫浮选、泡沫提取受溶液化学、操作条件和流体动力学参数的影响，如图 4-25 所示。其中，气泡-颗粒间的碰撞、附着、分离等相互作用在一定程度上决定了浮选效率。

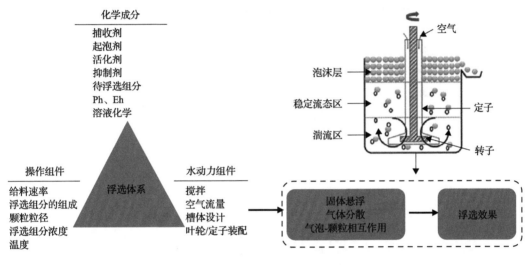

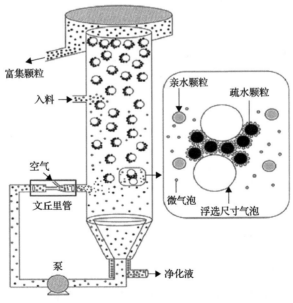

图 4-25　常规浮选池和浮选柱中泡沫浮选过程的影响因素

　　浮选颗粒的大小直接关系到泡沫与颗粒的碰撞效率，而颗粒与气泡的选择性吸附是浮选过程中的关键步骤。目前，有两种方法来量化粒子与气泡之间的附着概率。第一种是基于感应时间，第二种是基于能垒法。

　　为了深入了解气泡与颗粒的相互作用，建立了如图 4-26 所示的实验装置来研究颗粒与气泡的碰撞动力学。在这一过程中，考虑了三种不同的流动构型，即落在气泡上的颗粒静止不动、流过气泡的水中的颗粒静止不动、落在气泡上的颗粒自由上升。

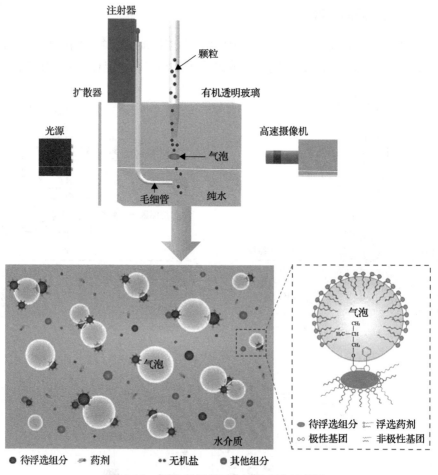

图 4-26　气泡-粒子相互作用的实验示意图

　　研究发现，与气泡在溶液中静止的情况相比，在液体流动条件下气泡在达到 90°位置之前，有更多的颗粒从气泡表面脱附。此外，值得注意的是，化学试剂如捕收剂吸附在颗粒表面，用来调整表面特性，并以此来影响颗粒与气泡之间的作用。除此之外，很多宏微观测试方法包括表面力仪(SFA)和原子力显微镜(AFM)在内对了解气泡-颗粒相互作用起着至关重要的作用。

　　气泡-颗粒的相互作用是浮选过程中最基本的作用，一般受到范德瓦耳斯力、双电层力、疏水力等各种力的影响。通常用热力学和动力学方法来研究它们之间的作用。热力学是一种宏观方法，常用于判断气泡矿化过程进行的方向和趋势；动力学则用来解释气泡矿化过程的机理、影响因素、实现条件等。据报道，浮选过程大体上可以分为四个子过程：①悬浮离子与气泡碰撞和附着的过程，即固体颗粒在搅拌过程中与气泡发生碰撞接触的过程；②泡沫与溶液之间进行物质传输和分配的过程，这一阶段是颗粒和气泡碰撞之后，疏水性颗粒进一步与气泡水化层接触，使气泡变薄并破裂的过程；③颗粒在气泡表面附着、滑动及脱落的过程；④矿化泡沫上浮到表面排出的过程。针对上述四个子过程，不少研究者提出了不同的数学模型，而这些数学模型根据研究方法的不同又可分为概率模型、动力学模型、总体平衡模型和经验模型。其中，动力学模型是在浮选动力学理论基础上建立起来的，也是目前被广泛接受的理论。

从微观过程及四个子过程来看，这些子过程中的每一个都有发生的概率，因此颗粒黏附于上升气泡的总体概率 P 被定义为

$$P = P_C P_A P_{TPC} P_{Stab} \tag{4-51}$$

其中，P_C 为气泡与颗粒碰撞的概率，主要受气泡直径、颗粒直径、颗粒浓度、水流状态等因素的影响；P_A 为颗粒附着的概率，受颗粒表面疏水程度、碰撞速率、气泡与颗粒的碰撞角等因素的影响；P_{TPC} 为形成稳定三相接触的概率，即气固联合体的概率，它受气泡和颗粒的黏着面积、气泡的浮力、颗粒运动速度等因素的影响；P_{Stab} 为被吸附颗粒保持稳定附着的概率，即形成稳定泡沫的概率，主要受它与颗粒的黏着程度及气泡状态等因素的影响。

目前这种模型已经被国内外学者广泛接受，后续研究主要集中于建立子流程的概率模型。但是，需要注意的是在整个建模和优化过程中需要以下几个假设。

(1)假定不同的子流程彼此独立。

(2)气泡和颗粒均为球形。

(3)气泡周围的流动模拟成气泡在流场中的静止状态，等同于气泡的上升速度。

(4)颗粒的体积小于气泡体积，只有一个颗粒与单个气泡相互作用。

1. 颗粒与气泡碰撞

雷诺数描述了悬浮颗粒在流体中的行为，它被定义为惯性力与黏性力之比。它表示颗粒惯性作用和扩散作用的比值，它的值越小，颗粒惯性越小，越容易跟随流体运动，其扩散作用就越明显；反之，值越大，颗粒惯性越大，颗粒运动的跟随性越不明显。当气泡与水发生相对作用时，水掠过气泡表面流线发生弯曲，水溶液中的离子受到水介质黏滞作用而随流线运动，但同时又受到惯性力作用，这使得它保持原来的运动方向而脱离流线。这就意味着，对同一种颗粒而言，其粒径大小不同，惯性力不同，与气泡碰撞的概率也不同。

为了发生气泡-颗粒碰撞，颗粒必须沿着捕获半径 R_C 内的流线，从气泡中心垂直线向气泡(半径为 R_B)移动，如图 4-27 所示。

两个球体之间的碰撞概率 P_C 可以表示为

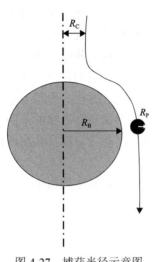

图 4-27　捕获半径示意图

$$P_C = \left(\frac{R_C}{R_B}\right)^2 \tag{4-52}$$

其中，R_C 为捕获半径，m；R_B 为气泡半径，m；P_C 为碰撞概率。

当颗粒与气泡表面的流体为雷诺数最低的斯托克斯流时，其流体的惯性力远远小于黏性力(雷诺数 $Re \ll 1$)，得到了颗粒与气泡的碰撞概率的斯托克斯模型，表达式为

$$P_C = \frac{3}{2}\left(\frac{R_P}{R_B}\right)^n \tag{4-53}$$

其中，R_P 为颗粒的半径，m；n 通常情况下为 2。

利用 Navier-Stokes 方程，推导得到了颗粒和气泡的比例与碰撞概率之间的幂律关系，系数为 a 和 n，其表达式为

$$P_C \propto A\left(\frac{R_P}{R_B}\right)^n \tag{4-54}$$

上述表达式表明，碰撞是颗粒和气泡流动行为的函数，如碰撞概率与气泡的雷诺数 Re_B 相关。但是该模型仅仅适用于直径小于 100 μm 的气泡，由于假设的气泡尺寸太小，这一公式对于浮选建模并不理想。

后来，利用幂律关系和数值方法导出了 a 和 n 的表达式，从而得到第一个适用于大范围颗粒和气泡尺寸的碰撞模型：

$$P_C = \frac{3}{2}\left(1 + \frac{\frac{3}{16}Re_B}{1 + 0.29Re_B^{0.56}}\right)\left(\frac{R_P}{R_B}\right)^2 \tag{4-55}$$

随后通过中间流模型，得到其碰撞模型的表达式：

$$P_C = \left(\frac{3}{2} + \frac{4Re_B^{0.72}}{15}\right)\left(\frac{R_P}{R_B}\right)^2 \tag{4-56}$$

尽管两个模型在表达上有所出入，但从中预测的碰撞概率非常接近。对于上述两种模型，雷诺数较低时，它们可以简化为方程(4-54)。也就是说，这些模型中都假定颗粒质量密度很低，颗粒惯性可以忽略，即假定颗粒紧密地沿着气泡周围的流线运动，此时颗粒与气泡之间的碰撞均属于黏性碰撞。

如果颗粒惯性大，在泡沫浮选过程中颗粒也会与气泡发生碰撞。此时颗粒会直接撞击气泡表面并使其变形。在这种情况下为了使颗粒能够吸附在气泡表面，颗粒的表面吸引力必须在颗粒被气泡的重组排斥之前稳定下来。当颗粒的雷诺数很小时，与气泡以流线接触为主（它们沿着气泡周围的流线运动），当粒子有较大的雷诺数时，则与气泡发生冲击碰撞。当粒子的雷诺数在 0.001～1 的中间范围内时，粒子与气泡的碰撞将由两种机制共同控制。

$$St = \frac{\rho_P d_P v_B}{9 \mu_1 d_B^2} \tag{4-57}$$

其中，ρ_P 为颗粒的密度，kg/m^3；d_P 为颗粒的直径，m；v_B 为气泡的上升速度，m/s；d_B 为气泡的直径，m；μ_1 为水的黏度，一般取 2.98×10^{-3} Pa·s。

将拦截碰撞、引力碰撞和惯性碰撞的贡献相加，得到整体碰撞概率模型，表达式为

$$(P_C)_{overall} = P_C + E_g + \left\{ 1 - \frac{E_C}{\left[1 + (R_P / R_B)^2 \right]} \right\} \cdot E_{In} \tag{4-58}$$

其中，P_C 为黏性碰撞下的碰撞概率；E_g 为运动引力引起的碰撞概率；E_{In} 为惯性力引起的碰撞概率；E_C 为黏性力引起的碰撞概率。

惯性作用可以改变颗粒朝向气泡表面的路径线，因此重力影响下的碰撞概率与离子的最终沉淀速度和气泡的上升速度有关。惯性效应则与颗粒的雷诺数有关，因此湍流区域的碰撞理论模型（即 GSE）的表达式为

$$(P_C)_{overall} = P_C \sin^2 \phi_t \exp \left\{ 3St \left[\cos \theta_t \left(\ln \frac{3}{P_C} - 1.8 \right) - \frac{2 + \sin^3 \theta_t - 3 \cos \theta_t}{2 P_C \sin^2 \theta_t} \right] \right\} \tag{4-59}$$

其中，ϕ_t 为临界切向气流角，当雷诺数范围在 20～400 时，其取值为

$$\phi_t = 78.1 - 7.37 \lg(Re_B) \tag{4-60}$$

θ_t 是颗粒与气泡的接触角，其表达式为

$$\theta_t = \arcsin \left\{ 2\beta \left[(1 + \beta^2)^{0.5} - \beta \right] \right\}^{0.5} \tag{4-61}$$

其中，无量纲量 β 为

$$\beta = \frac{2}{3St} \cdot \frac{R_P}{R_B} \tag{4-62}$$

这个解析表达式是由微粒在气泡周围滑动时所受的黏性阻力和作用于微粒的惯性力及离心力的组合发展而来的。

2. 颗粒在气泡表面的黏附

颗粒能否在气泡表面发生黏附与颗粒和气泡表面的物理化学性质有着极大的关系。碰撞概率仅表示颗粒有机会吸附在气泡表面。颗粒吸附到气泡表面可能有两种机制。当颗粒的惯性较小时，颗粒沿流线在气泡表面滑动，在滑动接触的过程中，颗粒和气泡之间的水膜会变薄并最终破裂。如果薄膜变薄到某个临界值，微粒就会吸附到气泡表面，这种黏附又被称为滑动黏附。

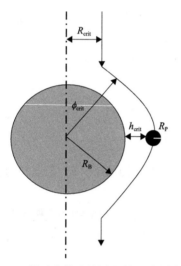

如图4-28所示，一个颗粒要附着在气泡上，它必须沿着气泡表面滑动，并与气泡的表面水化层接触。当颗粒与气泡接触后，它们两者之间的水化层逐渐变薄、破裂，而气泡表面的水化层必须达到临界的厚度 h_{crit}，在 R_{crit} 内的流线中接近气泡的颗粒才能够吸附到气泡的表面。

在这种情况下，颗粒的黏附概率为

$$P_{ASL} = \frac{R_{crit}^{2}}{(R_B + R_P)^2} \tag{4-63}$$

当用临界角表示这一概率时：

$$P_{ASL} = \sin^2 \phi_{crit} \tag{4-64}$$

图 4-28　滑动参数连接图(颗粒必须从气泡表面接近 h_{crit} 才能发生附着)

临界膜厚和临界角取决于体系的表面和水动力条件。发挥作用的力包括颗粒的重量、颗粒在气泡周围滑动时产生的离心力、流线产生的流力、与流体相反的阻力以及薄膜排水时产生的阻力。目前的大部分理论认为薄膜厚度对应于气泡表面对粒子的吸引力与使粒子通过气泡的力相抵消的最小距离。

除此之外，浮选时沉淀颗粒表面经捕收剂处理后疏水性增强，诱导时间大大缩短。颗粒与气泡从开始碰撞到从气泡上脱落所经历的时间称为接触时间，一般为 5~8 ms。只有当诱导时间小于接触时间时，颗粒与气泡才能实现黏附。

水化膜变薄并使颗粒黏附在气泡上所需的时间称为诱导时间，诱导时间与颗粒表面的疏水性相关，表达式为

$$t_i = \frac{75}{\theta} d_P^{0.6} \tag{4-65}$$

其中，t_i 为诱导时间，s；θ 为颗粒与气泡的接触角。

诱导时间与颗粒表面接触角和颗粒粒径有关。在接触角一定时，诱导时间与颗粒粒径呈正相关；当颗粒粒径一定时，诱导时间与接触角呈负相关。

基于流体参数的滑动黏附模型认为颗粒与气泡碰撞后不一定黏附，必须超过一个最大的碰撞角才能完成黏附，这个最大角称为临界黏附角 θ_a，由黏附理论可知，这个角度滑移的时间与诱导时间相等，则颗粒的黏附概率可以表达为

$$P_a = \frac{\sin^2 \theta_a}{\sin^2 \theta_t} \tag{4-66}$$

临界黏附角的 θ_a 可由式(4-68)计算：

$$\theta_a = 2\arctan \exp\left[-t_i \frac{2(v_P + v_B) + v_B\left(\dfrac{d_B}{d_B + d_P}\right)^3}{d_P + d_B} \right] \tag{4-67}$$

其中，t_i 为诱导时间，s；v_P 为颗粒的沉降速度，m/s；v_B 为气泡的上升速度，m/s。

根据这一概率模型并结合流线函数，推导了不同流态下颗粒与气泡之间的黏附概率。

斯托克斯流：

$$P_a = \sin^2\left\{ 2\arctan \exp\left[\frac{-3v_B t_i}{2R_B(R_B/R_P + 1)} \right] \right\} \tag{4-68}$$

中间流：

$$P_a = \sin^2\left\{ 2\arctan \exp\left[\frac{-(45 + 8Re_B^{0.72})v_B t_i}{30R_B(R_B/R_P + 1)} \right] \right\} \tag{4-69}$$

势流：

$$P_a = \sin^2\left\{ 2\arctan \exp\left[\frac{-3v_B t_i}{2(R_B/R_P)} \right] \right\} \tag{4-70}$$

颗粒浮选过程中也可能直接撞击气泡表面。当颗粒获得足够大的动能并且能够克服颗粒-气泡之间由于界面力产生的能垒时，同样会产生黏附效果。因此，提出了细粒浮选的热力学模型，即颗粒与气泡发生黏附，应满足的关系式为

$$E_k > E_d + E_{tpcl} \tag{4-71}$$

其中，E_k 为细颗粒的动能；E_d 为颗粒与气泡间液膜破裂所需的能量；E_{tpcl} 为气泡和颗粒间形成三相接触线所需的能量。

颗粒与气泡黏附的热力学模型下的黏附概率通常使用 Arrhenius 方程表示[178]。

$$P_a = \exp\left(-\frac{E_1}{E_{k\text{-}A}}\right) \tag{4-72}$$

其中，E_1 为能量势垒，即一阶动力学方程情况下，可以使颗粒与气泡之间发生有效黏附的最大能耗(能量)，可以通过 DLVO 理论计算；$E_{k\text{-}A}$ 为有效的动力学能量(动能)，黏附能耗临界值。

2004 年，Sherrell 在湍流系统中提出了一种基于总动能的观点，这一观点认为有效能耗等同于同颗粒或气泡尺寸相等或较小于颗粒和气泡尺寸所产生的湍流旋涡。因此，产生与颗粒或气泡相等尺寸或最小尺寸的涡流会有一个平均的能耗。

因此有效的黏附能耗计算如下：

$$E_{k\text{-}A} = \frac{1}{2}(m_P + m_B)TK\overline{E}_{k\text{-}A} \tag{4-73}$$

其中，m_P 为颗粒的质量；m_B 为气泡的质量。

颗粒与气泡黏附热力学模型表明，随着颗粒向气泡接近时动能的增加，能量势垒减小，颗粒与气泡的黏附概率增加。因此，可以通过提供高速剪切搅拌以增加颗粒的动能或者减小颗粒与气泡的静电排斥能，增大颗粒的疏水性以减小能量势垒的方式来提高颗粒与气泡的黏附概率。

3. 稳定三相接触的形成

一旦薄膜破裂，气泡、颗粒和液体之间必然形成三相接触点。接触点必须迅速形成，以防止颗粒立即脱离表面。湍流涡是破坏接触点形成的主要来源，形成三相接触所需的时间 τ_{TPC} 必须小于湍流漩涡的平均寿命 τ_v。因此，三项稳定接触的概率可以表示为

$$P_{TPC} = 1 - \exp\left(\frac{-\tau_v}{\tau_{TPC}}\right) \tag{4-74}$$

对于许多颗粒，这个概率等于 1。因此，许多学者在研究碰撞理论时，都会忽略这一概率的计算。

4. 吸附颗粒在气泡上的稳定附着

颗粒附着在气泡上后，必须保持稳定的附着状态才能随着气泡上升至液面，并实现浮选过程。吸附稳定性的概率也很复杂，通常认为颗粒是吸附在上升气泡的底部。通过实验证明了稳定附着概率具有泛函形式，需要满足以下关系：

$$P_{Stab} = 1 - \exp\left(1 - \frac{1}{Bo'}\right) \tag{4-75}$$

其中，Bo' 为 Schulz 定义的修改后的 Bond 数。

$$Bo' = \frac{F_{\text{detach}}}{F_{\text{attach}}} \tag{4-76}$$

其中，F_{detach} 为气泡与颗粒间的分离力；F_{attach} 为气泡与颗粒间的吸附力。

可见，颗粒稳定附着的重要影响参数是颗粒与气泡间起分离作用的力 F_{detach} 和促进两者吸附作用的力 F_{attach} 的比率。其中能够引起颗粒从气泡表面脱离的力主要来自颗粒自身的重力、流体的剪切力、颗粒间的冲击力以及颗粒从气泡表面滑行的惯性力等。通过对浮选过程的颗粒进行受力分析发现，颗粒与气泡间的分离作用力可以表达为

$$F_{\text{detach}} = F_{\text{wt}} + F_{\text{d}} + F_{\sigma} \tag{4-77}$$

其中，F_{wt} 为颗粒的表观重量，即粒子的重力和液体对颗粒的浮力；F_{d} 为入射流对颗粒的阻力；F_{σ} 为表面张力对气泡一侧产生的毛细力。

对于球形颗粒，其表观重量可以表示为

$$F_{\text{wt}} = \frac{4}{3}\pi R_{\text{P}}^3 (\rho_{\text{P}} - \rho_{\text{l}})g \tag{4-78}$$

其中，ρ_{P} 为颗粒的密度；ρ_{l} 为溶剂的密度。

入射流对颗粒产生的阻力是由流体局部运动引起的流动摩擦力所带来的，表达式为

$$F_{\text{d}} = \frac{4}{3}\pi R_{\text{P}}^3 \rho_{\text{P}} a_{\text{c}} \tag{4-79}$$

其中，a_{c} 为只由湍流涡流引起的离心加速度。

假设只由紊流引起的离心加速度是显著的，因此阻力中的加速度项可以用式(4-80)表示：

$$a_{\text{c}} = \frac{1.9\varepsilon^{\frac{2}{3}}}{(R_{\text{B}} + R_{\text{P}})^{\frac{1}{3}}} \tag{4-80}$$

其中，ε 为紊流能量密度，通常取 $10^{-3}\sim10^{-1}$ kW/kg。

气泡表面的毛细力 F_{σ} 使气泡趋向于使其表面积最小化。F_{σ} 可由式(4-81)计算：

$$F_{\sigma} = \pi R_{\text{P}}^2 \left(\frac{2\sigma}{R_{\text{B}}} - 2R_{\text{B}}\rho_{\text{l}}g\right)\sin^2\left(\pi - \frac{\theta}{2}\right) \tag{4-81}$$

其中，σ 为液气界面表面张力；θ 为接触角。

颗粒与气泡黏附的作用力主要由附着在液体侧的毛细力和气泡周围的薄膜所产生的静水压力两部分组成，因此附着力的表达式为

$$F_{\text{attach}} = F_{\text{ca}} + F_{\text{hyd}} \tag{4-82}$$

其中，F_{ca} 为液体侧的毛细力；F_{hyd} 为流体静压力。

许多研究过程中一般会忽略静水压力，所以附着力只包括作用在三相接触线上的毛细力。液体侧的毛细力可以表达为

$$F_{\text{ca}} = -2\pi R_{\text{P}} \sigma \sin\omega \sin(\omega + \theta) \tag{4-83}$$

将上述几种力的表达式代入，可以得到：

$$Bo' = \frac{4R_{\text{P}}^2\left[\Delta\rho_{\text{P}}g + \dfrac{1.9\rho_{\text{p}}\varepsilon^{\frac{2}{3}}}{(R_{\text{P}} + R_{\text{B}})^{\frac{1}{3}}}\right] + 3R_{\text{P}}\left(\dfrac{2\sigma}{R_{\text{B}}} - 2R_{\text{B}}\rho_1 g\right)\sin^2\left(\pi - \dfrac{\theta}{2}\right)}{6\sigma\sin\left(\pi - \dfrac{\theta}{2}\right)\sin\left(\pi + \dfrac{\theta}{2}\right)} \tag{4-84}$$

4.5.2 气泡泡沫的传质传输作用

泡沫提取过程一般伴随有气液、气液固的多相化学反应体系，多数情况下化学反应速率主要受传质速率控制。

1. 气泡泡沫对表面活性剂的传质传输

经典的传质理论一般涉及两相组分，当界面存在活性组分时，界面张力、界面的分子结构、气体分子与液体分子结合的分子间作用力以及界面湍动都将对吸附过程产生重要影响。一般采用微纳米气泡来强化泡沫提取过程中气液传质，提高提取效率。当气泡直径降至微米级别时，气液界面会成倍增大，气体向液体扩散增强。随着气泡直径变小，其内压升高，气相向液相扩散的推动力提高。

在泡沫提取过程中，气体通过气泡发生器与液相接触并产生气泡，气液两相的流态将随气体速度的增加而产生变化。当气速较小时，气泡以鼓泡形式穿过，大部分气泡逐渐溢出并最终破裂。此时由于产生的气泡数量较少，气液接触面积小，传质效率低。随着气速的增加，气泡数量增加，气泡上升到液面后不会快速破裂而是在液面上堆积并不断积累，此时气泡之间会发生相互碰撞、兼并，形成稳定的多面体大气泡，同时泡沫层成为以气体为主的气液混合相。大气泡不易破裂，气液表面得不到更新，不利于传质和传热。当气速继续增加时，气泡数量急剧增加，泡沫层中气流和气泡不断搅动，气泡不断碰撞和破裂，气液接触面不断更新，为传质传递提供了较好的条件。

作为一种多元分散体系，泡沫总是处在表层老气泡不断破灭和新气泡不断生成的动态平衡中，物质的传质传递现象，特别是液相传质贯穿了泡沫产生、长大、兼并和破裂整个过程(图 4-29)。

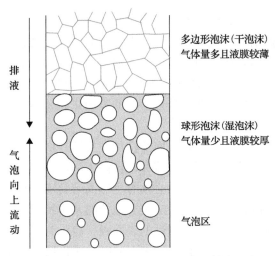

图 4-29　宏观两相泡沫形成过程的传质传输示意图

泡沫提取的核心是要生成具有瞬时稳定性的泡沫。因此，表面活性剂在水溶液及泡沫体系的快速且充分的传质传递尤为重要。药剂分子到达气泡表面的速度主要取决于以下几个方面的因素：①扩散速度；②对流传质；③表面活性剂分子/离子的电荷排斥力；④药剂分子进入单分子层的空间阻力。研究表明，含表面活性溶质的溶液表面张力在 $10^{-3} \sim 10^{-2}$ s 的范围内表现出显著的时间效应，称为 Marangoni 效应，或称为泡沫表面的"修复"作用。该理论认为，当泡沫的液膜受外力冲击时，局部会变薄，变薄处的表面积增大，吸附的表面活性剂分子密度减少，表面张力升高。因此，表面活性剂分子向变薄部分迁移，使表面上吸附的分子又恢复到原来的密度，表面张力降低到原有水平。在传质传递过程中，活性药剂还会携带部分溶液一起移动，结果使变薄的液膜又增加到原来厚度。

泡沫液膜弹性不仅影响表面活性剂的传质传递，其也是影响提取物质传质传输的主要原因之一。泡沫液膜弹性的定义为，增加单位表面积 A 时表面张力的增加值，表示液膜受到冲击时调整其表面张力的能力，泡沫液膜的表面弹性也可以认为是其对抗外界干扰的"自修复"能力。当泡沫的液膜受到干扰时，这种"自修复"能力体现在两个方面：一方面，泡沫液膜的面积增大，表面活性剂或待提取物质的面密度下降，导致局部表面张力升高，形成的表面张力梯度有使液膜收缩的趋势，称为吉布斯(Gibbs)效应。另一方面，在表面张力梯度的作用下，药剂分子或待提取物质由密度较高的区域传递至密度较低的区域，称为 Marangoni 效应。一般来说，Gibbs 弹性更适用于衡量静态泡沫的稳定性，而 Marangoni 弹性则常用于衡量动态泡沫的稳定性。一旦液膜受到外界干扰并导致其局部变薄时，气泡在 Gibbs-Marangoni 效应的作用下能起到快速修复液膜的作用。气液界面

弹性 E 可通过式(4-85)计算：

$$E = 2A\frac{\mathrm{d}\gamma}{\mathrm{d}A} = \frac{2\mathrm{d}\gamma}{\mathrm{d}\ln A} \tag{4-85}$$

其中，γ 为液体的表面张力，mN/m；A 为液膜的面积，mm^2。

　　当流体中存在表面活性物质时，它们在上升气泡的界面处传质吸收，并在气泡尾部积聚。在这种情况下，剪切应力更高，因此气泡阻力增加，气液界面固定。这表现为阻力系数 C_D 的增加。同时在表面活性剂溶液中，表面张力随时间变化，当刚加入表面活性剂时，溶液中新形成的界面具有非常接近溶剂的表面张力，经过一段时间，表面张力会衰减到其平衡值。

　　在气泡泡沫传质传递方面，混合表面活性剂在气液界面处可以形成紧密结合的吸附层，减缓液膜排液速率，从而抑制气泡兼并，提高了泡沫稳定性。但表面活性剂的复配也需要满足一定的要求，其中的一种是必须有足够的溶解度，也称为主表面活性剂，它起到增加气泡表面黏度的作用，并直接决定着泡沫的基本特性。另一种或几种则要求具有较高的表面活性，能产生黏性甚至刚性的表面膜，也称为辅助表面活性剂。它不仅可以在表面膜内完全或部分取代主表面活性剂，同时在表面膜外还能影响主表面活性剂的溶解度及其临界胶团浓度。

　　表面活性剂的用量对泡沫传质传递有重要的影响。在起泡剂用量小于临界兼并浓度时，气泡之间的兼并现象是导致气泡较大的直接原因，当起泡剂用量大于临界兼并浓度时，气泡的大小不再发生变化，气泡衰变的主要原因也随之改变。另外，在表面活性剂浓度较低时，液体表面张力降低的幅度不明显，液膜的排液速率仍然较快，不能够形成稳定的泡沫。随着表面活性剂用量的增加，Gibbs-Marangoni 效应随表面活性剂浓度的增加而增强，当达到临界胶束浓度时，泡沫的稳定性最强。继续增大表面活性剂的浓度，溶液中的表面活性剂分子或待提取物质扩散和传质速率较高，Gibbs-Marangoni 效应逐渐减弱，此时膜弹性较差，不利于泡沫的稳定。

　　离子浮选过程一般不产生沉淀物质，此时的泡沫提取是根据表面吸附的原理，通过在液相底部通入气体，从而使溶液中的物质聚集在气液界面，随着气泡上浮到达溶液主体上方形成泡沫层。因为表面活性物质都聚集在泡沫层内。气液界面处的表面活性物质吸附可以用吉布斯吸附等温式(4-86)描述，从理论上证实了表面活性物质在气液界面上的富集作用。

$$\Gamma = -\frac{c}{RT}\cdot\frac{\mathrm{d}\gamma}{\mathrm{d}c} \tag{4-86}$$

其中，Γ 为吸附溶质的表面过剩吸附量；γ 为溶液表面张力；c 为溶质在溶液中的平衡浓度；R 为摩尔气体常量；T 为热力学温度。

　　泡沫提取过程主要包括两个过程：主体液相中被提取组分在气液界面的传质和泡沫相中气泡间隙液的排出。表面活性物质及其络合物在气液界面富集，使溶液的表面张力发生变化，采用 Gibbs 吸附等温式推出了浓度、表面张力和气液界面质量流率之间的关

系式，即

$$\varPhi_S = -\frac{C}{RT}\frac{\mathrm{d}R}{\mathrm{d}C} \tag{4-87}$$

其中，R 为摩尔气体常量；C 为主体溶液浓度，mol/L；T 为温度，K；$\varPhi_S$ 为气液界面的质量流率。

根据传质(吸附)过程实验数据，提出了 Langmuir 吸附等温式，并总结出单分子层吸附理论：

$$\varGamma = \frac{\varGamma_m k_L C}{1+k_L C} \tag{4-88}$$

其中，$\varGamma$ 为表面活性剂的表面过剩吸附量；$\varGamma_m$ 为最大表面过剩吸附量；k_L 为吸附平衡常数。

Langmuir 吸附等温式很好地解释了小分子表面活性物质(如十二烷基硫酸钠)在气液界面上的吸附现象。但对于分子量较大的表面活性物质(如蛋白质)，Langmuir 吸附等温式就有较大的误差，这是因为蛋白质在气液界面上的吸附是遵循多分子层吸附理论的[179]。

泡沫提取过程的气液界面吸附模型最常用的是气泡瞬态传质边界层模型。为了提高过程效率，要求尽可能提高气泡群的比表面积以增大气液两相体系的接触面积。为此，要求其气泡尺度尽可能小，这一尺度的气泡在运动过程中可维持较为稳定的球状外形。同时，由于气泡尺度小(毫米级)，与液体的相对运动速度慢，所以其雷诺数较小，不易发生边界层分离现象；并且气液界面在边界上仅要求速度连续而不必为零，即气泡内部可发生环流，从而进一步有效控制边界层的分离。因此，气泡上浮形成的外围流场可用无分离的球体绕流方程表示：

$$\varPsi = -\frac{1}{2}v_B\sin^2\theta\left(r^2 - \frac{3Rr}{2} + \frac{R^3}{2r}\right) \tag{4-89}$$

液相中传质扩散方程为

$$u_r\frac{\partial C}{\partial r} + \frac{u_\theta}{r}\frac{\partial C}{\partial \theta} = D_{AB}\left[\frac{1}{r^2}\frac{\partial}{\partial r}\left(r^2\frac{\partial C}{\partial r}\right) + \frac{1}{r^2\sin\theta}\frac{\partial}{\partial r}\left(\sin\theta\frac{\partial C}{\partial \theta}\right)\right] \tag{4-90}$$

毫米级尺度气泡对应的上升速度 V 为厘米量级，而气体分子在液体中的扩散系数 D_{AB} 一般小于 10^{-8} 量级，导致气泡传质佩克莱(Peclet)数 $Pe_m = 2v_B R/D_{AB}$ 往往很大。因此，可以认为远离气泡的液相主体为恒浓度区，而气液传质主要发生在气泡界面处的传质边界层，即满足：

$$\frac{\partial}{\partial r}\left(r^2\frac{\partial C}{\partial r}\right) \gg \frac{1}{\sin\theta}\frac{\partial}{\partial\theta}\left(\sin\theta\frac{\partial C}{\partial\theta}\right) \tag{4-91}$$

计算单位时间内气泡向液体传质的量，即气泡瞬态传质表达式：

$$\frac{dm_g}{dt} = \int J ds = 2\pi R^2\int_0^\pi J\sin\theta d\theta = 8(C_A - C_I)D_{AB}^{\frac{2}{3}}v_B^{\frac{1}{3}}R^{\frac{4}{3}} \tag{4-92}$$

其中，D 为扩散系数；v_B 为气泡上升速度；R 为气泡半径。

与离子浮选不同，沉淀浮选的对象是含有固体粒子的悬浮液，此时待提取组分传质包括其在流体主体内传质和泡沫层的传质。流体层内的传质过程包括气泡黏附和因气泡尾涡负压引起的夹带作用。泡沫层的传质则包括泡沫整体对固相的夹带、气泡黏附以及固体颗粒在泡沫通道内随液体的回流。尽管泡沫层在沉淀浮选过程中很重要，但很少有人关注泡沫行为的具体机理，因为泡沫层中颗粒的存在，阻碍了系统参数的测量的准确性。同时泡沫相根据其疏水性对附着颗粒的选择性是一个迄今很少受到关注的领域。

2. 气泡泡沫对颗粒物的传质传输

一般认为，小颗粒物质更有利于提高泡沫的传质传递。但是也存在一个最佳的范围，过小的颗粒物质并不能抑制液膜的排液。很大程度上，颗粒物质对泡沫的稳定性与液膜尺寸、颗粒聚集物以及颗粒尺寸有关。当液膜厚度在一定范围内，而颗粒的直径又小于液膜厚度时，颗粒可以进入液膜内，这种结构会产生额外的稳定泡沫的力，称为结构力。当颗粒粒径极小，液膜厚度几倍于颗粒粒径时，液膜开始逐渐变薄并使气泡逐渐失稳发生破裂。基于界面作用力分析，稳定泡沫并有利于传质的最大颗粒粒径如式(4-93)所示：

$$R_P < \frac{2\gamma}{P_o + \left(2\gamma/R_{g,min}\right) + \rho_l gH} \tag{4-93}$$

其中，R_P 为颗粒半径，mm；P_o 为外部大气压，Pa；$R_{g,min}$ 为液膜的最小曲率半径，mm；H 为泡沫总高度，mm。

当液膜内颗粒物质的浓度较低时，黏附在液膜内的颗粒以单层排列，使两气泡桥连在一起，分布较为随机。但是随着颗粒浓度的增加，颗粒在气液界面大量吸附，进而在气液界面形成致密的排列，增大了气体扩散时的阻力。同时，颗粒浓度的增大促使液膜内产生渗透压而形成一个晶质结构，这一结构随着颗粒浓度的升高，其层数也逐渐增加。随着液膜的排液，其厚度逐渐薄化，当液膜厚度减小到一定程度后，颗粒不再从液膜中排出，而是保持了稳定状态[180]。

颗粒物质在气液界面上的吸附传质是稳定泡沫的一个重要因素，而颗粒在气泡薄液膜间的吸附很大程度上取决于颗粒的疏水性。1913 年，Hoffmann 发现在矿物浮选过程中固体颗粒吸附可以起到稳定泡沫和液膜的作用。1925 年，Bartsch 发现只有部分疏水颗粒吸附能够稳定泡沫，而完全亲水的颗粒吸附则不会对泡沫的稳定性产生影响[181]。Liang

发现，中等疏水性细颗粒存在下的溶液泡沫稳定性最高[182]。

部分疏水的颗粒在气液界面上的吸附传质过程，使得液膜具有较高的机械强度，进而增强泡沫的稳定性。脱附能是指吸附在界面上的颗粒脱附回到溶液相中所需要的能量。吸附在界面上的颗粒物质层，可以起到抑制气泡的聚并和歧化的作用，并可以延迟排液过程的进行。脱附能可以表示为

$$\Delta G_{remove} = \pi R^2 \gamma_{ow} (1 \pm \cos\theta)^2 \qquad (4\text{-}94)$$

其中，ΔG_{remove} 为脱附能；R 为颗粒半径；γ_{ow} 为界面张力；θ 为颗粒与液相的接触角。值得注意的是，当颗粒从气液界面转移至水相时，式中括号内为负号，而当其从界面转移至油相时，括号内为正号。

脱附能越大，破坏液膜所需要的能量越大，液膜越稳定。理论上当接触角为 90° 时，颗粒的脱附能最大，颗粒在界面上的吸附最稳定，当接触角小于 30° 或者高于 150° 时，脱附能将会很小，因此亲水颗粒或高度疏水的颗粒并不能使泡沫稳定。对于浮选体系内的颗粒而言，当其具有合适的疏水性时，脱附能将远大于本身的热运动能，因此可以将颗粒这种吸附看作不可逆吸附，这种稳定的吸附可以更好地维持泡沫的稳定性。球形颗粒的接触角在 60°～80° 时，泡沫达到最大的稳定性，而不是在最大脱附能对应的 90° 时。这是因为颗粒的存在对气泡之间的毛细管压力有一定的影响。液膜上的颗粒阻止两个气泡聚并所需要的压力，称为最大毛细管压力。其表达式为

$$P_C^{max} = \pm P \frac{2\sigma}{R} \cos\theta \qquad (4\text{-}95)$$

其中，P_C^{max} 为最大毛细管压力；σ 为球形颗粒的表面张力；P 为理论堆积常数。

在泡沫和水包油体系中，公式取正号，而在油包水体系中，公式取负号。毛细理论是在假设颗粒静止不受排液影响的情况下得到的，同时也没有考虑颗粒之间的相互作用。一些研究表明，最大毛细管压力的实验值比理论值低很多[183]。这一理论规律与脱附能规律相反。当接触角为 0° 时，颗粒与界面的最大毛细管压力值达到最大值，而接触角为 90° 时，最大毛细管压力最小。

泡沫相是泡沫提取过程的重要组成部分。溶液上的气泡由于液体的流动和表面活性药剂间的吸引作用，距离被拉近，直到相互接触，这种接触方式称为横向接触。如果气泡被大量产出，下面的气泡在上升的过程中会顶到上面的气泡，这种接触方式称为纵向接触[184]。由于一般过程中气泡上黏附的颗粒处于微米级，远小于宏观气泡的大小，因此颗粒几乎不会影响气泡之间的接触。纵向接触时，气泡间通过氢键黏附，且下方气泡表面层受到挤压，黏度较大，则上方气泡与下方气泡不易滑动。横向接触时，气泡间通过氢键黏附，无滑动情况，更为牢固。两个气泡黏附之后，第三个气泡将会与前两个气泡黏附，三个气泡紧密结合，当气泡通过横向接触和纵向接触不断堆积时，就会形成泡沫层，相应地，整体结构也会越来越稳定。当液体中含有少量其他物质或表面活性剂时，气泡的聚集就会变缓或停止聚集。研究表明，泡沫中固体的存在可以抑制或促使气泡聚集。研究发现，对于所有疏水颗粒，随着与浆液-泡沫界面距离的增加，其平均气泡直径

都增加，而界面处的气泡尺寸分布范围很窄。随着界面上方泡沫高度的增加，气泡尺寸分布变宽，出现大气泡，但仍有相当数量的小气泡存在[185]。

气泡在泡沫的下部的聚集率比在泡沫的上部高。这表明，泡沫传输过程主要是通过接近浆液-泡沫界面的矿化泡沫实现。在泡沫越过溢流堰前，颗粒在泡沫层中经历了脱附和再黏附的过程，同时颗粒在泡沫层中的运动速度比在矿浆中小两个数量级，所以泡沫层中的气泡兼并和气泡形变对颗粒的运动行为具有重要影响。在两相柱状泡沫中也得到了类似的结论[186]。

基于颗粒在泡沫相中的运动，建立了颗粒在泡沫相中的浮选动力学及泡沫相中的回收概率模型。疏水性颗粒主要通过黏附作用在泡沫层的气泡表面存在，基于流线机理，同时结合颗粒在泡沫层中的捕收效率[186]，给出了颗粒在泡沫层中的黏附速率常数：

$$k_a = k_j G \frac{D_p h_f}{D_B^2} \tag{4-96}$$

其中，k_j 为常数，其大小与浮选颗粒的性质有关；G 为充气速率，mL/s；D_B 为气泡直径，mm；h_f 为单位时间内泡沫上升的高度，mm。

对于确定的颗粒而言，充气速率越大、气泡尺寸越小、泡沫层越高，泡沫在泡沫层中的黏附速率就越大。

研究泡沫相浮选动力学时发现，随着颗粒在泡沫相中停留时间的延长，可浮物质的损失逐渐增多，进一步提出了泡沫相浮选的回收率模型：

$$R_f = 100 e^{-A_d t_f} \tag{4-97}$$

其中，R_f 为可浮颗粒的回收率，%；A_d 为颗粒在泡沫层中的脱附速率常数；t_f 为颗粒在泡沫层中的停留时间，s。

泡沫相浮选时，由于颗粒在泡沫层中与气泡快速实现矿化，因此可认为颗粒在泡沫层中的停留时间等于矿化气泡在泡沫层中的停留时间。

气泡在泡沫层中的停留时间分为两个部分：一是垂直方向上的停留时间，二是水平方向上的停留时间。其中，垂直方向上的停留时间可表示为

$$t_{fv} = \frac{H_f}{v_{fv}} \tag{4-98}$$

其中，H_f 为有效泡沫层的高度，mm；v_{fv} 为泡沫层气泡转移速率，cm/s，其计算公式为

$$v_{fv} = \frac{J_g}{\epsilon_f} \tag{4-99}$$

其中，J_g 为气泡的表观气速，cm/s；ϵ_f 为泡沫层的平均含气率，%。

而水平方向上的停留时间可表示为

$$t_{fh}(r) = \frac{h_f \epsilon_f}{J_g} \ln\left(\frac{R}{r}\right) \tag{4-100}$$

其中，h_f 为溢流口到泡沫层顶部的距离，mm；R 为柱体半径，mm；r 为矿化气泡进入泡沫相的位置，mm。

由于 $H_f \gg h_f$，水平方向上的停留时间通常可以忽略不计，这也就意味着颗粒在泡沫层中的停留时间与柱体尺寸无关，而仅仅与表观气速、含气率以及有效泡沫层的高度有关。

泡沫相浮选时，颗粒的回收率随颗粒在泡沫层中停留时间的延长而降低，这与颗粒和气泡的碰撞过程呈现出完全相反的变化规律。因此，泡沫层中颗粒的脱附速率常数的计算公式为

$$A_d = \frac{3}{4} \frac{J_g}{R_b} (1 - P_{col}) \qquad (4\text{-}101)$$

其中，P_{col} 为离子黏附在气泡上的概率。

将这些参数代入式(4-97)即可得到泡沫相的浮选回收模型。从该模型中可以看出，泡沫相浮选的回收率不仅与操作参数有关，同时还与气、液、固三相物质的性质有关。

4.6　基于气泡泡沫作用的反应器

根据气泡泡沫作用原理，一系列的反应器被成功研发并成为泡沫提取关键设备。根据充气和搅拌方式的不同，主要可分为浮选机、浮选柱、气浮器、新型反应器等。浮选机和浮选柱最初作为浮选设备应用于矿物加工工业。随着浮选法在其他行业的广泛应用，这些传统的浮选机、浮选柱也开始应用于其他如石油、造纸、化纤、皮革、废水处理等行业。

我国的泡沫浮选装置及反应器起步较晚，但近年来随着技术的不断发展和浮选理论研究的不断深入，我国已相继研发出多种满足不同浮选需求的浮选设备，并取得了大量的研究成果。

4.6.1　传统浮选机

浮选机最初应用于选矿工业。1909 年开发了第一个应用于泡沫浮选的多槽叶轮搅拌装置。随后，充气浮选机正式诞生。由于浮选机发展最早、应用最广，针对浮选机的研究也比较深入，因此浮选机的种类相对较全，其发展也更迅速。

浮选机一般配备有叶轮装置或转子，主要依靠机械搅拌来搅动矿浆或溶液，其又可分为机械搅拌式、充气搅拌式浮选机。浮选机的主要工作原理是，由电动机三角带传动带动叶轮旋转，产生离心作用形成负压，一方面吸入充足的空气与液相混合，另一方面搅拌目标物质与药剂混合，同时细化泡沫，使待浮选组分黏附在泡沫上，浮到液面层再形成矿化泡沫。同时，还能够调节闸板高度，控制液面，以便泡沫被刮板刮出。

1. 机械搅拌式

机械搅拌式浮选机的充气和搅拌由叶轮和机械搅拌装置完成，一般通过浮选槽下部

的机械搅拌装置附近吸入空气,属于外气自吸式浮选机。根据机械搅拌器的结构差异又分为不同的类型。机械搅拌式浮选机的主要优点是可以自吸矿浆及空气;其辅助设备较少,并且设备平整美观;其操作简便,易于维护。目前我国常用的浮选机包括 XJK 型、XJM 型、SF 型、BF 型、JJF 型等。

XJK 型浮选机属于带有辐射叶轮的空气自吸式浮选机,又被称为 XJ 型浮选机、A型浮选机。它们最早应用于铜、铅、锌、镍、钼、金等有色金属,黑色金属和非金属矿物的粗选、精选和反浮选作业,其结构设备如图 4-30 所示[187]。

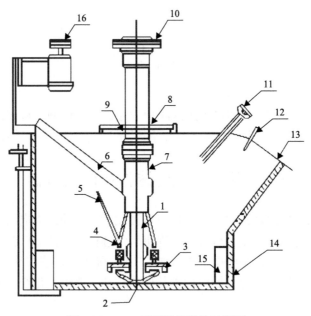

图 4-30　XJK 型浮选机结构示意图

1. 主轴;2. 叶轮;3. 盖板;4. 连接管;5. 砂孔闸门丝杆;6. 进气管;7. 管气管;8. 座板;9. 轴承;10. 带轮;11. 闸门丝杆;12. 刮板;13. 泡沫溢流唇;14. 槽体;15. 放矿闸门;16. 电机皮带轮

XJK 型浮选机通常由几槽到几十槽连接构成一个分选流程,它具有基本槽,根据不同的型号每两槽或四槽构成一个机组,第一槽带有进浆管以抽吸矿浆,称为吸浆槽;其余的槽无吸浆管,称为自流槽或直流槽。电动机通过带动主轴上端的皮带轮使主轴下端的叶轮旋转,以产生局部真空而吸入空气,叶轮的吸气量大,生产效率高。叶轮旋转产生离心力将溶液及待浮选组分颗粒甩出,同时其与盖板之间形成负压并将空气经过进气管吸入槽内。盖板上装有导向叶片,对叶轮甩出的矿浆具有导向作用,在叶片间开有循环孔,供矿浆循环用,由此可增大充气流量。同时,矿浆通过吸浆管被吸入并通过离心力与空气充分混合。叶轮的强烈搅拌使空气形成细小的气泡,目标物质与气泡碰撞后,疏水性颗粒选择黏附在气泡上并上浮至液面形成矿化泡沫层。

XJM 型浮选机又称伞式叶轮浮选机。这种浮选机处理能力大,充气效能高,浮选速度快,能耗低,占地面积小,在煤泥分选工业中应用较为广泛。它具有三层伞型叶轮结构,如图 4-31 所示。

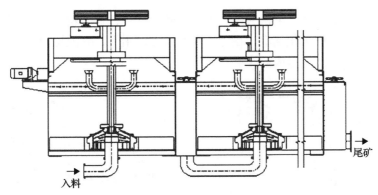

图 4-31　XJM 型浮选机结构示意图

　　XJM 型浮选机主要由槽体、搅拌机构、刮板机构、假底稳流装置、液位调节装置等组成。电动机带动空心轴和叶轮旋转形成负压，溶液相经过吸浆管进入叶轮腔。通过离心力的作用，溶液中的待浮选组分被叶轮甩向四周并与气体混合，气泡沿叶轮通过定子和叶片被破碎为微泡，并稳定上升至液面形成矿化泡沫层。

　　XJM 型浮选机存在选择性较差的缺点，因此在其基础上改进并研制了 XJM-S 型浮选机。与 XJM 型浮选机相比，XJM-S 型浮选机将原有的三层伞型叶轮改为双层伞型叶轮，故也称双层伞型浮选机，结构如图 4-32 所示。

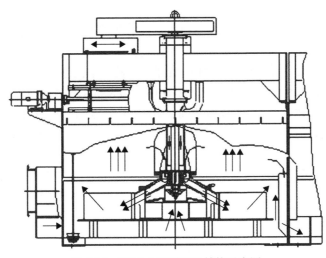

图 4-32　XJM-S 型浮选机结构示意图

　　从图 4-32 可以看出，采用混合入料方式，大部分物料通过吸料管被吸入叶轮，其余的物料通过周边与槽壁的间隙进入搅拌区。由于 XJM-S 浮选机适应性更强，对于不同尺寸的颗粒均有一定的浮选效果。

　　SF 型浮选机是在 XJK 型浮选机的基础上进行改造研制的，属于机械搅拌自吸式浮选机，如图 4-33 所示。它的结构是前倾式槽体，使用了双叶片水轮，配有导流管和假底装置，槽内溶液相按固定的流动方式进行上、下双循环，同时保留了 XJK 型浮选机自吸气和自吸矿浆的特点，不需要配备泡沫泵，物料随溶液相由叶轮的上下吸口进入，同时空气沿导气筒进入混合区。电机通过主轴驱动叶轮旋转，在叶轮离心力的作用下将矿浆甩入矿化区，空气形成矿化气泡。在定子和紊流板作用下，气泡均匀分布于槽体，并逐渐上移至分离区，并富集形成泡沫层。

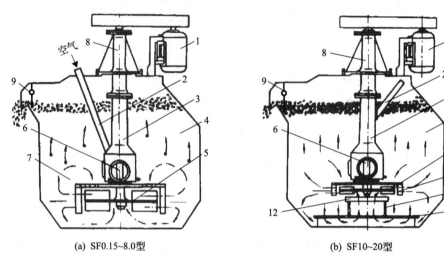

(a) SF0.15~8.0型　　　　　　　　(b) SF10~20型

图 4-33　SF 型浮选机结构示意图

1. 电机；2. 吸气管；3. 中心筒；4. 槽体；5. 叶轮；6. 主板；7. 盖板；8. 轴承体；9. 刮板；10. 导流筒；11. 假底；12. 调节环

BF 型浮选机是 SF 型浮选机的改进型，其工作原理与 SF 型浮选机相似。BF 型浮选机同样保留了自吸空气和物料的特点，并且吸气量大、功耗低。它的每个槽都兼有吸气、吸浆和浮选三重功能，在每个槽内都能形成浮选回路，不需任何辅助设备。BF 型浮选机分为 BF-L 和 BF-T 两种(图 4-34)。其中 BF0.15~BF8 机型的主要结构相似，又被统称为 BF-L 型浮选机。BF10~BF20 的机型被称为 BF-T 型。BF-L 型浮选机最主要的特点是其叶轮为封闭式双锥盘结构，与之匹配的为锥式盖板，并采用沉没式锥阀型的液面调整

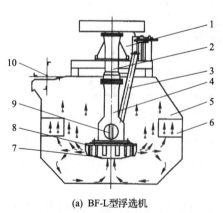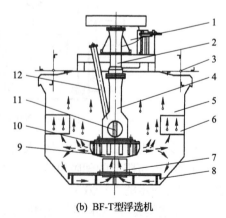

(a) BF-L型浮选机　　　　　　　　(b) BF-T型浮选机

1.电机；2.轴承体；3.吸气管；4.中心筒；　　　　1.电机；2.轴承体；3.刮板；4.中心筒；
5.槽体；6.稳流板；7.叶轮；8.盖板；　　　　　5.槽体；6.稳流板；7.导流管；8.假底；
9.主轴；10.刮板　　　　　　　　　　　　　　　9.叶轮；10.盖板；11.主轴；12.吸气管

图 4-34　BF 型浮选机结构示意图

闸门。这种设计不仅美观，并且在浮选过程叶轮的搅拌速度低，搅拌力适中，降低了能耗。BF-T 型浮选机的叶轮及盖板同样采用了双锥盘式封闭结构，使叶轮腔的容积增大，盖板设计与 BF-L 型不同，为锥盘式前倾叶片结构。这样的结构保证了槽内溶液及矿浆的循环，并改进了原本液面不稳、充气量难调的缺点，增强了设备的耐磨性，并延长了设备的使用周期。

JJF 型浮选机的充气量范围广，并且其单槽容积大，最大可达 200 m^3，主要结构如图 4-35 所示。

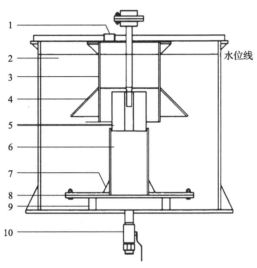

图 4-35　JJF 型浮选机的结构示意图

1. 吸气口；2. 槽体；3. 竖筒；4. 定子(分散罩)；5. 转子；6. 循环筒；7. 板筋；8. 假底；9. 支腿；10. 尾流管

JJF 型浮选机最主要的特点是其搅拌装置采用转子而非叶轮，同时用定子代替盖板。转子带动矿浆旋转形成漩涡，漩涡的气液界面向上下延伸并在中心形成负压区，经过进气口和竖管的空气在负压作用下进入转子和定子中，并与矿浆混合。气液固混合物在漩涡作用下，以较大的切向及径向动量被转子甩向四周，同时槽内部会形成一个局部湍流场，推动气固液三相的混合并细化空气泡，将其均匀分散在矿浆中。上升的混合物离开定子后，通过分散器和锥形分散罩降低了紊流度，并上浮至液面形成稳定的矿化泡沫层。

2. 充气搅拌式

充气搅拌式浮选机既安装了机械搅拌装置，又能够利用外部特设的风机强制充入空气。机械搅拌装置一般只起搅拌待浮选组分和分布气流的作用，空气主要靠外部风机压入，待浮选组分的充气与搅拌是分开进行的。由于机械搅拌器不起吸气作用，叶轮(转子)转速比机械搅拌式浮选机低，因而转子-定子组磨损较轻，使用寿命较长。常用的充气搅拌式浮选机主要包括 OK 型、KYF 型、TankCell 型和 CLF 型。

OK 型浮选机由芬兰奥托昆普公司研制，结构如图 4-36 所示。浮选机的叶轮外廓为半椭球状，叶轮由若干对平面呈现 V 字形的叶片组成，叶轮周边是辐射状的定子稳流板，上方有盖板。空气沟槽和矿浆槽是分开的，物料从叶轮的下部吸入、上部排出。低压空气经过中空腔进入叶轮腔，并与待浮选组分碰撞，随后固液气三相混合物从叶片的间隙排出。叶片上部半径大于下部，上部离心力较大。

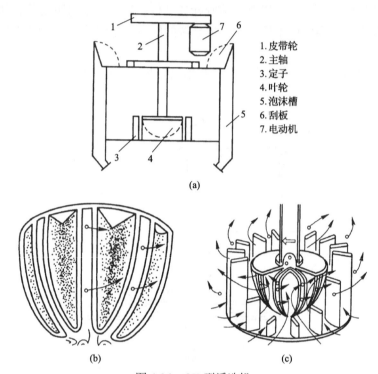

1. 皮带轮
2. 主轴
3. 定子
4. 叶轮
5. 泡沫槽
6. 刮板
7. 电动机

图 4-36　OK 型浮选机
(a)结构示意图；(b)叶轮外观；(c)矿浆与气泡运动路线

实践表明，OK 型浮选机叶轮的设计能够在叶片全长上将空气分散成较为理想的均匀的微泡，能够有效地提高浮选效率。

KYF 型浮选机是在 OK 型浮选机的基础上研制的，其结构见图 4-37。其采用"U"形槽体、空心轴充气和悬挂定子，并且采用了一种新式顺轮，叶轮中还安装了空气分配器，能够将空气预先分散，提高待浮选组分与空气的接触面积。

KYF 型浮选机的浮选过程如图 4-38 所示。在浮选过程中，叶轮旋转将待浮选组分由叶轮下端吸入，并与经空气分配器进入的空气混合。混合均匀后，由叶轮上半部向斜上方推出，并经定子稳流后分散至整个浮选槽。随后，气泡上升形成泡沫层，经过富集后从溢流堰自流溢出进入泡沫槽。另一部分未经浮选的物质则进入叶轮下部，经过叶轮搅拌并继续进行分选。

TankCell 型浮选机是目前大型浮选操作中最常用的设备。它们的槽体呈圆筒形，槽容量为 5～130 m^3，经过改造的槽容量可达 300 m^3，结构如图 4-39 所示。

TankCell 型浮选机主要由浮选槽、给矿箱、精矿溜槽、搅拌装置、驱动装置、排矿箱、液位控制系统、充气装置等组成。在处理粗粒和细粒时，叶轮的转速不同，定子和叶轮的相对高度也不同。处理较粗颗粒时，叶轮转速低，相对高度也低。它的核心是转子和定子装置，其作用是混合矿浆、分散空气和产生湍流动能。

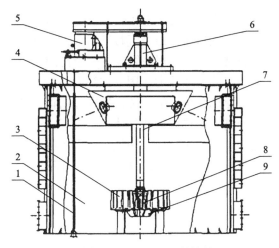

图 4-37　KYF 型浮选机结构简图

1. 放矿阀；2. 槽体部件；3. 定子；4. 泡沫槽；5. 电机装置；6. 轴承体；7. 主轴；8. 空气分配器；9. 叶轮

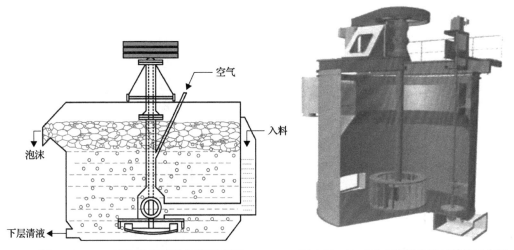

图 4-38　KYF 型浮选机浮选过程示意图　　　　图 4-39　TankCell 型浮选机的结构示意图

4.6.2　传统浮选柱

　　浮选柱又称压气式浮选机，气泡发生器无转动部件，无须机械搅拌，仅仅依靠压缩空气的喷射装置进行矿浆或者溶液的搅拌和充气。浮选柱的结构简单，并且能耗较低，占地面积小、投资小，气相和固相的碰撞及分离效果好，易于对气泡及泡沫层进行控制和调节，浮选速度快、流程短、富集比高、回收率高等。

　　目前我国应用最广泛的浮选柱包括 CPT 型浮选柱、Jameson 浮选柱、KYZ 型浮选柱、CCF 浮选柱以及 FCSMC 旋流-静态微泡浮选柱。同时在传统的矿物浮选柱的基础上发展出针对离子或有机物等可溶性物质浮选的泡沫分离设备。

　　CPT 型浮选柱是一种逆流浮选反应器，结构如图 4-40 所示。柱体部分主要由捕收区和精选区两大部分组成。捕收区位于气泡发生器以上、矿化泡沫层以下。CPT 型浮选柱具有若干支速闭喷射式气泡发生器，它是一个分散气体的系统，用于将压缩空气破碎成细小的气泡并注入浮选柱。发生器由一组空气歧管组成，空气歧管环绕浮选柱槽体并向一系列坚固的气体分散管提供空气。每根歧管配有一个自调节机构。

气泡发生器产生的微泡在冲力和浮力作用下在柱内不断上升，在这一区域空气被分散成微细的气泡，同时与待浮选组分碰撞，疏水性颗粒选择性地与气泡黏附，这些负载着目标颗粒的气泡继续上升进入精选区并在柱体上部聚集，逐渐形成一定厚度的矿化泡沫层。在精选区待浮选组分进行二次富集，颗粒经过多次的脱落与二次附着，最终实现精选。其余亲水颗粒则随溶液向下流动并最终经尾矿管排除。

Jameson 浮选柱是喷射型反应器的代表，如图 4-41 所示。喷射型浮选柱与常规浮选柱的差别主要是气泡发生器的不同，喷射型浮选柱中的气泡发生器利用射流原理产生气泡。这类设备将待浮选矿浆加压高速射出，同时在喷嘴前产生负压区，在负压作用下空气被吸入后通过搅拌产生气泡。Jameson 浮选柱主体由柱体和下水管道组成，下水管道顶部是由入料口、喷嘴组件及空气吸入口组成的混合头。

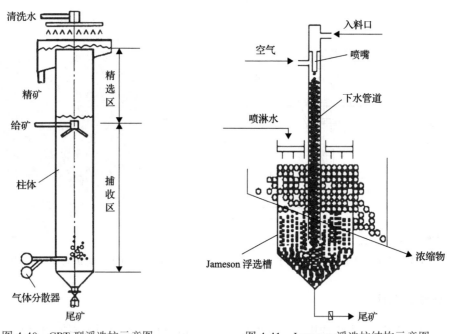

图 4-40　CPT 型浮选柱示意图　　　　图 4-41　Jameson 浮选柱结构示意图

在浮选过程中，待浮选组分透过泵从混合头中加入柱体，高速通过喷嘴并与负压产生的气泡混合，颗粒和气泡在下水管道内碰撞并逐渐矿化，随后从下水管道底口排至分离柱内，然后矿化气泡上升至泡沫层，经喷淋水精选后进入精矿槽，其余组分则从柱体底部的尾矿口排出。在 Jameson 浮选柱中，颗粒在下水管道内实现了颗粒与气泡的碰撞，柱体只起到气泡与尾矿分离的作用，省去了常规浮选柱的捕集区高度，但混合时间同时被缩短。

充填介质浮选柱是从浮选机发展而来的，虽然是柱体，但从原理上与搅拌式浮选机相似，结构如图 4-42 所示。

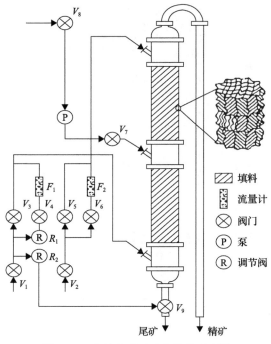

图 4-42　充填介质浮选柱结构示意图

　　充填式浮选柱主要是柱体内装特定介质填料，充填板粒层层排列，每组互成直角配置，形成大量规则的弯曲的小通道，提供细小曲折的孔道，使矿粒和气泡紧密接触。由于填料的结构在整个柱截面上形成的是基本相同的几何通道，气泡和矿粒在狭窄的通道中对流碰撞并实现了层流输送，有效实现了成泡、矿化、分离的基本过程。充填式浮选柱中存在两个逆流：一个是柱体中部给入的矿浆沿填料所提供的特定孔道向下运动，下部鼓入的空气经填料的切割形成了气泡，并沿特定孔道向上运动，形成待浮选组分与气泡的逆向流动；另一个是气泡在上升过程中与颗粒碰撞，并与柱体上部的淋洗水形成逆向流动。

　　旋流-静态微泡浮选柱兼具传统浮选柱和旋流器的分选优势，结构如图 4-43 所示。浮选柱的结构主要分为三大部分，由上至下分别为柱浮选段、旋流段、管流矿化段。在管路的中间有一个气泡发生器并沿切向与旋流分离段的上部连接，旋流分离段从分离角度而言，相当于放大的旋流器溢流管，柱体采用双旋流结构为主体分选单元，柱体上部配备有淋洗装置。

　　在使用过程中，采用自吸式射流的方式形成微泡，矿浆首先通过给矿管进入柱浮选段，与上浮至旋流段的气泡碰撞，从而将待浮选组分集中在泡沫层。剩余部分矿浆进入旋流分离段并进行分选，最终底流将尾矿排出，中矿则进入管流矿化段。空气在泵加压喷射形成的倒吸力的作用下被粉碎形成微泡，空气微泡与中矿矿粒碰撞，经过二次矿化后沿旋流段切向打入，使中矿再次分选。

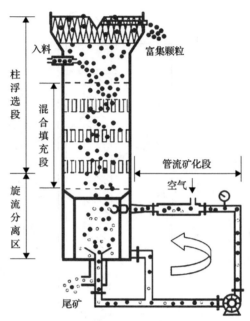

图 4-43　旋流-静态微泡浮选柱结构示意图

4.6.3　传统气浮反应器

气浮技术在 20 世纪 70 年代左右开始迅速发展，广泛应用于石油脱油、废水处理等行业。根据其产生气泡方式的不同，目前常用的气浮设备主要包括加压溶气气浮反应器、电解气浮反应器、分散空气气浮反应器等。

1. 加压溶气气浮反应器

加压溶气气浮反应器的原理是将空气在一定压力的作用下预先溶解于水中，并用于提取分离细小悬浮颗粒的装置。装置在压力为 0.2~0.6 MPa 下溶解空气，并达到该温度下气体的饱和状态，随后通过压力骤降至常压使这部分高压高饱和空气以微小气泡的形式从水中逸出，与水中的悬浮物碰撞黏附并上浮至水面形成浮渣，利用刮渣机刮去浮渣。在此过程中，气泡粒径稳定，且可以调整压力。

加压溶气气浮反应器主要由加压溶气装置、溶气释放装置和固液分离装置组成。其中，加压溶气装置又包括溶气泵、空气压缩机、压力溶气罐等辅助设备；溶气释放装置由释放器和溶气水管道组成；气浮池是进行固液分离过程的区域。加压溶气装置是将回流水和气体由空压机和高速旋转的叶轮进行加压，随后将空气进行充分混合搅拌，然后在压力条件下输送到溶气罐中。溶气释放器的主要作用是将溶气罐内溶解的气体进行减压，使气体以微气泡的方式被释放出来，现在常用的溶气释放器包括 TS 型、TJ 型和 TV 型。气浮池主要包括平流式气浮池、竖流式气浮池、浅层高效气浮池、共聚气浮池、离子气浮池、圆形气浮池、逆向-同向流气浮池等。其中最主要的是平流式气浮池和竖流式气浮池。

传统的气浮池较深，容易发生悬浮颗粒或絮体脱附的现象，并且气泡与颗粒只存在一种接触方式，黏附概率较低。因此产生了新型竖流式气浮池，结构如图 4-44 所示。这类气浮池将逆向-同向流气浮工艺与竖流式气浮池相结合，提高了絮体与颗粒的黏附概率。

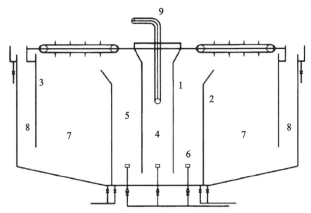

图 4-44　高效竖流式气浮池结构示意图

1. 第一环形隔板；2. 第二环形隔板；3. 第三环形隔板；4. 碰撞接触室；5. 黏附接触室；6. 气浮分离室；7. 导流出水室；8. 溶气释放器；9. 原水入水口

2. 电解气浮反应器

电解气浮反应器的原理是利用电解水法制造微气泡，通过在水溶液中通入直流电场，在电场作用下水发生分解并经过一系列极化作用，在阴极放出氢气，阳极放出氧气。电解气浮过程产生的气泡直径小、分散浓度高，易于调节，同时该方法还兼有电渗析、电泳、电凝聚和电化学等作用。

电解气浮系统如图 4-45 所示，主要包括矩形壳体和由隔板分成的混合槽、浮选槽及再净化室。在混合槽和浮选槽有一组电极，主要作用是电解释放气泡。电浮选器壳体装有污水进入管、药剂溶液进入管、净化后水排出管、泡沫物浮选渣排出管和连接管道。

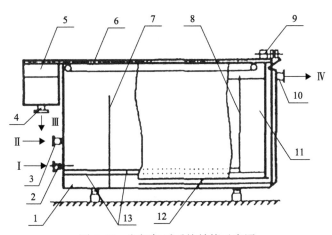

图 4-45　电解气浮系统结构示意图

Ⅰ. 污水；Ⅱ. 药剂；Ⅲ. 浮选后的泥渣；Ⅳ. 净化后的水；1. 混合槽；2. 污水管；3. 药剂入口；4. 净化水出口；5. 水槽；6. 刮板机；7、8. 隔板；9. 电动减速机；10. 浮渣排出管；11. 再净化室；12. 浮选槽；13. 电极片

在高于水面配置的设备上部，安装有泡沫收集机。收集机由收集泡沫的刮板机和带传动装置的电动减速机组成，刮板机上装有刮板。泡沫定期以与水流动相反的方向从水面进入浮选槽。这种设备产生的气泡直径小，浮选的效率较高。但是，它们的能耗大，需要及时更换电极片，所以一般适用于精密度要求较高的应用领域。

3. 分散空气气浮反应器

分散空气气浮又称诱导气浮(IGF)，它的原理是通过诱导和分散空气使气泡进入水体中，诱导过程包括机械法和液压法(图 4-46 和图 4-47)。机械法主要是将空气通过高速旋转机械剪切混合溶解在水中，并将大气泡分裂成微小的气泡。液压法则是使用一个文丘里管来夹带气泡。在使用过程中一部分溶液通过文丘里管回流到浮选池，将气泡引入溶液中。

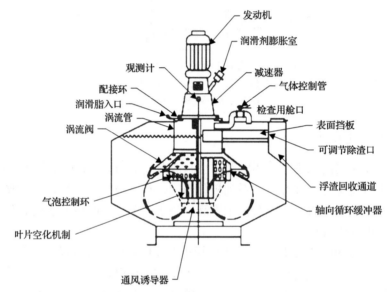

图 4-46　机械式分散空气气浮设备

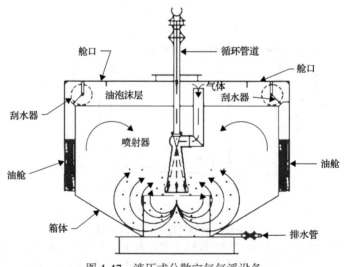

图 4-47　液压式分散空气气浮设备

两种分散空气气浮反应器在气体分散后的分离机理是相同的。气泡与液滴或颗粒附着而产生轻聚集体，并上升至浮选池表面，随后被刮除。

4.6.4　新型泡沫提取反应器

泡沫提取反应器大部分是从选矿行业发展而来的，因此大部分对于选矿过程中密度较大的矿物颗粒和矿浆有较好的处理效果。然而，泡沫提取过程分离对象已从固体矿物扩展至金属离子、有机污染物、微藻、天然产物以及蛋白质等，因此不少学者基于界面化学表面吸附的原理，以在液相中鼓泡产生气泡的方式，对液相中的溶质或颗粒进行富集或分离，从而开发了针对泡沫提取的气泡反应装置，并在这一装置基础上进行了改进。

对于传统泡沫提取反应器(图4-48)，通用原理是通过从反应器下方鼓入一定流速的气体进入液相，液相便产生气泡，表面活性物质优先吸附在气泡表面，气泡上升并聚集，于是在液相上方形成了泡沫层。

但是，传统泡沫提取反应器对目标物质的吸附以及泡沫排液均有一定的限制。在传统泡沫提取过程中，主体液相中目标物质吸附在气泡表面的时间主要取决于气体流速。如果气体流速过快，目标物质与气泡表面接触时间较短，短时间的接触并不能使目标物质充分地吸附在气泡表面，液膜也没有充分时间排液，使得目标物质连同间隙液一起在气泡的作用下从反应器顶端排出，无法达到较好的分离效果。若气体流速过慢，虽然目标物质有充足的时间吸附在气泡表面，但泡沫层的气泡也有充足的时间聚并和排液，目标物质有一部分回流到主体液相中；

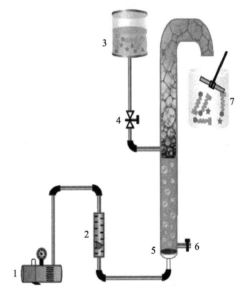

图 4-48　传统的泡沫分离设备
1. 空气压缩机；2. 转子流量计；3. 进料口；4. 液压阀；
5. 气泡发生器；6. 余液排放口；7. 泡沫收集器

且气体流速过慢，后期的泡沫很难有动力上升到反应器顶端被收集，使得收集到的泡沫液中目标物质总量较少，同样无法达到较好的分离效果。因此，在传统泡沫提取装置的基础上，一系列的新型或改进型反应器应运而生，这类新型反应器主要分为单级、多级泡沫提取型。

1. 单级泡沫提取反应器

在传统泡沫提取设备的基础上进行单级改进(如添加内部构件或改变柱体外形)，主要改进部位包括液相和泡沫相区域(图4-49)。

对于液相区域的改进，主要是在设备的液相内添加某些内部构件，促使主体液相内的气泡经过内部构件后，气泡的形态、分布以及目标物质在气泡上的吸附发生一定的变

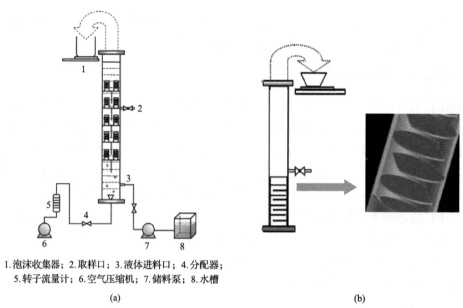

1.泡沫收集器；2.取样口；3.液体进料口；4.分配器；
5.转子流量计；6.空气压缩机；7.储料泵；8.水槽

(a) (b)

图 4-49 液相单级泡沫提取设备

(a)含有垂直筛板的泡沫分离设备；(b)含有折流板的泡沫分离设备

化，并且在不改变气体流速的情况下延长液相中的目标物质吸附在气泡表面的时间。针对液相的改进设计主要包括在液相中添加导流筒、折流板或垂直筛板等。这些构件的主要作用均是使液相湍流程度增加，气泡在液相停留时间长，气相和液相在柱体内能够充分接触，能够强化目标物质在气液界面上的吸附，从而提高了浮选效率。但在液相中添加内部构件不能直接作用于泡沫相的排液过程，无法显著提高目标物质在泡沫相中的富集比。

对于泡沫相区域的改进设计，其中最主要的方式是将柱体改为斜臂柱，即泡沫相柱倾斜一定角度，结构如图 4-50 所示。

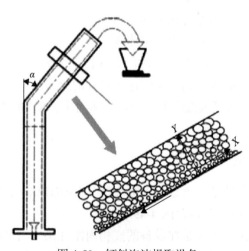

图 4-50 倾斜泡沫提取设备

从图 4-50 可以看出，在泡沫排液过程中，当间隙液流向反应器的柱体下表面时，斜臂柱中的泡沫和间隙液不像直柱那样呈现完全逆流的状态，因此斜臂柱降低了间隙液向下流动的阻力，促进了排液。同时，在间隙液从柱体的下表面流向主体液相中，间隙液在器壁旁液膜上的流动阻力远远小于其在气泡间 Plateau 边界层的流动阻力。因此，斜臂柱可以有效强化泡沫排液，从而提高泡沫相的富集能力。

与外形改进型单级泡沫提取装置相比，一类新型反应器是在柱体内部的泡沫相内添加内部构件。这种改进方式一般是在泡沫相内添加内套筒、十字内壁、螺旋内构件等(图 4-51)。它们的优势是通过延长泡沫的停留时间或改变气泡的几何结构促进泡沫排液，从而提高富集比。

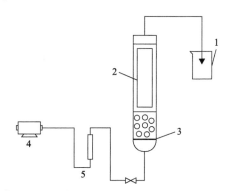

1.泡沫收集器；2.内套筒；3.气泡发生器；4.空气压缩机；5.空气流量计

(a)

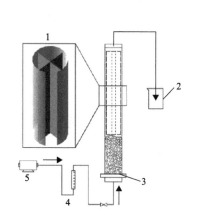

1.十字内壁；2.泡沫收集器；
3.气泡发生器；4.空气压缩机；5.空气流量计

(b)

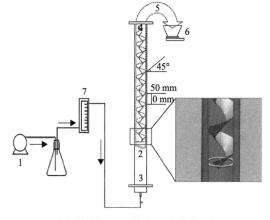

1.空气压缩机；2.液体池；3.气泡发生器；
4.螺旋内构件；5.塑料弯头；6.泡沫收集器；7.空气流量计

(c)

图 4-51　内部构件型单级泡沫提取设备
(a)泡沫相内含套筒的泡沫分离设备；(b)泡沫相内含十字内壁的泡沫分离设备；(c)泡沫相内含螺旋内构件的泡沫分离设备

经过内部构件改进后，反应器的壁面积增大，靠近壁面的泡沫排液速率大于柱内部的排液速率。因此，改进后的泡沫提取反应器提高了富集比，同时促进了泡沫排液，降低了持液量，提高了气泡发生聚并的概率。

2. 多级泡沫提取反应器

多级泡沫提取反应器一般含有多个柱体，能够进行多次鼓泡和消泡的分离操作，增加了物质在气泡表面的传质密度，每增加一级泡沫液的浓度就提高一次。多级泡沫提取反应器按照其结构可以分为结构紧密型、结构松散型。其中，结构紧密型多级泡沫提取装置的柱体一般有共用的管道，各单元间联系紧密(图 4-52)。结构松散型多级泡沫提取反应器仅仅将多个柱体串联起来，保证泡沫在各单元间的流动，结构如图 4-53 所示。

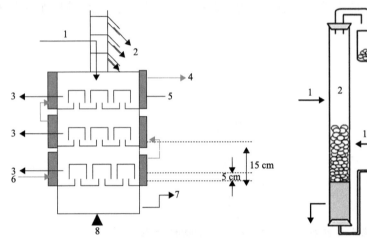

图 4-52　结构紧密型多级泡沫提取反应器　　　　图 4-53　结构松散型二级泡沫提取反应器
1. 进料口；2. 泡沫收集器；3. 采样口；4. 循环水出口；　　　1. 入料；2. 第一阶段泡沫浮选；3. 泡沫收集器；
5. 冷却管；6. 循环水入口；7. 残余液体出口；8. 进气口　　　　　4. 剩余溶液；5. 第二阶段泡沫浮选

近年来，一系列新型泡沫提取反应器相继问世。与传统泡沫提取设备相比，它们在一定程度上强化了待分离物质在气液界面的吸附，促进了泡沫排液，提高了富集比。但在处理更复杂的资源对象时，仍存在一些亟待解决的问题，如虽然提高了富集比，但是却降低了回收率、处理能力，以及适用性有待改进等。因此，新型泡沫提取反应器仍将是未来研究的重点。

4.7　气泡泡沫的应用前景

近 20 年来，各种类型的微纳米气泡制造方法及应用技术引起了人们的广泛关注，一些学者甚至通过改性方法制造油气泡。其在资源环境领域应用的主要方向如图 4-54 所示。除了在传统矿物资源加工方向扩大应用范围之外，得益于泡沫提取方法的快速发展，未来其在环境水处理、稀溶液中战略金属超常富集与纯化方向的应用潜力将得到充分挖掘，相关技术将日趋成熟。

随着微纳米气泡独特的理化性质逐渐被发现，其在清洁、水体消毒、生物医学、废气处理、船舶减阻、土壤及地下水修复等其他领域也得到了大量研究及实际应用，如图 4-55 和图 4-56 所示。

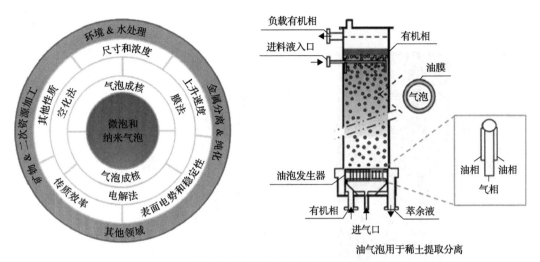

图 4-54　气泡泡沫在资源环境领域的主要应用方向

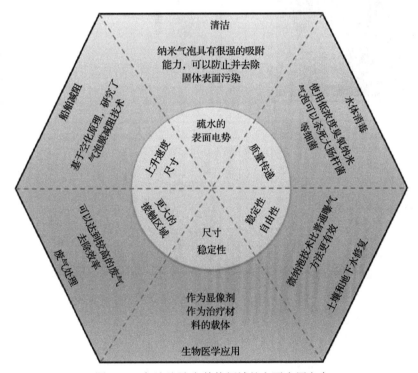

图 4-55　气泡泡沫在其他领域的主要应用方向

　　从图 4-56(a)可以看出,微纳米气泡破裂产生自由基的能力对于处理含有机污染物的废水具有重要意义。作为一种活性氧物种,羟基自由基是一种具有强氧化性的物质,其标准氧化还原电位(2.80 V)远高于臭氧和过氧化氢等氧化剂(分别为 2.07 V 和 1.77 V),它们在溶液中对难降解污染物的氧化分解发挥着重要作用。图 4-56(b)表明,可以利用界面氧纳米气泡技术修复沉积物,降低砷毒性。As(Ⅲ)在羟基自由基(·OH)的作用下进行非生物氧化,导致 As(Ⅲ)转化为 As(Ⅴ),从而降低了砷的毒性。图 4-56(c)表明,根据

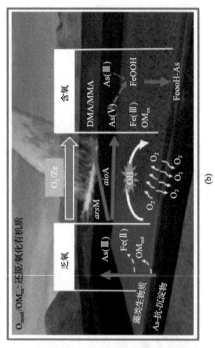

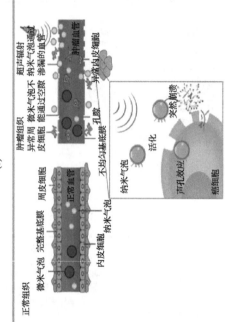

(a)　　　　　　　　　　　　(b)

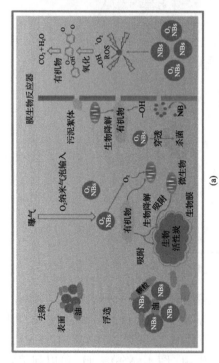

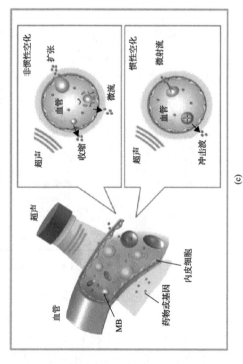

(c)　　　　　　　　　　　　(d)

图 4-56　气泡泡沫与其他联合技术的应用

(a) 纳米气泡集成技术去除水中有机污染物；(b) 利用界面氧微纳米气泡技术修复沉积物，降低砷毒性；
(c) 微气泡与超声波联合技术对细胞通透性的影响；(d) 纳米气泡向肿瘤组织输送药物

所用超声束的声压，可以将其分为低声压的非惯性空化和高声压的惯性空化。其中高声压会导致微气泡剧烈而不稳定的振荡，使得微气泡坍塌。此外，微纳米气泡可以应用于医学领域以增强超声扫描。它们在超声束中共振，随着超声波中压力的变化而收缩和膨胀。随着超声医学、生物技术和纳米气泡造影剂的发展，微纳米气泡与超声波联合技术逐渐应用于临床癌症治疗中。在适当的条件下，微纳米气泡还可以通过超声照射提高药物、基因和寡核苷酸递送的效率。图 4-56(d)描述了微气泡在高声压下向细胞递送药物/基因的机制。微气泡的塌陷导致质膜上形成瞬时孔隙，提高了细胞膜的通透性，并增强了细胞外环境中物质的吸收。

此外，尽管在泡沫浮选或泡沫提取过程中，微纳米气泡的引入有利于提高传质效率，但试剂对传质速率的影响通常被忽略。如果微纳米气泡以特定的方式与试剂有机结合，将极大地促进微纳米气泡在浮选领域的应用。因此，郑州大学研究学者在微纳米气泡表面涂覆试剂制造油气泡来提高泡沫提取过程中的传质效率，这大大提高了微纳米气泡的传质性能，并显著降低了试剂的溶解损失。然而，现有的油气泡制造方法主要包括微流控法和高温油膜涂覆气泡法，难以直接规模化应用。因此，开发新型油泡可靠制备技术对拓展微纳米气泡的应用领域具有重要意义。

如图 4-57 所示，受深海超临界现象和超临界快速膨胀技术的启发，郑州大学团队首先提出了利用超临界 CO_2 液-气相变直接制造自膨胀油泡的策略，并应用于战略金属离子的超常富集过程。

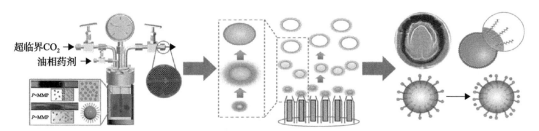

图 4-57　功能性自传质油气泡制造技术

（二）关键技术篇

第5章 铜铅锌资源选冶溶液中金属
阳离子的泡沫提取技术

5.1 引 言

有色金属选冶溶液(浸出液、废水、废液)产生量超 8 亿 t/a[188]。这类选冶溶液主要来源于有色金属矿山采选、金属冶炼加工、有色金属制品生产等工序,包括:①矿物加工流程金属矿物的破碎、湿磨、洗选等;②湿法冶金流程金属离子的溶解、浸出、纯化等;③金属材料加工行业酸洗、电镀表面处理等。金属离子及其化合物属于毒害作用较强的一类物质,如 Pb、Zn、Cu、As、Co、Cr、Ni、Mn、Cd 等,超标排放进入水体、土壤会造成人类及生态环境危害[189]。

有色金属选冶溶液属于一类特殊的溶液体系,常规金属离子提取和去除方法除了需要添加大量化学试剂或频繁更换材料外,还存在过程效率低、适应性差、运行费用高等缺点,仍需要多种工艺配合[190]。化学沉淀法最为常见,是通过向水体中加入相应的沉淀药剂,与其中金属离子形成难溶物质沉淀后进行分离。化学沉淀法提取溶液中的金属离子的效果明显,但同时会产生较多化学性质不稳定的沉渣,对沉渣的不合理处置容易对环境造成二次污染。同时,化学沉淀法存在沉淀药剂消耗量大、沉淀池设备占地面积大、沉淀过程时间长等缺点[191]。化学氧化法通常是适用于高低价态金属离子转换后进一步结合其他工艺方法进行的预处理方法,其适用对象相对单一,需后续与其他工艺方法联合使用,且对于反应过程中溶液化学条件要求苛刻。吸附方法同样存在吸附剂使用量较大,容易造成环境二次污染,吸附剂多次循环使用后处理效果变差等问题。生物法处理废水具有环保、能耗低等优点,但是也存在吸附降解速率慢、反应周期长的缺点。

国内外已有部分学者开展了泡沫提取方法分离水体中金属离子的研究工作,特别是采用离子/沉淀浮选技术净化有色金属离子废水。但是现有研究主要集中在金属离子/沉淀浮选药剂的作用、过程溶液化学等[192,193]。截至目前,针对溶液中金属离子的泡沫提取技术仍缺乏深入的研究,尚未建立系统完善的技术体系。

本章重点以铜铅锌资源选冶溶液中金属阳离子为研究对象,采用本团队自行研制开发的新型泡沫提取工业药剂、实验装置及平台,系统研究了泡沫提取过程中金属离子与药剂的作用行为(包括金属离子沉淀转化、反应过程机理)、过程调控技术和泡沫提取工艺影响因素优化、副产污泥资源化利用等。

5.2 溶液中 Cu(Ⅱ)的泡沫提取

根据冶炼厂含铜废水配制相同组成的 Cu(Ⅱ)溶液,对比不同的腐植酸基螯合剂对

Cu(Ⅱ)的作用效果,并对Cu(Ⅱ)的泡沫提取过程进行优化,实现了新型螯合药剂对溶液中Cu(Ⅱ)的高效提取。实验的主要流程如图5-1所示。

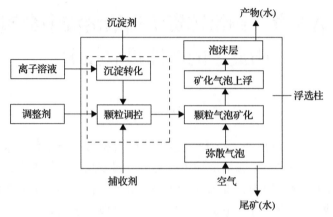

图5-1 Cu(Ⅱ)的泡沫提取流程

第一阶段为沉淀转化。针对不同浓度的Cu(Ⅱ)溶液,通过加入腐植酸基药剂HA将溶解态金属离子转化为沉淀颗粒MHA,探索相应的溶液pH、药剂用量和反应时间等因素,确定最佳的沉淀转化条件。

第二阶段为沉淀絮体调控。针对Cu(Ⅱ)与腐植酸基药剂作用后转化生成的沉淀,加入Fe^{3+}基絮凝剂将沉淀颗粒生长调控成为沉淀絮体Cu-HA-Fe,优化探索最佳反应条件,实现药剂与金属离子沉淀颗粒进一步生长调控为大尺寸沉淀絮体。

第三阶段为浮选提取过程强化。向生长调控后的腐植酸基药剂-金属离子沉淀絮体溶液中加入阳离子表面活性剂CTAB,将沉淀絮体转化为Cu-HA-Fe-CTAB浮选絮体,优化探索最佳的浮选分离条件,实现金属离子沉淀絮体的浮选分离。

通过实验室自主设计的小型微泡浮选柱进行浮选实验,如图5-2所示。本装置采用有机玻璃为柱身,体积为2 L。为了满足微泡浮选对气泡的要求,本装置采用玻璃砂芯微

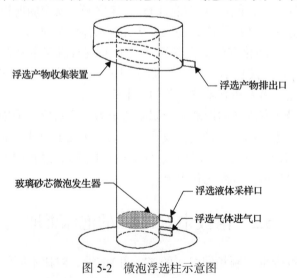

图5-2 微泡浮选柱示意图

泡发生器与小型空气压缩机联用，主体外部标有精密刻度，从而实现更直观和更精确的观察。

5.2.1　Cu(Ⅱ)螯合沉淀过程

本节基于 Visual MINTEQ 3.1 软件模拟分析结果，重点采用螯合沉淀实验研究 Cu(Ⅱ)与腐植酸基螯合剂之间的溶液化学行为及螯合沉淀过程。

为了进一步验证腐植酸基螯合剂对金属离子的沉淀转化作用，采用 Na$_2$S、铜试剂(DDTC)、黄腐酸(FA)、磺化腐植酸(SHA)作为传统沉淀剂与新型改性腐植酸基螯合剂 HA 进行对比研究。Na$_2$S 是硫化沉淀浮选法的代表性螯合剂。Na$_2$S 在水溶液中可以发生水解、解离反应，能够与金属离子形成溶度积很小的金属螯合沉淀物。DDTC 对金属离子选择性高，对铜离子作用好，简称铜试剂。黄腐酸(FA)直接购置得到。磺化腐植酸(SHA)是腐植酸经简单磺化改性制得。

1. 螯合过程的溶液化学

在溶液 pH 范围为 0～14 时，采用溶液化学计算法对 Na$_2$S 在溶液中的组分分布规律进行研究，且当药剂与铜离子共同存在下的化学组分变化如图 5-3 所示。

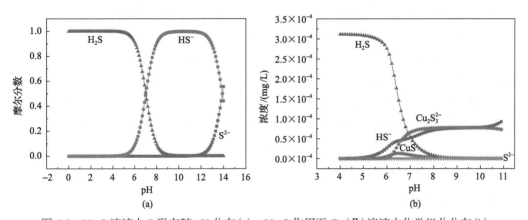

图 5-3　Na$_2$S 溶液中 S 形态随 pH 分布(a)；Na$_2$S 作用下 Cu(Ⅱ)溶液中化学组分分布(b)

图 5-3 表明，Na$_2$S 中 S 在溶液中的存在形态主要分为 3 种，分别为 S^{2-}、HS$^-$、H$_2$S 形态。在酸性条件下，S 的形态主要以 H$_2$S 气体形式存在。当 pH>7 时，S^{2-} 和 HS$^-$ 是 Na$_2$S 形态的主要部分。通过 S 的组分分布规律可知，选用 Na$_2$S 为螯合剂时，应注意溶液 pH。酸性条件下不适用于硫化沉淀法，原因是 H$_2$S 气体从溶液中溢出，不能够充分地与重金属离子形成硫化物沉淀，造成药剂的可利用性下降。同时，H$_2$S 气体对人体及环境造成潜在危害。

在 pH 4～10 范围内，在螯合剂 Na$_2$S 作用下，Cu(Ⅱ)在溶液化学中存在的形态增多，主要为羟基配位体和与 S 形成的螯合形态。Cu(Ⅱ)离子与 Na$_2$S 的螯合主要发生在碱性条件下。在 6<pH<7 时，Cu(Ⅱ)离子的螯合形态以 CuS、Cu$_2$S$_3^{2-}$ 为主。当 pH>7 时，Cu$_2$S$_3^{2-}$ 为 Cu(Ⅱ)离子的主要螯合形态，约占 Cu(Ⅱ)所有存在形态的 50%。当溶液 pH 逐渐增加时，S 的存在形态由 H$_2$S 逐渐转变为 HS$^-$、Cu$_2$S$_3^{2-}$，金属的螯合率增大，但 Cu$_2$S$_3^{2-}$ 的含量为 50%，不利于硫化沉淀药剂的充分利用。

在溶液 pH 范围为 0～14 时，采用溶液化学计算法对新型腐植酸基药剂与铜离子共同存在条件下的化学组分变化进行分析，结果如图 5-4 所示。

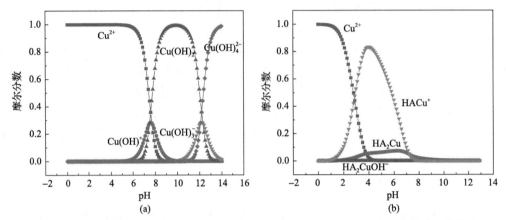

图 5-4　Cu（Ⅱ）溶液的化学组分分布（a）；腐植酸基药剂作用下 Cu（Ⅱ）溶液中化学组分分布（b）

从图 5-4 可以看出，在 pH 4～10 范围内，新型腐植酸基螯合剂 HA 与 Cu（Ⅱ）的主要螯合形式存在 3 种，分别为 HA$_2$Cu、HA$_2$CuOH$^-$、HACu$^+$。根据螯合物的结构特征分析可知，药剂与金属离子的螯合形态主要分为两大类，分别为单齿配合物和双齿配合物。HACu$^+$表示药剂与 Cu（Ⅱ）形成的单齿配合物，HA$_2$Cu、HA$_2$CuOH$^-$ 分别表示药剂与Cu（Ⅱ）形成双齿配合物。在酸性条件下，HACu$^+$为主要螯合形态。随着溶液 pH 的增加，螯合形态由单齿形态转变为双齿形态，HA$_2$Cu、HA$_2$CuOH$^-$含量逐渐增加。

比较图 5-3、图 5-4 可知，相对于传统无机 Na$_2$S 螯合剂，新型改性腐植酸基药剂 HA 与铜离子之间的螯合作用更彻底。

2. 药剂摩尔比的影响

实验条件：铜离子溶液浓度为 10 mg/L，为了保证溶液中 Cu（Ⅱ）全部以 Cu^{2+}的形式存在，调控溶液 pH 约为 4.9。通过分析计算与前期探索，将一定浓度的螯合剂加入溶液中，温度保持在 25℃，振荡转速为 150 r/min，考察螯合剂与重金属离子的摩尔比对螯合率的影响。螯合反应平衡后，通过微孔水系滤膜进行过滤处理，量取溶液中上清液，分析测定溶液中 Cu^{2+}的含量。螯合沉淀过程中金属离子的螯合效果用螯合率 R 进行分析考察：

$$R = \frac{C_0 - C_s}{C_0} \times 100\% \tag{5-1}$$

其中，C_0 为初始模拟废水中重金属离子的质量浓度，mg/L；R 为螯合率，%；C_s 为螯合沉淀结束后溶液中金属离子的质量浓度，mg/L。

　　基于螯合用量的理论计算，螯合剂与重金属离子的摩尔比的选取范围为 1.0、1.5、2.0、2.5、3.0、3.5。不同螯合条件下金属离子的螯合率结果如图 5-5 所示。

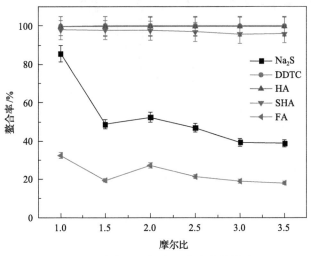

图 5-5　摩尔比对铜离子螯合率的影响

　　图 5-5 表明，摩尔比对 FA 和 Na₂S 螯合率的影响较为显著，随着摩尔比的增大，它们与 $Cu(II)$ 的螯合率呈减小的趋势。随着摩尔比的增大，DDTC、HA、SHA 螯合率变化不明显。综合五种药剂螯合性能可知，在摩尔比为 1.0 时，螯合剂对 $Cu(II)$ 的螯合率均达到最大值。其中，FA 螯合效果最差，DDTC、HA、SHA 的螯合效果较好。Na₂S、DDTC、HA、SHA、FA 对 $Cu(II)$ 的螯合率分别为 85.6%、99.96%、99.86%、98%和32.5%。考虑到在泡沫提取过程中有效利用螯合剂，建议选用摩尔比为 1.0 进行沉淀浮选研究。

　　3. 反应时间的影响及动力学

　　在药剂与 $Cu(II)$ 摩尔比为 1.0 条件下，反应时间对螯合率的影响如图 5-6 所示。随着反应时间的延长，五种螯合剂对金属离子的螯合率呈现先快速增大后基本保持不变的规律。五种螯合剂与 $Cu(II)$ 均在较短的时间内达到了螯合平衡。在反应时间为 10 min 时，HA、DDTC、SHA 与 $Cu(II)$ 基本达到了螯合平衡，螯合率均达到了 98.5%以上。在反应时间为 30 min 时，Na₂S 和 FA 与 $Cu(II)$ 达到了螯合平衡，螯合率在 75%～80% 之间。比较而言，HA、DDTC、SHA 所需螯合平衡时间短，且前这三种螯合剂对铜离子的螯合率也明显高于 Na₂S 和 FA。

　　通过对螯合过程进行动力学分析可知，五种螯合剂对 $Cu(II)$ 的螯合行为属于二级反应动力学，二级反应动力学方程拟合的相关性高，相关系数在 0.99 左右。

　　4. 溶液 pH 的影响

　　考察溶液 pH 对药剂与 $Cu(II)$ 螯合程度的影响，结果如图 5-7 所示。

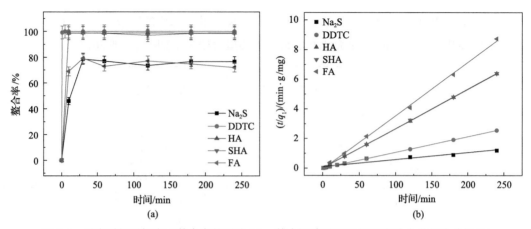

图 5-6　反应时间对铜离子螯合率的影响(a)；螯合沉淀过程二级反应动力学行为分析(b)

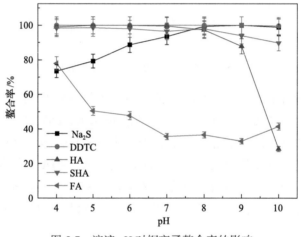

图 5-7　溶液 pH 对铜离子螯合率的影响

从图 5-7 可以看出，在 pH 范围为 4～10 条件下，不同螯合剂对 Cu(Ⅱ) 的螯合呈现不同的规律。其中，DDTC 受溶液 pH 影响较小，性质较为稳定，螯合率为 100%。随溶液 pH 的增加，传统的 Na$_2$S 螯合剂对 Cu(Ⅱ) 的螯合率显著增大，当溶液 pH 上升至 9 时，对铜离子的螯合率最高达到 100%。HA 和 SHA 呈现相同的规律，随着溶液 pH 的增加，螯合率先缓慢增大，然后逐渐减小。当 pH 为 4.89 时，HA 和 SHA 对金属离子的螯合率达 99.5% 左右。随溶液 pH 的增加，FA 对铜离子的螯合率呈现不断减小的趋势。在溶液 pH=4 时，FA 对 Cu(Ⅱ) 的螯合率最大为 79.6%。

通过分析发现，DDTC 的作用范围较广，且性质稳定。Na$_2$S 适用于碱性条件下对金属离子的螯合。HA 适用于酸性条件下对金属离子的提取。但由于 DDTC 价格昂贵，且对离子的种类要求高，因此一般在离子浮选过程中不选取 DDTC 作为螯合剂。由于金属离子的溶液 pH 呈酸性，而 Na$_2$S 对金属离子的螯合作用主要发生在碱性条件下，同时 Na$_2$S 使用过程易对环境造成危害，因此不建议泡沫提取技术使用 Na$_2$S 作为螯合剂。

5.2.2　Cu(Ⅱ)沉淀产物的浮选分离过程

根据螯合沉淀的实验结果，研究了 Cu(Ⅱ)沉淀浮选工艺参数，主要考察了絮凝剂用量、表面活性剂用量、复配药剂用量、溶液 pH 等因素对浮选行为的影响，对比了 HA、SHA 两种药剂作用下 Cu(Ⅱ)的泡沫提取效果。

1. 絮凝剂用量的影响

通过前期螯合反应发现，Cu(Ⅱ)与螯合剂作用形成的颗粒尺寸较小，所以需要进一步絮凝调控使得颗粒聚集生长以达到浮选的要求。其中，铁盐和铝盐作为无机金属絮凝剂，广泛应用于水处理中。正如第 2 章所述，两类无机絮凝剂的溶解沉淀平衡存在显著差异，其中铁盐(FeCl₃)絮凝剂水解、螯合沉淀能力更强。

本节首先对新型改性腐植酸基药剂(HA)和磺化腐植酸(SHA)作为螯合剂的 Cu(Ⅱ)沉淀颗粒进行浮选实验。其中，Cu(Ⅱ)溶液浓度为 10 mg/L，沉淀过程中采用螯合沉淀实验的最佳工艺条件进行。螯合完成后加入絮凝剂，在 300 r/min 的速度下搅拌 10 min，形成较为稳定的沉淀絮体。在反应实验体系中溶液温度保持为 25℃，表面活性剂的用量为 60 mg/L，复配药剂的用量为 100 μL/L。评价溶液中金属离子沉淀浮选的指标包括铜离子的去除率、铁离子的残余浓度、溶液的可见光吸光度。

絮凝剂(FeCl₃)用量对沉淀颗粒浮选效果的影响如图 5-8 所示。研究结果表明，在 FeCl₃ 的作用下，微细颗粒快速絮凝生长。

可见光吸光度表征了溶液中微细颗粒的残余程度。吸光度越高，表示溶液中微细颗粒越多，反之表明泡沫提取效果越好。从图 5-8 可以看出，在 FeCl₃ 的作用下，药剂 HA 与 Cu(Ⅱ)生成沉淀并进一步絮凝、浮选分离的稳定性较好。在 FeCl₃ 浓度为 24 mg/L 时，溶液中 Cu(Ⅱ)去除率为 99.1%，Fe(Ⅲ)离子残余浓度为 0.46 mg/L，吸光度为 0.010，分离效果最好。在 FeCl₃ 的作用下，磺化腐植酸与 Cu(Ⅱ)生成沉淀并进一步絮凝、浮选分

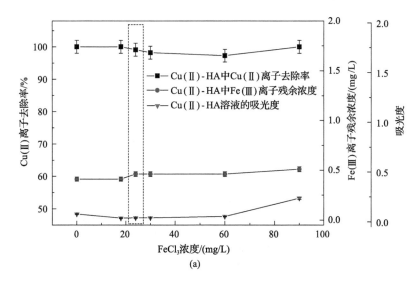

(a)

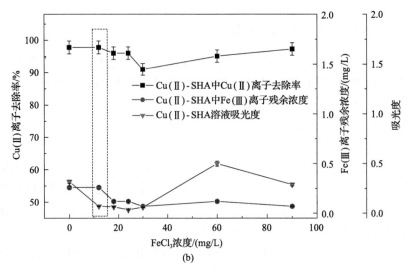

图 5-8 絮凝剂用量对沉淀颗粒浮选效果的影响

(a)新型改性腐植酸基药剂; (b)磺化腐植酸

离效果较差。在 FeCl₃ 浓度为 12 mg/L 时, 溶液中 Cu(Ⅱ)离子的去除率为 97.8%, Fe(Ⅲ)离子残余浓度为 0.26 mg/L, 吸光度为 0.071。

2. 表面活性剂用量的影响

前文介绍到, 表面活性剂在泡沫提取中具有不可替代的作用, 它能够改变螯合沉淀物的亲疏水性, 提高颗粒物的疏水性。考虑到新型改性腐植酸基药剂在废水环境中的负电性, 因此采用阳离子表面活性剂 CTAB 用于浮选过程。CTAB 用量对浮选的影响如图 5-9 所示。

CTAB 用量对溶液中铜离子的去除率呈现先增大后减小的趋势。当 CTAB 浓度为 60 mg/L 时, 沉淀浮选效果最佳。其中, Cu(Ⅱ)离子去除率为 99.1%, Fe(Ⅲ)残余浓度为 0.26 mg/L, 吸光度为 0.010。

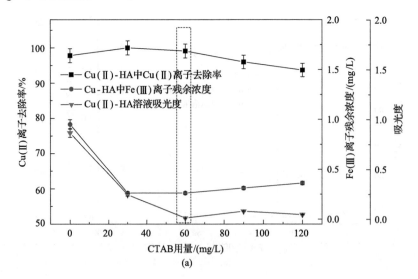

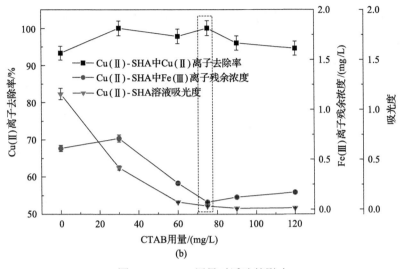

图 5-9　CTAB 用量对浮选的影响

(a)新型改性腐植酸基药剂；(b)磺化腐植酸

溶液中 Fe(Ⅲ)离子残余浓度、微细颗粒的残余程度与表面活性剂用量的关系呈现相反的规律。这种现象产生的原因主要是阳离子表面活性剂与新型腐植酸基药剂的去质子化羧基反应。根据螯合沉淀过程研究可知，金属离子与腐植酸的作用位点也为羧基官能团。因此，当溶液中的阳离子表面活性剂用量增加时，活性剂抢占了金属离子的结合位点，导致沉淀絮凝性能降低，溶液中金属离子的去除率下降，微细颗粒增多，最终表现为溶液的可见光吸光度升高。

阳离子表面活性剂的用量对铜离子沉淀颗粒的去除率相对稳定。与此同时，随着表面活性剂用量的增加，溶液中 Fe(Ⅲ)的残余浓度、微细颗粒的残余程度呈现先降低后稳定的规律。其中，磺化腐植酸为螯合剂时，阳离子表面活性剂浓度为 75 mg/L 时，Cu(Ⅱ)去除率为 100%，Fe(Ⅲ)残余浓度为 0.07 mg/L，吸光度为 0.031。实验现象表明，当溶液中没有加入表面活性剂的情况下，磺化腐植酸与絮凝剂的作用较差，主要是由于 Fe^{3+} 属于硬酸，$—SO_3$—属于软碱，作用强度差。金属离子与阳离子表面活性剂的作用位点均为腐植酸基药剂的含氧官能团，阳离子表面活性剂可以与磺化腐植酸中的磺酸基—SO_3—作用，进而屏蔽了磺酸基对 Fe^{3+} 的影响，从而提高了 Cu(Ⅱ)的沉淀浮选效果。

3. 复配药剂用量的影响

为了进一步提高阳离子表面活性剂的性能，采用 NP-40 作为复配药剂提高表面活性剂的活性。复配药剂 NP-40 用量对浮选的影响如图 5-10 所示。

研究表明，当复配药剂用量为 150 μL/L 时效果最佳，主要表现为 Cu(Ⅱ)去除率为 99.1%，Fe(Ⅲ)离子残余浓度为 0.26 mg/L，吸光度为 0.034。其中，复配药剂用量对 Cu(Ⅱ)去除率影响不大，但是对 Fe(Ⅲ)离子残余浓度、微细颗粒的残余程度影响比较明显。随着复配药剂用量的增加，Fe(Ⅲ)离子残余浓度、微细颗粒的残余程度呈现先降低后升高的规律。这种现象产生的原因可能是复配药剂存在条件下，复配药剂能够影响阳离子表面活性剂的气泡性能。复配药剂的增加降低了起泡的性能，从而导致部分颗粒没有随着气泡到达泡沫层。

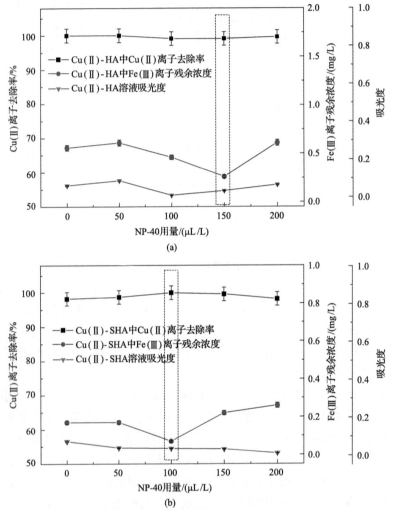

图 5-10　复配药剂 NP-40 用量对浮选的影响
(a)新型改性腐植酸基药剂；(b)磺化腐植酸

　　与新型改性腐植酸基药剂相似，磺化腐植酸对铜离子去除率受复配药剂用量的影响变化不大。但复配药剂的用量对 Fe(Ⅲ) 离子残余浓度影响较大。随着复配药剂用量的增加，Fe(Ⅲ) 离子残余浓度呈现先减少后增加的趋势。当复配药剂用量为 100 μL/L 时，沉淀浮选效果最佳，主要表现为 Cu(Ⅱ) 离子去除率为 100%，Fe(Ⅲ) 残余离子浓度为 0.07 mg/L，吸光度为 0.031。

4. 溶液 pH 的影响

溶液 pH 对浮选的影响如图 5-11 所示。

溶液 pH 对 Cu(Ⅱ) 沉淀浮选的效果影响较大。随着溶液 pH 的增大，溶液中 Cu(Ⅱ)

与 Fe(Ⅲ)离子的去除效果均呈现先增强后减弱的趋势。当溶液 pH 为 5 时，Cu(Ⅱ)离子去除率达到最高值 100%，Fe(Ⅲ)离子残余浓度也降至 0.12 mg/L，溶液吸光度为 0.034。溶液 pH 对产生沉淀浮选影响的主要原因是，在碱性条件下，新型改性腐植酸基药剂的羧酸解离程度增大，当增大到一定范围内，对金属离子的螯合作用减弱。随着 pH 进一步增加，絮凝作用下降，溶液中的金属离子增加，溶液中微细颗粒增多。

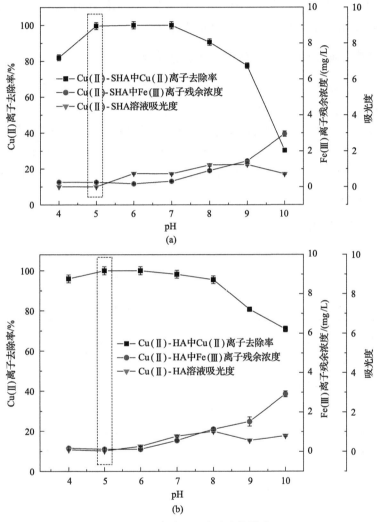

图 5-11　溶液 pH 对浮选的影响

(a)新型改性腐植酸基药剂；(b)磺化腐植酸

　　相对于新型改性腐植酸基药剂而言，磺化腐植酸作为螯合剂时，溶液 pH 对沉淀浮选的效果影响更为明显。随着溶液 pH 的增大，Cu(Ⅱ)与 Fe(Ⅲ)离子的去除率均呈现先增强后减弱的趋势。当溶液 pH 为 5 时，Cu(Ⅱ)离子去除率为 99.6%，Fe(Ⅱ)离子残余浓度为 0.26 mg/L，吸光度为 0.005。根据腐植酸基螯合剂性质可知，羧基含量是影响改性药剂在不同 pH 溶液环境下稳定性的主要因素。药剂中羧基含量越高，在沉淀浮选过程中药剂与金属离子的螯合作用越稳定。

5. 小结

综合研究结果得出,新型改性腐植酸基药剂非常有利于铜离子泡沫提取过程。获得的工艺流程为:新型改性腐植酸基药剂与 Cu(Ⅱ)的摩尔比为 1.0,溶液 pH 为 4.89,螯合时间为 30 min;絮凝剂 $FeCl_3$ 用量为 24 mg/L,阳离子表面活性剂用量为 60 mg/L,复配药剂用量为 150 μL/L,溶液中 Cu(Ⅱ)离子去除率达到最高值 100%。Fe(Ⅲ)离子残余浓度也降至 0.12 mg/L,溶液中颗粒的吸光度为 0.034。

5.2.3　基于响应曲面法的 Cu(Ⅱ)沉淀浮选工艺优化

在上述过程影响因素研究的基础上,进一步采用响应曲面法对不同浓度 Cu(Ⅱ)溶液进行沉淀浮选工艺的整体优化设计。首先,在 Cu(Ⅱ)螯合沉淀阶段对溶液 pH、药剂用量和反应时间等参数条件进行响应面设计优化,得到最佳的工艺条件。其次,在沉淀颗粒生长调控过程中,对 Fe^{3+} 用量、反应时间和搅拌速度等进行响应面优化设计,得到最佳的工艺条件。然后,在沉淀絮体的浮选阶段,对 CTAB 用量、浮选溶液 pH、充气流量、浮选时间等因素进行响应面设计优化。

1. 螯合沉淀转化优化设计

采用响应面设计方法,以溶液 pH=4~8、HA 用量(摩尔比 0.5~1.5)及反应时间(0~30 min)作为自变量,实验设计各因素编码及水平如表 5-1 所示。

表 5-1　实验设计因素及编码

因素	编码	编码水平		
		−1	0	1
溶液 pH	X_1	4	6	8
HA 用量	X_2	0.5	1.0	1.5
反应时间/min	X_3	5	15	25

设定响应值为 Cu(Ⅱ)的沉淀转化率,可根据式(5-2)得到响应值和实际影响因素的关系模型。

$$Y = a + \sum_{i=1}^{n} b_i X_i + \sum_{i=1}^{n} c_i X_i^2 + \sum_{j=i+1}^{n} \sum_{i=1}^{n-1} d_{ij} X_i X_j \qquad (5-2)$$

其中,Y 为响应值;a、b 和 c 为系数常数、线性常数和二次方程系数;d_{ij} 为相互作用系数;X_i、X_j 为实验因素编码值。

以溶液 pH、HA 用量和反应时间为自变量,溶液中 Cu(Ⅱ)沉淀率为评价指标进行组合设计,其实验设计及结果见表 5-2。

利用 Design-Expert 软件根据实验设计和响应值对式(5-2)进行多元回归拟合,Cu(Ⅱ)沉淀率符合二次多项式计算模型,其拟合公式为式(5-3)。

$$Y_1=91.82+12.25X_1+13.08X_2+3.78X_3+2.52X_1X_2-0.32X_1X_3-0.62X_2X_3-17.67X_1^2$$
$$-16.82X_2^2+2.73X_3^2 \tag{5-3}$$

表 5-2　实验设计值及响应结果

序号	pH	HA 用量	反应时间	Cu^{2+}沉淀率实际值/%	Cu^{2+}沉淀率响应值/%
1	−1	0	1	69.1	68.7
2	0	−1	−1	54.3	60.3
3	1	−1	0	60.3	53.9
4	−1	0	−1	56.7	60.5
5	0	0	0	91.6	91.8
6	1	0	−1	85.3	85.7
7	0	1	1	99.5	99.0
8	−1	−1	0	44.3	34.5
9	0	−1	1	58.9	69.1
10	0	0	0	91.9	91.8
11	0	1	−1	97.8	87.7
12	0	0	0	91.5	91.8
13	0	0	0	92	91.8
14	1	0	1	96.4	92.6
15	−1	1	0	49.3	55.6
16	1	1	0	75.4	85.2
17	0	0	0	92.1	91.8

Cu(Ⅱ)沉淀率响应面优化的方差分析结果如表 5-3 所示。

表 5-3　响应面模型计算结果方差分析

来源	偏差平方和	自由度	均分平方和	F 值	P 值	显著性
模型	5358.10	9	595.34	7.21	0.0081	显著
X_1-pH	1200.50	1	1200.50	14.5	0.0066	
X_2-HA 用量	1367.65	1	1367.65	16.57	0.0047	
X_3-反应时间	114.01	1	114.01	1.38	0.2783	
X_1X_2	25.50	1	25.50	0.31	0.5956	
X_1X_3	0.42	1	0.42	0.01	0.9450	
X_2X_3	1.56	1	1.56	0.02	0.8944	
X_1^2	1315.02	1	1315.02	15.9	0.0052	
X_2^2	1191.56	1	1191.56	14.4	0.0067	
X_3^2	31.32	1	31.32	0.38	0.5574	
残差	577.77	7	82.54			
误差	0.27	4	0.07			
总和	5935.88	16				

由表 5-3 可以看出，采用二次多项式方程拟合模型对于 Cu(Ⅱ)沉淀率的实际响应模型(P 值为 0.0081)的拟合相关系数 R^2 为 0.9027，说明响应面模型拟合结果显著，拟合度较高。

对于 Cu(Ⅱ)沉淀率的拟合模型而言，根据回归系数显著性检验证明(P 值<0.05)，X_1、X_2、X_1^2 和 X_2^2 对其沉淀率影响显著，将式(5-3)中的其他非显著因子去除，得到 Cu(Ⅱ)沉淀率的最终拟合公式：

$$Y_1 = 91.82 + 12.25X_1 + 13.08X_2 - 17.67X_1^2 - 16.82X_2^2 \tag{5-4}$$

Cu(Ⅱ)沉淀率拟合方程的残差正态分布概率图如图 5-12 所示。

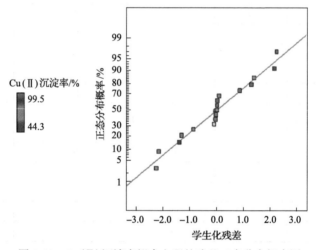

图 5-12　Cu(Ⅱ)沉淀率拟合方程的残差正态分布概率图

由方差分析可知，对 Cu(Ⅱ)沉淀率影响较为显著的因素是溶液 pH 和 HA 用量，因此在响应面软件中绘制二者对 Cu(Ⅱ)沉淀率的影响，进而确定其最佳的水平范围。在最终沉淀反应时间 30 min 时，溶液 pH 和 HA 用量对 Cu(Ⅱ)沉淀率影响的三维响应曲面图和二维等高线图如图 5-13 所示。

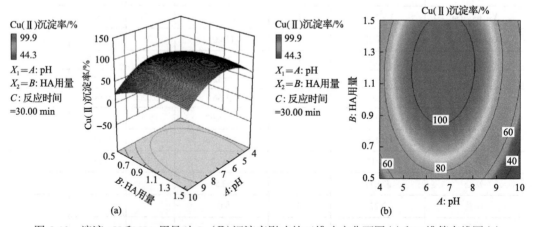

图 5-13　溶液 pH 和 HA 用量对 Cu(Ⅱ)沉淀率影响的三维响应曲面图(a)和二维等高线图(b)

图 5-13 中二维等高线图显示，溶液 pH 和 HA 用量之间的交互作用呈椭圆形，说明沉淀转化过程中溶液 pH 和 HA 用量之间交互作用较弱。随着溶液 pH 升高，Cu(Ⅱ)沉淀率呈现先增大后减小的变化规律，沉淀效果在酸性条件和碱性条件下较差，而 pH=6~7 的中性溶液条件下沉淀率较高。随着 HA 用量的增加，Cu(Ⅱ)沉淀率也呈现出先增大后基本趋于不变的趋势。在药剂 HA 和 Cu(Ⅱ)的摩尔比大于 1.0 后，离子沉淀率达到最大值，继续增大 HA 用量时 Cu(Ⅱ)沉淀率趋于稳定而不会显著增加。根据模型得到的时间与溶液 pH、HA 用量之间的交互关系也不显著。在相应因素条件下，随沉淀反应时间的延长，沉淀率先增大，在 10 min 后达到最大沉淀率，然后保持不变。

根据分析可知，溶液 pH、HA 用量和反应时间对 Cu(Ⅱ)沉淀率的影响存在一定的相互作用。通过模拟优化获得 HA 和 Cu(Ⅱ)的摩尔比最小为 1.0 时，Cu(Ⅱ)沉淀率最优条件如表 5-4 所示。

表 5-4　HA 用量最小时 Cu(Ⅱ)沉淀率最优条件

HA 和 Cu(Ⅱ)摩尔比	溶液 pH	反应时间/min	Cu(Ⅱ)预测沉淀率/%	Cu(Ⅱ)实际沉淀率/%
1.00	6.03	26.6	99.99	99.95

2. 沉淀絮体调控优化设计

根据优化得到最佳的沉淀生成条件，进一步利用响应曲面法优化絮凝剂 Fe^{3+} 用量、搅拌速度和反应时间等实验条件作为因素对沉淀颗粒粒径的影响规律，得出沉淀颗粒粒径调控生长的最佳工艺条件。

以絮凝剂 Fe^{3+} 用量(0.2~1.2 mmol/L)、搅拌速度和反应时间(0~30 min)作为自变量，采用响应面设计方法，实验设计因素及编码如表 5-5 所示。

表 5-5　实验设计因素及编码

因素	编码	编码水平		
		−1	0	1
Fe^{3+}用量/(mmol/L)	X_1	0.2	0.7	1.2
搅拌速度/(r/min)	X_2	500	1500	2500
反应时间/min	X_3	5	15	25

以溶液 pH、HA 用量和反应时间为自变量，溶液中 Cu(Ⅱ)沉淀率为评价指标进行响应面组合设计，实验设计值及响应结果见表 5-6。利用 Design-Expert 软件根据实验设计和响应值对式(5-2)进行多元回归拟合，Cu(Ⅱ)沉淀颗粒粒径符合二次多项式计算模型[式(5-5)]。

$$Y_1 = 7.36 + 4.46X_1 - 5.15X_2 + 0.26X_3 - 3.50X_1X_2 + 0.27X_1X_3 - 0.15X_2X_3 - 2.77X_1^2$$
$$+ 1.51X_2^2 + 0.78X_3^2 \tag{5-5}$$

表 5-6　实验设计值及响应结果

序号	Fe^{3+}用量 /(mmol/L)	搅拌速度 /(r/min)	反应时间 /min	Cu(Ⅱ)沉淀颗粒粒径 实测值/μm	Cu(Ⅱ)沉淀颗粒粒径 响应值/μm
1	0.70	1500	15	9.5	7.4
2	1.20	1500	25	10.1	10.4
3	0.20	500	15	1.6	3.2
4	0.70	2500	25	3.2	4.6
5	1.20	1500	5	8.9	9.3
6	0.70	1500	15	6.8	7.4
7	0.70	1500	15	6.7	7.4
8	0.20	1500	5	1.2	0.9
9	0.70	1500	15	7.0	7.4
10	0.70	500	5	15.8	14.4
11	0.20	2500	15	1.0	0.9
12	0.20	1500	25	1.3	0.9
13	1.20	2500	15	3.6	1.9
14	1.20	500	15	18.2	19.2
15	0.70	2500	5	3.1	4.4
16	0.70	500	25	16.5	15.2
17	0.70	1500	15	6.8	7.4

Cu(Ⅱ)沉淀颗粒粒径响应面优化结果的方差分析如表 5-7 所示。

表 5-7　响应面模型计算结果的方差分析

来源	偏差平方和	自由度	均分平方和	F 值	P 值	显著性
模型	463.66	9	51.5	16.9	0.0006	显著
X_1-Fe^{3+}用量	159.31	1	159.3	52.4	0.0002	
X_2-搅拌速度	212.18	1	212.2	69.8	<0.0001	
X_3-反应时间	0.55	1	0.55	0.18	0.6831	
X_1X_2	49.00	1	49.0	16.1	0.0051	
X_1X_3	0.30	1	0.30	0.09	0.7617	
X_2X_3	0.09	1	0.09	0.03	0.8683	
X_1^2	32.25	1	32.25	10.6	0.0139	
X_2^2	9.57	1	9.57	3.15	0.1194	
X_3^2	2.58	1	2.58	0.85	0.3879	
残差	21.29	7	3.04			
失拟项	15.52	3	5.17	3.59	0.1246	不显著
误差	5.77	4	1.44			
总和	484.96	16				

采用二次多项式方程拟合模型，Cu(II)沉淀颗粒粒径的实际响应模型 P 值为 0.0006，拟合相关系数 R^2 为 0.9561，说明模型拟合结果显著，拟合度较高。根据回归系数显著性检验证明 $P<0.05$，X_1、X_2、X_1X_2、X_1^2 对沉淀颗粒粒径影响显著，将式(5-5)中的其他非显著因子去除，得到 Cu(II)沉淀颗粒粒径的最终拟合方程：

$$Y_1 = 7.36 + 4.46\,X_1 - 5.15\,X_2 - 3.50\,X_1X_2 - 2.77\,X_1^2 \tag{5-6}$$

由 Cu(II)沉淀颗粒粒径拟合方程的残差正态分布概率图可知，实验数据点均匀地分布在拟合直线两侧，类似线性分布，说明实验残差处于正常范围内。

由方差分析结果表明，Fe^{3+} 用量和搅拌速度对金属离子沉淀颗粒粒径影响较为显著。因此，在响应面软件中绘制 Fe^{3+} 用量和搅拌速度等实验参数对 Cu(II)沉淀颗粒粒径的影响，进而确定最佳的水平范围。图 5-14 是在最终搅拌时间 30 min 时，实验因素对 Cu(II)沉淀颗粒粒径影响的三维响应曲面图和二维等高线图。

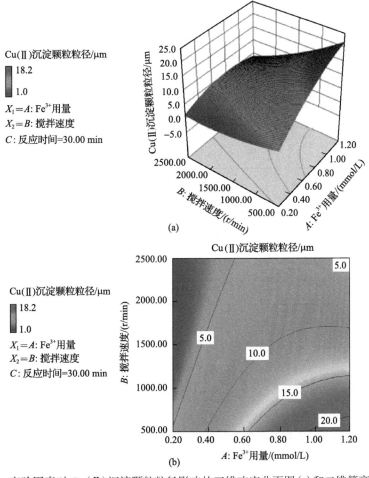

图 5-14　实验因素对 Cu(II)沉淀颗粒粒径影响的三维响应曲面图(a)和二维等高线图(b)

从图 5-14 可以看出，Fe^{3+} 用量和搅拌速度是影响沉淀颗粒粒径的主要因素，二者之间的交互作用呈椭圆形,说明沉淀颗粒的生长过程中两因素之间交互作用较弱。随着Fe^{3+}用量的增加,$Cu(II)$沉淀颗粒粒径均呈现先增大后趋于稳定的变化规律。在Fe^{3+}用量一定的条件下,随着搅拌速度的增大,沉淀颗粒粒径呈现先降低后基本趋于不变的趋势。在搅拌强度为500~1000 r/min条件下,Fe^{3+}用量在大于0.3 mmol/L的条件下,金属离子沉淀颗粒粒径能够达到10.0~20.0 μm。同理,根据模型,搅拌时间与Fe^{3+}用量和搅拌速度参数之间的交互关系也不显著。在相应因素条件下随搅拌时间的延长,沉淀颗粒粒径呈现先增大,15 min后趋于保持不变的趋势。

根据分析可知,Fe^{3+}用量、搅拌速度和搅拌时间对$Cu(II)$沉淀颗粒粒径存在一定的相互影响。通过模拟最优求解,$Cu(II)$沉淀颗粒粒径最大值时的最优条件如表5-8所示。

表 5-8　响应面优化得到的 Cu(II)沉淀颗粒粒径的最优条件

Fe^{3+}用量/(mmol/L)	搅拌速度/(r/min)	反应时间/min	预测沉淀颗粒粒径/μm	实际沉淀颗粒粒径/μm
1.2	500	20	19.8	19.4

3. 沉淀物浮选优化设计

利用响应曲面法,研究主要工艺条件对浮选沉淀颗粒粒径和浮选溶液离子去除率的影响规律,进而得出满足浮选沉淀颗粒粒径最大、离子去除率最高的工艺。

以CTAB用量、浮选溶液pH、充气流量、浮选时间作为自变量,实验设计因素及编码如表5-9所示。

表 5-9　实验设计因素及编码

因素	编码	编码水平		
		−1	0	1
CTAB用量/(mg/L)	X_1	60	90	120
浮选溶液pH	X_2	4	6	8
充气流量/(L/min)	X_3	0.2	0.7	1.2
浮选时间/min	X_4	5	15	25

以CTAB用量、浮选溶液pH、充气流量、浮选时间为自变量,溶液中$Cu(II)$沉淀颗粒粒径和浮选去除率为评价指标进行响应面组合设计,具体实验设计值见表5-10。

利用Design-Expert软件根据实验设计和响应值进行多元回归拟合,浮选阶段$Cu(II)$沉淀颗粒粒径及浮选去除率值符合二次多项式计算模型,拟合公式分别如式(5-7)和式(5-8)所示。

$$Y_1 = 32.66 + 2.41X_1 - 0.48X_2 + 0.017X_3 - 8.333 \times 10^{-3}X_4 + 0.27X_1X_2 - 0.025X_2X_4$$
$$-0.050X_3X_4 - 2.01X_1^2 - 0.15X_2^2 - 0.022X_3^2 - 9.167 \times 10^{-3}X_4^2 \tag{5-7}$$

$$Y_2 = 99.60 + 2.77X_1 + 4.24X_2 + 3.42X_3 + 3.48X_4 - 4.62X_1X_2 + 0.83X_1X_3 - 0.67X_1X_4$$
$$-1.57X_2X_3 + 0.32X_2X_4 - 5.68X_3X_4 - 2.27X_1^2 - 10.50X_2^2 - 1.32X_3^2 - 2.30X_4^2 \tag{5-8}$$

表 5-10　响应面优化实验设计值

序号	CTAB 用量 /(mg/L)	溶液 pH	充气流量 /(L/min)	反应时间 /min	Cu(Ⅱ)沉淀颗粒粒径 实测值/μm	Cu(Ⅱ)浮选去除效率 实测/%
1	90.0	6.0	0.7	15.00	32.7	99.6
2	90.0	8.0	0.2	15.00	32	90.3
3	120.0	6.0	0.7	5.00	33	92.6
4	60.0	8.0	0.7	15.00	27.4	88.5
5	120.0	4.0	0.7	15.00	33.2	90.6
6	90.0	4.0	0.7	5.00	32.9	86.4
7	90.0	8.0	0.7	5.00	32.1	90.4
8	90.0	6.0	1.2	25.00	32.7	99.9
9	90.0	6.0	0.7	15.00	32.6	99.5
10	120.0	6.0	0.2	15.00	33.1	95.2
11	90.0	8.0	0.7	25.00	32	91.8
12	90.0	6.0	0.7	15.00	32.6	99.6
13	90.0	8.0	1.2	15.00	32	93.1
14	60.0	6.0	0.2	15.00	28.1	97.7
15	60.0	6.0	0.7	25.00	28.2	98.7
16	120.0	6.0	0.7	25.00	33	99.9
17	120.0	8.0	0.7	15.00	32.6	94.2
18	90.0	6.0	0.7	15.00	32.7	99.7
19	90.0	6.0	1.2	5.00	32.8	99.8
20	90.0	6.0	0.7	15.00	32.7	99.6
21	120.0	6.0	1.2	15.00	33.1	99.9
22	60.0	6.0	1.2	15.00	28.1	99.1
23	90.0	4.0	0.7	25.00	32.9	86.5
24	90.0	6.0	0.2	25.00	32.7	99.7
25	90.0	6.0	0.2	5.00	32.6	76.9
26	90.0	4.0	1.2	15.00	32.9	88.3
27	60.0	4.0	0.7	15.00	29.1	66.4
28	60.0	6.0	0.7	5.00	28.2	88.7
29	90.0	4.0	0.2	15.00	32.9	79.2

　　对于浮选阶段 Cu(Ⅱ)沉淀颗粒粒径和浮选去除率的响应面优化结果方差分析如表 5-11 和表 5-12 所示。结果表明，采用二次多项式方程拟合模型，Cu(Ⅱ)沉淀絮体颗粒粒径的实际响应模型 $P < 0.0001$，拟合相关系数 R^2 为 0.9981，说明模型拟合结果显著，拟合度较高。Cu(Ⅱ)沉淀絮体浮选去除率的实际响应模型 P 值为 0.0034，拟合相关系数 R^2 为 0.8232，说明模型拟合结果显著，拟合度高。

表 5-11 Cu(Ⅱ)沉淀颗粒粒径响应面模型计算结果方差分析

来源	偏差平方和	自由度	均方	F 值	P 值	显著性
模型	100.58	14	7.18	517.1	<0.0001	显著
X_1-CTAB 用量	69.60	1	69.60	5009	<0.0001	
X_2-pH	2.80	1	2.80	201.7	<0.0001	
X_3-充气流量	0.003	1	0.003	0.24	0.6318	
X_4-时间	0.001	1	0.001	0.06	0.8101	
X_1X_2	0.30	1	0.30	21.7	0.0004	
X_1X_3	3×10^{-14}	1	3×10^{-14}	2×10^{-12}	1.0000	
X_1X_4	3×10^{-14}	1	2.8×10^{-14}	2×10^{-12}	1.0000	
X_2X_3	3×10^{-14}	1	2.8×10^{-14}	2×10^{-12}	1.0000	
X_2X_4	2.5×10^{-3}	1	2.5×10^{-3}	0.18	0.6779	
X_3X_4	0.01	1	0.01	0.72	0.4105	
X_1^2	26.2	1	26.2	1884	<0.0001	
X_2^2	0.14	1	0.14	10.04	0.0068	
X_3^2	0.003	1	0.003	0.22	0.6469	
X_3^4	5.5×10^{-4}	1	5.5×10^{-4}	0.039	0.8458	
残差	0.19	14	0.014			
误差	0.012	4	3×10^{-3}			
总和	100.77	28				

表 5-12 Cu(Ⅱ)沉淀浮选去除率响应面模型计算结果方差分析

来源	偏差平方和	自由度	均方	F 值	P 值	显著性
模型	1542.8	14	110.20	4.66	0.0034	显著
X_1-CTAB 用量	92.4	1	92.41	3.90	0.0682	
X_2-pH	215.9	1	215.90	9.12	0.0092	
X_3-充气流量	140.8	1	140.77	5.95	0.0287	
X_4-时间	144.9	1	144.91	6.12	0.0268	
X_1X_2	85.6	1	85.56	3.61	0.0781	
X_1X_3	2.7	1	2.72	0.12	0.7395	
X_1X_4	1.8	1	1.82	0.077	0.7855	
X_2X_3	9.9	1	9.92	0.42	0.5278	
X_2X_4	0.4	1	0.42	0.018	0.8956	
X_3X_4	128.8	1	128.82	5.44	0.0351	
X_1^2	33.45	1	33.45	1.41	0.2543	
X_2^2	714.6	1	714.57	30.19	<0.0001	
X_3^2	11.3	1	11.32	0.48	0.5006	
X_3^4	34.2	1	34.19	1.44	0.2494	
残差	331.4	14	23.67			
误差	0.020	4	5.0×10^{-3}			
总和	1874.2	28				

对于 Cu(II)沉淀颗粒的拟合模型，根据回归系数显著性检验证明($P<0.05$)，X_1、X_2、X_1X_2、X_{12}、X_{22} 对沉淀颗粒粒径影响显著，将式(5-7)中的其他非显著因子去除，得到浮选阶段 Cu(II)沉淀颗粒粒径的最终拟合公式为式(5-9)。同理，将式(5-8)中的其他非显著因子去除，得到浮选阶段 Cu(II)浮选去除率的最终拟合公式为式(5-10)。

$$Y_1 = 32.66 + 2.41\,X_1 - 0.48\,X_2 + 0.27\,X_1X_2 - 2.01\,X_1^2 - 0.15\,X_2^2 \tag{5-9}$$

$$Y_4 = 99.60 + 2.77\,X_1 + 4.24\,X_2 + 3.42\,X_3 + 3.48\,X_4 - 4.62\,X_1X_2 - 5.68\,X_3X_4 - 10.50\,X_2^2 \tag{5-10}$$

Cu(II)沉淀颗粒粒径和浮选去除率拟合方程的残差正态分布概率如图 5-15 所示。

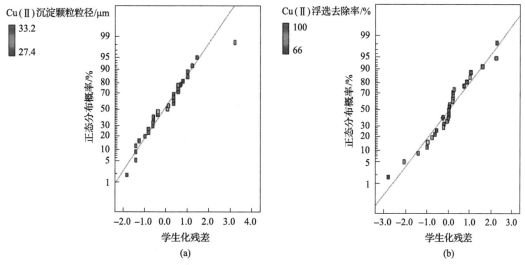

图 5-15　Cu(II)沉淀颗粒粒径(a)和浮选去除率(b)拟合方程的残差正态分布概率

由图 5-15 可以看出，Cu(II)沉淀颗粒粒径和浮选去除率拟合方程的残差正态分布概率中实验数据点均匀地分布在拟合直线两侧，呈线性分布，说明实验残差处于常态范围内。结果也进一步证明，响应面拟合方程模型能够较好地用于预测浮选阶段相应条件下 Cu(II)沉淀颗粒粒径变化、金属离子浮选去除率变化。

由方差分析结果可知，对 Cu(II)沉淀颗粒粒径影响较为显著的因素是浮选溶液 pH 和 CTAB 用量。在响应面软件中，绘制浮选溶液 pH 和 CTAB 用量等实验参数对 Cu(II)沉淀颗粒粒径的影响，进而确定其最佳的水平范围。在浮选时间 30 min 时，实验因素对 Cu(II)沉淀颗粒粒径和浮选去除率影响的三维响应曲面图和二维等高线图分别如图 5-16 和图 5-17 所示。

二维等高线图表明，溶液 pH 和 CTAB 用量两参数之间的交互作用呈椭圆形，说明沉淀颗粒粒径和浮选去除率的影响因素之间交互作用较弱。随着 CTAB 用量的增加，Cu(II)沉淀颗粒粒径均呈现先增加后趋于稳定的变化规律。在 CTAB 用量一定的条件下，浮选溶液 pH 对沉淀颗粒粒径的影响相对较弱，但在酸性条件下沉淀颗粒粒径更大，偏碱性条件对于浮选阶段沉淀颗粒粒径有微弱的减小趋势。就 Cu(II)的浮选去除率而言，溶液 pH、CTAB 用量、浮选充气流量和浮选时间对其均有较显著的影响作用。在充气流量

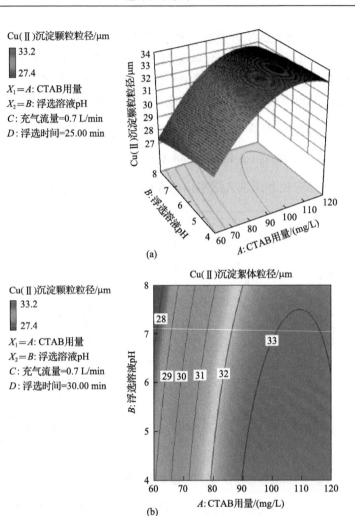

图 5-16　浮选阶段溶液 pH 和 CTAB 用量对 Cu(Ⅱ)沉淀颗粒粒径影响的三维
响应曲面图(a)和二维等高线图(b)

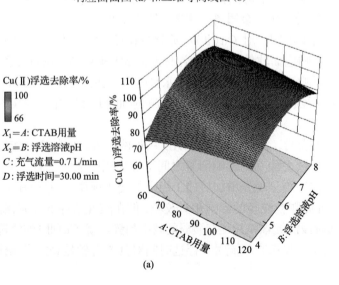

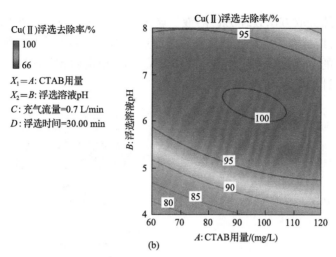

图 5-17　浮选阶段溶液 pH 和 CTAB 用量对 Cu(Ⅱ)浮选去除率影响的三维
响应曲面图(a)和二维等高线图(b)

恒定、浮选时间为 30 min 的条件下，溶液 pH 和 CTAB 用量对浮选去除率的影响交互作用较弱，在浮选溶液 pH=6.0～7.0 的中性条件下其浮选去除率明显优于酸性和碱性条件。随着 CTAB 用量的增加，金属离子浮选去除率呈现先增大后趋于稳定的变化规律。

通过模拟最优求解，浮选阶段 Cu(Ⅱ)沉淀颗粒粒径最大、浮选脱除效果最佳时的优化条件如表 5-13 所示。

表 5-13　浮选阶段 Cu(Ⅱ)沉淀颗粒粒径及浮选去除率最佳时的响应面优化条件

pH	CTAB 用量 /(mg/L)	充气流量 /(L/min)	浮选时间 /min	预测粒径 /μm	实际粒径 /μm	预测去除率 /%	实际去除率 /%
6.1	100.8	0.6	15.6	33.2	32.9	100	99.9

从上述研究结果可以得出，浓度为 10 mg/L 的 Cu(Ⅱ)溶液沉淀浮选工艺响应面优化的最佳实验条件为，①螯合沉淀阶段，HA 对 Cu(Ⅱ)螯合沉淀最佳溶液 pH=6.0，HA 用量为理论用量/实际用量摩尔比 1.0，反应时间为 30 min，反应过程中 Cu(Ⅱ)沉淀转化率为 99.95%；②沉淀絮体生长调控阶段，Fe^{3+}用量为 1.2 mmol/L，搅拌速度为 500 r/min，搅拌时间为 20 min，反应后 Cu(Ⅱ)-HA-Fe 沉淀颗粒粒径为 19.4 μm；③浮选分离阶段，浮选溶液 pH=6.1，CTAB 用量为 100.8 mg/L，浮选充气流量为 0.5 L/min，浮选时间为 30 min，得到最终浮选阶段 Cu(Ⅱ)-HA-Fe-CTAB 沉淀颗粒粒径为 32.9 μm，金属离子浮选去除率为 99.9%。

5.3　溶液中 Zn(Ⅱ)的泡沫提取

在铅锌的湿法冶炼过程以及冶金电镀过程中，不可避免会产生各种含锌废水，含锌废水具有毒性大、污染严重等特点，在进入环境后不能被生物降解，对生态环境和人体具有很强的危害性。本节将选择改性腐植酸基药剂作为螯合药剂，以 Fe^{3+}基沉淀絮体为调控剂，采用泡沫提取方法处理 Zn^{2+} 溶液。通过研究过程中的金属离子沉淀转化、颗粒聚集生长-稳定及其结构强度性质调控和后续浮选分离过程参数控制及优化等关键问题，揭示其沉淀转化的溶液化学作用机制、颗粒聚集生长-稳定调控和浮选分离作用机制。本节中实验流程设计如图 5-18 所示。

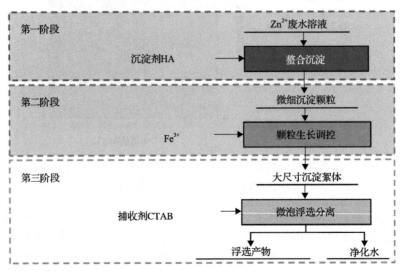

图 5-18　锌离子泡沫提取实验流程

5.3.1　Zn（Ⅱ）螯合沉淀过程

1. 螯合过程的溶液化学

采用 Visual MINTEQ 3.1 软件，计算溶液 pH 为 0～14 条件下浓度为 10 mg/L 的 Zn（Ⅱ）溶液的化学形态。新型改性腐植酸基药剂（HA）与金属离子作用的溶液化学计算模型包括离散配体/静电吸附模型（Model Ⅴ/Model Ⅵ）、多位点连续分布模型、非理想竞争性吸附模型（NICA-Donnan）和 SHM（Stockholem humic model）模型等。其中，SHM 模型是根据腐植酸中两类酸性官能团——COOH 和—OH 等弱酸性基团的比例确定其分配系数，在 Model Ⅴ/Model Ⅵ 和 NICA-Donnan 模型的基础上进行了相应的模型优化，能够有效处理药剂位点与金属离子的竞争性吸附和静电作用[194,195]。针对浓度为 10 mg/L 的锌离子溶液，将 HA 滴定结果确定的基团分配系数（—COOH 为 0.68，—OH 为 0.32）输入相应 SHM 模型后，模拟计算结果如图 5-19 所示。

从图 5-19 看出，随着溶液 pH 增大，Zn（Ⅱ）离子水解程度增大，由离子态转化为多种羟基络合物。在 pH<5.0 的酸性条件下，金属离子基本不水解，溶液环境中离子均保持二价金属离子态。当 pH>5.0 之后，Zn（Ⅱ）的主要水解产物为 $ZnOH^+$、$Zn(OH)_2$、$Zn(OH)_3^-$ 和 $Zn(OH)_4^{2-}$。

随着溶液 pH 的增加，Zn（Ⅱ）-HA 的螯合沉淀作用呈现先升高后降低的趋势。在弱酸性条件下，药剂 HA-金属离子螯合产物比例显著增加，碱性条件下药剂-金属离子螯合产物比例显著降低。在溶液 pH 2.0～8.0 的范围内，Zn（Ⅱ）与 HA 的螯合产物形式主要是单齿配体 HAZn⁺和双齿配体 HA₂Zn。

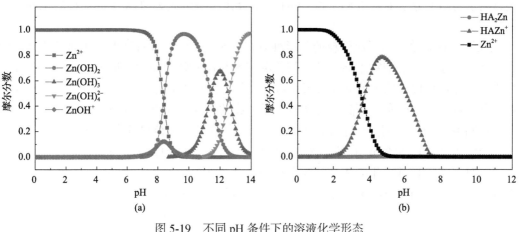

图 5-19　不同 pH 条件下的溶液化学形态
(a) Zn(Ⅱ)；(b) HA 与 Zn(Ⅱ) 的螯合产物

2. Zn(Ⅱ) 浓度的影响

对于不同浓度的金属离子溶液，金属离子与药剂反应过程及其溶液化学行为显著不同。对于浓度为 10~200 mg/L 的 Zn(Ⅱ) 离子溶液，加入足量 HA 沉淀剂后的沉淀率变化如图 5-20 所示。

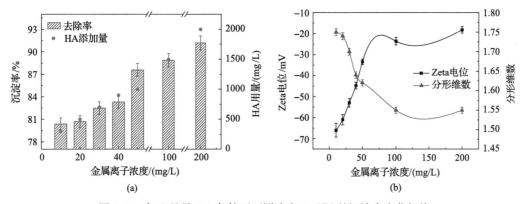

图 5-20　加入足量 HA 条件下不同浓度 Zn(Ⅱ) 的沉淀率变化规律

图 5-20 表明，在加入足量沉淀剂 HA 的条件下，随着金属离子浓度的增加，沉淀率呈现出逐渐增大的变化规律。Zn(Ⅱ) 浓度为 10 mg/L 时，Zn(Ⅱ) 沉淀率为 80.4%。当 Zn(Ⅱ) 浓度增大至 200 mg/L 时，沉淀转化率增大至 91.2%。可见，高浓度金属离子溶液更易与药剂作用实现沉淀转化，而低浓度金属离子溶液则相对不易转化成沉淀。随着金属离子浓度的增大，沉淀颗粒的 Zeta 电位由 –65.96 mV 减小至 –18.22 mV，向"零电点"靠近。从一定程度上说明，HA 药剂中解离的—COOH 和—OH 官能团与金属离子螯合，进而使沉淀颗粒表面的电负性降低。根据胶体稳定理论和 DLVO 理论可知，颗粒表面 Zeta 电位的绝对值越高，则颗粒间静电斥力作用越强；Zeta 电位的绝对值越小，则颗粒间静

电斥力作用越弱，微细颗粒更易于聚集形成更大尺寸的颗粒。因此，颗粒间静电作用力、金属离子与 HA 分子中—COOH 和—OH 的螯合作用是生成 Zn-HA 沉淀颗粒的主要形成机制。

　　Zn^{2+} 与 HA 螯合后形成颗粒的分形维数在 1.55～1.80，并且随着金属离子浓度的增大，螯合颗粒的分形维数下降。结合螯合沉淀颗粒尺寸随金属离子浓度变化规律可知，在螯合沉淀颗粒尺寸增大的同时分形维数在降低，这说明低浓度金属离子与 HA 形成的螯合沉淀颗粒较为密实，而高浓度金属离子形成的沉淀颗粒更为疏松。

　　不同浓度 Zn(Ⅱ)溶液与药剂 HA 螯合形成的沉淀颗粒尺寸存在显著差别。对于 Zn(Ⅱ)浓度为 10～500 mg/L 的溶液，在溶液 pH 5.0、反应时间为 30 min 条件下，采用显微镜对沉淀颗粒进行相应浓度沉淀颗粒的显微图像分析，并采用颗粒计数统计分析软件对其进行阈值划分及相关后处理，得到结果如图 5-21 所示。

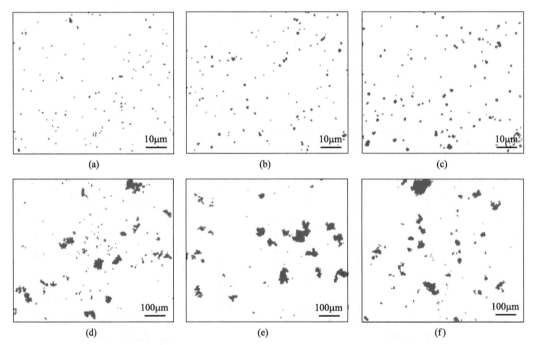

图 5-21　不同浓度的 Zn(Ⅱ)溶液与 HA 螯合形成的 Zn-HA 沉淀颗粒的显微图像

(a)10 mg/L；　(b)20 mg/L；　(c)30 mg/L；　(d)50 mg/L；　(e)100 mg/L；　(f)200 mg/L

　　由图 5-21 可以明显看出，金属离子浓度对沉淀颗粒尺寸有着显著的影响。Zn(Ⅱ)浓度小于 50 mg/L 溶液与 HA 形成的 Zn-HA 沉淀颗粒均匀且较为细小，尺寸在 2.0 μm 以下。Zn(Ⅱ)浓度大于 50 mg/L 的溶液与 HA 生成的沉淀颗粒呈现为更大尺寸的不规则形状，颗粒尺寸明显大于低浓度条件下的颗粒，颗粒尺寸也在 10.0～15.0 μm。

3. HA 用量的影响

　　对于 10 mg/L 浓度的 Zn(Ⅱ)溶液，在溶液 pH 4.0，HA 药剂沉淀反应时间为 30 min 条件下，测定溶液中的残余离子浓度(以 0.22 μm 滤膜过滤溶液)，计算离子的沉淀率 R_p

和沉淀颗粒的平均粒径。同时，对不同药剂用量条件下 MHA 沉淀颗粒的表面 Zeta 电位进行测定，实验结果如图 5-22 所示。

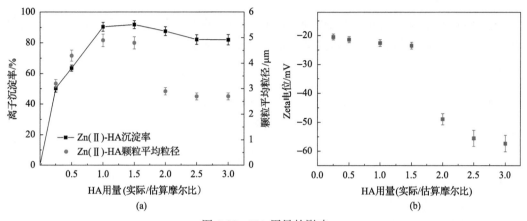

图 5-22　HA 用量的影响

(a)离子的沉淀率和颗粒粒径；(b)沉淀颗粒的 Zeta 电位

图 5-22 表明，药剂 HA 能够与 Zn(Ⅱ)离子螯合形成沉淀产物 Zn-HA。随着 HA 用量的增加，Zn(Ⅱ)的沉淀率均呈现先增大然后减小再趋于稳定的趋势。当 HA 用量为 0.25～1.5 时，药剂用量的增加使得离子沉淀率分别由 50.2%～58.7%升高至 90.4%～99.9%。当药剂 HA 用量超过 1.5 时，HA 用量继续增加会使金属离子的沉淀率在一定程度上有所降低。随 HA 用量的增加，Zn-HA 沉淀颗粒的平均粒径也是先增大然后减小再趋于稳定。药剂 HA 过量使用时，Zn-HA 的颗粒粒径减小，会使部分生成的微细颗粒及溶解性螯合沉淀产物(粒径小于滤膜直径 0.22 μm)透过过滤膜，进而使得过滤后溶液中金属离子螯合产物被测定为金属离子。

随着 HA 用量的增加，螯合沉淀 Zn-HA 的表面 Zeta 电位在–15～–25 mV 之间变化，表面电负性相对较低。当 HA 与 Zn(Ⅱ)摩尔比增大至 1.5 以上时，螯合沉淀 Zn-HA 表面电负性开始明显增大；当 HA 与 Zn(Ⅱ)摩尔比增大至 3.0 时，Zn-HA 表面 Zeta 电位增大至–55.2～–61.3 mV。上述结果说明，沉淀药剂用量过大的情况下，HA 与 Zn(Ⅱ)反应会使得沉淀颗粒间的静电斥力作用显著增大，不利于螯合沉淀颗粒聚集成为大尺寸沉淀颗粒。

4. 溶液 pH 的影响

溶液 pH 条件对药剂与 Zn(Ⅱ)螯合作用的影响如图 5-23 所示。

对于 Zn(Ⅱ)溶液而言，HA 对其最佳螯合 pH 约为 6.0，且在 pH 4.0～7.0 的弱酸性条件下螯合沉淀效果明显高于 pH 7.0～10.0 碱性条件，这说明弱酸性溶液条件更适合药剂 HA 与金属离子螯合生成沉淀，这一结果与模拟过程中药剂键合金属离子的条件较为一致。上述结果的基本解释主要包括：①碱性条件促进了药剂分子结构中的—COOH 和—OH 的解离，药剂溶解性增大引起了螯合沉淀产物的减少；②碱性 pH 条件下，锌离子的水解化学形态 $ZnOH^{m+}$ 增多，药剂中酸性官能团与其键合能力相对弱于与简单金属离子的键合能力，因而使得碱性条件下螯合沉淀率降低。

5. 反应时间的影响

通过向 pH 为 4.0、Zn(Ⅱ)浓度为 10 mg/L 的溶液中加入 HA，研究反应时间对 HA 与 Zn(Ⅱ)螯合作用的影响，获得的 Zn(Ⅱ)螯合沉淀率如图 5-24 所示。

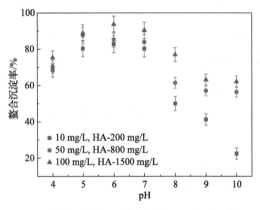
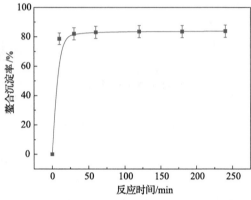

图 5-23　溶液 pH 条件对药剂与 Zn(Ⅱ)螯合　　　　图 5-24　反应时间对 HA 与 Zn(Ⅱ)螯合
作用的影响　　　　　　　　　　　　　　　作用的影响

图 5-24 表明，在螯合溶液 pH 4.0 条件下，足量的 HA 药剂加入 10 mg/L 的 Zn(Ⅱ)溶液后，螯合沉淀率迅速增大，在 30 min 内金属离子的螯合沉淀率已接近 82.1%。随着螯合沉淀反应时间的继续延长，螯合沉淀率趋于稳定，最大螯合沉淀率为 83.9%。综合结果表明，药剂 HA 与 Zn(Ⅱ)达到螯合沉淀平衡的时间约为 30 min。

5.3.2　Zn(Ⅱ)沉淀絮体聚集生长调控

泡沫提取过程中颗粒物的尺寸大小等特性是影响分离效率的关键因素。微细颗粒质量和体积较小，在浮选过程中不能够与气泡发生有效撞击，进而无法被气泡黏附浮选。对于传统矿物浮选或泡沫提取，微细颗粒粒径小于 20 μm 时，浮选分离难度较高。前文研究表明，对于不同溶液化学条件的 Zn(Ⅱ)溶液而言，Zn-HA 沉淀颗粒粒径小于 20 μm。因此，Zn(Ⅱ)螯合沉淀转化后需进一步对沉淀颗粒到絮体聚集的生长过程进行调控。

1. 絮体调控剂对螯合率及颗粒粒径的影响

对于浓度为 10 mg/L 的 Zn(Ⅱ)溶液，在优化的螯合沉淀条件下(溶液 pH=6.0，HA 用量 1.0，反应时间 30 min)，加入 Fe(Ⅲ)基絮凝剂[以 Fe(Ⅲ)离子计]，Fe(Ⅲ)用量对离子沉淀率、Zn-HA-Fe 表面 Zeta 电位及粒径的影响规律如图 5-25 所示。

从图 5-25 可以看出，在无絮体调控剂的情况下沉淀率为 80.5%。Fe(Ⅲ)基絮凝剂显著提高了 HA 药剂对 Zn(Ⅱ)的螯合沉淀率。随着 Fe(Ⅲ)用量的增加，金属离子沉淀率均呈现先增大后稳定不变的规律。Fe(Ⅲ)用量为 1.2 mmol/L 时，Zn(Ⅱ)沉淀率稳定在 91.5%。结果说明，Fe(Ⅲ)基絮凝剂能够促进 HA 对 Zn(Ⅱ)沉淀的转化，过量 Fe(Ⅲ)的

加入对于螯合沉淀过程不存在竞争关系,原因可能是 Fe(Ⅲ)及其水解态物质对于 Zn(Ⅱ)
具有共沉淀和吸附作用。

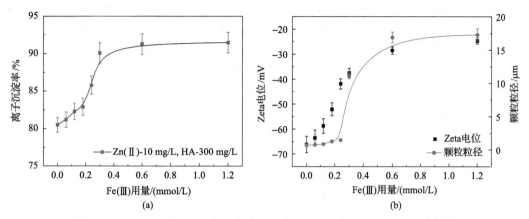

图 5-25　Fe(Ⅲ)用量对 Zn(Ⅱ)螯合沉淀率的影响(a);Zn-HA-Fe 沉淀絮体
颗粒的 Zeta 电位及粒径频率分布(b)

随着 Fe(Ⅲ)用量的增加,沉淀絮体颗粒表面电位的电负性呈现出先显著减小后趋于
稳定的变化趋势。具体而言,Zn-HA-Fe 沉淀絮体颗粒表面 Zeta 电位由不加 Fe(Ⅲ)时
的(-66.15±3.31)mV 降低至 Fe(Ⅲ)用量为 0.3 mmol/L 时的(-37.45±1.87)mV。当 Fe(Ⅲ)
用量继续增加至 1.2 mmol/L 时,沉淀絮体产物的表面 Zeta 电位稳定在(-24.62±1.23)mV。
沉淀絮体表面 Zeta 电位的绝对值显著减小,向趋于"零电点"的方向靠近。结果说明,
颗粒间的静电斥力作用显著降低,沉淀絮体颗粒更易于聚集生长成为大尺寸沉淀絮体。

絮凝前后沉淀颗粒的粒径频率分布和累积分布如图 5-26 所示。结果表明,随着离子
浓度的增加,螯合沉淀 Zn-HA 的颗粒频率分布和累积分布发生显著变化。高浓度金属
Zn(Ⅱ)溶液更易与 HA 形成更大尺寸的螯合沉淀,而低浓度 Zn(Ⅱ)溶液生成的螯合沉淀
颗粒更加微细。

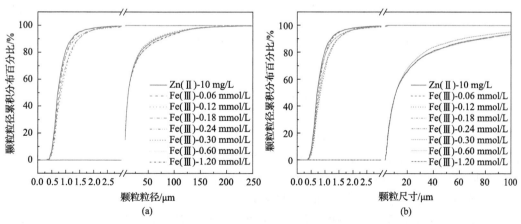

图 5-26　颗粒粒径频率分布和累积分布
(a)Zn-HA 沉淀颗粒; (b)Zn-HA-Fe 沉淀絮体颗粒

对于浓度小于 50 mg/L 的金属离子溶液，螯合沉淀颗粒粒径的频率分布主要集中于 0～3.0 μm 之间；浓度大于 50 mg/L 的离子溶液形成的螯合沉淀颗粒粒径频率分布主要集中于 10.0～50.0 μm 之间。溶液浓度小于 50 mg/L 时，Zn-HA 沉淀颗粒 d_{50} 粒径在 0.5～1.0 μm 之间。随金属离子浓度的增加，Zn-HA 沉淀颗粒的 d_{90} 粒径由 0.8～1.6 μm 增加至 15～30 μm。

随着 Fe(Ⅲ) 用量的增加，Zn-HA-Fe 沉淀絮体颗粒的平均粒径呈现出先增大后趋于稳定的趋势，颗粒粒径显著增大。Fe(Ⅲ) 用量由 0 mmol/L 增大到 0.30 mmol/L 时，沉淀絮体颗粒的平均粒径由 0.7 μm 增大到 (11.2±0.5) μm，继续增加 Fe(Ⅲ) 的用量至 1.20 mmol/L 以上时，沉淀絮体颗粒的平均粒径稳定在 (17.3±0.9) μm。

随 Fe(Ⅲ) 用量的增加，Zn-HA-Fe 沉淀絮体颗粒的粒径频率分布发生显著变化。Fe(Ⅲ) 的加入使沉淀絮体颗粒粒径的频率分布区间明显增大。相比较而言，当 Fe(Ⅲ) 用量为 0.06～0.24 mmol/L 时，Zn-HA-Fe 颗粒粒径分布范围与 Zn-HA 沉淀颗粒粒径分布范围仍然较为接近（处于 0.5～3.0 μm 之间）。随着 Fe(Ⅲ) 用量继续增加，颗粒粒径的分布范围开始趋于向较大粒径范围靠近，这表明 Fe(Ⅲ) 对低浓度螯合沉淀颗粒有一定程度的增长作用。当继续增加 Fe(Ⅲ) 用量至 0.30 mmol/L 以上时，沉淀颗粒粒径的分布区间开始明显地向粒径较大的方向移动，颗粒粒径的分布区间处于 5.0～50.0 μm 之间。

通过研究表明，Fe(Ⅲ) 基絮凝剂对 Zn-HA 沉淀颗粒的粒径和表面 Zeta 电位有良好的调控作用，而且不会降低对 Zn(Ⅱ) 的螯合沉淀去除率。因此 Fe(Ⅲ) 基絮凝剂对 Zn-HA 沉淀絮体颗粒的生长调控作用具有优势。因此，对于 Fe(Ⅲ) 基絮凝剂对沉淀絮体颗粒生长的调控作用机制，将进一步通过反应条件稳定常数变化进一步阐述。

2. 絮体调控剂对颗粒条件稳定常数的影响

金属离子与药剂 HA 的螯合沉淀过程中的条件稳定常数能够有效地反映沉淀产物的稳定性。对于不同 Zn(Ⅱ) 浓度溶液与沉淀剂生成的螯合产物而言，改性腐植酸基药剂与 Zn(Ⅱ) 主要是以单齿配体形成的螯合产物[196]，其反应过程可简化为反应式 (5-11)。

$$M + HA \Longleftrightarrow MHA \tag{5-11}$$

螯合沉淀产物的条件稳定常数 K_s 可通过式 (5-12) 进行计算。

$$K_s = \frac{[MHA]}{[M] \cdot [HA]} = \frac{c_p}{c_{residual-M} \cdot (c_{HA} - c_p)} \tag{5-12}$$

其中，c_{HA} 为不同浓度金属离子达到最大沉淀量的药剂 HA 用量，mg/L；c_p 为金属离子沉淀量，mg/L；$c_{residual-M}$ 为残余金属离子浓度，mg/L。

根据式 (5-12)，分别对不同浓度 Zn(Ⅱ) 溶液螯合沉淀的条件稳定常数进行计算，得到相应条件下的螯合稳定常数，如图 5-27 所示。

可见，不同 Zn(Ⅱ) 浓度条件下螯合过程的条件稳定常数差异明显。随 Zn(Ⅱ) 浓度由 10 mg/L 增加到 200 mg/L，Zn(Ⅱ) 与药剂 HA 螯合产物的条件稳定常数 $\lg K_s$ 值均呈现一定程度的先降低后趋于稳定的趋势。Zn-HA 螯合产物的 $\lg K_s$ 值为 0.24～0.58。当不同

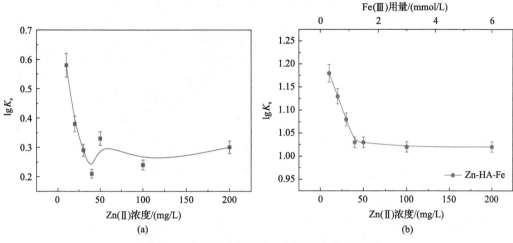

图 5-27　条件稳定常数随 Zn(Ⅱ)浓度变化趋势
(a)Zn-HA 沉淀颗粒；(b)Zn-HA-Fe 沉淀絮体颗粒

浓度 Zn(Ⅱ)螯合沉淀后再加入足量的 Fe(Ⅲ)基絮凝剂充分作用，沉淀絮体颗粒 Zn-HA-Fe 的 $\lg K_s$ 值由 0.24~0.58 增加到了 1.02~1.18，可见 Fe(Ⅲ)使得 Zn-HA 螯合沉淀的条件稳定常数显著增大。主要原因可以解释为药剂中的官能团—COOH、—OH 与三价金属离子 Fe(Ⅲ)的键合能力要高于对二价金属离子的键合作用[197,198]。因而，Fe(Ⅲ)基絮凝剂能够使螯合沉淀产物的溶液化学稳定性增强，进而有效调控金属离子螯合沉淀率和颗粒粒径特性。

将螯合沉淀产物 Zn-HA-Fe 过滤洗涤进行冷冻干燥处理分别得到的样品的红外光谱与扫描电子显微镜(SEM)分析如图 5-28 所示。

图 5-28 表明，与药剂 HA 相比，螯合沉淀 Zn-HA 在 1709 cm^{-1} 处的羧基振动峰和 1230cm^{-1} 处的酚羟基振动峰的强度明显减弱，说明药剂 HA 中的—COOH 和—OH 官能团含量显著减少，进一步说明了 HA 对 Zn(Ⅱ)螯合的活性位点正是 HA 药剂分子结构中的羧基和酚羟基官能团。Fe(Ⅲ)与 Zn-HA 螯合沉淀反应后，具体表现为药剂中 1709 cm^{-1} 处羧基官能团的 C=O 伸缩振动峰和 1230 cm^{-1} 处醇羟基基团中 C—O 的伸缩振动峰减弱。药剂 HA 形貌呈现出表面相对光滑、密实的层状结构，而 Zn^{2+} 单独与药剂螯合生成 Zn-HA 的表面结构呈现出不同程度的粗糙凸起和一定程度的疏松孔状结构，但形貌仍较为密实、表面较为平整。Fe^{3+} 基絮凝剂对沉淀絮体形貌影响显著，沉淀絮体产物表面呈现出密集的凸起结构，表面粗糙，且絮体结构中伴有疏松而密集的孔隙。可见，Fe^{3+} 基沉淀絮体调控后的沉淀絮体产物形貌发生了显著改变。

3. 阳离子表面活性剂对颗粒粒径的影响

阳离子表面活性剂直接影响药剂 HA 对金属离子的沉淀转化和去除效率。由于阳离子表面活性剂和腐植酸基药剂作用生成沉淀的主要作用机理是静电引力机制，而腐植酸基药剂对 Zn(Ⅱ)的沉淀转化是靠二者间的静电作用和螯合作用。因此，以阳离子表面活性剂为捕收剂研究其颗粒粒径变化的同时，需考虑阳离子表面活性剂与金属离子 Zn(Ⅱ)

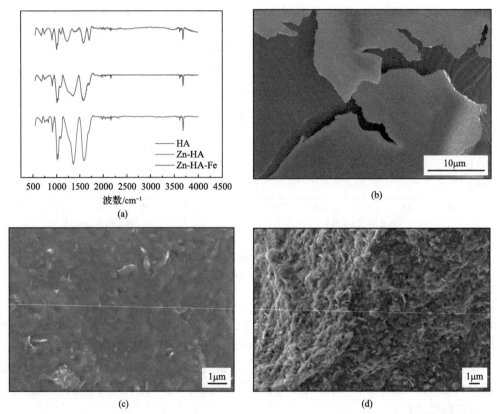

图 5-28　螯合前后沉淀颗粒的红外光谱图(a)；　HA 药剂的 SEM 图(b)；ZnHA 的 SEM 图(c)；
ZnHA-Fe 的 SEM 图(d)

在 HA 螯合沉淀剂静电作用位点上的竞争性作用的强弱。对于溶液浓度为 10 mg/L 的 Zn(Ⅱ)
溶液与 HA 形成的螯合沉淀 Zn-HA，在溶液 pH=5.0 的条件下分别加入 20~800 mg/L 的
DTAB、CTAB、STAB 表面活性剂，反应 30 min 后分别测量统计沉淀絮体颗粒的平均粒径
和表面 Zeta 电位值，结果如图 5-29 所示。

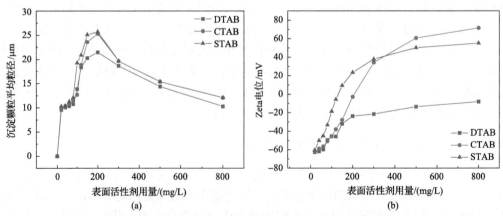

图 5-29　表面活性剂用量对 Zn-HA 沉淀颗粒的影响
(a)颗粒粒径；(b)Zeta 电位

从图 5-29 看出，DTAB、CTAB、STAB 三种阳离子捕收剂对沉淀颗粒 Zn-HA 的粒径有较为显著的调控增大作用。随着三种阳离子表面活性剂用量的增加，沉淀颗粒平均粒径呈现出先增大后减小的变化规律。对于螯合沉淀 Zn-HA，在加入 DTAB 药剂为 200 mg/L 时，产生沉淀絮体的平均粒径最大值为 21.5 μm；相应的 CTAB 条件下 Zn-HA 沉淀絮体平均粒径最大值为 25.3 μm；STAB 条件下 Zn-HA 沉淀颗粒平均粒径最大值为 25.7 μm。显然，三种表面活性剂对沉淀颗粒平均粒径生长作用的强弱顺序分别为 STAB＞CTAB＞DTAB，这表明阳离子表面活性剂的烃基链越长，对应的沉淀颗粒粒径越大。

同时可以看出，DTAB、CTAB、STAB 三种阳离子捕收剂对沉淀颗粒表面 Zeta 电位有明显的调控作用。随着阳离子表面活性剂用量的增加，原本带有较高负电位的 Zn-HA 沉淀颗粒表面电负性明显降低，电负性趋于向"零电点"附近靠近。在沉淀颗粒表面 Zeta 电位达到"零电点"时，药剂用量大小顺序为 DTAB＞CTAB＞STAB，这说明表面活性剂烃基链越长，沉淀颗粒表面的静电吸附作用越强，进而越有利于沉淀颗粒的生长。

由以上分析可知，适量的阳离子表面活性剂可以有效降低沉淀颗粒的表面电负性，进而促使絮体颗粒生长。但是过量的阳离子表面活性剂会使得沉淀颗粒表面 Zeta 电位的电性反转，由表面负电变为表面正电。随着阳离子表面活性剂用量的进一步增加，表面正电性越来越强，这同样会使沉淀颗粒间的静电斥力作用增强，颗粒难以聚集生长，进而沉淀颗粒平均粒径降低。

4. 阳离子表面活性剂对螯合率的影响

阳离子表面活性剂也可以作为捕收剂发挥部分螯合作用，所以它们会直接影响沉淀剂 HA 对金属离子的沉淀转化程度和去除率。因此，以阳离子表面活性剂为捕收剂的同时，需考虑表面活性剂、HA 螯合沉淀剂与 Zn(Ⅱ)在静电作用位点上的竞争作用强弱。本节将 DTAB、CTAB、STAB 分别加入 Zn-HA 螯合沉淀溶液后，测定滤液中 HA 的紫外吸光度和残余离子浓度，结果如图 5-30 所示。

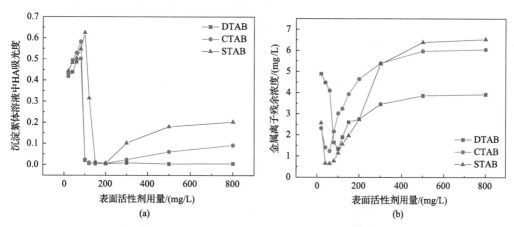

图 5-30　阳离子表面活性剂对 Zn-HA 沉淀的调控
(a)溶液残余 HA 吸光度；(b)金属离子残余浓度

随着 DTAB、CTAB、STAB 表面活性剂用量的增加，溶液中 HA 的吸光度呈现先小幅增加后急剧减少然后又有不同程度增加的趋势。Zn-HA 螯合沉淀溶液中加入 0～100

mg/L 的阳离子表面活性剂时，溶液残余 HA 的吸光度值从 0.4～0.45 增加至 0.58～0.66，表明少量的表面活性剂对 Zn(Ⅱ)-HA 螯合沉淀的生长调控作用效果不明显，使得溶液残余的 HA 含量增加；当表面活性剂用量增加到一定程度时，溶液中残余 HA 的吸光度急剧降低至 0.05 以下，此时沉淀颗粒表面的 Zeta 电位处于"零电点"附近，沉淀颗粒的粒径最大，因此溶液中残余的 HA 含量也最低。表面活性药剂用量进一步增大，溶液中残余 HA 吸光度又有不同程度的增加。其中，DTAB 用量的增大对溶液中残余 HA 吸光度影响最小，吸光度始终稳定在 0.05 以下。结合前述研究可知，DTAB 对 Zn-HA 粒径和 Zeta 电位调控作用较弱；CTAB、STAB 药剂显著改变溶液中残余 HA 的吸光度，会显著降低沉淀颗粒粒径和颗粒表面 Zeta 电位，使得已形成的沉淀颗粒间静电斥力作用增大而难以聚集生长，进而使得溶液中残余 HA 的含量又有所升高。

图 5-30 也表明，随着表面活性剂用量的增加，溶液中残余 Zn(Ⅱ)的浓度呈现先急剧减小至极小值后又有不同程度增大的变化趋势。DTAB 用量为 100 mg/L 时，反应后溶液中残余 Zn(Ⅱ)浓度最小值为 1.35 mg/L；CTAB 用量为 60 mg/L 时，溶液中残余 Zn(Ⅱ)浓度最小值为 1.24 mg/L；STAB 用量为 60 mg/L 时，溶液中残余 Zn(Ⅱ)浓度最小值为 0.65 mg/L。在 Zn(Ⅱ)浓度最小时，三种药剂用量大小依次为 DTAB＞CTAB＞STAB，说明烃基链更长的 STAB 对 HA 的作用更强。对 Zn(Ⅱ)离子而言，药剂用量大于 300 mg/L 时，三种药剂作用后残余离子浓度分别又增大到了 3.46 mg/L、5.35 mg/L、5.39 mg/L 以上，说明表面活性剂与螯合沉淀剂 HA 静电结合时对 Zn(Ⅱ)的竞争性强弱顺序依次为 STAB＞CTAB＞DTAB。

通过综合对比分析可知，STAB 对沉淀颗粒粒径、Zeta 电位影响最显著，对 Zn(Ⅱ)的竞争性作用也最强，这会不利于金属离子的沉淀转化和浮选分离。后续微泡浮选过程中，阳离子表面活性剂主要是作为捕收剂对沉淀产物进行浮选分离，并综合考虑它们的泡沫稳定性和浮选捕收性能等因素，CTAB 更适合作为 Zn(Ⅱ)沉淀絮体的捕收剂，且对 Zn-HA-Fe 沉淀絮体存在有利的调控作用。

5. 小结

前述内容分别对 Zn(Ⅱ)的螯合沉淀转化、絮体生长和浮选分离的相关问题进行了系统的研究。通过改变溶液化学条件对 Zn(Ⅱ)螯合沉淀颗粒的形成转化与演变机制、后续浮选分离过程的调控进行研究，有助于揭示金属离子沉淀浮选分离过程调控对颗粒絮体演变的影响。结合前述内容，溶液中 Zn(Ⅱ)沉淀浮选分离及过程机理如图 5-31 所示。

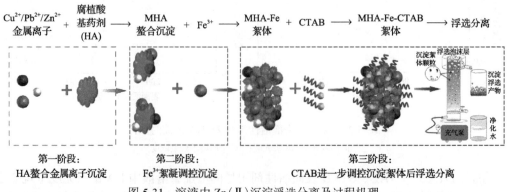

图 5-31　溶液中 Zn(Ⅱ)沉淀浮选分离及过程机理

5.3.3　Zn(Ⅱ)沉淀产物的浮选分离过程

Zn(Ⅱ)溶液经过 HA 螯合沉淀、Fe^{3+}基絮凝剂作用，沉淀絮体再经阳离子表面活性剂 CTAB 作用后进入浮选分离工艺阶段。对于金属离子溶液而言，浮选分离过程直接影响了沉淀絮体的分离效率和溶液性质。因此，在前期沉淀转化和絮体调控的基础上，本节重点研究 Zn(Ⅱ)浮选分离工艺过程中浮选溶液的 pH、捕收剂用量等化学条件对浮选效果的影响，并结合该过程中颗粒粒径和 Zeta 电位的变化揭示颗粒变化机制和浮选分离行为。同时，通过分析浮选过程中充气流量和浮选时间等参数条件的影响，得到适宜沉淀颗粒浮选分离的相应工艺条件。最后，通过对浮选产物进行傅里叶变换红外光谱(FTIR)和 SEM/透射电子显微镜(TEM)形貌分析，结合浮选产物中官能团的变化，研究阳离子捕收剂 CTAB 对沉淀颗粒的浮选机制。

Zn(Ⅱ)沉淀产物浮选研究是在团队自制的微泡浮选柱中进行，如图 5-32 所示。

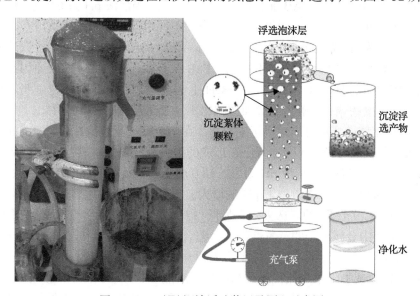

图 5-32　Zn(Ⅱ)沉淀浮选装置及原理示意图

1. 溶液 pH 的影响

通过前述的分析发现，溶液 pH 条件不仅对溶液环境、表面活性剂的溶解解离、沉淀絮体有一定程度的影响，而且对泡沫稳定性也有影响，进而会影响浮选过程中沉淀絮体的分离效果。针对浓度为 10 mg/L 的 Zn(Ⅱ)溶液，固定条件：沉淀药剂 HA 用量为 255 mg/L、絮体生长调控阶段 Fe(Ⅲ)用量为 0.3 mmol/L、阳离子表面活性剂 CTAB 为捕收剂且用量为 60 mg/L、非离子表面活性剂 NP-40 用量为 200 μL/L、浮选柱充气流量为 1.2 L/min、浮选时间为 30 min，本小节重点开展浮选溶液 pH 对沉淀絮体浮选分离的影响研究，结果如图 5-33 所示。

图 5-33 表明，与前述 Cu(Ⅱ)浮选规律基本相似，随着溶液 pH 的增大，浮选后 Zn(Ⅱ)溶液的浊度先降低再升高。当溶液 pH 为 4.0 时，浮选后溶液浊度为 4.33 NTU，表明酸

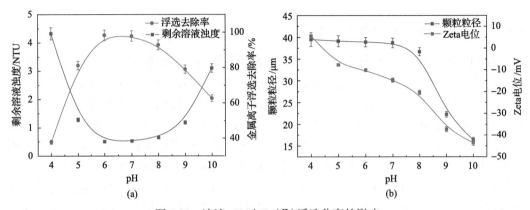

图 5-33 溶液 pH 对 Zn(Ⅱ)浮选分离的影响

(a)剩余溶液浊度和浮选去除率; (b)浮选溶液颗粒的粒径及 Zeta 电位

性条件下沉淀絮体难以被 CTAB 捕收以实现浮选分离。当溶液 pH 为 6.0 时,浮选后溶液浊度最低可达到 0.32 NTU,说明溶液 pH 在中性条件附近时沉淀絮体易与 CTAB 结合后浮选分离。当溶液 pH 增大至 8.0 以上时,浮选后溶液的浊度明显增加,浮选溶液中沉淀颗粒物增多。碱性条件下沉淀絮体不易和 CTAB 结合而浮选分离,主要原因在于碱性条件时沉淀絮体中药剂 HA 的—COOH 和—OH 上键合的 Zn(Ⅱ)又开始进一步解离,沉淀物粒径有一定程度的减小,解离的微细颗粒物不易于浮选分离。由此可知,浮选溶液 pH 对 Zn(Ⅱ)沉淀絮体的浮选分离效果影响显著,在溶液酸性或碱性过强时,沉淀絮体颗粒不仅难以被有效捕收分离,还会导致已经形成的螯合沉淀发生解离,使得溶液中 Zn(Ⅱ)的残留量增加。比较而言,溶液 pH 为 5.0~8.0 时更适合沉淀絮体的浮选捕收。

从图 5-33 可以看出,随着溶液 pH 的增大,Zn(Ⅱ)的浮选去除率先增大后减小。在溶液 pH 为 4.0 时,Zn(Ⅱ)的浮选去除率最低(37.9%),主要原因是酸性条件时 H⁺离子对 Zn-HA 螯合沉淀中金属离子的竞争性较强,螯合沉淀转化率相对较低。随着溶液 pH 增大到 5.0~8.0 时,Zn(Ⅱ)的浮选去除率增大到 99.0%以上;继续增大溶液 pH,当 pH＞8.0 时,Zn(Ⅱ)浮选去除率降低程度最为明显,溶液 pH 约为 10.0 时 Zn(Ⅱ)的浮选去除率为 62.7%。由于碱性条件下药剂 HA 中—COOH 和—OH 进一步解离促使絮体中 HA 与 Zn(Ⅱ)的配位作用减弱,进而使得 Zn(Ⅱ)沉淀颗粒物被浮选出来。

从浮选颗粒 Zn-HA-Fe-CTAB 的平均粒径变化和颗粒表面 Zeta 电位变化规律可知,随着浮选溶液 pH 的增大,Zn-HA-Fe-CTAB 的平均粒径均呈现先保持不变然后急剧降低的变化趋势。在酸性和中性条件下,浮选的颗粒为粒径较大的稳定颗粒,而在碱性溶液条件下浮选颗粒的粒径则会显著减小。在 pH 为 4.0~7.0 时,Zn(Ⅱ)溶液中的絮体尺寸基本保持在 38.7~39.5 μm;当溶液 pH＞8.0 时,沉淀颗粒粒径快速降低,pH 为 10.0 时絮体颗粒平均粒径为 16.4 μm。

从浮选颗粒表面 Zeta 电位变化可知,在溶液 pH 为 4.0 时,Zn-HA-Fe-CTAB 表面 Zeta 电位为正值,大小为 3.55 mV。随着溶液 pH 的增大,颗粒表面 Zeta 电位转为负电,在 pH 为 5.0 时颗粒表面 Zeta 电位为–6.88~–15.65 mV,但其绝对值大小都在 20 mV 以下,颗粒间静电斥力作用相对较小。当溶液 pH＞8.0 时,颗粒表面 Zeta 电位均增大到–20 mV

以上，在 pH 为 10.0 时颗粒表面 Zeta 电位为–41.26 mV，颗粒间静电斥力作用相对较大，不利于阳离子捕收剂 CTAB 与 Zn-HA-Fe 沉淀絮体颗粒间的结合，难以浮选捕收。

综合分析得出，溶液酸性较强将降低絮体颗粒中 Zn(Ⅱ)沉淀转化效率，且不利于 CTAB 与沉淀颗粒的结合，进而使得浮选去除率减小；溶液碱性较强会使已经形成的沉淀絮体颗粒中 HA 和 Zn(Ⅱ)解离。因此，酸碱性较强的溶液条件不适合 Zn(Ⅱ)沉淀絮体的高效浮选分离，中性溶液条件更适合 Zn(Ⅱ)沉淀絮体的浮选分离。

2. CTAB 的影响

以浮选溶液 pH 为 7.0、起泡剂 NP-40 用量 200 μL/L、浮选充气流量 1.2 L/min、浮选时间 30 min 条件下，考察了表面活性剂 CTAB 用量对溶液中 Zn(Ⅱ)浮选分离效果的影响，结果如图 5-34 所示。

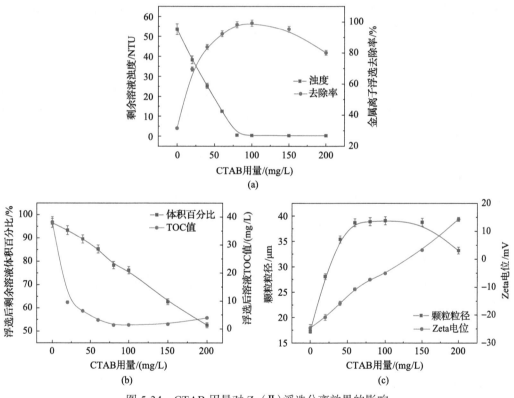

图 5-34　CTAB 用量对 Zn(Ⅱ)浮选分离效果的影响
(a)剩余溶液的浊度和浮选的去除率；(b)浮选后剩余溶液的体积百分比和 TOC 值；(c)浮选溶液颗粒的粒径及 Zeta 电位

图 5-34 表明，阳离子表面活性剂 CTAB 的用量显著影响溶液中颗粒的浮选分离效果。随着 CTAB 用量的增加，浮选剩余溶液的浊度呈现先急剧减小达到最小值后保持稳定不变的变化趋势。在不加 CTAB 时，浮选剩余溶液的浊度为 53.62 NTU。随着 CTAB 的加入，溶液的浊度明显降低，CTAB 用量为 100 mg/L 时，浊度达到最低值为 0.35 NTU。

随着 CTAB 用量的增加，溶液中 Zn(Ⅱ)的浮选去除率呈现先增大然后保持平稳最后有一定程度减小的趋势。不加 CTAB 时，Zn(Ⅱ)的浮选去除率为 31.6%，说明沉淀颗粒物自身存在一定的表面活性，部分颗粒物可以黏附在气液界面随着气泡上浮，但是表面活性较低，不能够完全被浮选。加入 CTAB 后，Zn-HA-Fe-CTAB 絮体则更易于被浮选分离。当 CTAB 用量为 100 mg/L 时，Zn（Ⅱ）的去除率达到 99.3%；当 CTAB 用量为 200 mg/L 时，Zn（Ⅱ）的浮选去除率为 80.2%，说明过量的捕收剂不利于 Zn（Ⅱ）的浮选去除，这可能是由于过量的阳离子表面活性剂与药剂 HA 存在竞争作用。

研究结果同时表明，CTAB 用量的增加明显降低了浮选剩余溶液体积，捕收剂用量的增加会使得浮选泡沫量增大，浮选过程中泡沫夹带水量也增多。在 Zn（Ⅱ）浮选去除率最大值 99.3% 时，CTAB 用量为 100 mg/L，相应浮选后剩余溶液体积百分比为 76.2%。溶液中 TOC 主要是未被浮选分离的药剂 HA 和浮选过程中使用的表面活性剂。随着 CTAB 用量的增加，浮选剩余溶液的 TOC 值呈现先急剧减小达到最小值，随后又有一定程度增大的趋势。在不加 CTAB 时，Zn（Ⅱ）溶液浮选后的 TOC 值为 38.25 mg/L；加入 CTAB 后，由于浮选去除率增大，药剂 HA 与 CTAB 结合被浮选分离，溶液的 TOC 值明显减小；当 CTAB 用量为 100 mg/L 时，剩余溶液 TOC 最小值为 1.35 mg/L；浮选药剂的过量使用会使得溶液中残余药剂含量增大，进而导致浮选剩余溶液 TOC 值增大，当 CTAB 用量增加至 200 mg/L 时，剩余溶液 TOC 值又小幅增大，达到 3.93 mg/L。

CTAB 对于沉淀絮体颗粒有明显的调控作用，相对于未加入表面活性剂时，沉淀聚集体 Cu-HA-Fe-CTAB 的平均粒径比未加 CTAB 的沉淀颗粒粒径明显增大。当加入 CTAB 用量为 100 mg/L 时，沉淀絮体颗粒粒径最大，为 39.1 μm。CTAB 用量进一步增加时，沉淀絮体颗粒粒径又有一定程度的减小，在 CTAB 用量均为 200 mg/L 时，沉淀絮体颗粒粒径为 33.2 μm。由于 CTAB 为阳离子表面活性剂，它的加入使得沉淀絮体表面 Zeta 电位的电负性显著降低，且随着 CTAB 用量增加，其表面 Zeta 电位的电性均由负电转为正电。实验结果表明，CTAB 用量为 100 mg/L 时，Zn-HA-Fe-CTAB 絮体表面 Zeta 电位值为 –5.07 mV，说明沉淀絮体间静电斥力作用较弱。

综合比较可知，阳离子表面活性剂 CTAB 用量需控制在合适的使用条件，沉淀絮体颗粒粒径保持在最大，既能够保证使沉淀絮体充分浮选后实现水质净化，又避免产生泡沫量过大而造成水量过多流失。

3. 复配药剂的影响

在加入足量 CTAB 作为捕收剂的基础上，重点研究了 NP-40 用量对浮选过程的影响。实验条件如下：Zn（Ⅱ）溶液浓度为 10 mg/L、浮选溶液 pH 7.0、浮选充气流量 1.2 L/min，浮选时间 30 min，结果如图 5-35 所示。

从图 5-35 可以看出，在不添加非离子表面活性剂 NP-40 情况下，溶液浊度为 13.25 NTU。加入 NP-40 后，浮选溶液的浊度有一定程度减小。当 NP-40 用量大于 200 μL/L 时，Zn（Ⅱ）溶液浊度减小至最小值 0.35 NTU，此时浮选后的溶液中沉淀絮体颗粒物减少，浮选溶液的净化程度增大。随着 NP-40 用量的增加，金属离子的浮选去除率增大随后稳定不变。当 NP-40 用量达到 200 μL/L 以上时，Zn（Ⅱ）达到最大去除率（99.3%）。在不添加 NP-40，只采用 CTAB 作为捕收剂时，Zn（Ⅱ）溶液浮选后剩余溶液体积百分比为 90.6%。随着 NP-40 用量的增加，浮选剩余溶液体积百分比逐渐减小。同时加入 NP-40 浮选后溶液 TOC 值先减小然后逐渐保持稳定。在不添加 NP-40 的情况下 Zn(Ⅱ)溶液浮选后 TOC 值为 8.37 mg/L。当 NP-40 用量达到 200 μL/L 以上时，浮选溶液 TOC 迅速减小至 1.35 mg/L。

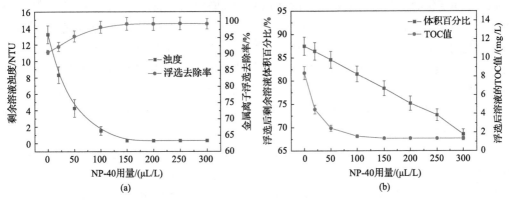

图 5-35　NP-40 用量对 Zn(Ⅱ)浮选分离的影响

(a)剩余溶液浊度和浮选去除率；(b)浮选后剩余溶液的体积百分比和 TOC 值

上述研究发现，当 NP-40 用量增加到 200 μL/L 时，金属离子浮选去除率、溶液浊度和 TOC 值均保持不变。NP-40 用量继续增加，浮选泡沫中已没有沉淀絮体被浮选分离，反而会使浮选泡沫夹带过量的水分造成过量水分的流失。因此，在达到最佳浮选效果时，NP-40 用量需保持恒定。由于非离子表面活性剂在溶液中不产生电离作用，而是通过分子间作用力吸附于沉淀絮体和浮选气泡表面，因而对沉淀絮体表面电性和颗粒粒径影响较小。NP-40 与 CTAB 复配使用时具有明显的协同作用。

4. 充气流量的影响

固定实验条件：Zn(Ⅱ)溶液浓度 50 mg/L、螯合沉淀溶液 pH 6.0、HA 用量 800 mg/L、螯合反应时间 30 min、Fe(Ⅲ)基絮凝剂 0.8 mmol/L、浮选溶液 pH 7.0、CTAB 用量 200 mg/L、NP-40 用量 200 μL/L、浮选充气流量为 0.1～1.2 L/min、浮选时间 30 min，测定充气流量对浮选剩余溶液浊度、Zn(Ⅱ)去除率、剩余溶液体积百分比和浮选后溶液 TOC 值的影响，结果如图 5-36 所示。

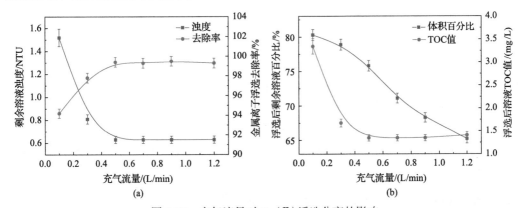

图 5-36　充气流量对 Zn(Ⅱ)浮选分离的影响

(a)剩余溶液浊度和浮选去除率；(b)浮选后剩余溶液体积百分比和 TOC 值

图 5-36 表明，在充气流量为 0.1～0.5 L/min 时，Zn(Ⅱ)溶液的浊度由 1.52 NTU 降低至 0.63 NTU，此后继续增大充气流量浮选后溶液浊度保持不变。充气流量在 0.1～0.5 L/min 之间变化时，Zn(Ⅱ)的浮选去除率由 94.2%增加到 99.4%以上，当充气流量继续增大时，金属离子的浮选去除率基本保持不变。充气流量为 0.1 L/min 时浮选泡沫夹带水量较小，此时 Zn(Ⅱ)浮选后剩余溶液体积百分比为 80.3%。充气流量继续增大到 0.5 L/min 时，剩余溶液体积百分比降低为 75.8%。充气流量进一步增大到 1.2 L/min 时，剩余溶液体积百分比降低至 65.2%，此时浮选泡沫夹带水量较大，浮选后污泥含水率高，不利于后续的处理。当充气流量由 0.1 L/min 增大到 0.5 L/min，溶液 TOC 值则由 3.35 mg/L 减小至 1.35 mg/L，此后继续增大充气流量，其对浮选溶液 TOC 值影响不大。

综合分析得出，充气流量较低的情况下(<0.5 L/min)，浮选后溶液金属离子的去除率较低，剩余溶液浊度和 TOC 值较高，泡沫夹带水量较小。当充气流量达 0.5 L/min 以上时，金属离子的浮选去除率、剩余溶液浊度和 TOC 值能够达到理想范围。

5. 浮选时间的影响

浮选时间也是影响浮选分离效率的重要因素。进一步固定实验条件：Zn(Ⅱ)溶液浓度 50 mg/L、充气流量 0.5 L/min，浮选时间对剩余溶液浊度、离子去除率、剩余溶液体积百分比和 TOC 值的影响如图 5-37 所示。

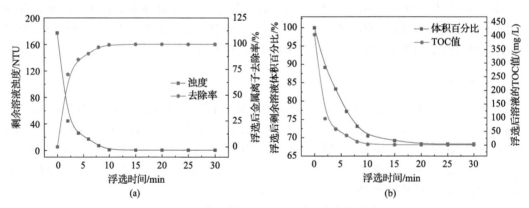

图 5-37　浮选时间对 Zn(Ⅱ)浮选分离的影响
(a)剩余溶液浊度和浮选的去除率；(b)浮选后剩余溶液体积百分比和 TOC 值

从图 5-37 可以看出，在浮选 15 min 后 Zn(Ⅱ)溶液浊度达到最小值，为 0.65 NTU，Zn(Ⅱ)去除率为 99.5%。结果说明，溶液中颗粒物在 15 min 内已经被充分浮选分离。Zn(Ⅱ)溶液体积在浮选 20 min 后趋于稳定不变，剩余溶液体积百分比为 68.3%。浮选后溶液 TOC 最小值同样出现在浮选的 15 min 后，其值为 1.36 mg/L。综合分析可知，充气流量 0.5 L/min 时，达到浮选分离效果的时间相对较长，经过 15 min 浮选基本实现溶液中絮体颗粒的高效分离。

5.3.4　基于响应曲面法的 Zn(Ⅱ)沉淀浮选工艺优化

采用响应曲面法，进一步对 Zn(Ⅱ)的溶液进行沉淀浮选工艺优化研究。

1. 螯合沉淀转化优化设计

采用响应面设计方法，以溶液 pH 4～8、HA 药剂用量(摩尔比 0.5～1.5)及反应时间(0～30 min)作为自变量，实验设计因素及编码如表 5-14 所示。

表 5-14 实验设计因素及编码

因素	编码	编码水平		
		−1	0	1
溶液 pH	X_1	4	6	8
HA 用量	X_2	0.5	1.0	1.5
反应时间/min	X_3	5	15	25

设定响应值为实验结果中 Zn(Ⅱ)沉淀率，响应值和实际影响因素的关系模型可根据式(5-2)得到。

以溶液 pH、药剂 HA 用量和反应时间为自变量，溶液中 Zn(Ⅱ)沉淀率为评价指标进行响应面组合设计，实验设计及结果见表 5-15。利用 Design-Expert 软件根据实验设计和响应值对方程进行多元回归拟合，Zn(Ⅱ)沉淀率符合二次多项式计算模型，拟合公式为式(5-13)。

$$Y = 90.50 + 12.38X_1 + 13.87X_2 + 4.15X_3 + 1.67X_1X_2 - 1.08X_1X_3 - 0.98X_2X_3 - 17.79X_1^2$$
$$- 17.49X_2^2 + 2.66X_3^2 \tag{5-13}$$

Zn(Ⅱ)沉淀率响应面优化结果的方差分析如表 5-16 所示。

表 5-15 溶液中 Zn(Ⅱ)沉淀过程实验设计值及响应结果

序号	pH	HA 用量	反应时间	Zn(Ⅱ)沉淀率实际值/%	Zn(Ⅱ)沉淀率响应值/%
1	−1	0	1	68.5	68.2
2	0	−1	−1	50.1	56.7
3	1	−1	0	58.9	52.1
4	−1	0	−1	54.3	57.8
5	0	0	0	90.3	90.5
6	1	0	−1	84.4	84.7
7	0	1	1	98.7	98.1
8	−1	−1	0	40.7	30.6
9	0	−1	1	56.6	66.9
10	0	0	0	90.7	90.5
11	0	1	−1	96.7	86.4
12	0	0	0	90.2	90.5
13	0	0	0	90.9	90.6
14	1	0	1	94.3	90.8
15	−1	1	0	48.2	55.1
16	1	1	0	73.1	83.1
17	0	0	0	90.4	90.8

表 5-16　响应面模型计算结果方差分析

来源	自由度	均分平方和	F 值	P 值	显著性
模型	9	632.24	7.14	0.0084	显著
X_1-pH	1	1225.13	13.8	0.0075	
X_2-HA 用量	1	1540.13	17.38	0.0042	
X_3-反应时间	1	137.78	1.56	0.2525	
X_1X_2	1	11.22	0.13	0.7324	
X_1X_3	1	4.62	0.05	0.8258	
X_2X_3	1	3.80	0.04	0.8418	
X_1^2	1	1332.19	15.0	0.0061	
X_2^2	1	1287.63	14.5	0.0066	
X_3^2	1	29.85	0.34	0.5798	
残差	7	88.60			
误差	4	0.09			
总和	16				

由表 5-16 中方差结果可知，Zn(Ⅱ)沉淀率的实际响应模型(P 值为 0.0084)的拟合相关系数 R^2 为 0.9017，说明响应面模型拟合结果显著，拟合度较高。根据回归系数显著性检验证明(P 值<0.05)，X_1、X_2、X_1^2、X_2^2 对沉淀率影响显著，将式(5-13)中的其他非显著因子去除，得到 Zn^{2+} 沉淀率的最终拟合公式：

$$Y = 90.50 + 12.38X_1 + 13.87X_2 - 17.79X_1^2 - 17.49X_2^2 \tag{5-14}$$

Zn(Ⅱ)沉淀率拟合方程的残差正态分布概率图如图 5-38 所示。

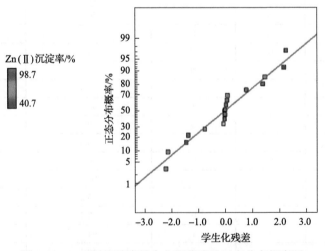

图 5-38　Zn(Ⅱ)沉淀率拟合方程的残差正态分布概率图

由图 5-38 可知，实验数据点均匀地分布在拟合直线两侧，类似线性分布，说明实验残差处于常态范围之内，进而也证明了该响应面拟合方程模型可用于预测相应条件下 Zn(Ⅱ)沉淀率。

由方差分析可知，对 Zn(Ⅱ)沉淀率影响较为显著的因素是溶液 pH 和 HA 用量。因此，在响应面软件中绘制二者对 Zn(Ⅱ)沉淀率的影响，进而确定最佳的水平范围。在沉淀反应时间 30 min 时，溶液 pH 和 HA 用量对 Zn(Ⅱ)沉淀率影响的三维响应曲面图和二维等高线图如图 5-39 所示。

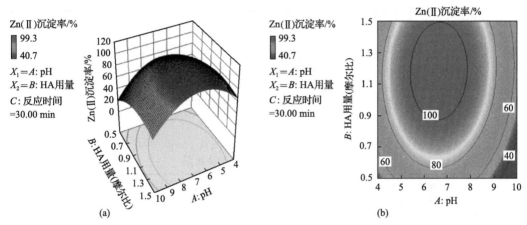

图 5-39　溶液 pH 和 HA 用量对 Zn(Ⅱ)沉淀率影响的三维响应曲面图(a)和二维等高线图(b)

图 5-39 中二维等高线图显示，溶液 pH 和 HA 用量之间的交互作用，其图形呈椭圆形，说明沉淀转化过程中溶液 pH 和药剂 HA 用量之间交互作用较弱。随着溶液 pH 增加，Zn(Ⅱ)沉淀率呈现先增大后减小的变化规律。在溶液 pH 6~7 的中性条件下，Zn(Ⅱ)沉淀率较高。随着药剂 HA 用量的增加，离子沉淀率也呈现出先增大后基本趋于不变的趋势。在 HA 用量摩尔比>1.0 后，离子沉淀率达到最大值，继续增大 HA 用量时离子沉淀率趋于稳定。在相应因素条件下，随沉淀反应时间的延长，沉淀率在反应 10 min 后达到最大值。

根据分析可知，溶液 pH、HA 用量和反应时间对 Zn(Ⅱ)沉淀率的影响存在一定的相互作用。通过模拟优化求解得到 HA 用量(摩尔比)最小为 1.0 时，Zn(Ⅱ)沉淀率最大的最优条件如表 5-17 所示。

表 5-17　HA 用量最小时 Zn(Ⅱ)沉淀率最大的最优条件

HA 用量	溶液 pH	反应时间/min	预测沉淀率/%	实际沉淀率/%
1.00	5.58	29.7	99.29	99.58

2. 沉淀颗粒絮体优化设计

采用响应面设计方法，以 Fe^{3+} 基絮凝剂用量、搅拌速度和反应时间作为自变量，实验设计各因素编码及水平如表 5-18 所示。

表 5-18 实验设计因素及编码

因素	编码	编码水平		
		−1	0	1
Fe^{3+}用量/(mmol/L)	X_1	0.2	0.7	1.2
搅拌速度/(r/min)	X_2	500	1500	2500
反应时间/min	X_3	5	15	25

设定响应值为 Zn(Ⅱ)的沉淀颗粒粒径,响应值和实际影响因素的关系模型同样可根据式(5-2)得到。利用 Design-Expert 软件,根据实验设计和响应值(表 5-19)对式(5-2)进行多元回归拟合,Zn(Ⅱ)沉淀颗粒粒径符合二次多项式计算模型,拟合公式为式(5-15)。

$$Y = 7.18 + 4.31X_1 - 5.15X_2 + 0.26X_3 - 3.30X_1X_2 + 0.33X_1X_3 - 0.20X_2X_3 - 2.93X_1^2 + 1.60X_2^2 + 0.95X_3^2 \tag{5-15}$$

表 5-19 实验设计值及响应结果

序号	Fe^{3+}用量 /(mmol/L)	搅拌速度 /(r/min)	反应时间 /min	Zn(Ⅱ)沉淀颗粒粒径 实测值/μm	Zn(Ⅱ)沉淀颗粒粒径 响应值/μm
1	0.70	1500	15	9.3	7.2
2	1.20	1500	25	9.9	10.1
3	0.20	500	15	1.6	3.4
4	0.70	2500	25	3.1	4.7
5	1.20	1500	5	8.7	9.0
6	0.70	1500	15	6.7	7.2
7	0.70	1500	15	6.5	7.2
8	0.20	1500	5	1.2	0.8
9	0.70	1500	15	6.9	7.2
10	0.70	500	5	16.0	14.4
11	0.20	2500	15	1.0	0.8
12	0.20	1500	25	1.1	0.8
13	1.20	2500	15	3.5	1.7
14	1.20	500	15	17.3	18.6
15	0.70	2500	5	3.0	4.5
16	0.70	500	25	16.9	15.4
17	0.70	1500	15	6.5	7.2

Zn(Ⅱ)沉淀颗粒粒径响应面优化结果的方差分析如表 5-20 所示。采用二次多项式方程拟合模型,Zn(Ⅱ)沉淀颗粒粒径的实际响应模型 P 值为 0.0011,拟合相关系数 R^2 为

0.9474，说明模型拟合结果显著，拟合度较高。

表 5-20　响应面模型计算结果方差分析

来源	偏差平方和	自由度	均分平方和	F 值	P 值	显著性
模型	456.40	9	50.71	14.02	0.0011	显著
X_1-Fe^{3+}用量	150.51	1	150.51	41.61	0.0004	
X_2-搅拌速度	212.18	1	212.18	58.66	0.0001	
X_3-反应时间	0.66	1	0.66	0.18	0.6818	
X_1X_2	43.56	1	43.56	12.04	0.0104	
X_1X_3	0.30	1	0.30	0.084	0.7808	
X_2X_3	0.16	1	0.16	0.044	0.8394	
X_1^2	36.70	1	36.70	10.15	0.0154	
X_2^2	11.08	1	11.08	3.06	0.1235	
X_3^2	3.78	1	3.78	1.05	0.3407	
残差	25.32	7	3.62			
失拟项	19.59	3	6.53	4.56	0.0884	不显著
误差	5.73	4	1.43			
总和	481.72	16				

从 Zn(Ⅱ)沉淀颗粒粒径的拟合模型可以看出，回归系数显著性检验证明（P 值＜0.05），X_1、X_2、X_1X_2、X_1^2 对沉淀颗粒粒径影响显著，将式(5-15)中的其他非显著因子去除，得到 Zn(Ⅱ)沉淀颗粒粒径的最终拟合公式：

$$Y = 7.18 + 4.31X_1 - 5.15X_2 - 3.30X_1X_2 - 2.93X_1^2 \tag{5-16}$$

Zn(Ⅱ)沉淀颗粒粒径拟合方程的残差正态分布概率如图 5-40 所示。

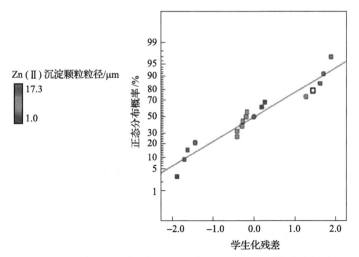

图 5-40　Zn(Ⅱ)沉淀颗粒粒径拟合方程的残差正态分布概率

　　由 Zn(Ⅱ)沉淀颗粒粒径拟合方程的残差正态分布概率可知，实验数据点均匀地分布在拟合直线两侧，类似线性分布，说明实验残差处于常态范围内。结果也证明了响应面拟合方程模型能够较好地用于预测 Zn(Ⅱ)沉淀颗粒粒径的变化。

　　由方差分析可知，Fe^{3+}用量和搅拌速度对 Zn(Ⅱ)沉淀颗粒粒径影响较为显著。采用响应面软件绘制 Fe^{3+}用量和搅拌速度等参数对 Zn(Ⅱ)沉淀率的影响，进而确定最佳的水平范围。在搅拌时间 30 min 时，Fe^{3+}用量和搅拌速度对 Zn(Ⅱ)沉淀颗粒粒径影响的三维响应曲面图和二维等高线图如图 5-41 所示。

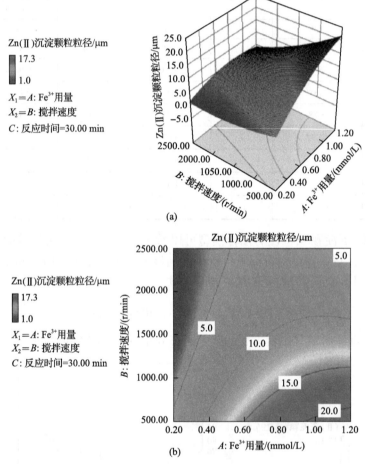

图 5-41　Fe^{3+}用量和搅拌速度对 Zn(Ⅱ)沉淀颗粒粒径影响的三维响应曲面图(a)和二维等高线图(b)

　　Fe^{3+}用量和搅拌速度因素是影响沉淀颗粒粒径的主要因素，二者之间的交互作用呈椭圆形，说明沉淀颗粒的生长过程中两因素之间交互作用较弱。随着 Fe^{3+}用量的增加，Zn(Ⅱ)沉淀颗粒粒径均呈现先增加后趋于稳定的变化规律。同样，随着搅拌速度的增大，Zn(Ⅱ)沉淀颗粒粒径呈现先降低后基本趋于不变的趋势。在搅拌速度为 500～1000 r/min，Fe^{3+}用量在 0.3 mmol/L 以上的条件下，Zn(Ⅱ)沉淀颗粒粒径能够达到 10.0～20.0 μm。

　　Fe^{3+}用量、搅拌速度和搅拌时间对 Zn(Ⅱ)沉淀颗粒粒径的影响存在一定的相互影响。

通过模拟得到的 Zn(II) 沉淀颗粒粒径最大值时的优化条件如表 5-21 所示。

表 5-21　响应面优化得到的 Zn(II) 沉淀颗粒粒径最大值时的优化条件

	Fe³⁺用量 /(mmol/L)	搅拌速度 /(r/min)	反应时间 /min	预测沉淀颗粒 粒径/μm	实际沉淀颗粒 粒径/μm
最佳条件	1.2	500	20	19.3	18.3

3. 沉淀产物浮选优化设计

以 CTAB 用量、溶液 pH、充气流量、浮选时间为自变量，溶液中 Zn(II)絮体粒径和 Zn(II)去除率为评价指标进行响应面组合设计，设计数值见表 5-22。

表 5-22　实验设计因素及编码

因素	编码	编码水平		
		−1	0	1
CTAB 用量/(mg/L)	X_1	60	90	120
浮选溶液 pH	X_2	4	6	8
充气流量/(L/min)	X_3	0.2	0.7	1.2
浮选时间/min	X_4	5	15	25

利用 Design-Expert 软件根据实验设计和响应值对式(5-2)进行多元回归拟合，浮选阶段生成沉淀絮体颗粒的粒径及去除率值符合二次多项式计算模型，其拟合公式分别为式(5-17)和式(5-18)。

$$Y_1 = 38.72 + 4.32X_1 - 0.43X_2 - 0.017X_4 + 0.18X_1X_2 - 0.025X_1X_3 - 0.025X_1X_4$$
$$-0.025X_3X_4 - 3.99X_1^2 - 0.14X_2^2 - 0.027X_3^2 - 0.10X_4^2 \tag{5-17}$$

$$Y_2 = 98.40 + 1.19X_1 + 26.60X_2 + 3.42X_3 + 4.16X_4 - 1.40X_1X_2 + 1.25X_1X_3 - 0.18X_1X_4 - 1.70X_2X_3$$
$$+0.55X_2X_4 - 5.85X_3X_4 - 1.55X_1^2 - 34.16X_2^2 - 1.09X_3^2 - 3.23X_4^2 \tag{5-18}$$

浮选阶段沉淀絮体颗粒粒径的实测值和响应值如表 5-23 所示。浮选阶段沉淀絮体颗粒粒径和浮选去除率的响应面优化结果的方差分析如表 5-24 和表 5-25 所示。

表 5-23　响应面优化实验设计值

序号	CTAB 用量 /(mg/L)	pH	充气流量 /(L/min)	反应时间 /min	Zn(II)沉淀颗粒粒径 实测值/μm	Zn(II)浮选去除效率 实测/%
1	90.0	6.0	0.7	15.00	38.7	98.3
2	90.0	8.0	0.2	15.00	38.1	89.7
3	120.0	6.0	0.7	5.00	39	90.3
4	60.0	8.0	0.7	15.00	29.8	88.4
5	120.0	4.0	0.7	15.00	39.2	37.9
6	90.0	4.0	0.7	5.00	38.9	35.2

序号	CTAB 用量 /(mg/L)	pH	充气流量 /(L/min)	反应时间 /min	Zn(Ⅱ)沉淀颗粒粒径 实测值/μm	Zn(Ⅱ)浮选去除效率 实测/%
7	90.0	8.0	0.7	5.00	38.1	85.2
8	90.0	6.0	1.2	25.00	38.7	99.5
9	90.0	6.0	0.7	15.00	38.8	98.4
10	120.0	6.0	0.2	15.00	39.1	93.1
11	90.0	8.0	0.7	25.00	38	89.9
12	90.0	6.0	0.7	15.00	38.8	98.4
13	90.0	8.0	1.2	15.00	38.1	89.7
14	60.0	6.0	0.2	15.00	30.3	96.1
15	60.0	6.0	0.7	25.00	30.2	97.2
16	120.0	6.0	0.7	25.00	38.9	99.7
17	120.0	8.0	0.7	15.00	38.6	90.4
18	90.0	6.0	0.7	15.00	38.7	98.5
19	90.0	6.0	1.2	5.00	38.7	99.6
20	90.0	6.0	0.7	15.00	38.6	98.4
21	120.0	6.0	1.2	15.00	39	99.9
22	60.0	6.0	1.2	15.00	30.3	97.9
23	90.0	4.0	0.7	25.00	38.8	37.7
24	90.0	6.0	0.2	25.00	38.7	98.4
25	90.0	6.0	0.2	5.00	38.6	75.1
26	90.0	4.0	1.2	15.00	38.9	39.9
27	60.0	4.0	0.7	15.00	31.1	30.3
28	60.0	6.0	0.7	5.00	30.2	87.1
29	90.0	4.0	0.2	15.00	38.9	33.1

表 5-24　Zn(Ⅱ)沉淀絮体颗粒粒径响应面模型计算结果的方差分析

来源	偏差平方和	自由度	均分平方和	F 值	P 值	显著性
模型	336.82	14	24.06	1639	<0.0001	显著
X_1-CTAB 用量	224.47	1	224.47	15292	<0.0001	
X_2-pH	2.17	1	2.17	147.6	<0.0001	
X_3-充气流量	0.000	1	0.000	0.000	1.0000	
X_4-时间	3.3×10^{-3}	1	3.3×10^{-3}	0.23	0.6410	
$X_1 X_2$	0.12	1	0.12	8.35	0.0119	
$X_1 X_3$	2.5×10^{-3}	1	2.5×10^{-3}	0.17	0.6861	

来源	偏差平方和	自由度	均分平方和	F 值	P 值	显著性
X_1X_4	2.5×10^{-3}	1	2.5×10^{-3}	0.17	0.6861	
X_2X_3	0.000	1	0.000	0.000	1.0000	
X_2X_4	0.000	1	0.000	0.000	1.0000	
X_3X_4	2.5×10^{-3}	1	2.5×10^{-3}	0.17	0.6861	
X_1^2	103.22	1	103.22	7032	<0.0001	
X_2^2	0.13	1	0.13	8.56	0.0111	
X_3^2	4.6×10^{-3}	1	4.6×10^{-3}	0.31	0.5839	
X_3^4	0.067	1	0.067	4.57	0.0501	
残差	0.21	14	0.015			
失拟项	0.18	10	0.018	2.54	0.1917	不显著
误差	0.028	4	7×10^{-3}			
总和	337.03	28				

表 5-25　Zn(Ⅱ)沉淀絮体浮选去除率响应面模型计算结果的方差分析

来源	偏差平方和	自由度	均分平方和	F 值	P 值	显著性
模型	1542.8	14	1208.64	133.3	<0.0001	显著
X_1-CTAB 用量	92.4	1	17.04	1.88	0.0420	
X_2-pH	215.9	1	8490.72	936.3	<0.0001	
X_3-充气流量	140.8	1	140.08	15.45	0.0015	
X_4-时间	144.9	1	207.50	22.88	0.0003	
X_1X_2	85.6	1	7.84	0.86	0.3682	
X_1X_3	2.7	1	6.25	0.69	0.4204	
X_1X_4	1.8	1	0.12	0.014	0.9091	
X_2X_3	9.9	1	11.56	1.27	0.2778	
X_2X_4	0.4	1	1.21	0.13	0.7204	
X_3X_4	128.8	1	136.89	15.10	0.0016	
X_1^2	33.45	1	15.58	1.72	0.2110	
X_2^2	714.6	1	7570.23	834.8	<0.0001	
X_3^2	11.3	1	7.67	0.85	0.3733	
X_3^4	34.2	1	67.46	7.44	0.0163	
残差	331.4	14	9.07			
误差	0.020	4	5.0×10^{-3}			
总和	1874.2	28				

采用二次多项式方程拟合模型，Zn(Ⅱ)沉淀絮体颗粒粒径的实际响应模型 P 值<0.0001，拟合相关系数 R^2 为 0.9994，说明拟合结果显著，拟合度较高。Zn(Ⅱ)沉淀絮体浮选去除率的实际响应模型 P 值<0.0001，拟合相关系数 R^2 为 0.9926，说明模型拟合结果显著，拟合度也较高。

Zn(Ⅱ)沉淀颗粒粒径和浮选去除率拟合方程的残差正态分布概率如图 5-42 所示。

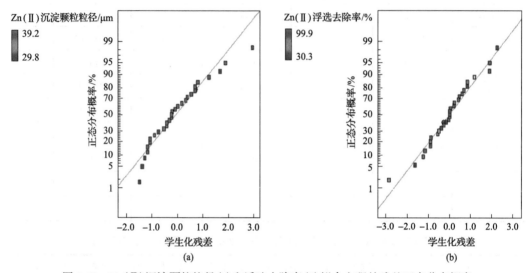

图 5-42　Zn(Ⅱ)沉淀颗粒粒径(a)和浮选去除率(b)拟合方程的残差正态分布概率

由图 5-42 可知，实验数据点均匀地分布在拟合直线两侧，呈线性分布，说明实验残差处于常态范围内，也进一步证明响应面拟合方程模型能够较好地用于预测浮选阶段相应条件下 Zn(Ⅱ)的沉淀颗粒粒径、去除率。

浮选溶液 pH 和 CTAB 用量是影响金属离子沉淀粒径较为显著的因素。采用响应面软件绘制浮选溶液 pH 和 CTAB 用量等参数对 Zn(Ⅱ)沉淀颗粒粒径的影响，进而确定最佳的水平范围。当浮选时间为 30 min 时，实验因素对沉淀颗粒粒径和浮选去除率影响如图 5-43 所示。

溶液 pH 和 CTAB 用量之间的交互作用呈椭圆形，说明影响沉淀颗粒粒径和浮选去除率之间交互作用较弱。随着 CTAB 用量的增加，Zn(Ⅱ)沉淀颗粒粒径呈现先增加后趋于稳定的变化规律。在 CTAB 用量一定的条件下，浮选溶液 pH 对沉淀颗粒粒径的影响相对较弱，但在酸性条件下沉淀颗粒粒径更大，偏碱性条件沉淀颗粒粒径有微弱的减小趋势。就 Zn(Ⅱ)的浮选去除率而言，溶液 pH、CTAB 用量、浮选充气流量和浮选时间对其均有较显著的影响作用。在充气流量恒定、浮选时间为 30 min 的条件下，溶液 pH 和 CTAB 用量对浮选去除率的影响交互作用较弱，在浮选溶液 pH 6.0~7.0 的中性条件下的浮选去除率明显优于酸性和碱性条件。

通过模拟优化求解得到浮选阶段 Zn(Ⅱ)沉淀颗粒粒径最大、浮选去除效果最佳时的优化条件如表 5-26 所示。

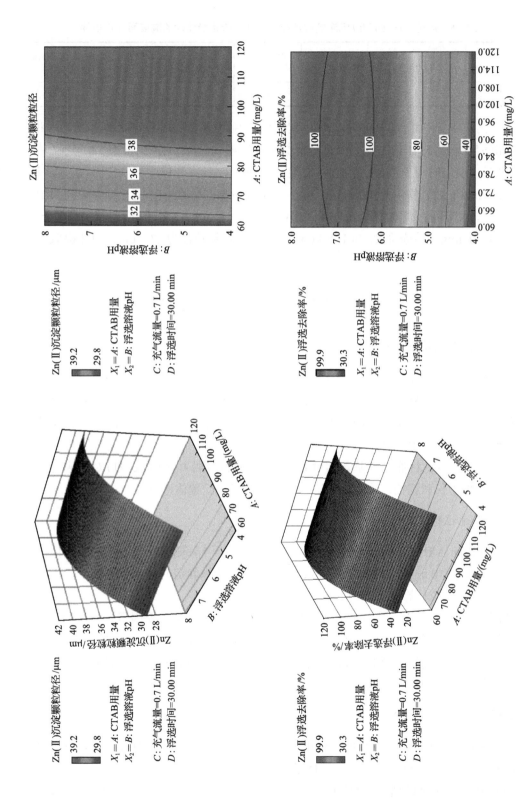

图 5-43　浮选阶段溶液pH和CTAB用量对Zn(Ⅱ)沉淀颗粒粒径和浮选去除率影响的三维响应曲面图及二维等高线图

表 5-26　浮选阶段 Zn(Ⅱ)沉淀颗粒粒径及浮选去除率最佳时的响应面优化条件

pH	CTAB 用量 /(mg/L)	充气流量 /(L/min)	浮选时间 /min	预测粒径 /μm	实际粒径 /μm	预测去除率 /%	实际去除率 /%
6.1	100.8	0.6	15.6	39.7	39.4	99.8	99.6

综合溶液中 Zn(Ⅱ)的螯合沉淀转化-絮体生长调控-浮选分离响应面优化研究表明，在螯合沉淀阶段药剂 HA 对 Zn(Ⅱ)螯合沉淀最佳溶液 pH=6.1，HA 用量为 1.0(实际/估算摩尔比)时，反应时间 30 min，Zn(Ⅱ)沉淀率为 99.58%；在絮体生长调控阶段，Fe(Ⅲ)用量 1.2 mmol/L，搅拌速度 500 r/min，搅拌时间 20 min，Zn-HA-Fe 沉淀颗粒粒径为 18.3 μm；在浮选分离阶段，浮选溶液 pH 6.1，CTAB 用量 100.8 mg/L，浮选充气流量 0.5 L/min，浮选时间 30 min，浮选阶段 Zn-HA-Fe-CTAB 沉淀颗粒粒径为 39.4μm，泡沫提取率为 99.6%。

5.4　溶液中 Pb(Ⅱ)的泡沫提取

5.4.1　Pb(Ⅱ)螯合沉淀过程

铅锌冶炼过程中往往会产生大量的含铅溶液(或废水)，同时在铋矿的湿法冶炼中铅渣的处理过程、铜阳极泥的选冶、含铅银矿的选冶过程也会产生大量含铅溶液。含铅废水的危害巨大，当一个生态系统遭受铅污染后，将对该生态系统中所有的生物，尤其是人类的健康和生存产生危害。

本节重点研究改性腐植酸基药剂对 Pb(Ⅱ)的螯合作用，并采用 Fe(Ⅲ)对形成的沉淀颗粒进行聚集生长和调控，采用微泡沉淀浮选方式对沉淀絮体进行分离。

1. 螯合过程的溶液化学

采用 Visual MINTEQ 3.1 软件，计算溶液 pH 为 0～14 条件下 Pb(Ⅱ)溶液的化学形态。针对浓度为 10 mg/L 的 Pb(Ⅱ)溶液，将 HA 滴定结果确定的基团分配系数输入相应 SHM 模型后，模拟计算结果如图 5-44 所示。

从图 5-44 可以看出，溶液 pH 是影响金属离子化学形态的重要因素。在不同 pH 条件下金属离子的水解形态不同，Pb(Ⅱ)与 HA 在弱酸性条件下螯合产物比例显著升高，碱性条件下产物比例显著降低。在溶液 pH 2.0～8.0 的范围内，Pb(Ⅱ)与 HA 的螯合产物主要是单齿配体 $HAPb^+$、双齿配体 HA_2Pb。

2. Pb(Ⅱ)浓度的影响

对于浓度为 10～200 mg/L 的 Pb(Ⅱ)溶液，加入足量 HA 沉淀剂后的沉淀率变化、沉淀颗粒 Zeta 电位和分形维数如图 5-45 所示。

随着 Pb(Ⅱ)浓度的增加，Pb(Ⅱ)沉淀率呈现出逐渐增大的变化规律。Pb(Ⅱ)浓度为

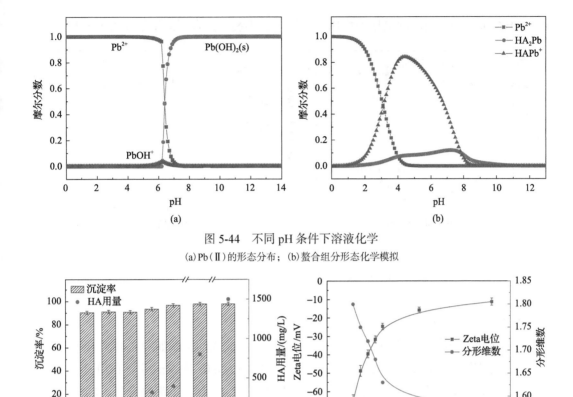

图 5-44　不同 pH 条件下溶液化学

(a) Pb(Ⅱ) 的形态分布；(b) 螯合组分形态化学模拟

图 5-45　足量 HA 条件下不同浓度 Pb(Ⅱ)沉淀率变化规律(a)；不同浓度 Pb(Ⅱ)下沉淀的
Zeta 电位和分形维数(b)

10 mg/L 时，沉淀率为 90.43%；当离子浓度增大至 200 mg/L 时，沉淀率增大至 97.9%。高浓度 Pb(Ⅱ)溶液更易与药剂作用生成沉淀，而低浓度金属离子溶液则相对不易于转化成沉淀。与前述 Zn(Ⅱ) 的反应规律相似，随着溶液中 Pb(Ⅱ)浓度增大，沉淀颗粒表面 Zeta 电位呈现趋于"零电位"的趋势。Pb(Ⅱ)浓度由 10 mg/L 增加到 200 mg/L 时，Pb-HA 沉淀表面 Zeta 电位值由 −65.28 mV 减小至 −11.17 mV。溶液浓度为 10～100 mg/L 的 Pb(Ⅱ) 与 HA 药剂形成的沉淀颗粒 Pb-HA 的分形维数为 1.80～1.59。

3. 药剂 HA 用量的影响

药剂 HA 用量对 Pb(Ⅱ)沉淀率的影响如图 5-46 所示。

随着药剂 HA 用量的增加，Pb^{2+}沉淀率由 50.2%～58.7%升高至 90.4%～99.9%，当药剂 HA 用量超过 1.5 时，继续增加 HA 用量会使 Pb(Ⅱ)沉淀率在一定程度上有所降低。随 HA 用量的增加，沉淀颗粒的平均粒径也是先增大然后减小趋于稳定。当药剂 HA 用量增加至 1.5 以上时，螯合沉淀表面电负性开始明显增大；当 HA 用量增加至 3.0 时，Pb-HA 表面 Zeta 电位的电负性增大至 −61.3～−55.2 mV，说明过量 HA 用量与金属离子反应会使得 Pb-HA 沉淀颗粒间的静电斥力作用显著增大，不利于螯合沉淀聚集成为大颗粒。

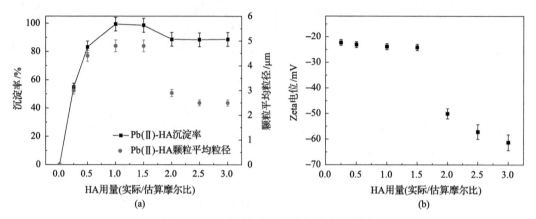

图 5-46　HA 用量对 Pb(Ⅱ)沉淀率的影响

(a)沉淀率和颗粒尺寸的影响；(b)螯合沉淀表面 Zeta 电位的影响

4. 溶液 pH 的影响

不同浓度药剂 HA 条件下，溶液 pH 对 Pb(Ⅱ)沉淀率的影响如图 5-47 所示。

结果表明，药剂 HA 与 Pb(Ⅱ)的适宜螯合 pH 约为 6.0。与 Zn(Ⅱ)相似的是，在 pH 4.0～7.0 的弱酸性条件下螯合沉淀效果明显高于 pH 7.0～10.0 的碱性条件。弱酸性溶液条件更适合药剂 HA 与 Pb(Ⅱ)螯合形成沉淀。

5. 反应时间的影响

Pb(Ⅱ)溶液浓度为 50 mg/L 时，反应时间对 Pb(Ⅱ)沉淀率的影响如图 5-48 所示。

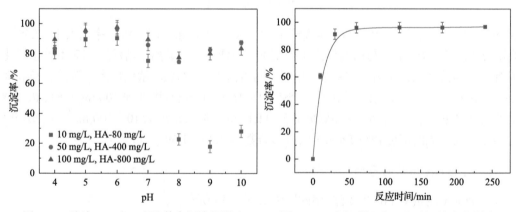

图 5-47　溶液 pH 对 Pb(Ⅱ)螯合沉淀的影响　　　图 5-48　反应时间对 Pb(Ⅱ)沉淀率的影响

图 5-48 表明，在反应时间 30 min 时，Pb(Ⅱ)的螯合沉淀率已达到 91.4%。随着螯合沉淀反应的继续进行，螯合沉淀率趋于稳定，最大螯合沉淀率为 97.0%。在该溶液化学条件下，药剂 HA 对 Pb(Ⅱ)的最大螯合沉淀量为 123.22 mg/g。

5.4.2　Pb(Ⅱ)沉淀絮体聚集生长调控

1. 絮体调控剂对颗粒粒径的影响

同样，由于 Pb^{2+} 与 HA 螯合形成的颗粒粒径较小，因此采用 Fe^{3+} 基絮凝剂对 Pb-HA 沉淀颗粒进行生长调控。Pb(Ⅱ)形成螯合沉淀后，在特定的螯合沉淀条件下加入 Fe^{3+} 基絮凝剂充分反应，分别测定颗粒的 Zeta 电位、颗粒粒径、粒径频率分布，结果如图 5-49 所示。

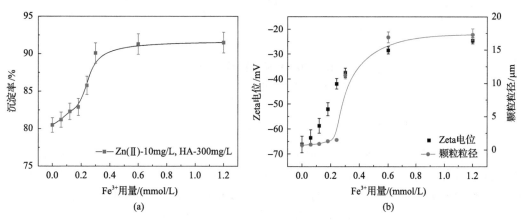

图 5-49　絮体调控剂对 Pb(Ⅱ)螯合沉淀率的影响(a)；Pb-HA-Fe 沉淀絮体
颗粒的 Zeta 电位及粒径(b)

从图 5-49 可以看出，随着 Fe^{3+} 用量的增加，沉淀絮体颗粒的电负性呈现出先显著减小后趋于稳定的变化趋势。具体而言，Fe^{3+} 用量为 0.3 mmol/L 时，Pb-HA-Fe 沉淀絮体颗粒表面电位分别由不添加 Fe^{3+} 时的–65.28 mV 降低至–20.33 mV；继续增加 Fe^{3+} 用量至 1.2 mmol/L 时，颗粒间的静电斥力作用显著降低，沉淀絮体颗粒更易于聚集生长成为大尺寸沉淀絮体。

从沉淀絮体颗粒粒径频率累积分布可以看出，随着 Fe^{3+} 用量的增加，沉淀絮体颗粒的 d_{50} 中位粒径值和 d_{90} 粒径值明显增大。Fe^{3+} 用量在 0.06～0.24 mmol/L 时，Pb-HA-Fe 的 d_{50} 粒径为 0.47～0.75 μm，d_{90} 粒径为 0.8～2.2 μm。Fe^{3+} 用量在 0.30 mmol/L 以上时，Pb-HA-Fe 的 d_{50} 粒径增大到 8.0 μm 以上，d_{90} 粒径增大至 29.0～74.0 μm 范围内。Fe^{3+} 用量增大到 0.30 mmol/L 时，Pb-HA-Fe 的平均粒径增大到 9.8 μm，继续增加 Fe^{3+} 的用量至 1.20 mmol/L 时，沉淀絮体的平均颗粒粒径稳定在 13.3 μm。

Fe^{3+} 基絮凝剂对 Pb(Ⅱ)与 HA 螯合颗粒粒径累积分布的影响如图 5-50 所示。

对比分析发现，随着 Fe^{3+} 用量增加，颗粒粒径的分布范围开始趋于向较大粒径范围靠近。Fe^{3+} 用量继续增加至 0.30 mmol/L 以上时，沉淀颗粒粒径的分布区间开始明显地向粒径较大方向移动，颗粒粒径的分布区间处于 5.0～50.0 μm。可见，低用量的 Fe^{3+} 对螯合沉淀粒径的生长调控作用存在局限性。

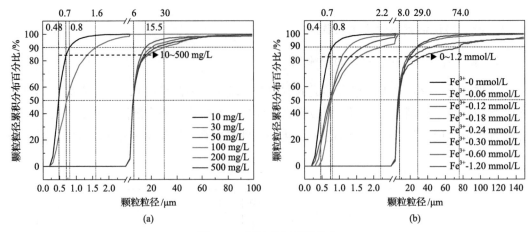

图 5-50　颗粒粒径累积分布

(a) Pb-HA 沉淀颗粒；(b) Pb-HA-Fe 沉淀聚集体

2. 沉淀絮体调控剂对颗粒条件稳定常数的影响

沉淀絮体调控剂对颗粒条件稳定常数的影响如图 5-51 所示。可见，不同金属离子浓度条件下螯合过程的条件稳定常数差异明显。随金属离子浓度由 10 mg/L 增加到 200 mg/L，Pb(Ⅱ)与药剂 HA 螯合产物的条件稳定常数 $\lg K_s$ 值呈现先降低后趋于稳定的趋势。Pb-HA 螯合产物的 $\lg K_s$ 值为 1.08~1.54，数值高于 Zn-HA，表明药剂 HA 与 Pb(Ⅱ)的螯合稳定性要高于对 Zn(Ⅱ)的螯合稳定性。

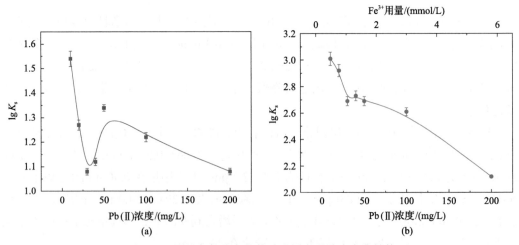

图 5-51　颗粒条件稳定常数随金属离子浓度变化趋势

(a) Pb-HA 螯合沉淀颗粒；(b) Pb-HA-Fe 沉淀聚集体颗粒

加入足量的 Fe^{3+} 基絮凝剂充分作用之后，沉淀絮体 Pb-HA-Fe 的 $\lg K_s$ 值增加到 2.12~3.01。Fe^{3+} 的加入使得 Pb-HA 螯合沉淀的条件稳定常数显著增大，可见 Fe^{3+} 基絮凝剂能够使螯合沉淀产物的溶液化学稳定性增强，进而有效调控沉淀率和颗粒粒径特性。

沉淀絮体 Pb-HA-Fe 的其他物化性质如图 5-52 所示。从图 5-52 可以看出，螯合沉淀

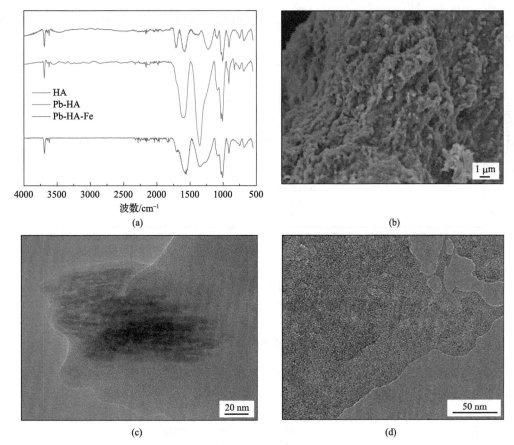

图 5-52　螯合前后沉淀颗粒的红外光谱图(a)；Pb-HA-Fe 的 SEM 图(b)；Pb-HA 的 TEM 图(c)；
Pb-HA-Fe 的 TEM 图(d)

Pb-HA 在 1709 cm^{-1} 处的羧基振动峰和 1230 cm^{-1} 处的酚羟基振动峰的强度明显减弱，说明药剂 HA 中的—COOH 和—OH 官能团含量显著减少，进而说明了 HA 对 Pb(II)螯合的活性位点正是药剂分子结构中的羧基和酚羟基官能团。

药剂 HA 形貌呈现出表面相对光滑、密实的层状结构，螯合沉淀则呈现出在层状结构表面有颜色更深的不规则颗粒状凸起结构。从沉淀絮体的 TEM 图可以看出，经过 Fe^{3+}基絮凝剂调整后的沉淀絮体结构疏松，表面呈现有大小不一的孔隙结构。对比不加 Fe^{3+}基絮凝剂时的螯合沉淀 TEM 图发现，Fe^{3+}基絮凝剂显著改变了 Pb-HA-Fe 沉淀絮体产物的形貌结构。沉淀絮体结构上的疏松特性和内部微小孔隙使得沉淀产物对金属离子的物理吸附作用更强。

3. 阳离子表面活性剂对颗粒粒径的影响

将三种不同烃基链长阳离子表面活性药剂(DTAB、CTAB、STAB)分别加入螯合沉淀溶液，阳离子表面活性药剂对 Pb(II)沉淀颗粒性质的影响如图 5-53 所示。

在药剂 DTAB 用量为 80 mg/L 时，Pb(II)沉淀颗粒的平均粒径达到 21.9 μm；CTAB 用量为 80 mg/L 时，沉淀颗粒平均粒径最大值为 22.1 μm；STAB 用量为 80 mg/L 时，沉淀颗粒平均粒径最大值为 23.5 μm。可见，通过降低沉淀颗粒表面电负性，阳离子表面活性剂促进沉淀絮体颗粒生长变大。

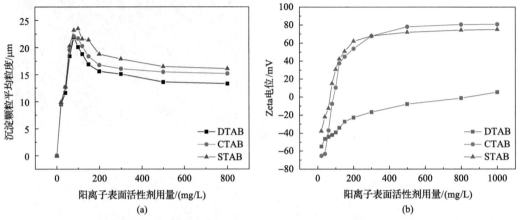

图 5-53　阳离子表面活性剂用量对 Pb(Ⅱ)沉淀颗粒性质的影响
(a)对颗粒粒径的影响；(b)对颗粒 Zeta 电位的影响

4. 阳离子表面活性剂对螯合效率的影响

将三种阳离子表面活性剂加入螯合沉淀溶液后，经过滤后测定滤液的紫外吸光度和 Pb(Ⅱ)残余浓度，结果如图 5-54 所示。

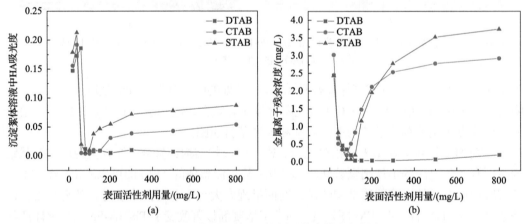

图 5-54　阴离子表面活性剂对螯合效率的影响
(a)剩余溶液吸光度；(b)金属离子残余浓度

与前述 Zn(Ⅱ)规律相同，随着表面活性剂用量的增加，剩余溶液吸光度呈现先小幅增大后急剧减小而后再不同程度增大的趋势。具体而言，三种药剂用量在 0~40 mg/L 时，剩余溶液吸光度从 0.14~0.17 增加至 0.19~0.22，表明少量的表面活性剂对 Pb-HA 螯合沉淀的生长调控作用效果不明显。

对于 Pb(Ⅱ)溶液而言，DTAB 用量为 120 mg/L 时，溶液中 Pb(Ⅱ)残余浓度最低值为 0.04 mg/L；CTAB 用量为 80 mg/L 时，溶液中 Pb(Ⅱ)残余浓度最低值为 0.19 mg/L；

STAB 用量为 80 mg/L 时，溶液中 Pb(Ⅱ)残余浓度最低值为 0.07。三种药剂与药剂 HA 静电结合时对 Pb(Ⅱ)的竞争性强弱顺序依次为 STAB＞CTAB＞DTAB。

同样，后续泡沫提取过程中阳离子表面活性剂是作为浮选产物的捕收剂对沉淀产物进行分离。考虑到泡沫稳定性和浮选捕收性能等因素，CTAB 更适合作为沉淀絮体的浮选捕收剂。

5.4.3　Pb(Ⅱ)沉淀产物的浮选分离过程

1. 溶液 pH 的影响

为了探究浮选溶液 pH 对浮选过程的影响，以阳离子表面活性剂 CTAB 为捕收剂，非离子表面活性剂 NP-40 作为复配药剂，浮选柱充气流量为 1.2 L/min，浮选时间为 30 min 进行实验。浮选完成后通过测定浮选后溶液的浊度和 Pb(Ⅱ)去除率来考察溶液 pH 对沉淀絮体的浮选分离效果，结果如图 5-55 所示。

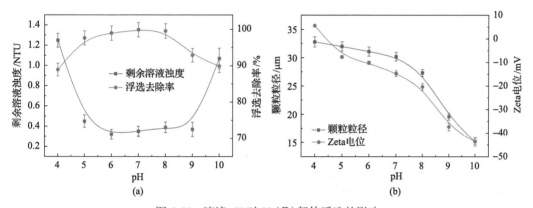

图 5-55　溶液 pH 对 Pb(Ⅱ)絮体浮选的影响
(a)剩余溶液的浊度和浮选去除率；(b)浮选溶液颗粒的粒径及 Zeta 电位

图 5-55 表明，浮选后 Pb(Ⅱ)溶液浊度先降低后升高，在酸性条件下沉淀絮体难以被捕收浮选。当 pH 为 5.0～8.0 时，浮选后溶液浊度最低可达到 0.32 NTU。当浮选溶液 pH 增大到 8.0 以上时，浮选后溶液的浊度明显增加；当 pH=10.0 时，溶液浊度增加到 1.07 NTU，浮选溶液中沉淀颗粒物又开始增多。随着溶液 pH 的增大，Pb(Ⅱ)的浮选去除率先增大后减小。在 pH 4.0 时，Pb(Ⅱ)的浮选去除率达到 88.9%；当溶液 pH 为 5.0～8.0 时，Pb(Ⅱ)的浮选去除率增大到 99.0%以上；当浮选溶液的 pH 大于 8.0 时，Pb(Ⅱ)的浮选去除率又开始明显减小。在溶液为酸性和中性条件时，浮选颗粒为较大粒径的稳定絮体，而在碱性溶液条件下浮选颗粒的粒径则会显著降低。在溶液 pH 为 4.0 时，浮选溶液中 Pb(Ⅱ)形成的沉淀颗粒 Pb-HA-Fe-CTAB 表面 Zeta 电位均为正值，大小为 5.57 mV。当 pH 在 5.0～7.0 之间增大时，颗粒表面 Zeta 电位转为负电，但颗粒间静电斥力作用相对较小。在碱性溶液条件下，Pb-HA-Fe-CTAB 沉淀絮体颗粒表面 Zeta 电位的电负性较高，颗粒间静电斥力作用也相对较强，不利于阳离子捕收剂与沉淀絮体颗粒间的结合。

2. CTAB 用量的影响

CTAB 用量对浮选溶液中 Pb(Ⅱ)去除率和剩余溶液浊度的影响如图 5-56 所示。与前述两种金属离子相同，随着 CTAB 用量的增加，浮选剩余溶液浊度先急剧减小达到最小值后基本保持稳定。在不加 CTAB 时，Pb(Ⅱ)溶液浮选后剩余溶液浊度为 16.52 NTU；加入 CTAB 后，溶液的浊度明显减小，CTAB 用量大于 60 mg/L 时浊度降为 0.05 NTU，此后剩余溶液浊度保持恒定。与浊度变化规律相似，CTAB 用量显著影响 Pb(Ⅱ)的浮选去除效果。随着 CTAB 用量的增加，浮选去除率呈现先增大然后保持平稳最后有一定程度减小的趋势。在不添加 CTAB 的条件下，Pb(Ⅱ)的浮选去除率为 55.1%。当 CTAB 用量为 80 mg/L 时，Pb(Ⅱ)的浮选去除率达到 99.8%，而过量的捕收剂不利于浮选分离。

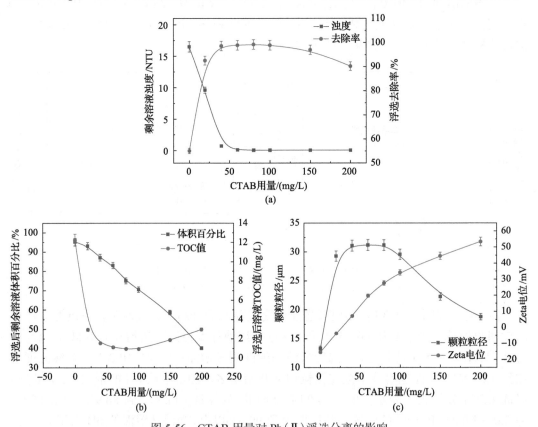

图 5-56　CTAB 用量对 Pb(Ⅱ)浮选分离的影响

(a)剩余溶液浊度和浮选去除率；(b)浮选后剩余溶液体积百分比和 TOC 值；(c)浮选溶液颗粒的粒径及 Zeta 电位

同时，CTAB 用量的增加会明显降低浮选剩余溶液体积，并随着 CTAB 用量的增加，溶液剩余体积减少。在 Pb(Ⅱ)浮选去除率达到最大值 99.8%时，CTAB 用量为 80 mg/L，相应浮选后溶液体积百分比为 75.1%，液相损失近 15%。

随着 CTAB 用量的增加，浮选剩余溶液 TOC 值先急剧减小达到最小值，然后又有一定程度的增大。在不加 CTAB 时，浮选后 Pb(Ⅱ)溶液 TOC 值为 12.25 mg/L；当 CTAB 用量为 80 mg/L 时，剩余溶液 TOC 值为 0.96 mg/L。然而，当 CTAB 用量增加至 200 mg/L

时，剩余溶液 TOC 值逐渐增大。随着 CTAB 用量的增加，浮选溶液中沉淀絮体的粒径呈现先增大后减小的变化趋势。在 CTAB 用量为 80 mg/L 时，浮选去除率最高时 Pb(Ⅱ)沉淀絮体颗粒粒径为 31.2 μm。

CTAB 使得沉淀絮体表面 Zeta 电位的电负性显著降低，且随着 CTAB 用量增加，浮选颗粒表面 Zeta 电位由负电转为正电。在 CTAB 用量大于 20 mg/L 时，Pb-HA-Fe-CTAB 表面 Zeta 电位值由负电转为正电，此后随着 CTAB 用量的继续增加，电位绝对值不断增大。CTAB 用量为 80 mg/L 时，Pb-HA-Fe-CTAB 沉淀絮体表面 Zeta 电位值为 27.64 mV。在 CTAB 用量为 0～80 mg/L 这一范围内，颗粒表面 Zeta 电位均处于较低水平，沉淀絮体间静电斥力较弱，有利于聚集稳定。

3. 复配药剂用量的影响

NP-40 用量对浮选溶液中 Pb(Ⅱ)去除率和剩余溶液浊度的影响如图 5-57 所示。

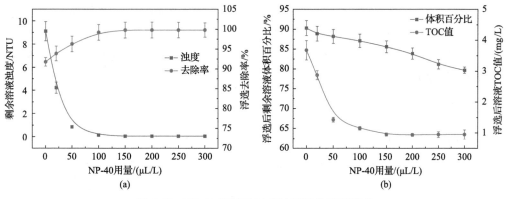

图 5-57 NP-40 用量对 Pb(Ⅱ)浮选分离的影响
(a)剩余溶液浊度和 Pb(Ⅱ)浮选去除率；(b)浮选后剩余溶液体积百分比和 TOC 值

从图 5-57 可以看出，在不添加 NP-40 进行浮选后，剩余溶液浊度为 9.12 NTU。当 NP-40 用量为 200 μL/L 时，Pb(Ⅱ)溶液浊度降低至 0.05 NTU，说明浮选后溶液中沉淀絮体颗粒物极少。随着 NP-40 用量的增加，浮选后 Pb(Ⅱ)的去除率先小幅度增大后稳定不变。当 NP-40 用量达到 200 μL/L 时，Pb(Ⅱ)浮选去除率达到 99.9%。在不添加 NP-40，只采用 CTAB 作为沉淀絮体捕收剂时，Pb(Ⅱ)溶液浮选后剩余溶液体积百分比为 93.9%；随着 NP-40 用量的增加，浮选剩余溶液体积百分比逐渐减小，泡沫的含水率升高。随着 NP-40 用量的增加，浮选后溶液 TOC 值逐渐减小。NP-40 用量为 200 μL/L 时，浮选溶液 TOC 值达 0.95 mg/L。

4. 充气流量的影响

浮选充气流量对 Pb(Ⅱ)沉淀絮体浮选分离的影响如图 5-58 所示。

结果表明，在充气流量为 0.1～0.5 L/min 时，Pb(Ⅱ)浮选溶液的浊度由 1.03 NTU 减小至 0.47 NTU，此后充气流量进一步增大，对浮选溶液浊度的影响不大。同时，充气流量在 0.1～0.5 L/min 之间变化时，Pb(Ⅱ)浮选去除率由 96.5%增加到 99.9%以上。充气流

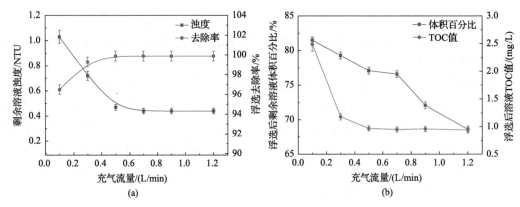

图 5-58　充气流量对 Pb(Ⅱ)沉淀絮体浮选分离的影响

(a)剩余溶液浊度和 Pb(Ⅱ)浮选去除率；(b)浮选后剩余溶液体积百分比和 TOC 值

量为 0.1 L/min 时，剩余溶液体积百分比为 81.5%，说明充气流量较小的情况下浮选泡沫夹带水量较小；当充气流量增大到 0.5 L/min 时，剩余溶液体积百分比为 76.6%，浮选泡沫夹带水量相对增多；充气流量进一步增大到 1.2 L/min 时，剩余溶液体积百分比减小至 68.6%，浮选泡沫夹带水量较大。在充气流量为 0.1~0.5 L/min 时，溶液 TOC 值由 2.49 mg/L 减小至 0.97 mg/L。

5. 浮选时间的影响

浮选时间对 Pb(Ⅱ)沉淀絮体浮选分离的影响如图 5-59 所示。

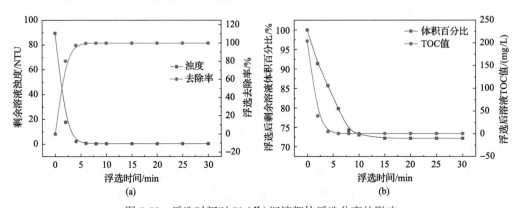

图 5-59　浮选时间对 Pb(Ⅱ)沉淀絮体浮选分离的影响

(a)剩余溶液浊度和 Pb(Ⅱ)浮选去除率；(b)浮选后剩余溶液体积百分比和 TOC 值

图 5-59 表明，随着浮选时间的延长，浮选后溶液浊度逐渐减小，并最终保持不变。当浮选时间为 8 min 时，溶液的浊度达到 0.45 NTU，说明此时浮选基本达到平衡。同时，Pb(Ⅱ)浮选去除率均呈现先增大后稳定不变的变化规律。在浮选时间 6 min 以后，Pb(Ⅱ)浮选去除率即可达到 99.9%。随着浮选时间的延长，Pb(Ⅱ)溶液浮选后的 TOC 值呈现先减小然后稳定不变的规律。在浮选时间 8 min 后，溶液的 TOC 值达到最小值 0.95 mg/L。随着浮选时间的延长，Pb(Ⅱ)溶液体积均呈现先减小然后稳定不变的趋势。在浮选时间 15 min 后，Pb(Ⅱ)溶液体积趋于稳定，剩余溶液体积百分比为 72.2%。

综合以上结果说明，溶液中沉淀颗粒物在 15 min 内已经被充分浮选分离。综合研究可知，充气流量为 0.5 L/min 时，浮选反应时间 15 min 内即可实现溶液中沉淀絮体颗粒的高效分离。

5.4.4　基于响应曲面法的 Pb(Ⅱ)沉淀浮选工艺优化

1. 螯合沉淀转化优化设计

采用响应面设计方法，以溶液 pH 4~8、药剂 HA 用量(摩尔比 0.5~1.5)及反应时间 (0~30 min)作为自变量，实验设计因素及编码见表 5-27。

表 5-27　实验设计因素及编码

因素	编码	编码水平		
		−1	0	1
溶液 pH	X_1	4	6	8
HA 用量	X_2	0.5	1.0	1.5
反应时间/min	X_3	5	15	25

以溶液 pH、药剂 HA 用量和反应时间为自变量，溶液中 Pb(Ⅱ)沉淀率为评价指标进行响应面组合设计，其实验设计值及响应结果见表 5-28。

表 5-28　实验设计值及响应结果

序号	pH	HA 用量	反应时间	Pb^{2+}沉淀率实际值/%	Pb^{2+}沉淀率响应值/%
1	−1	0	1	81.1	78.6
2	0	−1	−1	58.2	64.9
3	1	−1	0	75.4	66.2
4	−1	0	−1	69.5	70.2
5	0	0	0	96.8	96.8
6	1	0	−1	89.7	92.2
7	0	1	1	99.9	99.2
8	−1	−1	0	52.9	45.5
9	0	−1	1	64.3	74.2
10	0	0	0	96.5	96.8
11	0	1	−1	99.5	89.6
12	0	0	0	96.9	96.8
13	0	0	0	97.1	96.7
14	1	0	0	97.5	96.8
15	−1	0	0	58.7	67.9
16	1	1	0	79.9	87.3
17	0	0	0	96.5	96.8

Pb(Ⅱ)沉淀率符合二次多项式模型，拟合公式如式(5-19)所示。

$$Y = 96.76 + 10.04X_1 + 10.90X_2 + 3.24X_3 - 0.33X_1X_2 - 0.95X_1X_3 - 1.42X_2X_3 - 13.03X_1^2$$

$$-17.00X_2^2+0.72\,X_3^2 \tag{5-19}$$

Pb(Ⅱ)沉淀率响应面优化结果的方差分析如表 5-29 所示。

表 5-29　响应面模型计算结果的方差分析

来源	偏差平方和	自由度	均分平方和	F 值	P 值	显著性
模型	3892.58	9	432.51	5.20	0.0204	显著
X_1-pH	806.01	1	806.01	9.70	0.0170	
X_2-HA 用量	950.48	1	950.48	11.44	0.0117	
X_3-反应时间	83.85	1	83.85	1.01	0.3486	
X_1X_2	0.42	1	0.42	0.01	0.9452	
X_1X_3	3.61	1	3.61	0.04	0.8408	
X_2X_3	8.12	1	8.12	0.10	0.7637	
X_1^2	714.87	1	714.87	8.60	0.0219	
X_2^2	1217.56	1	1217.56	14.6	0.0065	
X_3^2	2.18	1	2.18	0.03	0.8758	
残差	581.82	7	83.12			
误差	0.27	4	0.07			
总和	4474.40	16				

可见，Pb(Ⅱ)沉淀率的实际响应模型(P 值为 0.0204)的拟合相关系数 R^2 为 0.8700，说明响应面模型拟合结果显著，拟合度较高。根据回归系数显著性检验证明(P 值<0.05)，X_1、X_2、X_1^2、X_2^2 对沉淀率影响显著，将式(5-19)中的其他非显著因子去除，Pb(Ⅱ)沉淀率的最终拟合公式为式(5-20)。

$$Y= 96.76+10.04X_1+10.90X_2-13.03X_1^2-17.00X_2^2 \tag{5-20}$$

图 5-60 中实验数据点均较为均匀地分布在拟合直线两侧，类似线性分布，说明实验残差处于常态范围之内，也证明了拟合方程模型可用于预测沉淀转化率。

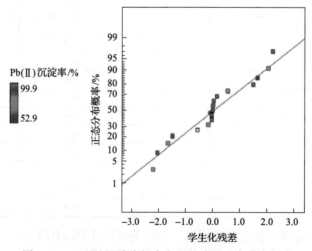

图 5-60　Pb(Ⅱ)沉淀率拟合方程的残差正态分布概率

同样，溶液 pH 和药剂 HA 用量为对沉淀转化效率影响较为显著的因素。在沉淀反应时间 30 min 时，溶液 pH 和 HA 用量对沉淀率影响的三维响应曲面图和二维等高线图如图 5-61 所示。

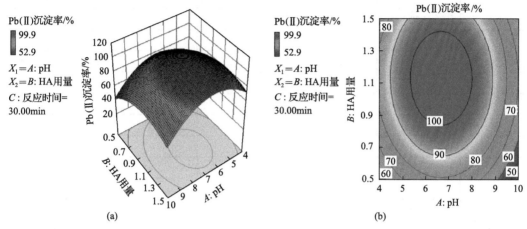

图 5-61　溶液 pH 和 HA 用量对 Pb(Ⅱ)沉淀率影响的三维响应曲面图(a)和二维等高线图(b)

二维等高线图表明，溶液 pH 和药剂 HA 用量之间的交互作用呈椭圆形，说明二者之间交互作用较弱。溶液 pH、HA 用量和反应时间三者之间存在一定的相互作用影响。HA 用量为 1.0 时，通过模拟优化获得最大 Pb(Ⅱ)沉淀率时的条件如表 5-30 所示。

表 5-30　药剂 HA 用量最小时 Pb(Ⅱ)沉淀率最优条件

HA 用量	溶液 pH	反应时间/min	预测沉淀率/%	实际沉淀率/%
1.0	6.15	21.9	100.00	99.98

2. 沉淀颗粒絮体调控优化设计

利用响应曲面法优化沉淀絮体调控剂 Fe^{3+}用量、搅拌速度和反应时间等因素对沉淀颗粒粒径的影响，实验设计因素及编码见表 5-31。

表 5-31　实验设计因素及编码

因素	编码	编码水平		
		−1	0	1
Fe^{3+}用量/(mmol/L)	X_1	0.2	0.7	1.2
搅拌速度/(r/min)	X_2	500	1500	2500
反应时间/min	X_3	5	15	25

以溶液 pH、HA 用量和反应时间为自变量，溶液中 Pb(Ⅱ)沉淀率为评价指标进行响应面组合设计，实验设计值及响应结果见表 5-32，拟合方程为式(5-21)。

表 5-32　　实验设计值及响应结果

序号	Fe³⁺用量/(mmol/L)	搅拌速度/(r/min)	反应时间/min	Pb²⁺沉淀粒径实测值/μm	Pb²⁺沉淀粒径响应值/μm
1	0.70	1500	15	8.8	6.8
2	1.20	1500	25	9.6	9.3
3	0.20	500	15	1.2	2.2
4	0.70	2500	25	3.0	4.3
5	1.20	1500	5	8.5	8.4
6	0.70	1500	15	6.4	6.8
7	0.70	1500	15	6.2	6.8
8	0.20	1500	5	1.0	1.2
9	0.70	1500	15	6.8	6.8
10	0.70	500	5	12.5	11.3
11	0.20	2500	15	0.9	0.7
12	0.20	1500	25	1.0	1.1
13	1.20	2500	15	3.4	2.5
14	1.20	500	15	13.3	14.7
15	0.70	2500	5	2.8	3.9
16	0.70	500	25	12.7	11.7
17	0.70	1500	15	6.0	6.8

$$Y = 6.84 + 3.84X_1 - 3.70X_2 + 0.19X_3 - 2.40X_1X_2 + 0.27X_1X_3 + 0.000X_2X_3 - 2.43X_2^2$$
$$+ \ 0.29X_2^2 + 0.62X_3^2 \tag{5-21}$$

Pb(II)沉淀颗粒粒径响应面优化结果的方差分析如表 5-33 所示。

表 5-33　　响应面模型计算结果方差分析

来源	偏差平方和	自由度	均分平方和	F 值	P 值	显著性
模型	278.0	9	30.9	13.4	0.0012	显著
X_1-Fe³⁺用量	118.6	1	118.6	51.5	0.0002	
X_2-搅拌速度	109.5	1	109.5	47.5	0.0002	
X_3-反应时间	0.3	1	0.3	0.1	0.7204	
X_1X_2	23.0	1	23.0	10.0	0.0159	
X_1X_3	0.3	1	0.3	0.1	0.7515	
X_2X_3	0.00	1	0.00	0.0	1.0000	
X_1^2	25.2	1	25.2	10.9	0.0130	
X_2^2	0.4	1	0.4	0.2	0.6925	

续表

来源	偏差平方和	自由度	均分平方和	F 值	P 值	显著性
X_3^2	1.5	1	1.5	0.7	0.4404	
残差	16.1	7	2.3			
失拟项	10.9	3	3.7	2.8	0.1695	不显著
误差	5.2	4	1.3			
总和	294.1	16				

根据方差结果分析可知，Pb(Ⅱ)沉淀颗粒粒径的实际响应模型(P 值为 0.0012)的拟合相关系数 R^2 为 0.9452，拟合度较高。根据回归系数显著性检验证明(P 值<0.05)，X_1、X_2、X_1X_2、X_2^2 对沉淀颗粒粒径影响显著，将式(5-21)中的其他非显著因子去除，得到Pb(Ⅱ)沉淀颗粒粒径的最终拟合公式：

$$Y = 6.84 + 3.84X_1 - 3.70X_2 - 2.40X_1X_2 - 2.43X_2^2 \tag{5-22}$$

Pb(Ⅱ)沉淀颗粒粒径拟合方程的残差正态分布概率如图 5-62 所示。

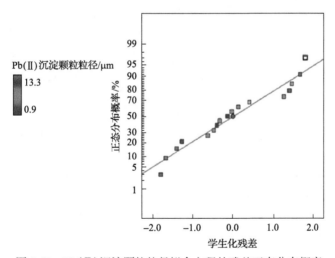

图 5-62　Pb(Ⅱ)沉淀颗粒粒径拟合方程的残差正态分布概率

图 5-62 表明，实验数据点均匀地分布在拟合直线两侧，类似线性分布，说明实验残差处于常态范围内，拟合方程模型能够较好地用于预测 Pb(Ⅱ)的沉淀颗粒粒径变化。

在响应面软件中，绘制 Fe^{3+} 用量和搅拌速度等参数对 Pb(Ⅱ)沉淀率的影响，进而确定最佳的水平范围，如图 5-63 所示。

根据图 5-63 模型得到的搅拌时间与 Fe^{3+} 用量和搅拌速度参数之间的交互关系不显著。Fe^{3+} 用量、搅拌速度和搅拌时间对沉淀颗粒粒径的影响存在一定的相互影响，通过模拟优化求解得到 Pb(Ⅱ)沉淀颗粒粒径最大值时的最优条件如表 5-34 所示。

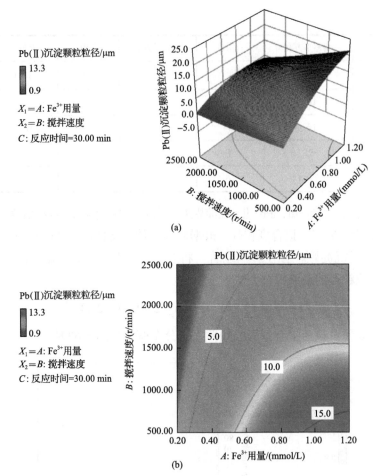

图 5-63　Fe³⁺用量和搅拌速度对 Pb(Ⅱ)沉淀颗粒粒径影响的三维响应曲面图(a)和二维等高线图(b)

表 5-34　响应面优化得到的 Pb(Ⅱ)沉淀颗粒值的最优条件

Fe³⁺用量/(mmol/L)	搅拌速度/(r/min)	反应时间/min	预测沉淀颗粒粒径/μm	实际沉淀颗粒粒径/μm
1.2	500	20	15.0	17.6

3. 沉淀产物浮选分离优化设计

利用响应曲面法优化 CTAB 用量、浮选溶液 pH、充气流量、浮选时间等因素对浮选沉淀颗粒粒径、离子去除率的影响,实验设计因素及编码如表 5-35 所示。

表 5-35　实验设计因素及编码

因素	编码	编码水平		
		−1	0	1
CTAB 用量/(mg/L)	X_1	60	90	120
浮选溶液 pH	X_2	4	6	8
充气流量/(L/min)	X_3	0.2	0.7	1.2
浮选时间/min	X_4	5	15	25

利用 Design-Expert 软件，根据实验设计和响应值进行多元回归拟合，沉淀絮体颗粒粒径及浮选去除率符合二次多项式计算模型，拟合方程分别为式(5-23)和式(5-24)。

$$Y_1=30.24+3.57X_1-0.40X_2-8.333\times10^{-3}X_3+8.333\times10^{-3}X_4+0.25X_1X_2-0.025X_1X_3$$
$$-0.025X_1X_4+0.050X_2X_4-3.25X_1^2-0.020X_2^2-0.032X_3^2-0.032X_4^2 \tag{5-23}$$

$$Y_2=99.90+2.25X_1+6.21X_2+2.18X_3+1.46X_4-2.15X_1X_2-0.95X_1X_4-1.40X_2X_3$$
$$+0.53X_2X_4-2.65X_3X_4-0.84X_1^2-9.30X_2^2-0.24X_3^2-1.25X_4^2 \tag{5-24}$$

根据表 5-36、表 5-37、表 5-38 中结果可知，Pb(Ⅱ)沉淀絮体颗粒粒径的实际响应模

表 5-36 响应面优化实验设计值

序号	CTAB 用量 /(mg/L)	pH	充气流量 /(L/min)	反应时间 /min	Pb²⁺沉淀颗粒粒径 实测值/μm	Pb²⁺浮选去除效率 实测值/%
1	90.0	6.0	0.7	15.00	30.3	99.9
2	90.0	8.0	0.2	15.00	29.8	94.6
3	120.0	6.0	0.7	5.00	30.6	99.7
4	60.0	8.0	0.7	15.00	22.8	92.6
5	120.0	4.0	0.7	15.00	30.8	88.9
6	90.0	4.0	0.7	5.00	30.5	83.8
7	90.0	8.0	0.7	5.00	29.7	94.5
8	90.0	6.0	1.2	25.00	30.3	99.9
9	90.0	6.0	0.7	15.00	30.2	99.9
10	120.0	6.0	0.2	15.00	30.6	98.8
11	90.0	8.0	0.7	25.00	29.9	96.9
12	90.0	6.0	0.7	15.00	30.2	99.9
13	90.0	8.0	1.2	15.00	29.8	98.5
14	60.0	6.0	0.2	15.00	23.4	98.7
15	60.0	6.0	0.7	25.00	23.3	99.2
16	120.0	6.0	0.7	25.00	30.5	99.9
17	120.0	8.0	0.7	15.00	30.3	99.1
18	90.0	6.0	0.7	15.00	30.2	99.9
19	90.0	6.0	1.2	5.00	30.3	99.9
20	90.0	6.0	0.7	15.00	30.3	99.9
21	120.0	6.0	1.2	15.00	30.4	99.9
22	60.0	6.0	1.2	15.00	23.3	99.8
23	90.0	4.0	0.7	25.00	30.5	84.1
24	90.0	6.0	0.2	25.00	30.2	99.9
25	90.0	6.0	0.2	5.00	30.2	89.3
26	90.0	4.0	1.2	15.00	30.5	90.3
27	60.0	4.0	0.7	15.00	24.3	73.8
28	60.0	6.0	0.7	5.00	23.3	95.2
29	90.0	4.0	0.2	15.00	30.5	80.8

表 5-37　Pb(Ⅱ)沉淀絮体颗粒粒径响应面模型计算结果的方差分析

来源	偏差平方和	自由度	均分平方和	F 值	P 值	显著性
模型	228.39	14	16.31	1064	<0.0001	显著
X_1-CTAB 用量	152.65	1	152.65	9963	<0.0001	
X_2-pH	1.92	1	1.92	125	<0.0001	
X_3-充气流量	8×10^{-4}	1	8×10^{-4}	0.05	0.8190	
X_4-时间	8×10^{-4}	1	8×10^{-4}	0.05	0.8190	
$X_1 X_2$	0.25	1	0.25	16.3	0.0012	
$X_1 X_3$	2.5×10^{-3}	1	2.5×10^{-3}	0.16	0.6924	
$X_1 X_4$	2.5×10^{-3}	1	2.5×10^{-3}	0.16	0.6924	
$X_2 X_3$	0.000	1	0.000	0.00	1.0000	
$X_2 X_4$	0.010	1	0.010	0.65	0.4327	
$X_3 X_4$	0.000	1	0.000	0.00	1.0000	
X_1^2	68.30	1	68.30	4458	<0.0001	
X_2^2	2.6×10^{-3}	1	2.6×10^{-3}	0.17	0.6869	
X_3^2	6.8×10^{-3}	1	6.8×10^{-3}	0.45	0.5146	
X_3^4	6.8×10^{-3}	1	6.8×10^{-3}	0.45	0.5146	
残差	0.21	14	0.015			
误差	0.012	4	3×10^{-3}			
总和	228.61	28				

表 5-38　Pb(Ⅱ)沉淀絮体浮选去除率响应面模型计算结果的方差分析

来源	偏差平方和	自由度	均分平方和	F 值	P 值	显著性
模型	1245.13	14	88.94	11.15	<0.0001	显著
X_1-CTAB 用量	60.75	1	60.75	7.62	0.0153	
X_2-pH	462.52	1	462.52	58.0	<0.0001	
X_3-充气流量	57.20	1	57.20	7.17	0.0180	
X_4-时间	25.52	1	25.52	3.20	0.0253	
$X_1 X_2$	18.49	1	18.49	2.32	0.1501	
$X_1 X_3$	-2.2×10^{-12}	1	-2×10^{-12}	-3×10^{-13}	1.0000	
$X_1 X_4$	3.61	1	3.61	0.45	0.5120	
$X_2 X_3$	7.84	1	7.84	0.98	0.3382	
$X_2 X_4$	1.10	1	1.10	0.14	0.7156	
$X_3 X_4$	28.09	1	28.09	3.52	0.0815	
X_1^2	4.55	1	4.55	0.57	0.4626	
X_2^2	561.02	1	561.02	70.35	<0.0001	
X_3^2	0.37	1	0.37	0.05	0.8335	
X_3^4	10.14	1	10.14	1.27	0.2785	
残差	111.64	14	7.97			
误差	0.000	4	0.000			
总和	1356.77	28				

型(P 值<0.0001)的拟合相关系数 R^2 为 0.9991，说明模型拟合结果显著，拟合度较高。Pb(Ⅱ)沉淀絮体浮选去除率的实际响应模型(P 值<0.0001)的拟合相关系数 R^2 为 0.9177，拟合度较高。

　　根据回归系数显著性检验证明(P 值<0.05)，X_1、X_2、X_1X_2、X_1^2、X_2^2 对沉淀颗粒粒径影响显著，将式(5-23)和式(5-24)中的其他非显著因子去除，得到浮选阶段 Pb(Ⅱ)浮选去除率的最终拟合公式为式(5-25)和式(5-26)。

$$Y_1 = 30.24 + 3.57X_1 - 0.40X_2 + 0.25X_1X_2 - 3.25X_1^2 \tag{5-25}$$

$$Y_2 = 99.90 + 2.25X_1 + 6.21X_2 + 2.18X_3 + 1.46X_4 - 9.30X_2^2 \tag{5-26}$$

　　Pb(Ⅱ)沉淀颗粒粒径和浮选去除率拟合方程的残差正态分布概率如图 5-64 所示。

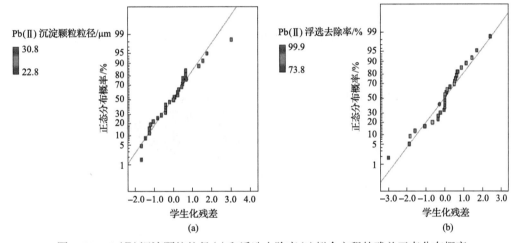

图 5-64　Pb(Ⅱ)沉淀颗粒粒径(a)和浮选去除率(b)拟合方程的残差正态分布概率

　　Pb(Ⅱ)沉淀颗粒粒径和浮选去除率拟合方程的实验数据点均匀地分布在拟合直线两侧，呈线性分布，说明其实验残差处于常态范围内。

　　在响应面软件中，绘制浮选溶液 pH 和 CTAB 用量等实验参数对 Pb(Ⅱ)沉淀颗粒粒径的影响，确定最佳的水平范围。图 5-65 和图 5-66 中二维等高线表明，溶液 pH 和 CTAB

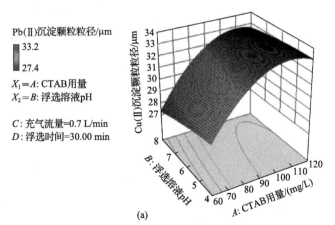

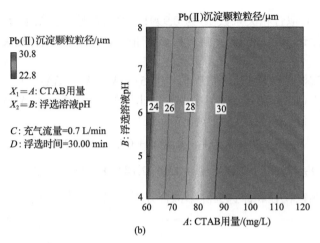

图 5-65　浮选阶段溶液 pH 和 CTAB 用量对 Pb(Ⅱ)沉淀颗粒粒径影响的三维
响应曲面图(a)和二维等高线图(b)

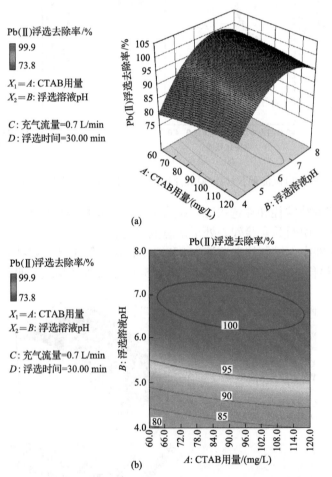

图 5-66　浮选阶段溶液 pH 和 CTAB 用量对 Pb(Ⅱ)沉淀颗粒浮选去除率影响的
三维响应曲面图(a)和二维等高线图(b)

用量两参数之间的交互作用呈椭圆形，说明二者之间交互作用较弱。与前述的两种金属离子相似，在 CTAB 用量一定的条件下，浮选溶液 pH 对沉淀颗粒粒径的影响相对较弱，但在酸性条件下沉淀颗粒粒径更大，偏碱性条件对浮选阶段沉淀颗粒粒径有微弱的减小作用。溶液 pH、CTAB 用量、浮选充气流量和浮选时间对沉淀颗粒粒径有较显著的影响。

通过模拟优化求解获得浮选阶段 Pb(Ⅱ)沉淀颗粒粒径最大、浮选去除率最佳的优化条件如表 5-39 所示。

表 5-39　浮选阶段 Pb(Ⅱ)沉淀颗粒粒径及浮选去除率最佳时的响应面优化条件

pH	CTAB 量 /(mg/L)	充气流量 /(L/min)	浮选时间 /min	预测粒径 /μm	实际粒径 /μm	预测去除率 /%	实际去除率 /%
6.1	100.8	0.6	15.6	31.1	31.3	100	99.9

综合研究表明，Pb(Ⅱ)的优化沉淀浮选工艺条件与前述的 Zn(Ⅱ)接近。药剂 HA 对 Pb(Ⅱ)螯合沉淀最佳溶液为 pH 6.0，药剂 HA 用量(理论用量/实际用量)摩尔比为 1.0，反应时间为 30 min，Pb(Ⅱ)沉淀率为 99.98%；絮体生长调控阶段中 Fe^{3+} 用量 1.2 mmol/L，搅拌速度为 500 r/min，搅拌时间为 20 min，Pb-HA-Fe 沉淀颗粒粒径为 17.6 μm；浮选分离阶段中浮选溶液 pH 6.1，CTAB 用量为 100.8 mg/L，浮选充气流量为 0.5 L/min，浮选时间为 30 min，最终浮选阶段 Pb-HA-Fe-CTAB 颗粒粒径为 31.3 μm，浮选去除率为 99.9%。

5.5　溶液中 Fe(Ⅲ)的泡沫提取

选冶溶液中 Fe(Ⅲ)的主要来源是矿物洗选、多金属湿法冶炼、电镀废水、冶炼过程冷却和洗涤废水以及铁基化学添加剂/药剂等。虽然 Fe(Ⅲ)对人和动物毒性很小，但水体中铁化合物的浓度为 0.1~0.3 mg/L 时，会影响溶液的色、嗅、味等感官性状。溶液中存在的溶解性 Fe(Ⅲ)容易造成水体中的溶解氧迅速降低，排水呈赤橙色且浑浊，对环境造成严重污染。因此，如何有效地提取分离溶液中的铁离子，对含 Fe(Ⅲ)废水污染减排以及环境保护具有重要意义。

针对铁基絮凝剂应用过程，前面几节已经涉及溶液中 Fe(Ⅲ)的溶液化学行为。本节重点研究基于新型改性腐植酸基药剂(HA)的溶液中 Fe(Ⅲ)的沉淀浮选，建立系统的溶液中 Fe(Ⅲ)的泡沫提取技术原型。

5.5.1　Fe(Ⅲ)螯合沉淀过程

1. 螯合过程的溶液化学行为

采用溶液化学模拟分析软件 Visual MINTEQ，对不同溶液 pH 下 Fe(Ⅲ)的主要化学形态进行模拟计算，并采用化学平衡制图软件 HYDRA/MEDUSA 绘制 Fe(Ⅲ)与腐植酸基药剂沉淀-溶解平衡，结果如图 5-67 所示。

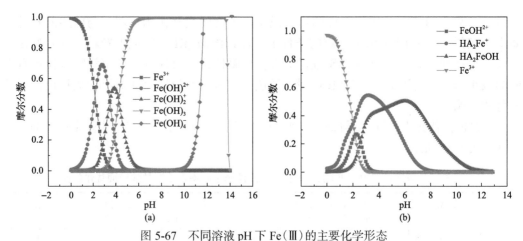

图 5-67　不同溶液 pH 下 Fe(Ⅲ)的主要化学形态
(a)Fe(Ⅲ)的溶液化学形态；(b)腐植酸基药剂与 Fe(Ⅲ)螯合产物的化学形态

图 5-67 反映了不同 pH 下 Fe(Ⅲ)的形态转变过程，同时模拟了 Fe(Ⅲ)与腐植酸基药剂作用后的 Fe(Ⅲ)螯合产物的化学形态及组分含量。溶液中铁离子的主要化学形态变化如下：

$$Fe^{3+} \rightleftharpoons Fe(OH)^{2+} \rightleftharpoons Fe(OH)_2^+ \rightleftharpoons Fe(OH)_3 \rightleftharpoons Fe(OH)_4^- \qquad (5-27)$$

随着溶液 pH 的升高，Fe(Ⅲ)金属离子水解程度增大，由离子态转化为多种羟基络合物。Fe(Ⅲ)在 pH<1.0 的情况下可保持离子态；当溶液 pH>1.0 时开始出现水解，水解产物主要有 $Fe(OH)^{2+}$、$Fe(OH)_2^+$、$Fe(OH)_3$ 和 $Fe(OH)_4^-$。Fe(Ⅲ)的沉淀-溶解平衡是决定离子存在形态和所带电荷的重要因素。在弱酸性条件下 HA 与 Fe(Ⅲ)螯合产物比例显著增加，碱性条件下螯合产物比例显著降低。Fe(Ⅲ)与 HA 螯合产物化学形态主要是 HA_2FeOH 和 HA_2Fe^+，而且在较为宽泛的 pH 范围内(pH=1.0～11.0)都存在螯合产物。与前述二价金属离子模拟计算对比发现，HA 对 Fe(Ⅲ)的螯合效果更强。

2. 螯合沉淀药剂的影响

溶液中 Fe(Ⅲ)的初始浓度为 10 mg/L，溶液 pH 为 4，反应时间为 3 h，反应温度为 25℃，考察三种药剂[新型改性腐植酸基药剂(HA)、磺化腐植酸(SHA)、黄腐酸(FA)]对 Fe(Ⅲ)螯合沉淀效果的影响，结果如图 5-68 所示。

图 5-68 表明，三种螯合剂对 Fe(Ⅲ)的螯合影响规律相同。随着药剂用量的增加，残余溶液中 Fe(Ⅲ)的浓度逐渐增加然后趋于平衡，说明药剂与 Fe(Ⅲ)进行了有效螯合。在摩尔比为 0.5 时，药剂 HA 和 SHA 与 Fe(Ⅲ)的螯合效果最好，此时铁的残余浓度为 0.41 mg/L，螯合率为 95.9%，药剂剩余浓度为 0.412 mg/L。在 Fe(Ⅲ)浓度相同的情况下，FA 与 Fe(Ⅲ)最佳的螯合摩尔比为 0.25，反应过后 Fe(Ⅲ)浓度为 1.29 mg/L，螯合率为 87.1%，FA 剩余浓度为 15.66 mg/L。由以上结果可知，药剂 HA 与 Fe(Ⅲ)螯合作用明显优于 SHA 和 FA，这一结果与前述的药剂和 Cu(Ⅱ)的螯合规律相似。

通过对前述腐植酸分子的模拟可知，药剂 HA 在 pH 为 4 时溶液中解离出来的主要是羧基，而羧基的含量影响药剂与 Fe(Ⅲ)的螯合率。随着药剂用量的增加，三种药剂与

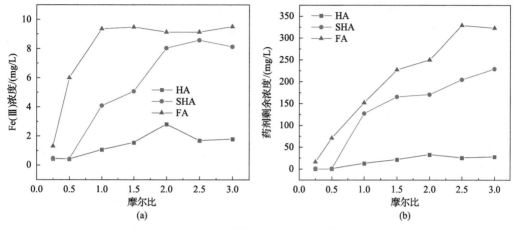

图 5-68　螯合沉淀药剂对 Fe(Ⅲ)螯合效果的影响

Fe(Ⅲ)的螯合效果明显减弱,这是因为腐植酸基螯合剂本身带负电,浓度增加使得自身分子之间电荷斥力大于与 Fe(Ⅲ)的静电引力,药剂与 Fe(Ⅲ)之间不能进行有效的螯合反应。综合可以得出,溶液中 Fe(Ⅲ)与 HA、SHA、FA 分别在最佳摩尔比 0.5、0.5 和 0.25 时,螯合沉淀转化效果较好。

3. 反应时间的影响及动力学

在最佳摩尔比的条件下,反应时间对 Fe(Ⅲ)螯合效果的影响如图 5-69 所示。

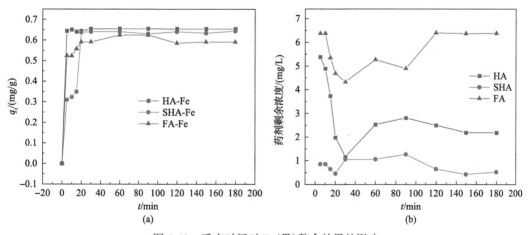

图 5-69　反应时间对 Fe(Ⅲ)螯合效果的影响

从图 5-69 可以看出,随着螯合时间的延长,螯合率快速增加。当反应时间小于 20 min 时,由于反应时间过短,Fe(Ⅲ)螯合沉淀不充分,残余 Fe(Ⅲ)浓度较高;当反应进行到 30 min 时,Fe(Ⅲ)螯合率较高,反应趋于完全,药剂剩余浓度减少,这表明三种药剂与 Fe(Ⅲ)螯合反应均在 30 min 左右达到平衡。但相比较而言,药剂 HA 和黄腐酸 FA 与 Fe(Ⅲ)螯合较快。

螯合过程的拟一级动力学和拟二级动力学结果分别如图 5-70 和表 5-40 所示。

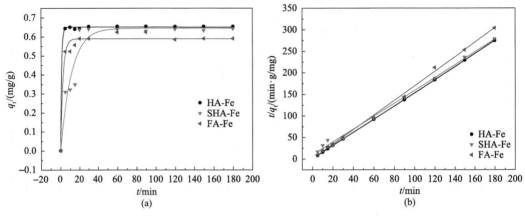

图 5-70　螯合药剂与 Fe(Ⅲ)的动力学

(a)拟一级动力学；(b)拟二级动力学

表 5-40　两种模型对不同螯合剂下的动力学拟合参数

药剂	C_0 /(mg/L)	q_e /(mg/g)	拟一级动力学拟合参数			拟二级动力学拟合参数		
			k_1	q_{e1}	R^2	k_2	q_{e2}	R^2
HA	10	0.652	0.899	0.655	0.999	11.114	0.655	1
SHA	10	0.646	0.087	0.641	0.912	0.245	0.669	0.995
FA	10	0.591	0.392	0.590	0.977	31.487	0.591	0.998

从表 5-40 中拟合方程的线性相关系数 R^2 可知，拟二级动力学方程与实验数据的拟合度较好，并且计算出的平衡螯合吸附量 q_{e2} 更接近实验值 $q_{e,exp}$。结果表明，拟二级吸附模型适合描述腐植酸基药剂与 Fe(Ⅲ)的螯合作用，涵盖了螯合吸附的外部传质、表面吸附和内部扩散等过程。

5.5.2　Fe(Ⅲ)沉淀产物的浮选分离过程

1. 阳离子表面活性剂的影响

针对 Fe(Ⅲ)浮选体系，阳离子表面活性剂 CTAB 主要用于螯合沉淀颗粒表面的疏水性能调控。在溶液中 Fe(Ⅲ)浓度为 10 mg/L，溶液 pH 为 4，反应温度为 25℃，螯合反应时间为 30 min 的条件下，再向溶液加入阳离子表面活性剂和复配药剂搅拌反应 10 min 后浮选，CTAB 对沉淀产物浮选分离的影响如图 5-71 所示。

从图 5-71 可以看出，表面活性剂 CTAB 对 HA-Fe 沉淀产物、SHA-Fe 沉淀产物和 FA-Fe 沉淀产物浮选的影响规律一致。对于 HA-Fe 沉淀颗粒浮选体系，当未使用阳离子表面活性剂时，虽然 Fe(Ⅲ)去除率能够达到 95%以上，但浮选后溶液中仍有肉眼可见的颗粒；在 CTAB 用量为 30 mg/L 时，Fe(Ⅲ)去除率达到 99.49%，此时溶液中 Fe(Ⅲ)残余浓度为 0.051 mg/L，药剂剩余浓度为 0.875 mg/L；CTAB 用量继续增加，Fe(Ⅲ)的去除率略有下降，但仍然能够达到 99%以上；当 CTAB 用量大于 90 mg/L 时，浮选过程中大量液相随泡沫浮出，导致浮选后溶液体积大幅减少(小于原体积的 1/5)。在 SHA-Fe 沉淀颗粒浮选

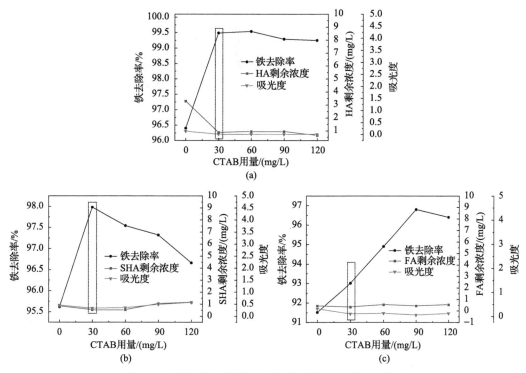

图 5-71　阳离子表面活性剂对沉淀产物浮选分离的影响

(a) HA-Fe；(b) SHA-Fe；(c) FA-Fe

体系，未使用 CTAB 时，浮选后溶液浑浊；CTAB 用量为 30 mg/L 时，Fe(Ⅲ)去除率最高达到 97.98%，Fe(Ⅲ)残余浓度为 0.202 mg/L，溶液中药剂 SHA 剩余浓度为 0.535 mg/L；随着 CTAB 用量逐渐增加，Fe(Ⅲ)的去除率逐渐下降；CTAB 用量在 30～90 mg/L 的范围内时，Fe(Ⅲ)去除率依然大于 97%；CTAB 用量大于 90 mg/L 时，浮选后溶液体积大幅减小，浮选过程中大量溶液随泡沫浮出。与前述两种沉淀颗粒的浮选现象不同，在 CTAB 用量为 0～90 mg/L 范围内，FA-Fe 沉淀颗粒的浮选去除率逐渐增大。CTAB 用量为 90 mg/L 时，Fe(Ⅲ)去除率最高达到 96.8%，Fe(Ⅲ)残余浓度为 0.32 mg/L，溶液中药剂 FA 剩余浓度为 0.432 mg/L；当 CTAB 用量大于 60 mg/L 时，浮选溶液产生大量泡沫并夹带过量水分，浮选后溶液剩余量过少。

2. 复配药剂的影响

以非离子表面活性剂 NP-40 为复配药剂，CTAB 用量为 30 mg/L，搅拌反应 10 min 后进行浮选，复配药剂对沉淀颗粒浮选的影响如图 5-72 所示。

图 5-72 表明，随着复配药剂 NP-40 用量的增加，溶液中 Fe(Ⅲ)的去除率逐渐增加，但是当 NP-40 用量达到一定值后，Fe(Ⅲ)去除率又逐渐降低。对于 HA-Fe 沉淀颗粒浮选体系，未使用 NP-40 时，浮选后溶液中仍然有肉眼可见的颗粒；随着 NP-40 用量增加至 100 μL/L 时，Fe(Ⅲ)去除率能够达到 99.58%，Fe(Ⅲ)残余浓度为 0.042 mg/L，此时溶液中药剂剩余浓度和溶液吸光度均较低；随着 NP-40 用量继续增加，Fe(Ⅲ)的去除率变化

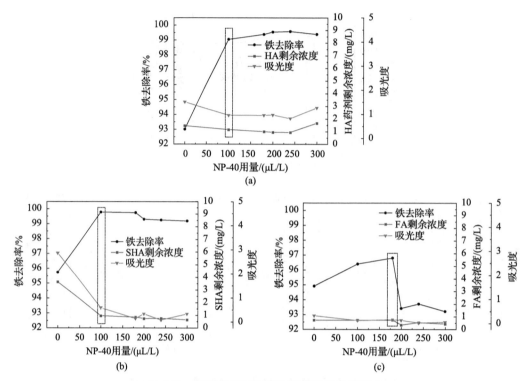

图 5-72　复配药剂对不同沉淀颗粒浮选的影响

(a) HA-Fe；(b) SHA-Fe；(c) FA-Fe

不大；NP-40 用量大于 200 μL/L 时，浮选过程中会产生大量泡沫，导致浮选后溶液体积大幅减小。对于 SHA-Fe 沉淀颗粒浮选体系，未使用 NP-40 时，浮选后溶液浑浊；当 NP-40 用量为 100 μL/L 时，Fe(Ⅲ)去除率达到 99.78%，此时溶液中 Fe(Ⅲ)残余浓度为 0.022 mg/L，溶液中药剂剩余浓度为 0.948 mg/L；当 NP-40 用量大于 200 μL/L 时，剩余溶液体积大幅减少，对浮选产生了不利的影响。对于 FA-Fe 沉淀颗粒浮选体系，在复配药剂用量为 180 μL/L 时，Fe(Ⅲ)去除率最高，达到 96.8%，Fe(Ⅲ)残余浓度仍较高，为 0.32 mg/L，此时溶液中 FA 剩余浓度为 0.742 mg/L。

3. 溶液 pH 的影响

溶液 pH 对溶液中不同 Fe(Ⅲ)沉淀颗粒浮选分离的影响如图 5-73 所示。

从图 5-73 可以看出，在溶液 pH 为 3 的条件下，以药剂 HA 作为螯合药剂对絮体颗粒进行浮选时，溶液中 Fe(Ⅲ)去除率为 97.55%，此时溶液中 Fe(Ⅲ)残余浓度为 0.245 mg/L，药剂剩余浓度为 1.012 mg/L；当 pH 为 4～7 时，Fe(Ⅲ)螯合沉淀颗粒的去除率保持稳定，达到 99% 以上；溶液 pH 继续增大至碱性条件时，Fe(Ⅲ)去除率开始明显下降，这可能是由于碱性条件下溶液中存在大量带有负电荷的 OH⁻ 离子与带正电的阳离子表面活性剂作用，从而与溶液中的 Fe(Ⅲ)产生竞争作用，降低了 Fe(Ⅲ)的螯合作用，导致浮选效率的下降。在酸性条件下，当 SHA 作为螯合药剂进行浮选时，溶液中 Fe(Ⅲ)去除率逐渐增大并达到最大值；浮选溶液 pH 为 4～5 时，Fe(Ⅲ)去除率大于 97%；溶液 pH

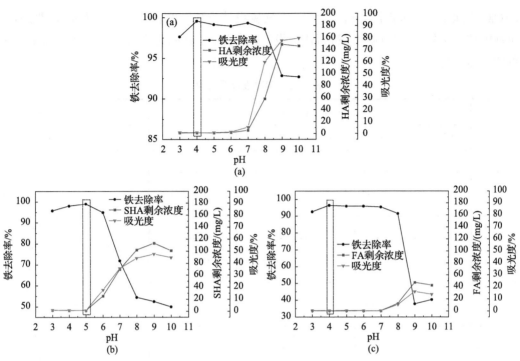

图 5-73　溶液 pH 对 Fe(Ⅲ)沉淀颗粒浮选分离的影响

(a)HA-Fe；(b)SHA-Fe；(c)FA-Fe

为 6～10 时，Fe(Ⅲ)去除率开始明显减小。在溶液 pH 为 4～7 条件下，FA 作为螯合剂进行浮选，Fe(Ⅲ)去除率保持稳定，达到 95%以上；当 pH 大于 8 时，Fe(Ⅲ)去除率开始明显减小。综合比较得出，药剂 HA 与 Fe(Ⅲ)螯合后的絮体颗粒浮选过程受溶液 pH 影响小；其他两种药剂形成的絮体颗粒的浮选工艺参数不易控制，黄腐酸 FA 不适宜作为 Fe(Ⅲ)的螯合药剂。

5.5.3　基于响应曲面法的 Fe(Ⅲ)沉淀浮选工艺优化

以溶液中 Fe(Ⅲ)浓度为 10 mg/L 为对象，开展基于响应曲面法的 Fe(Ⅲ)浮选工艺优化研究。采用 Design-Expert 软件中的 Response surface 进行设计，根据 Box-Behnken 中心组合设计原理，实验设计因素及编码见表 5-41。

表 5-41　实验设计因素及编码

因素	编码	编码水平		
		−1	0	1
CTAB 用量/(mg/L)	X_1	15	30	45
NP-40 用量/(μL/L)	X_2	50	100	150
溶液 pH	X_3	3	4	5

采用响应面设计方法，以 CTAB 用量、NP-40 用量和溶液 pH 为考查因素，溶液中

Fe（Ⅲ）去除率为评价指标进行组合设计，实验设计及结果见表 5-42。通过对 Fe（Ⅲ）螯合沉淀颗粒浮选的三个影响因素进行优化设计，采用二阶回归方程式（5-2）对实际影响因素的响应值进行拟合。

表 5-42　实验设计及结果

序号	影响因素实际值			Fe（Ⅲ）去除率/%	
	CTAB 用量/(mg/L)	NP-40 用量/(μL/L)	溶液 pH	实际值	响应值
1	1	−1	0	98.27	97.12
2	1	1	0	97.98	98.29
3	1	0	−1	86.24	98.84
4	−1	0	1	92.30	98.47
5	0	1	−1	90.59	91.05
6	0	0	0	99.15	85.51
7	−1	1	0	98.86	93.03
8	0	−1	1	98.05	99.38
9	0	0	0	97.88	88.66
10	0	1	1	98.25	90.83
11	0	0	0	98.00	97.81
12	−1	0	−1	91.28	97.54
13	0	0	0	98.32	98.20
14	0	0	0	97.66	98.20
15	0	−1	−1	87.95	98.20
16	1	0	1	99.15	98.20
17	−1	−1	0	97.61	98.20

实验中以 CTAB、NP-40 用量和溶液 pH 为实验因素，分别记为 X_1、X_2、X_3，Fe（Ⅲ）去除率为响应值，记为 Y。采用 Design-Expert 软件对上述方程多元回归拟合，得到以 Fe（Ⅲ）去除率为响应值的拟合方程式（5-28）。

$$Y = 98.20 + 0.17185X_1 - 0.37172X_2 + 0.018252X_3 + 7.27273 \times 10^{-3}X_1X_2 - 3.63 \times 10^{-4}X_1X_3$$
$$+ 3.3 \times 10^{-3}X_2X_3 - 9.4876 \times 10^{-3}X_1^2 - 0.14352X_2^2 - 3.56250 \times 10^{-5}X_3^2 \tag{5-28}$$

对实验中 Fe（Ⅲ）去除率的二阶回归方程进行方差分析，结果如表 5-43 所示。可见，Fe（Ⅲ）螯合沉淀浮选实验的显著性很高（$P < 0.0001$），这表明方程拟合度好且实验误差小。其中，溶液 pH 对溶液中 Fe（Ⅲ）的去除影响最大，其次是 CTAB 和 NP-40 的用量。X_1X_3 显著性说明，这两因素之间不是简单的线性关系，由 P 值可知其交互作用极为显著；模型的失拟项不显著（$P = 0.1763 > 0.05$），这表明可用该模型代替实验点对结果进行分析；相关系数 $R^2 = 0.9857$，说明可用此模型对 Fe（Ⅲ）螯合沉淀浮选参数优化分析和预测。

表 5-43　Fe(Ⅲ)去除率回归方程方差分析

来源	偏差平方和	自由度	均分平方和	F 值	P 值	显著性
模型	248.61	9	31.62	53.45	<0.0001	显著
X_1-CTAB 用量	0.32	1	0.32	0.53	0.4886	
X_2-NP-40 用量	1.81	1	1.81	3.05	0.1242	
X_3-pH	125.53	1	125.53	212.18	<0.0001	显著
X_1X_2	0.59	1	0.59	1.00	0.3501	
X_1X_3	35.34	1	35.34	59.74	0.0001	显著
X_2X_3	1.49	1	1.49	2.52	0.1567	
X_1^2	2.34	1	2.34	3.95	0.0873	显著
X_2^2	2.20	1	2.20	3.72	0.0952	显著
X_3^2	114.50	1	114.50	193.53	<0.0001	显著
残差	4.14	7	0.59			
失拟项	2.79	3	0.93	2.75	0.1763	
误差	1.35	4	0.34			
总和	288.75	16				

将拟合方程式(5-28)中的非显著因子去除，Fe(Ⅲ)去除率拟合方程式可简化为

$$Y=98.20+0.018252X_3-3.63\times10^{-4}X_1X_3-3.56250\times10^{-5}X_3^2 \tag{5-29}$$

Fe(Ⅲ)去除率拟合方程的残差正态分布概率如图 5-74 所示。

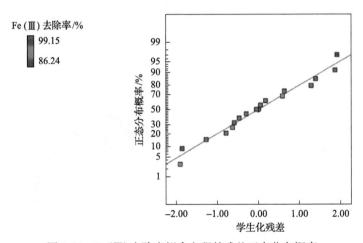

图 5-74　Fe(Ⅲ)去除率拟合方程的残差正态分布概率

图 5-74 中实验数据点近似一条直线，这表明实验残差分布在正常范围内，本实验所选模型可以用来预测 Fe(Ⅲ)沉淀浮选过程。

为考察 Fe(Ⅲ)螯合沉淀浮选过程中各因素及其交互作用对溶液中 Fe(Ⅲ)去除效果的影响，采用软件 Design Expert 作图确定各个影响因素的最佳水平区间。CTAB 用量、NP-40 用量和溶液 pH 对响应变量 Fe(Ⅲ)去除率影响的三维响应曲面和二维等高线如图 5-75 所示。

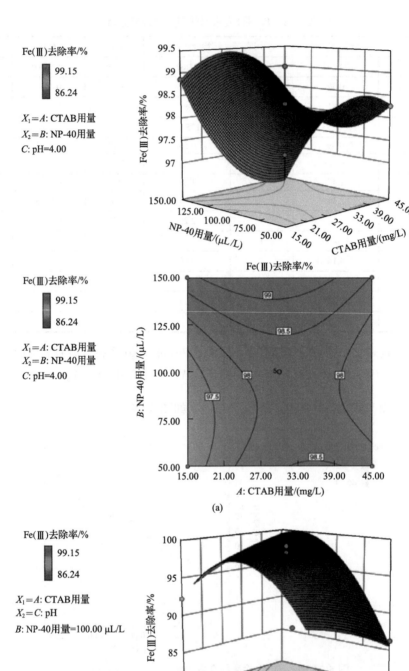

(a)

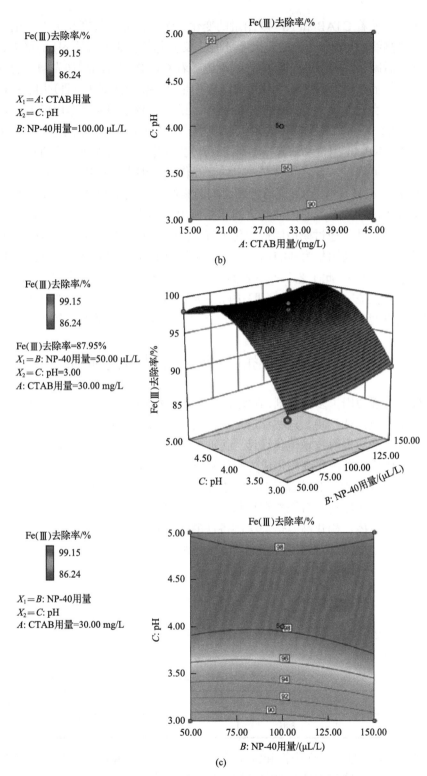

图 5-75　Fe(Ⅲ)去除率响应三维曲面图和二维等高线图

(a)X_1X_2 的影响；(b)X_1X_3 的影响；(c)X_2X_3 的影响

结果表明，随着 CTAB 和 NP-40 用量的变化，响应面曲线弧度几乎无变化；由二者交互作用的等高线图可知，二者之间几乎不存在交互作用。随着溶液 pH 的增大，Fe(Ⅲ)去除率先增大后减小，同时 Fe(Ⅲ)的去除率也随着 CTAB 用量的增加先增大后减小，但弧度变化角度与 pH 相比不明显，因此 CTAB 用量和溶液 pH 对 Fe(Ⅲ)去除率的影响存在最优值；二者交互作用的等高线图呈椭圆形，说明二者之间交互作用极为显著。随着溶液 pH 的增大，Fe(Ⅲ)的去除率先增大后减小，但 Fe(Ⅲ)的去除率随着 NP-40 用量增加几乎无变化。NP-40 用量和溶液 pH 对 Fe(Ⅲ)去除率的影响存在最优值；由二者交互作用的等高线图可知，二者之间存在一定的交互作用，但交互作用不太显著。

综上所述，Fe(Ⅲ)的浮选过程所涉及影响因素溶液 pH、CTAB 用量以及 NP-40 用量之间不是单调的函数关系，它们彼此之间相互作用和影响，并存在一个最佳条件，从而使 Fe(Ⅲ)去除率最大。通过模拟的最优化求解，获得 Fe(Ⅲ)螯合沉淀浮选较优工艺参数为：阳离子表面活性剂用量为 44.41 mg/L，复配药剂用量 146.74 μL/L，溶液 pH 为 4.5，Fe(Ⅲ)去除率为 100%。此工艺条件下表面活性剂用量较小，Fe(Ⅲ)去除率大。通过对最优条件进行实验验证，结果表明 Fe(Ⅲ)去除率为 99.97%，可以得出模拟值和实验结果接近，表明用此模型对溶液中 Fe(Ⅲ)的沉淀浮选进行分析和预测的结果较为准确。

5.6　副产污泥的资源化与材料化利用

泡沫提取过程使用了多种药剂，在实现了金属离子向特定尺寸沉淀颗粒转化的同时，再经气泡作用形成浮选产物，这些浮选产物最终成为副产污泥。污泥中金属离子形态不稳定。尽管通过泡沫提取技术优化设计，污泥的体量可以大幅降低，但富集到污泥中的金属组分和有机质的资源化利用仍成为亟待解决的关键问题。

本节针对溶液中 Cu(Ⅱ)沉淀浮选获得的浮选污泥，脱水干燥后获得干燥基污泥粉末，进而研究以粉体原料制备铁酸铜材料，并将该材料用于锂离子电池负极材料。尝试以浮选污泥为前驱体，构建高温焙烧法制备铁酸铜材料的可控合成体系，并研究污泥表面活性剂组成、焙烧温度对污泥表面形貌及负极材料性能的影响规律，建立泡沫提取污泥组分资源化制备电极材料关键技术原型。

5.6.1　浮选污泥制备铁酸铜材料

以溶液中铜进行泡沫提取，将浮选污泥作为前驱体，前驱体中各组分占污泥的百分比如表 5-44 所示。

表 5-44　污泥中各组分的质量分数　　　　　　　　　　　　(单位：%)

组分名称	Cu(Ⅱ)	Cu(Ⅱ)+Fe(Ⅲ)	有机物
质量分数	8.81	16.20	83.80

通过表 5-44 发现，污泥中铜和铁元素总金属离子含量占总组成质量的 16.20%，总金属元素的含量相对较高，具有非常高的回收利用价值。

为确定浮选污泥热分解过程，进行了热重差热分析测试，如图 5-76 所示。

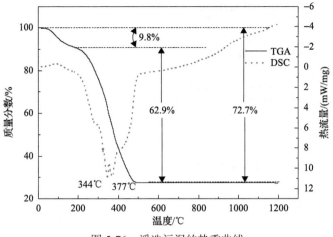

图 5-76　浮选污泥的热重曲线

从图 5-76 可以看出，随着加热温度的升高，浮选污泥质量有所下降，在 194℃之前有 9.8%的质量损失，损失的部分主要是前驱体表面吸附的自由水。随着温度的继续升高，在 194～496℃温度区间内污泥的质量明显降低，质量下降了 62.9%，这一过程中主要对应前驱体中阳离子表面活性剂 CTAB 和沉淀剂 HA 发生有机物氧化分解，释放出 CO_x、NO_x、SO_x 和 H_2O 等气体。在 496℃后，TG 曲线趋于稳定。根据热重变化分析，前驱体的焙烧温度需要高于 500℃才能确保氧化过程的完全进行，因此铁酸铜材料的最低焙烧温度为 500℃。

以浮选污泥为前驱体转化制备锂离子电池负极材料的技术路线如图 5-77 和图 5-78 所示。其中，浮选污泥预处理方法如下：离心洗涤三次，置入 45℃干燥至恒重；将粉末样品在固定气氛、温度条件下焙烧一段时间，得到的焙烧产物铁酸铜记为 CFO。在采用高温焙烧法制备铁酸铜($CuFe_2O_4$)材料过程中，重点探索 $CuFe_2O_4$ 负极材料电化学性能的影响因素，并结合材料的物化性质考查各类铁酸铜基材料的电化学性能。工作电极的制备过程是将 70%的活性材料(前驱体)、20%的导电剂(乙炔黑)以及 10%的黏结剂聚偏氟乙烯(PVDF)[或聚丙烯酸(PAA)、羧甲基纤维素钠(CMC)]混合均匀，加入 N-甲基吡咯烷酮(NMP)(或去离子水作为分散剂)，不断研磨使之成为均匀的浆体，用涂布机将浆料均匀地涂覆在铜箔上，并置于 60℃真空条件下干燥 12 h。随后用压片机冲压制成直径为 8 mm 的圆形电极片，称量其质量记为 M，并称取未涂覆活性材料的铜箔的质量记为 m，采用质量差法得到活性材料的质量为 C，如式(5-30)所示。

$$C = (M - m) \times 0.77 \tag{5-30}$$

将称重后的电极片放入高纯氩气气氛下的真空手套箱中进行电池组装。采用 CR2032 型纽扣式电池外壳、Celgard 2500 的隔膜，电解液浓度为 1 mol/L 的 $LiPF_6$/碳酸乙烯酯(EC)+碳酸甲乙酯(EMC)+碳酸二甲酯(DMC)(体积比 1∶1∶1)混合液。制备后电池至少静置 24 h，以保证电池运行的稳定性。

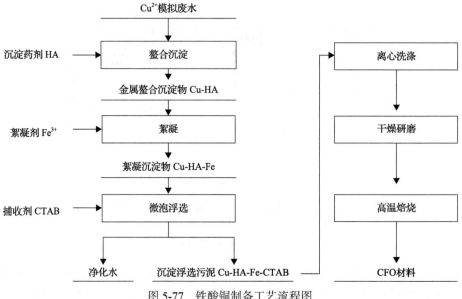

图 5-77 铁酸铜制备工艺流程图

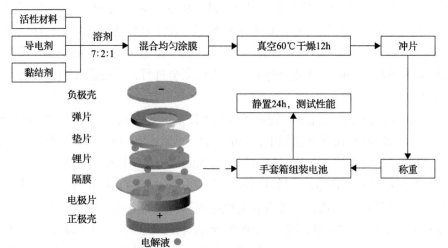

图 5-78 电极制备及电池组装流程示意图

1. XRD 分析

将浮选污泥在 800℃焙烧，焙烧后样品 CFO 的 XRD 谱图如图 5-79 所示。

图 5-79 表明，铁酸铜在 2θ=18.3°、30.1°、35.9°、43.8°、57.8°、63.6°和 74.6°处的衍射峰与四方尖晶石 $CuFe_2O_4$ 的(101)、(112)、(211)、(220)、(321)、(400)、(413)等主要晶面吻合良好。铁酸铜属于空间群为 $141/amd(141)$ 的四方晶系，晶格参数 a=5.844 Å、b=5.844 Å、c=8.630 Å，晶胞体积为 294.7 Å^3。

2. SEM 分析

采用 SEM 研究了污泥制备 CFO 前后的形貌以及组成，结果如图 5-80 所示。

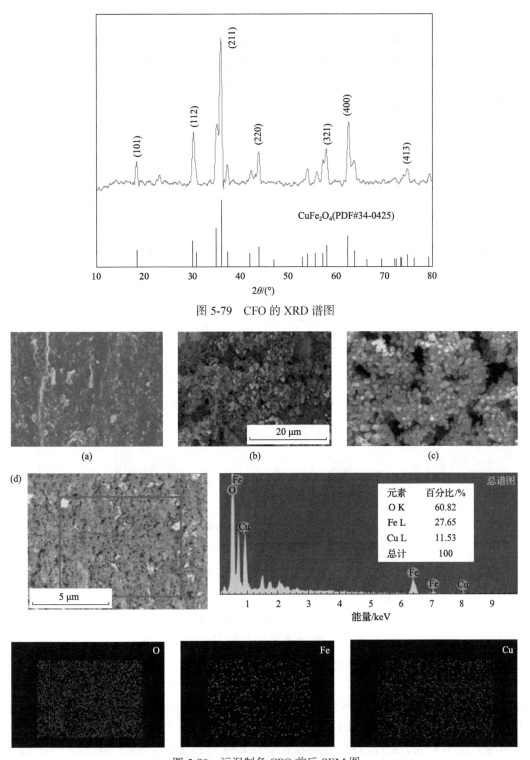

图 5-79　CFO 的 XRD 谱图

图 5-80　污泥制备 CFO 前后 SEM 图

(a)药剂 HA 的 SEM 图；(b)浮选污泥的 SEM 图；(c)铁酸铜的 SEM 图；(d)铁酸铜的 EDS 谱图

图 5-80 表明，浮选污泥表面呈现出粗糙结构，并伴有疏松的孔隙，原因是与药剂 HA 作用并形成类似形貌。经焙烧后得到的铁酸铜材料继承了前驱体的孔隙，呈现近球形的多面体，并且颗粒大小相对均匀，粒径在 80 nm 左右，分散性较好。EDS 分析结果表明，焙烧材料中 Fe、Cu、O 等元素分布均匀，其中铜铁摩尔比为 0.43，接近铁酸铜的铜铁摩尔比(0.5)。

3. XPS 分析

铁酸铜材料的 X 射线光电子能谱(XPS)测试结果如图 5-81 所示。

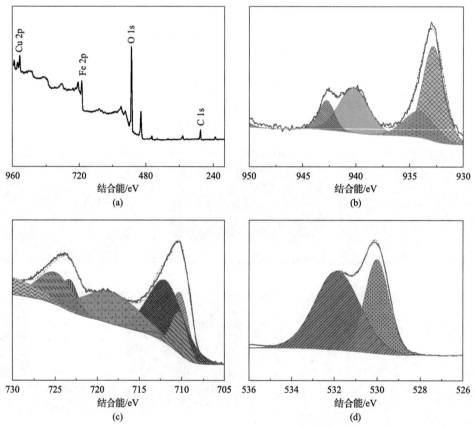

图 5-81 铁酸铜的 XPS 图

(a)全谱；(b)Cu 2p 谱；(c)Fe 2p 谱；(d)O 1s 谱

图 5-81 表明，铁酸铜的 XPS 全扫描光谱可以观察到 Cu、Fe 和 O 元素。Cu 2p 谱图在 932.9 eV 和 952.8 eV 处具有一个独特的二重峰(对应 Cu 2p$_{3/2}$ 和 Cu 2p$_{1/2}$)，这是 Cu(Ⅱ)的典型特征；在 941.2 eV 和 961.2 eV 处的卫星峰，进一步确认了 Cu^{2+} 的存在。在 Fe 2p 谱图中，710.6 eV 的主峰和 724.1 eV 的肩峰分别为 Fe(Ⅲ)在 Fe 2p$_{3/2}$ 和 Fe 2p$_{1/2}$ 的特征峰，卫星峰值在 718.2 eV 左右。O 1s 谱图在 529.9 eV 和 532.1 eV 处可被分解成两个峰，分别对应典型的金属氧键，即铁酸铜的晶格氧形成的特征峰，以及材料表面与内部的多种物理和化学吸附水所形成的特征峰。综合 XRD、SEM 及 XPS 结果可知，焙烧材料符合铁

酸铜组成特征。

4. BJH 孔径分析

采用氮气等温吸脱附进一步研究铁酸铜的结构及孔径分布。铁酸铜的 N_2 吸附/解吸等温线和对应的 Barrett-Joyner-Halenda (BJH) 孔径分布如图 5-82 所示。

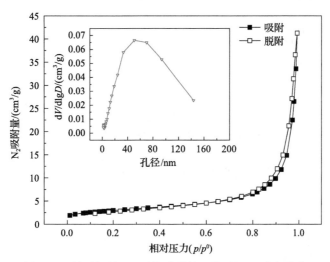

图 5-82　铁酸铜的 N_2 吸附/脱附等温线及 BJH 孔径分布

从图 5-82 可以看出，材料在中高压力区域存在磁滞回线，表明结构中存在介孔。铁酸铜材料的 BET 比表面积为 10.58 m^2/g，总孔隙体积为 0.0638 cm^3/g，平均孔径为 22.18 nm。通常定义材料的孔径大于 50 nm 的材料为大孔材料，小于 2 nm 的为微孔材料，介于两者之间的是介孔材料。研究所得材料的平均孔径为 22.18 nm，因此铁酸铜样品为介孔材料。

5.6.2　铁酸铜材料的电化学性能

1. 循环性能

将浮选污泥焙烧制备的铁酸铜制备成电极，以 PVDF 为黏结剂、NMP 为分散剂，并将电极组装成半电池进行电化学性能测试。在电流密度 0.1 A/g 下，铁酸铜的循环性能和库仑效率如图 5-83 所示。

从图 5-83 可以看出，铁酸铜材料的第一次充放电比容量分别为 590.4 $mA \cdot h/g$ 和 1102.7 $mA \cdot h/g$，对应的库仑效率为 53.54%。第一次充放电循环过程中的容量损失可能与负极的初始锂化、活性材料结构的破坏、电解质界面和界面锂储存中的 SEI 膜的形成以及电解液的分解有关。在进入第二次循环后，库仑效率迅速升高达到 83.92%。铁酸铜电极循环 100 次之后的放电比容量为 277.2 $mA \cdot h/g$，库仑效率达到 99.1%。

为了测试不同电流密度下电极材料的倍率充放电性能，在不同的电流密度下，铁酸铜电极的比容量随循环次数的变化如图 5-84 所示。

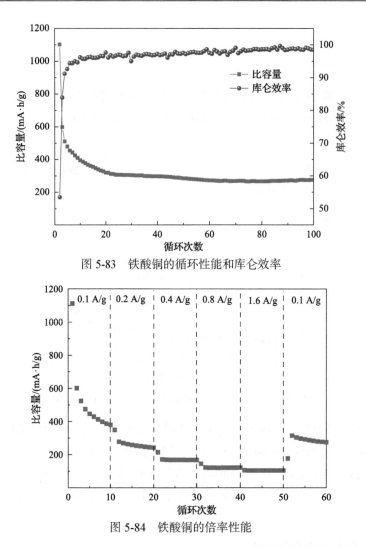

图 5-83　铁酸铜的循环性能和库仑效率

图 5-84　铁酸铜的倍率性能

结果表明，在不同的电流密度下，铁酸铜的电池容量均随循环次数的增加而逐渐降低，但电流密度越大，降低趋势越小。随电流密度逐步增大，铁酸铜的可逆比容量分别为 516.9 mA·h/g、265.7 mA·h/g、173.3 mA·h/g、123.5 mA·h/g、104.4 mA·h/g。当电流密度恢复到 0.1 A/g 时，容量也相应恢复到 278.3 mA·h/g。这说明铁酸铜表现出一定的倍率稳定性，但大电流放电性能有待进一步优化。

2. 循环伏安曲线

在电流密度为 0.1 A/g、电压 0.05～0.3 V 的条件下，采用循环伏安法测定铁酸铜的循环伏安曲线及恒流充放电曲线，结果如图 5-85 所示。

从图 5-85 可以看出，充放电曲线上的电压平台与循环伏安曲线上的峰值相对应。铁酸铜的恒流充放电曲线在 0.7 V 的位置处有一个长平台，在后面的循环中放电曲线变得倾斜，此处的还原峰可能与 Cu(Ⅱ)/Fe(Ⅲ) 被还原为金属 Cu/Fe、锂离子嵌入铁酸铜结构中形成无定形相 Li_2O 和 SEI 膜有关。在第二次和第三次循环过程中，由于电极材料内部的结构重组，还原峰由 0.7 V 移动到 0.9 V 附近并且变弱。在首圈的充电过程存在 1.7 V 的氧化峰，对应于金属 Cu 氧化为 Cu(Ⅱ) 和金属 Fe 氧化为 Fe(Ⅲ)，相应地伴随着 Li_2O 的分解。同理，后续循环氧化峰出现在 2.0 V 左右，对应铁和铜的可逆氧化。第二次和随后循环中的伏安曲线差别不大，这是因为第一次是不可逆反应，而第二次和随后的循环都是可逆反应。放电原理如式(5-31)、式(5-32)所示。

$$CuFe_2O_4 + 8Li^+ + 8e^- \longrightarrow 4Li_2O + Cu + 2Fe \tag{5-31}$$

$$4Li_2O + Cu + 2Fe \Longleftrightarrow CuO + Fe_2O_3 + 8Li^+ + 8e^- \tag{5-32}$$

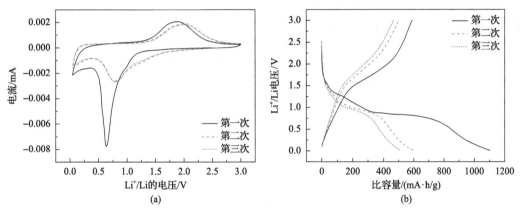

图 5-85　铁酸铜的循环伏安曲线(a)；铁酸铜的恒流充放电曲线(b)

3. 阻抗

铁酸铜材料的交流阻抗性能如图 5-86 所示。电化学阻抗谱图(EIS 谱图)显示的曲线包括高频部分的半圆和低频部分的斜线。其中，R_s 是指电解质溶液的电阻；R_{ct} 是指电荷转移电阻；W_1 是指瓦尔堡阻抗，对应电极材料中的扩散电阻。

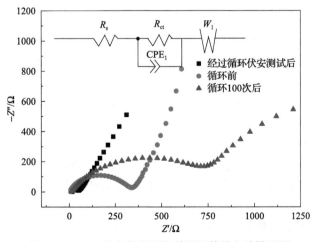

图 5-86　CFO 的电化学阻抗谱图及等效电路模型图

通过对电极循环后的奈奎斯特(Nyquist)曲线进行拟合,可以得到循环前、经 CV 测试后及经 100 次循环后的铁酸铜材料的 R_{ct} 值,分别为 309.5 Ω、43.1 Ω 和 701 Ω,原因可能是循环前初始电极未完全被电解液浸润,产生了较大的阻抗,在前三次循环过程中电解液逐渐浸润电极材料,材料被活化。在充放电过程中电极表面钝化层逐渐变厚,电解液也在逐渐分解,增加了电池的极化程度,所以在经过 100 次循环后电池的电荷转移电阻相应增大。

EIS 图中低频区的斜线能够表示锂离子的扩散,低频区的斜率越小,对应的锂离子扩散速率越大。随着循环次数的增加,低频区斜率逐渐减小,扩散速率增大,对应铁酸铜电化学反应活性增加,反应动力加快。

5.6.3　表面活性剂对铁酸铜材料的影响

铁酸铜材料电化学性能受很多因素的影响,不仅受材料本身的物理化学性质(如孔隙和形貌)影响,还与电极制备工艺(组成、黏结剂、溶剂的选择等)有关。为了提升铁酸铜材料性能,本节对铁酸铜制备过程表面活性剂进行设计优化,进一步改善铁酸铜负极材料的电化学性能。

1. 热重及 XRD 分析

表面活性剂影响材料的形态和结构,不同分子量表面活性剂的分解对纳米材料的孔隙存在影响,而孔隙的形成有利于增加金属氧化物的比表面积[199]。为了探究阳离子表面活性剂对铁酸铜性能的影响,在泡沫提取铜离子过程中采用不同表面活性剂 CTAB、DTAB、STAB 并直接利用产生的污泥制备铁酸铜材料。采用不同表面活性剂的浮选污泥组成如表 5-45 所示。

表 5-45　污泥中各组分的质量分数

污泥组成	Cu(Ⅱ)质量分数/%	Cu(Ⅱ)+Fe(Ⅲ)质量分数/%	有机物质量分数/%
Cu-HA-Fe-DTAB	8.81	16.20	83.80
Cu-HA-Fe-CTAB	8.81	16.20	83.80
Cu-HA-Fe-STAB	8.80	16.19	87.81

含有不同表面活性剂污泥中的铜和铁元素总金属含量达 16.19%。采用热重分析来考察含 DTAB 和 STAB 污泥产物的热稳定性,结果如图 5-87 所示。

当温度升高到 200℃左右时,铁酸铜材料表面吸附的自由水挥发。对于含 DTAB 和 STAB 的两种前驱体而言,分别有 8.9%和 8.6%的质量损失,在 200～780℃,质量有明显的损失,分别为 59.1%和 63.3%,这归因于浮选污泥中阳离子表面活性剂 DTAB 和 STAB 的热分解,以及沉淀药剂 HA 的分解转化;继续升温到 780℃之后,前驱体质量损失趋于稳定,这表明在高于 780℃的退火温度下,有机药剂已经发生完全的氧化反应,最终形成稳定的材料。

采用 X 射线衍射表征铁酸铜的物相结构,结果如图 5-88 所示。其中,CFO-D 和 CFO-S 分别代表以 DTAB 和 STAB 为表面活性剂获得的污泥经 800℃焙烧所制备的铁酸铜材料。

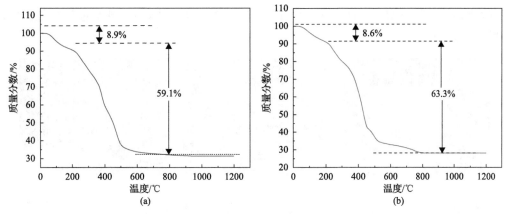

图 5-87　含 DTAB 和 STAB 污泥产物的热重分析

(a)Cu-HA-Fe-DTAB 污泥；(b)Cu-HA-Fe-STAB 污泥

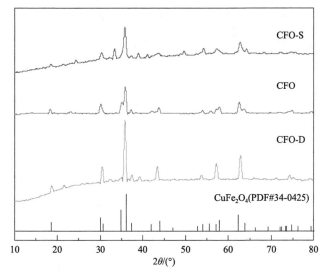

图 5-88　含不同表面活性剂污泥焙烧制备的铁酸铜的 XRD 图

　　三种污泥所制备的铁酸铜材料结构具有相似性，CFO-S、CFO、CFO-D 在 $2\theta=18.3°$、30.1°、35.9°、43.8°、57.8°、63.6°和 74.6°处的衍射峰与标准卡片(PDF#34-0425)中具有尖晶石结构的四方晶相铁酸铜的晶面相符合，分别对应(101)、(112)、(211)、(220)、(321)、(400)、(413)等主要晶面。通过对比 CFO-S、CFO、CFO-D 的 XRD 图发现，CFO-D 衍射强度相对来说更强，相较于其他两种材料而言有更好的结晶性。

2. SEM 分析

　　含不同表面活性剂污泥焙烧制备的铁酸铜的 SEM 图如图 5-89 所示。

　　图 5-89 表明，三种铁酸铜材料的表面粗糙，颗粒之间存在孔洞结构，形貌均呈现类球形的多面体结构，但不同分子量的表面活性剂对晶体尺寸的影响不同。CFO-D 的尺寸较小，粒径在 40～120 nm；CFO 颗粒尺寸均匀，粒径在 80 nm 左右；CFO-S 的表面则出现小颗粒的团聚体，形成一定程度的聚集形态，颗粒尺寸相对较大，粒径在 100～200 nm。

三种表面活性剂 DTAB、CTAB 和 STAB 中，DTAB 的分子量最小，相对应的铁酸铜材料的尺寸也最小。

图 5-89　含不同表面活性剂污泥焙烧制备的铁酸铜的 SEM 图

(a, b)CFO-D；(c, d)CFO；(e, f)CFO-S

3. BJH 孔径分析

采用比表面积分析仪对铁酸铜材料进行表征，CFO-D、CFO、CFO-S 的 N_2 吸附/脱附曲线及 BJH 孔径分布如图 5-90 所示。其中，CFO-D、CFO、CFO-S 的孔结构参数如表 5-46 所示。

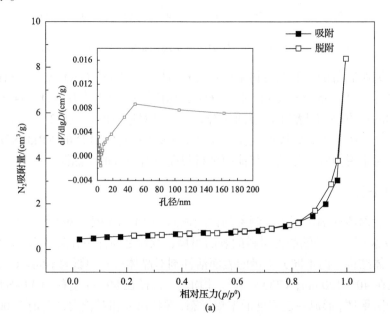

(a)

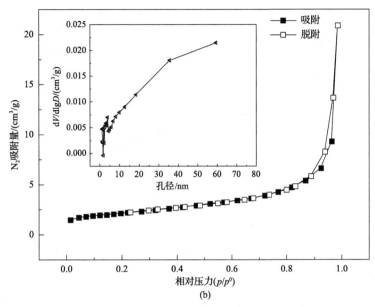

图 5-90　含不同表面活性剂污泥焙烧制备的铁酸铜的吸附/脱附曲线及孔径分布

(a)CFO-D；(b)CFO-S

表 5-46　含不同表面活性剂污泥焙烧制备铁酸铜的孔结构参数

样品名称	比表面积/(m²/g)	孔体积/(cm³/g)	平均粒径/nm
CFO-D	17.4	0.092	17.4
CFO	10.6	0.060	22.2
CFO-S	2.1	0.011	22.3

CFO-D、CFO、CFO-S 的 N_2 脱附曲线在中高压区域存在滞后环，呈现Ⅳ型等温曲线，说明这三种材料都是介孔材料。对孔结构参数进行比较发现，CFO-D 的 BET 比表面积为 17.4 m²/g，大于 CFO 和 CFO-S 的比表面积。三种材料在吸附时的 BJH 孔径分布不同。孔分布曲线表明，CFO-D 在初期为较小的介孔，主要集中在 2.4 nm 处，并且以 49 nm 为中心有较多的微小孔，并且微小孔之间形成更大的孔隙；CFO 主要的孔径分布在 48 nm 处；至于 CFO-S，在较高的相对压力下发生陡峭的滞后环，结合 SEM 分析证明了狭缝形状的孔隙来自多面体颗粒的堆积，并且以 2.5 nm 为中心仅仅含有非常少量的微孔。

比较而言，三种铁酸铜材料中 CFO-D 比表面积最大，从孔隙分布来看，有小孔径介孔，也有较多孔径主要分布在 50 nm 左右，具有多级孔结构。CFO 的孔结构相对单一，孔径集中在 48 nm 左右。虽然 CFO-S 的孔径和 CFO 相差不大，但相对来说结构较紧密，比表面积和孔容都很小。

4. 循环性能

将三种铁酸铜材料以 PVDF 为黏结剂，NMP 为分散剂制备成电极材料，之后组装成半电池，测试其电化学性能。三种材料在电流密度为 0.1 A/g 下的循环性能如图 5-91 所示。

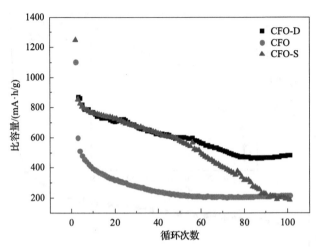

图 5-91　含不同表面活性剂污泥焙烧制备的铁酸铜的循环性能

相对于 CFO 的首次放电比容量 1102.7 mA·h/g，CFO-D 和 CFO-S 在首次放电比容量分别为 1463.7 mA·h/g、1251.5 mA·h/g。随着循环次数的增加，材料的放电比容量逐渐减小，在 100 次充放电循环完成后，CFO-D 的放电比容量保持在 481.3 mA·h/g，比 CFO 和 CFO-S 大，且比商业石墨的理论比容量 372 mA·h/g 大。然而 CFO-S 循环后的稳定性很差，在经过 100 次循环后，放电比容量只有 187.5 mA·h/g。

不同电流密度下 CFO-S、CFO、CFO-D 的倍率性能如图 5-92 所示。

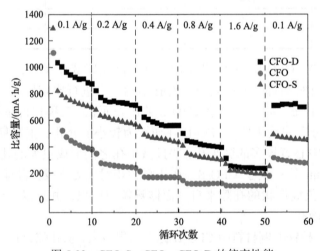

图 5-92　CFO-S、CFO、CFO-D 的倍率性能

随着电流密度的增大，三种材料电极的可逆放电比容量逐渐减小。但在相同的电流密度下，CFO-D 的倍率性能明显优于 CFO-S 和 CFO。在 0.1 A/g、0.2 A/g、0.4 A/g、0.8 A/g 和 1.6 A/g 的相应电流密度下，CFO-D 的平均可逆放电比容量分别为 1038.5 mA·h/g、745.3 mA·h/g、589.5 mA·h/g、424.5 mA·h/g、248.2 mA·h/g，当电流密度恢复到 0.1 A/g 时，放电比容量恢复到 679.8 mA·h/g。

5. 循环伏安曲线

三种材料的循环伏安曲线以及首次循环恒流充放电曲线如图 5-93 所示。

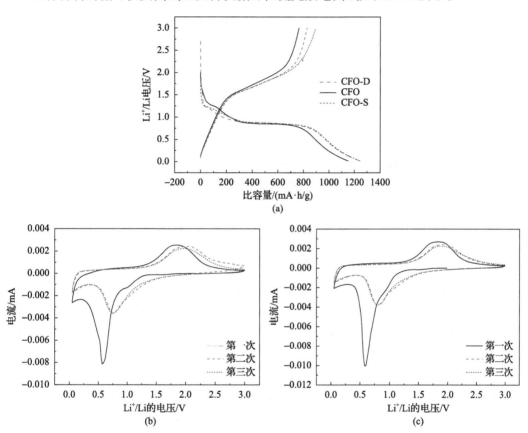

图 5-93 三种材料的首次充放电曲线(a);CFO-D 循环伏安曲线(b);CFO-S 的循环伏安曲线(c)

CFO-D、CFO、CFO-S 三种电极的首次充放电曲线表现出相同的趋势,放电平台和充电平台分别对应相同的电位范围,说明电池内部发生的是同样的电化学反应过程。在第一次的阴极扫描时,三种负极材料均在约 0.7 V 处有还原峰,对应于 Cu^{2+}/Fe^{3+} 还原为金属 Cu/Fe 以及 SEI 膜的形成,反应方程如式(5-33)、式(5-34)所示。

$$CuFe_2O_4 + 8\,Li^+ + 8\,e^- \longrightarrow 4\,Li_2O + Cu + 2\,Fe \tag{5-33}$$

$$4\,Li_2O + Cu + 2\,Fe \rightleftharpoons CuO + Fe_2O_3 + 8\,Li^+ + 8\,e^- \tag{5-34}$$

在对应的阴极扫描时,氧化峰出现在 1.7 V 附近,对应金属 Cu 氧化为 Cu^{2+} 和金属 Fe 氧化为 Fe^{3+},反应方程如式(5-35)所示:

$$4\,Li_2O + Cu + 2\,Fe \longrightarrow CuO + Fe_2O_3 + 8\,Li^+ + 8\,e^- \tag{5-35}$$

经过第一次循环后,两种材料的还原峰均转移至 0.9 V 并且变宽,氧化峰转移至 2.0 V 左右。二者曲线重合度高,表明两个电极均有好的电化学可逆性。

6. 阻抗

CFO-D、CFO、CFO-S 的交流阻抗如图 5-94 所示。

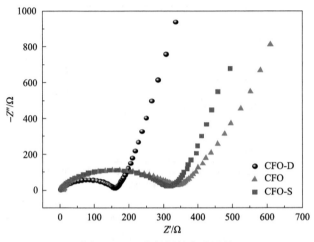

图 5-94　三种材料的交流阻抗

　　三种材料电极的交流阻抗都是由半圆和倾斜的直线组成。半圆对应于电荷转移电阻 R_{ct}，三种材料中 CFO-D 的半圆直径最小，表明其阻抗最小。通过拟合可得，三个电极的电荷转移电阻分别为 165.3 Ω、309.5 Ω 和 301.2 Ω。倾斜的直线对应于锂离子在电极内部扩散的瓦尔堡阻抗，CFO-D 的直线斜率最大，说明电极的导电性最强，离子和电子的转移能力最强。

　　CFO-D 的电化学性能更好，主要归因于较大的比表面积和较小的颗粒粒径，这缩短了材料中电子和锂离子的传输路径，提高了电极材料的电化学反应动力学。CFO-D 的良好可循环性也可能是由于拥有大的比表面积、较大的孔体积、较小的纳米颗粒和合适的孔径，使得电解液能充分扩散到材料中，提供更多的电化学反应活性位点，并缓冲了在循环过程中的体积变化。

5.6.4　焙烧温度对铁酸铜材料的影响

　　焙烧温度对铁酸铜材料表观形貌的影响如图 5-95 所示。

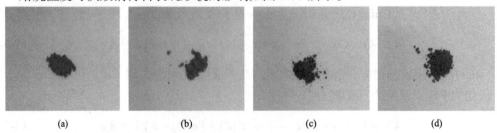

(a)　　　　　　　　(b)　　　　　　　　(c)　　　　　　　　(d)

图 5-95　不同焙烧温度制备的铁酸铜材料外观
(a)CFO-650℃；(b)CFO-800℃；(c)CFO-950℃；(d)CFO-1100℃

随着焙烧温度逐渐升高，铁酸铜材料粉末的颜色逐渐变深，颜色由最初的铁红色，逐渐变成棕红色，再变成棕黑色，最后变成黑色，这与物相结构有一定的关系。

1. XRD 分析

为了进一步研究不同焙烧温度下得到的铁酸铜材料的物相结构，采用 X 射线衍射对所得材料进行表征，并通过模拟软件绘制了铁酸铜材料的两种晶体结构，如图 5-96 和图 5-97 所示。

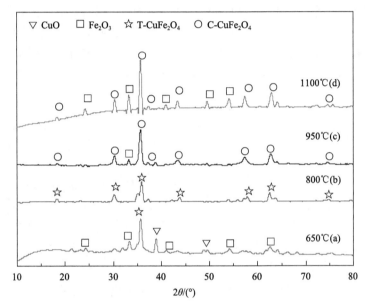

图 5-96　不同焙烧温度制备的铁酸铜材料的 XRD 图

(a) CFO-650℃；(b) CFO-800℃；(c) CFO-950℃；(d) CFO-1100℃

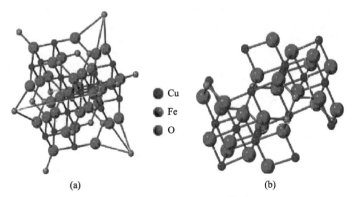

图 5-97　铁酸铜的晶体结构

(a) 立方晶相结构；(b) 四方晶相结构

通过 XRD 分析发现，污泥在焙烧温度 650℃下制备的铁酸铜具有四方晶相 $CuFe_2O_4$（PDF#34-0425）、CuO（PDF#48-1548）和 Fe_2O_3（PDF#33-0664）的衍射峰，但明显观察到材料结晶度低，与文献的研究一致[200]。污泥在焙烧温度 800℃下制备的铁酸铜表现出良好的四方晶相 CuFe$_2$O$_4$。污泥在焙烧温度 950℃下制备的铁酸铜具有立方晶相 CuFe$_2$O$_4$(PDF#25-0283)的晶体结构,其中还夹杂着少量的 Fe$_2$O$_3$。污泥在焙烧温度 950℃下制备的铁酸铜的 XRD 图中,不仅有立方晶相铁酸铜的晶体结构,还发现较多的 Fe$_2$O$_3$ 的痕迹,峰形更尖锐,衍射峰的强度更高。

2. SEM 分析

不同焙烧温度制备的铁酸铜材料的 SEM 图如图 5-98 所示。当焙烧温度不同时,材料微观形貌发生了变化。其中,污泥在焙烧温度 650℃下制备的铁酸铜呈现聚集状态的多面体形貌,表面有孔洞存在;污泥在焙烧温度 800℃、950℃下制备的铁酸铜呈现类球形的多面体颗粒,分散性较好;污泥在焙烧温度 1100℃下制备的铁酸铜则显示出良好的烧结状态,呈现凝聚的立方形颗粒,表面光滑规整,颗粒团聚堆积,颗粒尺寸在 200 nm 左右。

图 5-98　不同焙烧温度制备的铁酸铜材料的 SEM 图
(a) CFO-650℃;(b) CFO-800℃;(c) CFO-950℃;(d) CFO-1100℃

3. BJH 孔径分析

采用 BET 对不同焙烧温度制备的铁酸铜进行表征。四种铁酸铜材料的 N$_2$ 吸附/脱附等温线及 BJH 孔径分布见图 5-99,孔结构参数如表 5-47 所示。

通过孔径分析发现，污泥在焙烧温度 650℃、800℃、950℃下制备的铁酸铜的 N_2 吸附/脱附等温线呈Ⅳ型，这三种铁酸铜材料的平均粒径均在 2～50 nm，均属于介孔特征吸附类型。四种材料中，污泥在焙烧温度 1100℃下制备的铁酸铜的比表面积、孔体积及平均粒径最小。

4. 循环性能测试

以 PVDF 为黏结剂，NMP 为分散剂，将不同焙烧温度下的铁酸铜材料制备成电极，在电流密度为 0.1 A/g 下的循环性能及首次充放电曲线如图 5-100 所示。

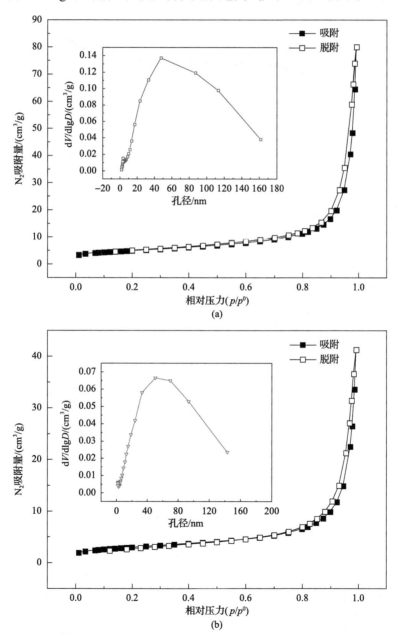

(a)

(b)

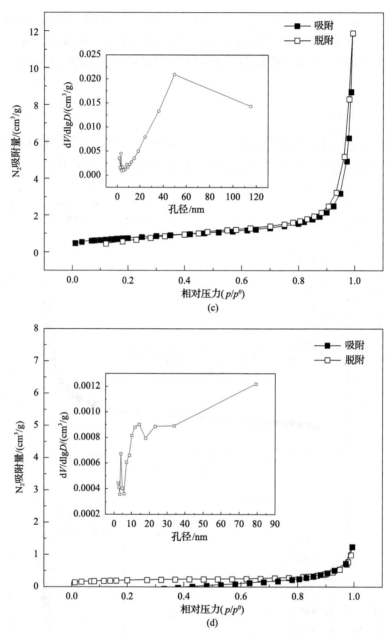

图 5-99　不同焙烧温度制备的铁酸铜吸附/脱附等温线及 BJH 孔径分布

(a) CFO-650℃；(b) CFO-800℃；(c) CFO-950℃；(d) CFO-1100℃

表 5-47　不同焙烧温度制备的铁酸铜的孔结构参数

焙烧温度/℃	比表面积/(m²/g)	孔体积/(cm³/g)	平均粒径/nm
650	16.9	0.13	26.7
800	10.6	0.060	22.2
950	12.7	0.058	23.9
1100	0.7	0.0019	16.5

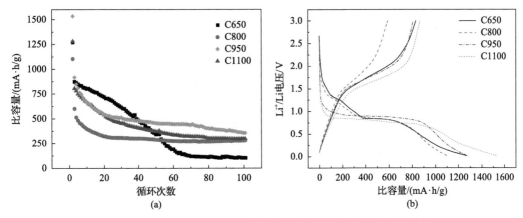

图 5-100　不同焙烧温度制备的铁酸铜循环性能及首次充放电曲线

图 5-100 表明，随焙烧温度的升高，铁酸铜材料的首次放电可逆比容量依次达到 1270.6 mA·h/g、1102.7 mA·h/g、1534.3 mA·h/g 和 1280.4 mA·h/g，均高于理论比容量 896.5 mA·h/g，其中 950℃下制备的铁酸铜的首次充放电比容量是最高的。对应的四个材料库仑效率分别为 65.6%、53.5%、56.7%和 63.3%，容量损失主要是由于首次充电过程中 Li_2O 的不完全分解和在电极/电解质界面处 SEI 的形成。在经过 100 次循环后，四种材料的可逆放电比容量分别为 102.9 mA·h/g、277.2 mA·h/g、354.2 mA·h/g 和294.9 mA·h/g，950℃下制备的铁酸铜拥有最高的放电比容量。对比发现，650℃下制备的铁酸铜循环性能差，在循环将近 85 次充放电时，放电比容量已经下降到 106.2 mA·h/g，这可能是由于材料的结晶性不强，结构不稳定，导致充放电循环过程中容易发生电极断裂。950℃、1100℃下制备的铁酸铜的循环稳定性较高。

不同焙烧温度制备的铁酸铜的倍率性能如图 5-101 所示。

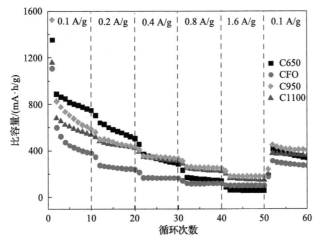

图 5-101　不同焙烧温度制备的铁酸铜的倍率性能

从图 5-101 可以看出，随着放电倍率的增大，铁酸铜材料的可逆比容量均减小，但相比之下 1100℃下制备的铁酸铜具有较高的容量保持率。

5. 阻抗测试

不同焙烧温度制备的铁酸铜的交流阻抗如图 5-102 所示。

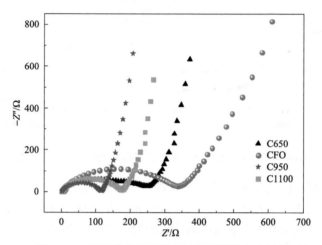

图 5-102　不同焙烧温度制备的铁酸铜的交流阻抗

与其他三种材料相比，950℃下制备的铁酸铜的阻抗半圆直径最小，表明电荷转移电阻最小。通过拟合可得，950℃下制备的铁酸铜的 R_{ct} 值为 101.4 Ω。可见，焙烧温度 950℃下制备的铁酸铜具有更优异的电化学性能。

5.7　本 章 小 结

以溶液中金属阳离子为研究对象，采用价格低廉、螯合键合能力强的新型改性腐植酸基药剂 HA 作为螯合沉淀剂，Fe^{3+} 基絮凝剂作为沉淀颗粒生长调控剂，阳离子表面活性剂 CTAB 作为沉淀絮体的浮选捕收剂，NP-40 为复配药剂，通过一系列工艺参数优化实现了溶液中金属阳离子的螯合沉淀转化—絮体生长调控—微泡浮选分离。

以沉淀浮选伴生污泥为研究对象，构建了以浮选污泥为前驱体，高温焙烧法制备铁酸铜材料的可控合成体系，考察了污泥表面活性剂组成、焙烧温度对铁酸铜材料电化学性能的影响，为泡沫提取技术应用过程中金属污泥的资源化高值利用提供了技术支撑。

第6章 钼铼资源选冶溶液中金属阴离子基团的泡沫提取技术

6.1 引 言

我国钼资源丰富，尤其是河南省作为钼生产大省，钼矿总储量及采选能力位居全国第一，钼矿储量占全国储量的30%，钼矿选矿能力占全国的45%。钼和铼分别是稀有难熔和稀有分散金属，是极为重要和稀缺的战略金属。钼和铼对硫具有很强的亲和力，同时因 Mo^{4+} 和 Re^{4+} 的半径相似，因此钼和铼常伴生而共存。辉钼矿是钼铼冶炼的主要原料，约99%的钼是以辉钼矿形式存在，80%以上铼是从辉钼矿的处理过程中回收制取的[201,202]。辉钼矿火法和湿法处理过程中，铼均以高铼酸根(ReO_4^-)的形式进入烟气淋洗液或浸出液中，其中的钼则主要以钼酸根(MoO_4^{2-})的形式存在[203]。钼工业生产过程中产生大量含钼、铼的浸出液和废水，开展钼资源选冶溶液中钼铼高效分离研究对钼工业可持续发展具有重要意义。

溶液中钼铼阴离子基团可通过离子交换、溶剂萃取、吸附、化学沉淀等方法分离。但化学沉淀法只适用于处理高浓度钼铼混合溶液，溶剂萃取法在处理过程中容易形成第三相，而离子交换法对 pH 要求过于严格[204]。吸附法使用的吸附剂制备工艺复杂且价格高昂。因此，开发新型钼铼选择性高效分离技术是本领域的重要研究方向之一。

传统分离方法中阴离子基团型的钼酸根和高铼酸根存在钼和铼共吸附、共解吸的现象。本章根据钼酸根与羟基官能团和金属羟基、铼酸根与氨基官能团具有强选择性作用机制，通过分别添加金属离子和铵盐作为沉淀剂，采用选择性沉淀法逐步从混合溶液中分离出钼和铼，并对钼铼的选择性沉淀分离机理进行分析。钼酸根和高铼酸根相似的物理化学性质导致混合溶液中钼铼的选择性分离较为困难。然而，混合溶液中 Mo(Ⅵ) 的存在形态随 pH 发生变化；Re(Ⅶ) 则始终以 ReO_4^- 的形式存在。基于此，本章结合理论计算和软件模拟的方法研究了 Mo(Ⅵ) 和 Re(Ⅶ) 的存在形态随 pH 的变化规律。同时，通过逐步添加金属离子和有机铵盐作为沉淀剂从混合溶液逐步沉淀选择性分离钼和铼。本章创新性地提出了酸浸液钼铼酸根选择性沉淀浮选技术思路，为钼工业钼铼高效分离提供新的方案，同时也丰富完善了传统以阳离子为主的泡沫提取理论与方法。

6.2 基于钼酸根化学沉淀-铼酸根沉淀浮选的钼铼泡沫提取技术

根据溶液中酸电离平衡可知，随着 pH 的变化，酸可以发生解离，且解离程度可以用电离平衡常数来表示，计算如式(6-1)和式(6-2)所示。

$$HA \Longrightarrow H^+ + A^-$$

(6-1)

$$K = [c(H^+) \times c(A^-)]/c(HA) \tag{6-2}$$

H_2MoO_4 和 $HReO_4$ 的电离方程和电离平衡常数见表 6-1。

表 6-1　H_2MoO_4 和 $HReO_4$ 的电离方程和电离平衡常数

	方程	电离常数
1	$H_2MoO_4 \rightleftharpoons H^+ + HMoO_4^-$	$K_1 = 2.25 \times 10^{-8}$
2	$HMoO_4^- \rightleftharpoons H^+ + MoO_4^{2-}$	$K_2 = 2.08 \times 10^{-6}$
3	$HReO_4 \rightleftharpoons H^+ + ReO_4^-$	$K_3 = 4.48 \times 10^6$

从表 6-1 可以看出，$HReO_4$ 的电离常数为 4.48×10^6，说明 $HReO_4$ 在溶液中可以完全电离，ReO_4^- 不会随着 H^+ 的加入而发生水解。H_2MoO_4 的电离常数小于 $HReO_4$，仅为 2.25×10^{-8}，MoO_4^{2-} 在溶液中会随着 H^+ 浓度的增大而发生水解。

根据前面第 1 章中利用 Visual MINTEQ 模拟软件、HSC 化学软件计算的金属离子溶液化学可知，在 Mo-H_2O 体系中 Mo(Ⅵ) 的离子形态主要包括 MoO_4^{2-}、$HMoO_4^-$ 和 H_2MoO_4 三种形式。当 pH 大于 6 时，Mo(Ⅵ) 主要以 MoO_4^{2-} 的形式存在；当 pH 小于 6 时，MoO_4^{2-} 开始水解生成 $HMoO_4^-$。当 pH 小于 5 时，MoO_4^{2-} 和 $HMoO_4^-$ 开始水解生成 H_2MoO_4。当 pH 为 4 时，三种离子共存，且此时溶液中 $HMoO_4^-$ 含量达到最大值。当 pH 小于 3 时，MoO_4^{2-} 水解完全，Mo(Ⅵ) 以 $HMoO_4^-$ 和 H_2MoO_4 两种形式存在。当 pH 小于 2 时，$HMoO_4^-$ 也水解完全，Mo(Ⅵ) 仅以 H_2MoO_4 形式存在。而在 Re-H_2O 体系中，随着 pH 由 0 变化至 14，Re(Ⅶ) 始终以 ReO_4^- 的形式存在。

常温条件下，钼酸盐和铼酸盐的溶解度存在差异。另外，酸性条件下，钼酸根发生水解，铼酸根则始终以 ReO_4^- 的形式存在，钼酸根可与羟基官能团和金属羟基作用，铼酸根则基本不与其作用。钼、铼酸根与氨基官能团在不同条件下的作用方式和作用能力存在差异。混合溶液中的钼铼酸根选择性分离的关键在于钼铼酸根的选择性沉淀转化与富集。钼酸根与羟基官能团和金属羟基、铼酸根与氨基官能团具有强选择性作用机制，而碱性条件下十六烷基三甲基溴化铵与铼酸根、酸性条件下金属离子与钼酸根具有类似的选择性作用机制。基于以上特点，本节以低浓度钼铼混合溶液为研究对象，以金属离子作为沉淀剂通过选择性沉淀法从钼铼混合溶液中选择性分离钼；同时，以十六烷基三甲基溴化铵(CTAB)作为沉淀剂，通过沉淀浮选法从钼铼混合溶液中选择性分离铼，并对两种方法进行了对比分析。选择性沉淀法分离钼铼的实验流程如图 6-1 所示。

实验具体流程：首先，在烧杯中制备初始浓度为 100 mg/L 的钼铼混合溶液 100 mL。其次，在混合溶液中分别加入 Cu(Ⅱ)、Al(Ⅲ)、Fe(Ⅱ) 和 Fe(Ⅲ) 溶液，用盐酸、氢氧化钠溶液调节混合溶液的 pH。搅拌一段时间，将沉淀和上清液经过滤分离。再次，对沉淀产物进行金属热还原熔炼从而得到 Mo 和 Fe 单质。而对于分离钼后残余液中的铼，加入 CTAB 和无机铵盐作为沉淀剂，搅拌一段时间，分别加入 Al(Ⅲ)、Fe(Ⅲ)、聚合氯化铝和聚丙烯酰胺为絮凝剂，继续搅拌使沉淀颗粒长大。最后，通过微泡浮选将长大后的沉淀颗粒进行回收。回收后的铼沉淀物经氧化焙烧回收焙烧烟尘即可得到较纯的铼酸盐。

图 6-1　选择性沉淀法分离钼铼实验流程

6.2.1　钼酸根的选择性沉淀

钼酸根与羟基官能团之间存在强选择性作用。研究发现，含羟基官能团的有机物可从钼铼混合溶液中选择性分离钼[205]。在含羟基官能团的有机物表面引入带正电荷的金属离子可明显提高钼的选择性和回收率[206]。另外，金属离子在 OH^- 存在的条件下发生水解而带有金属羟基的特性。本节直接采用金属离子作为沉淀剂从钼铼混合溶液中选择性沉淀分离钼，探究金属离子类型、溶液 pH、沉淀剂用量及钼初始浓度等条件对钼选择性分离的影响。

1. 金属离子类型的影响

金属离子因其氢氧化物溶度积的不同，在添加碱性物质的条件下与 OH^- 反应导致带有金属羟基官能团的 pH 也不同。在溶液 pH 范围为 3~9 时，钼铼初始浓度 100 mg/L，搅拌速度 150 r/min，反应温度 25℃，不同种类金属离子所产生的金属羟基化合物对钼铼选择性沉淀和分离行为的影响如图 6-2 所示。

可见，不同类型金属离子所产生的金属羟基化合物均可用于从混合溶液中分离钼铼，但不同类型金属离子的分离效果不同。溶液 pH 的变化不影响铼沉淀率，始终保持在 10%左右；钼沉淀率则受溶液 pH 变化的影响较大。因此，钼铼的分离效果主要受混合溶液中钼选择性沉淀效果的影响。当以 Cu(Ⅱ)作为沉淀剂，钼在 pH=6 时开始沉淀且此时沉淀效果最好。但是，随着溶液 pH 的增大，钼的沉淀率开始降低，钼铼的分离效果变差。以 Al(Ⅲ)作为沉淀剂，钼在 pH=5 时开始沉淀。但是，以 Al(Ⅲ)作为沉淀剂时，钼的沉淀率始终低于 80%，这并不利于钼铼的选择性分离。以 Fe(Ⅱ)作为沉淀剂，钼在 pH=6 时开始沉淀，且在 pH=8 时沉淀效果最佳。但是，以 Fe(Ⅱ)作为沉淀剂时，钼的沉淀率低于 90%且碱耗量较大。相对而言，钼在 Fe(Ⅲ)为沉淀剂的条件下存在更好的沉淀效

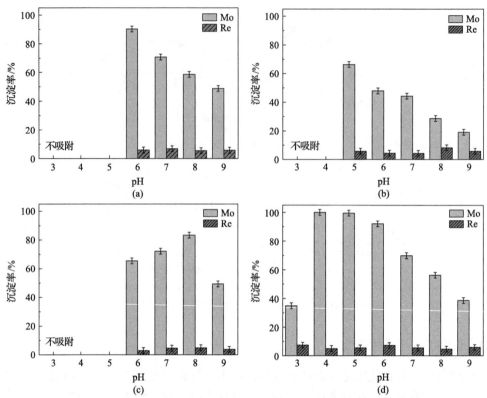

图 6-2　不同 pH 条件下金属离子种类对溶液中钼铼分离效果的影响
(a)Cu(Ⅱ)；(b)Al(Ⅲ)；(c)Fe(Ⅱ)；(d)Fe(Ⅲ)

果。另外，Fe(Ⅲ)沉淀钼所得的钼沉淀物可直接被金属热还原得到钼铁单质混合物，无须进一步提纯。因此，选择 Fe(Ⅲ)作为沉淀剂进行后续研究。

2. 溶液 pH 的影响

溶液中钼铼的分离主要受钼沉淀效果的影响，而钼的沉淀效果又与溶液 pH 密切相关。因此，在溶液中钼铼初始浓度 100 mg/L、搅拌速度 150 r/min、反应温度 25℃条件下，主要研究溶液 pH 对钼铼分离效果的影响，如图 6-3 所示。

由图 6-3 可知，在 n(Mo)：n(Fe) 为 1：3～1：5 的条件下，溶液 pH 变化对铼的沉淀率影响不大，铼沉淀率始终低于 5.4%。随 pH 从 3 增加到 9，钼和铼的沉淀率均呈现出先增加后降低的规律。在溶液 pH 为 3 时，钼的沉淀率约为 40%。随着 pH 的增加，钼的沉淀率开始增加，在 pH 为 4～5 时，钼的沉淀率可达 99.9%以上；随着 pH 继续增加，钼的沉淀率开始降低。因此，钼铼在 pH 为 4～5 时的分离效果最好。

结合图 6-3 中 Fe(Ⅲ)的形态分布规律可知，随着溶液 pH 从 1 增加至 14，Fe(Ⅲ)逐渐水解为 $Fe(OH)^{2+}$、$Fe(OH)_2^+$、$Fe(OH)_3$ 和 $Fe(OH)_4^-$。溶液 pH 为 3 时，Fe(Ⅲ)主要以 $Fe(OH)^{2+}$、$Fe(OH)_2^+$ 的形式存在，此时溶液中钼的沉淀率较低，主要为带电荷的铁基羟基化合物与钼酸根的反应。当溶液 pH 大于 3 时，$Fe(OH)_3$ 沉淀开始生成，此时溶液中也开始有大量沉淀生成，钼的沉淀率开始迅速增加。在 pH 为 4～5 时，Fe^{3+}消失，溶液中

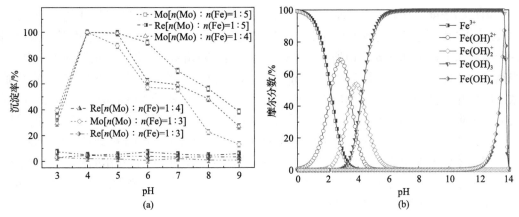

图 6-3　溶液 pH 对溶液中钼铼分离的影响(a)；Fe(Ⅲ)-H₂O 体系中 Fe(Ⅲ)的形态分布规律(b)

$Fe(OH)^{2+}$、$Fe(OH)_2^+$、$Fe(OH)_3$ 共存，此时溶液中钼的沉淀效果最好。当溶液 pH 大于 6 时，溶液中只存在 $Fe(OH)_3$，此时钼的沉淀率开始降低。由此可知，溶液中钼的选择性沉淀分离主要是由钼在 Fe(Ⅲ)混凝沉淀过程中共沉淀而实现的，同时带正电荷的铁基羟基化合物的存在有利于溶液中钼的沉淀分离。

3. 沉淀剂用量及溶液中钼浓度的影响

为优化 Fe(Ⅲ)基絮凝剂的用量，在钼铼初始浓度为 100 mg/L、搅拌速度为 150 r/min、反应温度为 25℃的条件下，研究了 Fe(Ⅲ)用量对钼铼分离效率的影响，结果如图 6-4 所示。其中，Fe(Ⅲ)用量由 Mo 与 Fe 的摩尔比表示，即 $n(\text{Mo}):n(\text{Fe})$。由图 6-4(a)可知，在 $n(\text{Mo}):n(\text{Fe})$ 从 1:1 增加到 1:4 的过程中，钼的沉淀率从 57.2% 提高至 99.9% 以上，铼的沉淀率从 0.2% 提高到 5.4%。但是，随着 Fe(Ⅲ)用量的持续增加，钼的沉淀率始终保持在 99.9% 以上，而铼的沉淀率则明显增加。在 $n(\text{Mo}):n(\text{Fe})$ 从 1:4 增加到 1:10 过程中，铼的沉淀率从 5.4% 迅速增加到 15.47%，钼铼的分离效果变差。因此，采用 $n(\text{Mo}):n(\text{Fe})$ 为 1:4 作为 Fe(Ⅲ)添加量用于后续钼铼的分离实验。

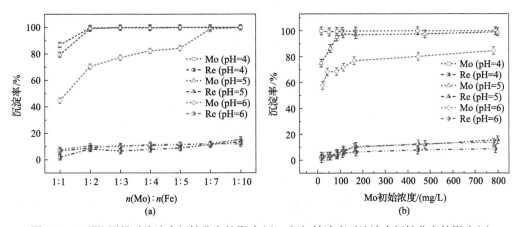

图 6-4　Fe(Ⅲ)用量对溶液中钼铼分离的影响(a)；钼初始浓度对溶液中钼铼分离的影响(b)

钼初始浓度直接影响 Fe(Ⅲ)用量进而影响钼铼的分离效果。在 Fe(Ⅲ)用量 n(Mo)：n(Fe)为 1：4、搅拌速度为 150 r/min、反应温度为 25℃条件下，钼初始浓度对溶液中钼铼分离效果的影响如图 6-4(b)所示。可见，改变钼的初始浓度，并不影响钼的沉淀效果；当钼初始浓度由 10 mg/L 增加至 800 mg/L 时，钼的沉淀率始终保持在 99%左右。钼初始浓度的变化对铼的沉淀率影响较大，这主要是因为随着钼初始浓度的增加，相对应的沉淀剂 Fe(Ⅲ)用量增加，生成沉淀物的量增加，使铼因混凝共沉淀而进入沉淀物中的量增加。当钼初始浓度由 10 mg/L 增加至 100 mg/L 时，铼的沉淀率由 1.6%增加至 5.4%。随着钼初始浓度增加至 200 mg/L，铼的沉淀率增加至 6.4%；随着钼初始浓度的继续增加，铼沉淀率增加至 10%左右。综合结果得出，选择性沉淀法分离钼铼只适用于处理钼初始浓度在 0～100 mg/L 的钼铼混合溶液。

6.2.2 铼酸根的定向沉淀转化

钼铼混合溶液经选择性分离钼后，99.9%的钼和 5.4%的铼进入沉淀物中经过滤与溶液分离。沉淀过滤分离后的滤液中仍有 94.6%的铼存在，且此时溶液中 Fe(Ⅲ)含量低于 0.5 mg/L，溶液 pH 维持在 4 左右。通过添加季铵盐作为沉淀剂从分离钼后的过滤液中回收铼，探究溶液 pH、无机铵盐种类和用量、沉淀剂用量等因素对铼沉淀转化效果的影响；同时，重点研究浮选溶液 pH、絮凝剂种类及添加量、消泡剂用量对铼沉淀物回收效果的影响。

1. 溶液 pH 的影响

在溶液温度 25℃、搅拌速度 150 r/min 条件下，采用季铵盐类物质十六烷基三甲基溴化铵(CTAB)作为沉淀剂，研究了溶液 pH 对铼沉淀率的影响，如图 6-5 所示。

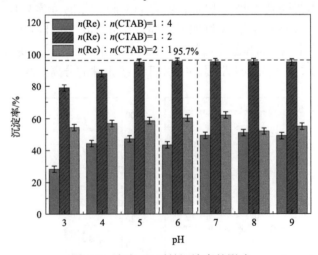

图 6-5 溶液 pH 对铼沉淀率的影响

由图 6-5 可知，随溶液 pH 的变化，铼的沉淀率较小，且在不同 CTAB 用量的条件下保持相似的变化规律。当 n(Re)：n(CTAB)为 1：2 时，铼表现出最好的沉淀效果。在此条件下，当溶液 pH 为 3 时，铼的沉淀率为 79.11%。随着溶液 pH 的增加，在溶液 pH

为 6 时，铼的沉淀率达到最大值，为 95.7%。之后，随着溶液 pH 的继续增加，铼的沉淀率则基本保持不变。因此，考虑铼的沉淀率及碱耗量等问题，采用溶液 pH 为 6 的条件研究溶液中铼的沉淀与回收问题。

2. 无机铵盐的影响

采用单独 CTAB 沉淀铼的过程中，溶液中铼的沉淀率达到 95% 左右。添加 NH_4^+ 以改变 CTAB 与铼酸根的反应形式可提高铼的沉淀率，而 NH_4^+ 可从无机铵盐中获得。在搅拌温度 25℃、搅拌速度 150 r/min、$n(Re)：n(CTAB)=1：2$ 条件下，无机铵盐种类和用量对铼沉淀率的影响如图 6-6 所示。

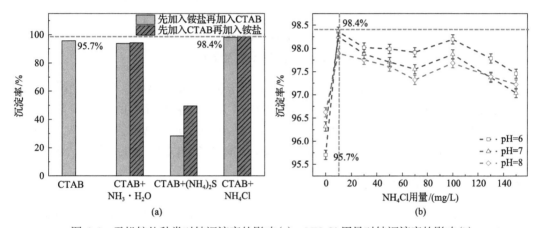

图 6-6　无机铵盐种类对铼沉淀率的影响(a)；NH_4Cl 用量对铼沉淀率的影响(b)

由图 6-6(a) 可知，无机铵盐添加的先后顺序基本不影响溶液中铼的沉淀率；而无机铵盐的种类则对溶液中铼的沉淀率影响较大。当添加 $NH_3·H_2O$ 时，铼的沉淀率略微降低。添加 NH_4Cl 时，铼的沉淀率由原来的 95.7% 增加至 98.4%。当添加 $(NH_4)_2S$ 时，铼的沉淀率则明显降低，这主要是因为 S^{2-} 与 CTAB 作用使参与铼酸根反应生成沉淀的 CTAB 量减少。因此，研究过程中通过添加 NH_4Cl 来提高溶液中铼的沉淀率。

图 6-6(b) 为 NH_4Cl 用量对溶液中铼沉淀率的影响。可见，添加 NH_4Cl 可有效提高溶液中铼的沉淀率。当 NH_4Cl 用量为 10 mg/L 时，溶液中铼的沉淀率由原来的 95.7% 增加至 98.4%。这主要是因为在 NH_4^+ 存在条件下，CTAB 与铼酸根之间不仅存在静电作用 [式(6-3)]，还存在配位作用 [式(6-4)]。然而，溶液中 NH_4Cl 用量过高时也不利于铼的沉淀。

$$C_{16}N(CH_3)_3^+ + ReO_4^- \Longrightarrow C_{16}N(CH_3)_3^+ReO_4^- \tag{6-3}$$

$$C_{16}N(CH_3)_3^+ + NH_4^+ + ReO_4^- \Longrightarrow C_{16}N(CH_3)_3^+(ReO_4^-NH_4^+) \tag{6-4}$$

3. 沉淀剂用量的影响

在添加 NH_4Cl 10 mg/L、搅拌温度 25℃、搅拌速度 150 r/min、溶液 pH=6 的条件下，沉淀剂 CTAB 用量对铼沉淀率的影响如图 6-7 所示。

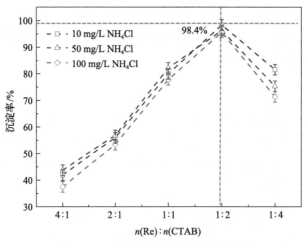

图 6-7　CTAB 用量对铼沉淀率的影响

CTAB 用量由 Re 与 CTAB 的摩尔比表示，即 $n(\text{Re})：n(\text{CTAB})$。CTAB 用量对溶液中铼的沉淀率影响较大。当 $n(\text{Re})：n(\text{CTAB})$ 为 4：1 时，溶液中铼的沉淀率仅为 41.9%。随着 CTAB 用量的增加，铼的沉淀率迅速增加。在 $n(\text{Re})：n(\text{CTAB})$ 为 1：2 时，铼的沉淀率达到最大值，为 98.4%。之后，随着 CTAB 用量的继续增加，铼的沉淀率开始降低。

6.2.3　铼沉淀产物的浮选回收

CTAB 除了作为沉淀剂外，还可以作为阳离子表面活性剂发挥良好的起泡性能，因此可在不添加其他起泡剂的条件下直接对铼沉淀物进行微泡浮选回收。

1. 浮选 pH 的影响

在 $n(\text{Re})：n(\text{CTAB})=1：2$、溶液温度 25℃、搅拌速度 150 r/min 条件下，不同 pH 条件下铼沉淀产物的浮选效果如图 6-8 所示。

由图 6-8 可以看出，浮选回收过程中，铼沉淀产物的回收率随 pH 变化而变化，但在 pH 为 6 时保持最好的回收效果。此外，Re 的浮选回收率由原来的 98.4%降低至 93.1%。这主要是因为在浮选过程中，少量 CTAB 用于起泡作用，而使其用作沉淀剂参与铼酸根反应的量减少，所以铼的回收率有所降低。同时，图 6-8 表明，在添加 NH₄Cl 的条件下，浮选后残余溶液的浊度有所增加，但仍低于 5 NTU，符合饮用水的使用标准。另外，浮选残余液较少，水相损失量较大。

2. 絮凝剂种类的影响

为了提高铼沉淀产物的浮选回收效率，通过添加絮凝剂使铼沉淀颗粒长大。常用的絮凝剂主要有 Al(Ⅲ)、Fe(Ⅲ)、聚合氯化铝(PAC)、聚丙烯酰胺(PAM)等。在溶液温度 25℃、搅拌速度 150 r/min、$n(\text{Re})：n(\text{CTAB})=1：2$、溶液 pH=6、NH₄Cl 用量 10 mg/L 条件下，絮凝剂种类对铼沉淀物回收率的影响如图 6-9 所示。

由图 6-9 可知，以 Fe(Ⅲ)和 PAC 为絮凝剂时，溶液中沉淀物颗粒基本保持不变。以

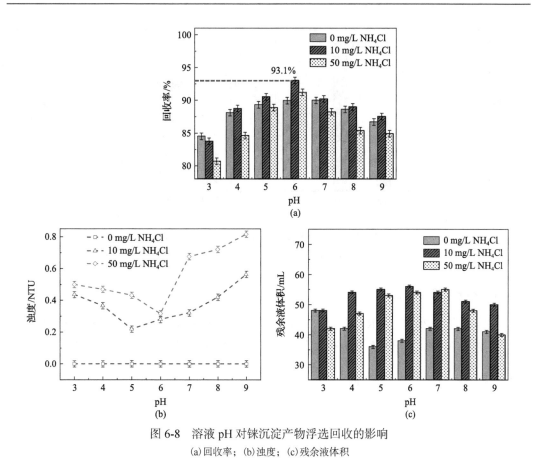

图 6-8　溶液 pH 对铼沉淀产物浮选回收的影响

(a) 回收率；(b) 浊度；(c) 残余液体积

Al(Ⅲ) 和 PAM 为絮凝剂时，沉淀物颗粒则明显变大。在浮选回收过程中，以 Al(Ⅲ) 和 PAM 为絮凝剂时铼的回收率明显增加。其中，添加 Al(Ⅲ) 为絮凝剂，铼的回收率由原来的 93.1% 增加至 99.2%；添加 PAM 为絮凝剂，铼的回收率由原来的 93.1% 增加至 96.0%。同时，添加 Al(Ⅲ) 和 PAM 作为絮凝剂后，浮选回收铼沉淀物后残余液的浊度降低且均低于 5 NTU，符合饮用水使用标准。而且残余液的体积也有所增加。综上所述，Al(Ⅲ) 和 PAM 作为絮凝剂更有利于铼沉淀颗粒的长大和回收，所以选用 Al(Ⅲ) 和 PAM 作为絮凝剂进行后续的研究。

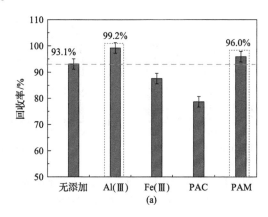

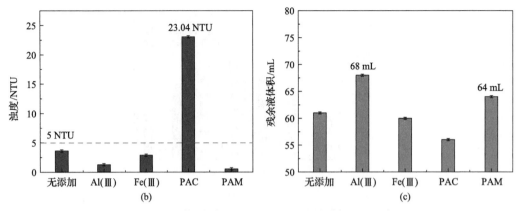

图 6-9　絮凝剂种类对铼沉淀浮选回收的影响

(a)回收率；(b)浊度；(c)残余液体积

3. 絮凝剂用量的影响

在实验温度 25℃、$n(\mathrm{Re}):n(\mathrm{CTAB})=1:2$、溶液 pH=6、$\mathrm{NH_4Cl}$ 用量 10 mg/L 条件下，考察了 Al(Ⅲ)和 PAM 用量对铼沉淀产物回收率的影响，如图 6-10 所示。

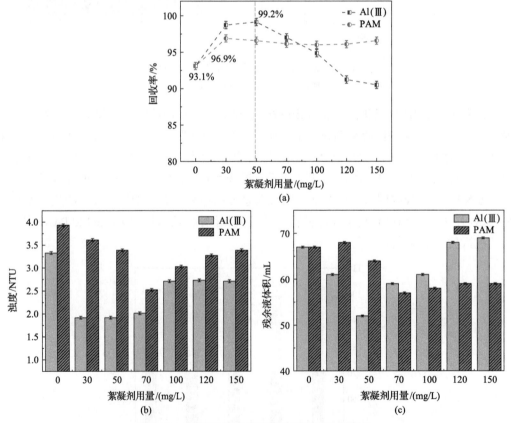

图 6-10　絮凝剂用量对铼沉淀浮选回收的影响

(a)回收率；(b)浊度；(c)残余液体积

由图 6-10 可知，随着 Al(Ⅲ)用量的增加，铼沉淀产物的回收率开始逐渐升高。当 Al(Ⅲ)用量为 50 mg/L 时，溶液中铼沉淀物的回收率由原来的 93.1%增加至 99.2%。但是，当 Al(Ⅲ)用量大于 50 mg/L 之后，浮选回收过程中铼的回收率开始降低。当 Al(Ⅲ)添加量为 150 mg/L 时，铼的回收率降低至 90.5%。这主要是由于随着溶液中 Al(Ⅲ)用量的增加，Al(Ⅲ)与 CTAB 发生反应，导致与铼反应的 CTAB 量减少，从而使铼的回收率降低。PAM 用量对溶液中铼沉淀物回收率的影响较小。当 PAM 用量为 10 mg/L 时，铼回收率由 93.1%增加至 96.9%。随着 PAM 用量的继续增加，铼回收率始终保持在 97.0%～98.0%之间。浮选完成之后溶液的浊度均低于 5 NTU，而水相损失则小于 30%。

4. 消泡剂用量的影响

由于 CTAB 在浮选过程中发挥了起泡作用，导致溶液中大量液相损失。因此在溶液温度 25℃、搅拌速度 150 r/min、$n(\text{Re})：n(\text{CTAB})=1：2$、$NH_4Cl$ 用量为 10 mg/L、Al(Ⅲ)和 PAM 用量分别为 50 mg/L 和 100 mg/L 条件下，通过添加消泡剂来减少液相的损失，结果如图 6-11 所示。

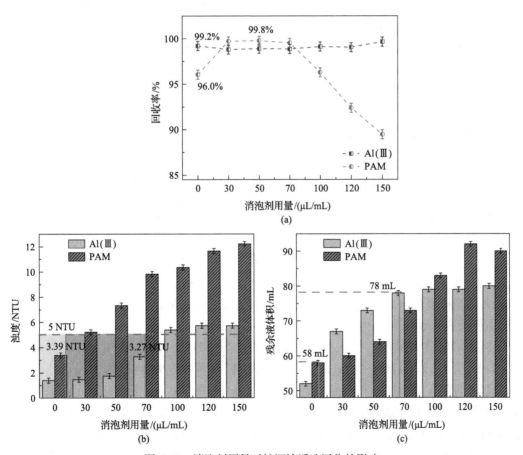

图 6-11　消泡剂用量对铼沉淀浮选回收的影响

(a)回收率；(b)浊度；(c)残余液体积

由图 6-11 可知,在添加 Al(Ⅲ)絮凝剂的条件下,随着消泡剂用量的增加,铼的回收率保持在 99.2%左右。在添加 PAM 絮凝剂的条件下,铼的回收率随着消泡剂用量的增加而增加。当消泡剂用量增加至 50 μL/mL 时,铼的回收率由原来的 96.0%增加至 99.8%。当消泡剂用量大于 100 μL/mL 时,铼的回收率则迅速降低至 95%左右。随着消泡剂用量的增加,溶液的浊度逐渐增加。以 Al(Ⅲ)为絮凝剂的条件下,消泡剂用量小于 70 μL/mL 时,溶液的浊度始终小于 5 NTU。当消泡剂添加量大于 70 μL/mL 时,溶液的浊度在 5～6 NTU 之间。当以 PAM 为絮凝剂时,在消泡剂存在的条件下,溶液的浊度均大于 5 NTU,且随着消泡剂用量的增加,浊度不断增大。当消泡剂用量为 70 μL/mL 时,溶液的浊度可达到 9.8 NTU 左右。随着消泡剂用量的增加,残余液的体积逐渐增加。以 Al(Ⅲ)为絮凝剂的条件下,当消泡剂用量增加至 70 μL/mL 时,残余液体积由原来的 52 mL 增加至 78 mL。以 PAM 为絮凝剂的条件下,残余液体积也由原来的 58 mL 增加至 74 mL。由此可知,消泡剂可以起到很好的抑制起泡、保留液相的作用。

6.2.4　钼铼酸根的选择性分离机理

选择性沉淀法分离钼铼主要包括钼的选择性沉淀以及铼定向沉淀与泡沫提取回收。同时,由于反应过程中反应条件的变化,混合溶液中主要是 Mo(Ⅵ)离子存在状态发生了变化。Mo(Ⅵ)离子存在状态发生变化的过程中主要是 MoO_4^{2-} 上的带电粒子与溶液中的 H^+ 作用而变为电中性。钼选择性沉淀过程中,钼酸根与添加的沉淀剂反应,而铼酸根不参与反应,从而实现钼铼的选择性分离。选择性沉淀钼与泡沫提取回收铼的反应机理如图 6-12 所示。

Fe(Ⅲ)在 OH^- 存在的条件下发生水解,在溶液 pH 为 4 的条件下,Fe(Ⅲ)主要以 $Fe(OH)_2^+$ 的形式存在。$Fe(OH)_2^+$ 上的金属羟基与钼酸根上的带电离子或水解后的 Mo-OH 反应而释放出一分子 H_2O 或 OH^-,从而将钼从混合溶液中选择性沉淀出来。铼在后续泡沫提取过程中主要经历沉淀、絮凝、浮选三个阶段。沉淀过程中,铼酸根与 CTAB 和 NH_4^+ 通过静电作用和络合作用进行反应。其中,静电作用为 CTAB 上氨基官能团所带正电荷与铼酸根上的负电荷之间的反应,反应过程中并没有 NH_4^+ 的参与。络合作用则有 NH_4^+ 参与反应,反应过程为 NH_4^+ 上的正电荷与铼酸根上的负电荷作用形成的物质又通过配位键与 CTAB 中的氮原子反应。在絮凝过程中,Al(Ⅲ)和 PAM 与沉淀物作用使沉淀物凝聚成较大的颗粒聚集体。经絮凝长大的颗粒因其表面的长碳链疏水性极强而被气泡捕收,进而随气泡被带到液体表面。

铵盐可对残余液中的铼进行后续的回收。当 NH_4Cl 浓度为 10 mg/L、$n(Re)$:$n(CTAB)$ 为 1:2、溶液 pH 为 6 的条件下,铼的回收率可达 98.4%。添加 Al(Ⅲ)和 PAM 作为絮凝剂则可有效增大铼沉淀物的粒径,进而提高铼的回收率。当消泡剂用量为 50 mg/L 时,使用 Al(Ⅲ)和 PAM 作为絮凝剂,铼的回收率分别为 99.2%和 99.8%。总之,选择性沉淀法分离钼铼的过程中,钼主要是因为发生水解并与金属羟基化合物发生脱水反应而从钼铼混合溶液中分离。铼则是由于氨基官能团和 NH_4^+ 与铼酸根之间发生静电作用和络合作用而从水溶液中分离。

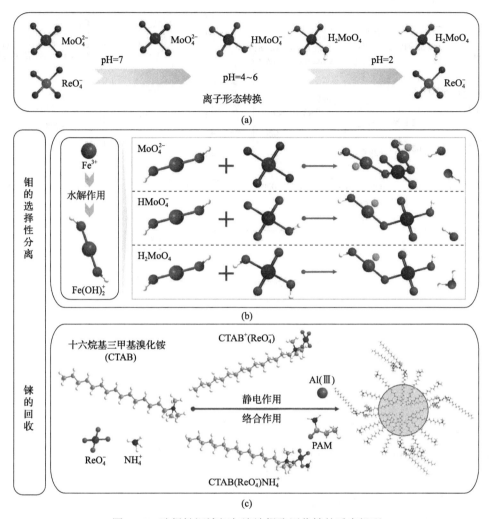

图 6-12 选择性沉淀钼与泡沫提取回收铼的反应机理

6.2.5 铼浮选产物的纯化路线

铼沉淀物经浮选后再通过脱水干燥、焙烧从而获得进一步纯化。采用 TG-DSC、XRD 分析研究，铼沉淀物物相随温度的变化规律如图 6-13 所示。

由图 6-13 可知，温度低于 100℃时，铼沉淀物的质量没有变化。当温度为 130℃时出现一个吸热峰，而此时铼沉淀物的质量仍未发生变化，说明此时主要为铼沉淀物中的物质分解生成铼酸盐和有机物。当温度增加至 330℃时，铼沉淀物质量开始减少。对于只有 CTAB 和铼酸根反应所得的铼沉淀物，在 334℃和 422℃时分别存在一个放热峰，分别为铼沉淀物中 C 元素的氧化和 Re 元素的氧化。而在 429℃时存在一个吸热峰，则为 Re_2O_7 的挥发。另外，当温度由 330℃增加至 383℃时，铼沉淀物的质量损失 54.64%，此处主要为 C 元素氧化以 CO_2 形式挥发造成的质量损失。当温度由 383℃增加至 628℃时，铼沉淀物的质量损失为 41.96%，此处主要由 Re_2O_7 的挥发所致。当温度高于 628℃后，

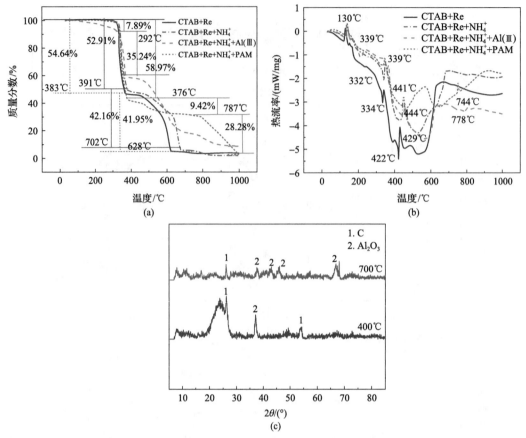

图 6-13　絮凝剂添加前后铼沉淀物的 TG 分析(a)；絮凝剂添加前后铼沉淀物的 DSC 分析(b)；不同焙
烧温度下铼沉淀物的 XRD(c)

铼沉淀物质量保持不变。对于添加 NH_4^+ 后所得的铼沉淀物，在 332℃ 和 441℃ 时分别存在一个放热峰和吸热峰，为 C 元素的氧化和 Re_2O_7 的挥发。在 330～391℃ 和 391～702℃ 之间的质量损失分别为 52.91% 和 42.16%，为 C 元素的损失和 Re 元素的损失。在 702～832℃ 之间的质量损失为 3.79%，主要为铼沉淀物中 N 元素的损失。此外，在温度 100～292℃ 范围内，加入 Al(Ⅲ)作为絮凝剂得到的铼沉淀物的质量损失为 7.89%，主要为 $Al(OH)_3$ 的脱水。203℃ 时出现的放热峰为铼沉淀物中 Al(Ⅲ)与氧反应生成 Al_2O_3。另外，在 347℃ 和 444℃ 时分别存在一个放热峰和吸热峰，为 C 元素的氧化和 Re_2O_7 的挥发。在 292～369℃ 和 369～702℃ 之间的质量损失分别为 35.24% 和 40.24%，为 C 元素的损失和 Re 元素的损失。而当温度升高至 1000℃ 时，沉淀物的质量损失明显少于其他沉淀物，这主要是因为 Al_2O_3 的残留。

对添加 Al(Ⅲ)所得铼沉淀物焙烧后的物质进行 XRD 分析可知，在 400℃ 条件下，沉淀物出现了明显的 C 单质表征峰。在焙烧温度 700℃ 条件下，沉淀物中则仅剩 Al_2O_3 的表征峰。对于添加 PAM 絮凝后所得铼沉淀物，在 339℃ 和 744℃ 时分别存在一个放热峰和吸热峰，为 C 元素的氧化和 N 元素的挥发。在 330～376℃、376～787℃ 和 787～1000℃ 之间的质量损失分别为 58.97%、9.42% 和 28.28%，为 C 元素、Re 元素和 N 元素的损失。

综合上述分析可知，铼沉淀物可在 800℃左右经高温焙烧使得沉淀物中的 C 元素和 Re 元素挥发并回收其烟气，即可得到纯净的高浓度含铼溶液，最后通过添加钾盐即可得到高纯的铼酸盐产品。

6.3　基于先铼后钼分步分离的铼钼泡沫提取技术

通过对溶液中的钼铼酸根进行分析，发现除了金属离子能够选择性沉淀钼酸根外，在不同的溶液 pH 条件下，钼铼混合溶液还与不同链长的有机铵盐具有不同的选择性作用。因此，针对碱性条件下十六烷基三甲基溴化铵与钼铼酸根、酸性条件下十六烷基三甲基溴化铵与钼酸根具有强选择性作用的特点，以十六烷基三甲基溴化铵作为沉淀剂，通过改变溶液 pH 及添加其他药剂从混合溶液中逐步泡沫提取分离钼铼。基于先铼后钼分步分离的铼钼泡沫提取以及钼铼沉淀物进一步纯化的工艺流程如图 6-14 所示。

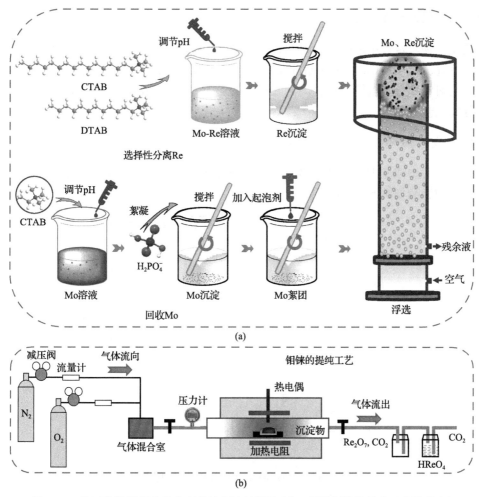

图 6-14　基于先铼后钼分步分离的铼钼泡沫提取(a)；钼铼沉淀物纯化工艺流程(b)

首先，在烧杯中制备初始浓度为 100 mg/L 的钼铼混合溶液 100 mL。然后在混合溶液中连续加入 CTAB 和 DTAB 作为沉淀剂,并用盐酸、氢氧化钠溶液调节混合溶液的 pH。搅拌一段时间后,加入消泡剂,通过气泡浮选将铼沉淀物与液体分离。最后收集沉淀产物和残余液进行后续操作。而对于残余液中的钼,继续加入 CTAB 作为沉淀剂,并调节 pH 至酸性。搅拌一段时间后,加入磷酸二氢钾为絮凝剂,使沉淀颗粒长大。最后加入起泡剂使钼沉淀物随气泡浮出。反应完成后对钼铼沉淀物进行纯化,将钼铼沉淀物在 N_2 和 O_2 气氛下进行焙烧,使有机物以 CO_2 的形式挥发,而铼被氧化成 Re_2O_7,用水对挥发烟气进行回收即可得到浓度较高的高铼酸。

根据滤液中铼酸根的沉淀浮选行为可知,CTAB 在碱性条件下可与铼选择性作用生成铼沉淀物。另外,在酸性条件下,钼可与 CTAB 作用生成钼沉淀物。因此,本节采用 CTAB 作为铼沉淀剂(DTAB 为复配剂),通过改变反应条件逐步将铼和钼从混合溶液中分离出来。重点研究溶液条件、沉淀剂添加顺序等影响因素对钼铼逐步沉淀浮选分离行为的影响。

6.3.1　铼酸根的选择性沉淀浮选

铵盐类物质常被用来改性吸附剂或树脂材料选择性回收钼和铼。本节探究溶液 pH、DTAB 用量、CTAB 用量、钼初始浓度对铼分离效果的影响。同时,通过研究溶液条件、药剂制度对钼铼分步沉淀浮选分离回收行为的影响,确定钼铼沉淀浮选分步分离顺序,优化分离工艺参数。

1. 溶液 pH 对铼酸根沉淀转化的影响

在钼铼初始浓度 100 mg/L、温度 25℃、搅拌速度 150 r/min 条件下,溶液 pH 对钼铼分离效果的影响如图 6-15 所示。

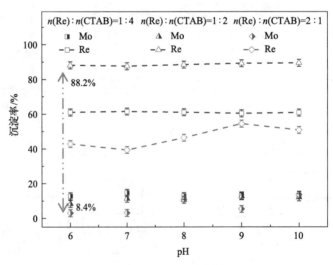

图 6-15　溶液 pH 对钼铼分离效果的影响

由图 6-15 可知,在溶液 pH=6～10 之间,钼铼可实现选择性分离。在 $n(Re):n(CTAB)$ 为 1:2 条件下,随着 pH 由 6 增加至 10,铼的沉淀率随 pH 变化较小,均保持在 88%左右；钼的沉淀率随 pH 的变化有略微波动，但仍保持在 10%左右。在 pH 为 6 时钼铼的分离效果最好，此时混合溶液中铼的沉淀率为 88.2%，钼的沉淀率为 8.4%，钼铼的分离效率仍有待提高。

2. 复配剂 DTAB 用量对铼酸根沉淀转化的影响

研究发现，有机铵盐沉淀析出钼酸根的过程中，钼酸根的析出效率与有机铵盐的亲疏水性密切相关[207]。有机物亲疏水性受碳链长短的影响，故通过添加十二烷基三甲基溴化铵(DTAB)作为复配剂来抑制钼的沉淀。经实验验证，改变溶液的 pH，DTAB 均不与钼反应生成沉淀。在溶液 pH 为 6、温度 25℃、搅拌速度 150 r/min 条件下，DTAB 用量对钼铼分离的影响如图 6-16 所示。

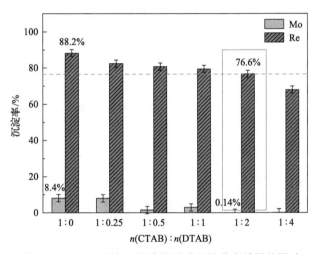

图 6-16　DTAB 用量对混合溶液中钼铼分离效果的影响

DTAB 用量由 CTAB 与 DTAB 的摩尔比表示，即 $n(\text{CTAB}):n(\text{DTAB})$。由图 6-16 可知，添加 DTAB 可有效提高钼铼的分离效率，且钼铼的分离效率受 DTAB 用量的影响较大。未添加 DTAB 时，铼的沉淀率为 88.2%，钼的沉淀率为 8.4%，钼铼的分离效率较低。添加 DTAB 之后，溶液中钼铼的沉淀率均降低。当 DTAB 用量为 $n(\text{CTAB}):n(\text{DTAB})$ 为 1:2 时，溶液中铼的沉淀率降低至 76.6%，但钼的沉淀率降低至 0.14%，钼铼的分离效率增加。但是，DTAB 用量继续增加，溶液中铼的沉淀率开始大幅度下降。因此，采用 $n(\text{CTAB}):n(\text{DTAB})=1:2$ 进行后续研究。

3. 沉淀剂 CTAB 用量对铼酸根沉淀转化的影响

在溶液 pH 为 6、温度 25℃、搅拌速度 150 r/min、$n(\text{CTAB}):n(\text{DTAB})=1:2$ 条件下，沉淀剂 CTAB 用量对钼铼分离效果的影响如图 6-17 所示。由图 6-17 可知，钼铼的分离效率受 CTAB 用量的影响较大，且 CTAB 主要通过影响铼的沉淀率来影响钼铼的分离效率。随着 CTAB 用量的增加，钼的沉淀率始终保持不变，说明复配剂 DTAB 对钼的沉淀起到很好的抑制作用。铼的沉淀率则随着 CTAB 用量的增加而逐渐升高，当 $n(\text{Re}):$

n(CTAB)为 1∶2 时，铼的沉淀率达到最大值，为 83.5%，此时溶液中钼铼的分离效果最佳。随着 CTAB 用量的继续增加，铼的沉淀率降低，钼铼的分离效率随之降低。

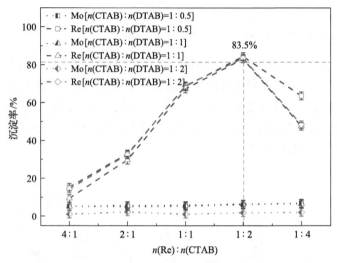

图 6-17　CTAB 用量对混合溶液中钼铼分离效果的影响

4. 钼初始浓度对铼酸根沉淀转化的影响

混合溶液中钼含量的增加，增大了钼酸根与铼酸根之间的竞争作用，进而影响钼铼分离效果。混合溶液中钼的初始浓度也决定了后续泡沫提取工艺中的使用范围。在溶液 pH 为 6、温度 25℃、搅拌速度 150 r/min、n(CTAB)∶n(DTAB)=1∶2、n(Re)∶n(CTAB)= 1∶2 条件下，钼初始浓度对钼铼分离效果的影响如图 6-18 所示。

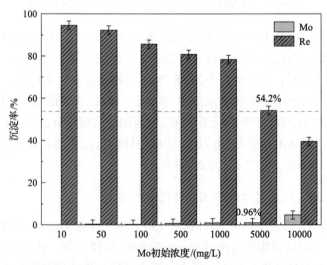

图 6-18　钼初始浓度对溶液中钼铼分离效果的影响

当钼初始浓度较低时，溶液中钼沉淀率低于 1%，而铼沉淀率则高于 90%。当钼初始浓度增加时，铼的沉淀率逐渐降低，而钼的沉淀率逐渐增加。当钼初始浓度增加至 5000 mg/L 时，铼沉淀率降低至 54.2%，而钼沉淀率增加至 0.96%。由此可知，泡沫提取（沉淀浮选）适用于处理钼初始浓度为 0～5000 mg/L 的混合溶液，比基于钼酸根化学沉淀-铼酸根的钼铼泡沫提取技术适用性更广。

5. 铼选择性沉淀产物的浮选

在溶液中钼铼初始浓度 100 mg/L、溶液温度 25℃、搅拌速度 150 r/min、$n(\text{Re})$：$n(\text{CTAB})=1:2$、$n(\text{CTAB}):n(\text{DTAB})=1:2$、溶液 pH 为 6、充气速度 250 mL/min 条件下，钼铼混合溶液中铼经分离后所得铼沉淀物采用浮选法进行回收。消泡剂对钼铼分离和回收的影响如图 6-19 所示。

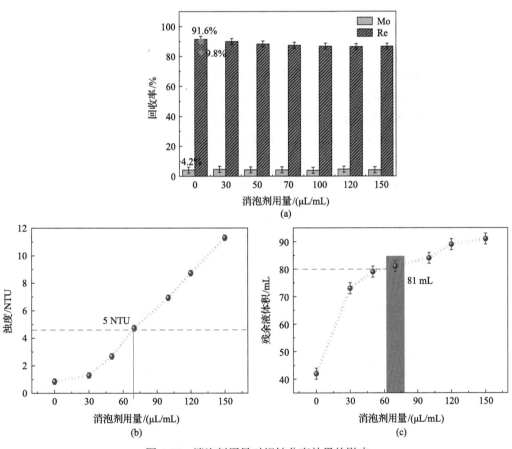

图 6-19　消泡剂用量对钼铼分离效果的影响

(a)回收率；(b)浊度；(c)残余液体积

由图 6-19 可知，随着消泡剂用量的增加，在浮选条件下钼铼的回收率均有所增加。未添加消泡剂条件下，经浮选回收后铼回收率由 81.8%增加至 91.6%，而钼的回收率由 0.8%增加至 4.2%。然而，随着消泡剂用量的增加，钼铼的回收率则基本保持不变。当消泡剂用量小于 70 μL/mL 时，残余液浊度小于 5 NTU，符合饮用水使用标准。而此时残余液体积为 81 mL，与上文相比，残余液体积增加，液体损失量减少。因此，消泡剂用量为 70 μL/mL 时，更有利于混合溶液中铼酸根的分离与回收。

6.3.2　残余液中钼酸根沉淀浮选行为

钼铼混合溶液先经沉淀浮选分离回收铼后，铼和钼的回收率分别为 91.6% 和 4.2%，因此仍有 10% 左右的铼和 95% 及以上的钼存在于溶液中。经实验研究发现，酸性条件下，钼酸根可与 CTAB 作用并产生沉淀。在浮选回收铼沉淀物后的残余液中继续添加 CTAB，并调节溶液 pH 至酸性，进一步从残余液中回收钼。本节重点研究溶液 pH、CTAB 用量对钼浮选回收效果的影响。同时，采用磷酸盐作为絮凝剂，研究溶液中沉淀转化产物的颗粒结构调控及矿化行为。

1. 溶液 pH 对钼沉淀转化的影响

化学形态模拟计算已经表明，溶液中 Mo(Ⅵ) 的存在形式与溶液 pH 的变化密切相关。当溶液 pH 大于 6 后，溶液中钼就不再与 CTAB 作用生成沉淀。因此考虑到在 pH 为 2～6 范围内，钼沉淀率受溶液 pH 影响较小，在实验温度 25℃、搅拌速度 150 r/min 条件下，考察了溶液 pH 变化对钼回收效果的影响，如图 6-20 所示。

图 6-20 表明，在 $n(\text{Mo}):n(\text{CTAB})$ 为 2:1 时，溶液 pH 由 2 增加至 5，钼沉淀率均在 90% 左右，且在溶液 pH 为 3 时，钼沉淀率达到最大值 95.9%；当溶液 pH 为 6 时，钼沉淀率降低至 60% 左右。当 CTAB 用量增加至 $n(\text{Mo}):n(\text{CTAB})$ 为 1:1 时，钼的沉淀率受溶液 pH 的影响较大，溶液 pH 小于 5，钼的沉淀率低于 20%；当溶液 pH 增加至 5 时，钼沉淀率迅速增加至 60% 左右；当 pH 为 6 时，钼沉淀率则增加至 86.7%。

2. CTAB 用量对钼沉淀转化的影响

在实验温度 25℃、搅拌速度 150 r/min 条件下，研究了 CTAB 用量 [以 $n(\text{Mo}):n(\text{CTAB})$ 表示] 对溶液中钼沉淀率的影响，结果如图 6-21 所示。

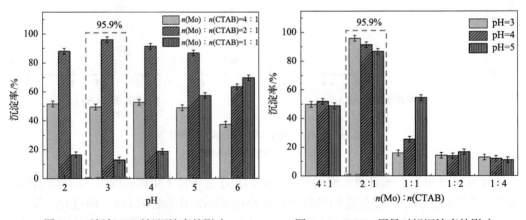

图 6-20　溶液 pH 对钼沉淀率的影响　　　　图 6-21　CTAB 用量对钼沉淀率的影响

可见，CTAB 用量对钼沉淀率影响较大。当 $n(\text{Mo}):n(\text{CTAB})$ 为 4:1 时，钼沉淀率

为 49.9%。当 CTAB 用量增加至 $n(Mo) : n(CTAB)$ 为 2:1 时，钼沉淀率迅速增加达到 95.9%。当 CTAB 用量继续增加至 $n(Mo) : n(CTAB)$ 为 1:1 时，钼沉淀率迅速降低至 15.9%，原因可能是未参与沉淀反应的 CTAB 的疏水基与钼沉淀物上的疏水基作用进而使钼沉淀物又溶解进入溶液中。之后，CTAB 用量继续增加，钼沉淀率保持在 20%左右。

3. 絮凝剂对钼沉淀浮选的影响

研究发现，酸性条件下磷酸根与钼酸根作用可以生成磷钼杂多酸。在实验温度 25℃、搅拌速度 150 r/min、$n(Mo) : n(CTAB) = 2:1$、NP-40 用量 50 μL/mL 条件下，研究了磷酸盐作为絮凝剂对钼沉淀物浮选回收的影响，如图 6-22 所示。

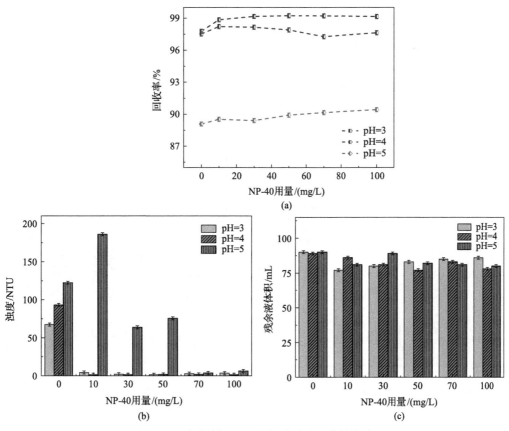

图 6-22　絮凝剂用量对钼沉淀浮选回收的影响
(a)回收率；(b)浊度；(c)残余液体积

在溶液 pH 为 3 的条件下，不添加絮凝剂经浮选回收，溶液中钼回收率由 95.9%提高至 97.8%。添加絮凝剂后，溶液中钼的回收率开始增加，当絮凝剂添加量为 30 mg/L 时，钼的回收率增加至 99.2%。对浮选后溶液的浊度进行分析，在未添加絮凝剂条件下，经浮选回收后残余液的浊度均大于 50 NTU，这主要是因为 CTAB 单独沉淀钼酸根所得的钼沉淀物颗粒较细而难以通过浮选回收。添加絮凝剂后，在溶液 pH 为 3 和 4 的条件下，残余液的浊度降低至 5 NTU。另外，在溶液 pH 为 5 的条件下，当絮凝剂用量为 10 mg/L

时，残余液的浊度增大至 180 NTU，这主要是因为絮凝剂与溶液中钼沉淀物作用使沉淀物颗粒长大。当絮凝剂用量继续增加，残余液的浊度开始降低，这主要是因为部分絮凝的钼沉淀物随气泡浮出。当絮凝剂用量为 70 mg/L 时，残余液的浊度降低至 5 NTU。浮选完成后残余液的体积仍保留在 75%左右。

4. 起泡剂对钼沉淀浮选的影响

钼与 CTAB 反应后得到的溶液已不具备起泡的能力，因此通过添加起泡剂来探究溶液中钼沉淀物的浮选回收的效率，结果如图 6-23 所示。

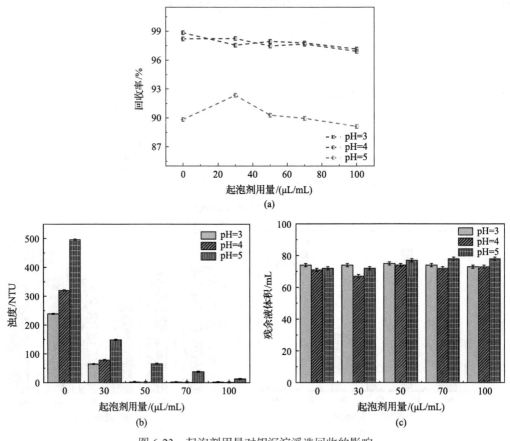

图 6-23 起泡剂用量对钼沉淀浮选回收的影响
(a)回收率；(b)浊度；(c)残余液体积

图 6-23 表明，在实验温度 25℃、搅拌速度 150 r/min、$n(\text{Mo}):n(\text{CTAB})=2:1$、絮凝剂添加量 30 mg/L 条件下，添加消泡剂对溶液中钼的回收率基本无影响。同时，在不添加起泡剂的条件下，残余液浊度为 200～500 NTU。此时，浮选过程中基本无气泡产生，钼沉淀物无法随气泡浮出。当添加起泡剂时，溶液中有气泡生成，残余液浊度降低。当起泡剂用量为 30 μL/mL 时，残余液浊度降低至 100 NTU。当起泡剂用量大于 50 μL/mL 时，残余液的浊度降低至 5 NTU。后续研究采用起泡剂用量为 50 μL/mL 浮选回收溶液

中的钼沉淀物。浮选后残余液体积保持在 70 mL 左右，液体损失量较低。

6.3.3　浮选钼沉淀产物的表征

1. FTIR 表征

残余液中钼的分离回收主要通过酸性条件下 CTAB 沉淀、磷酸盐絮凝和气泡浮选实现。不同过程中钼沉淀物的 FTIR 表征结果如图 6-24 所示。

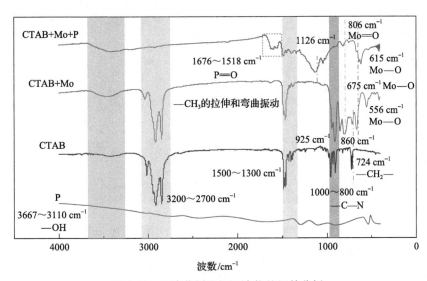

图 6-24　沉淀药剂及钼沉淀物的红外分析

从图 6-24 可以看出，当未添加磷酸盐时，CTAB 与钼反应所得钼沉淀物中，3667～3110 cm^{-1} 处—OH 吸收峰和 3200～2700 cm^{-1}、1500～1300 cm^{-1} 处—CH$_3$ 吸收峰未发生变化，而 724 cm^{-1} 处的—CH$_2$—吸收峰减弱。1000～800 cm^{-1} 处—C—N 吸收峰消失并在 925 cm^{-1} 处形成一个新的吸收峰，为钼酸根与 CTAB 上氨基官能团反应的结果。在 806 cm^{-1} 处出现一个新的吸收峰为 Mo═O；675 cm^{-1} 和 556 cm^{-1} 处出现的新的吸收峰为 Mo—O。可知，钼成功与 CTAB 发生反应并产生钼沉淀物。添加磷酸盐形成的钼沉淀物中，3200～2700 cm^{-1} 处的—CH$_3$ 伸缩振动吸收峰消失，1500～1300 cm^{-1} 处的—CH$_3$ 弯曲振动吸收峰减弱，同时在 1676～1518 cm^{-1} 处出现一个新的 P═O 吸收峰。此外，添加磷酸盐之后，925 cm^{-1} 处的 Mo—O—C 吸收峰偏移至 1126 cm^{-1} 处，556 cm^{-1} 处出现的 Mo—O 吸收峰转移至 615 cm^{-1} 处。

2. SEM-EDS 表征

采用 SEM-EDS 对浮选钼沉淀物的形貌和成分分析，结果如图 6-25 所示。

图 6-25 表明，钼沉淀物主要由密集的细小颗粒堆积而成。添加磷酸盐后所得钼沉淀物絮体的颗粒较不添加磷酸盐时更细，但堆积更密集。由此可知，添加磷酸盐后所得沉淀物在絮凝过程中效果更好且不易被气泡破碎，更利于钼沉淀物的回收。对钼沉淀物 EDS

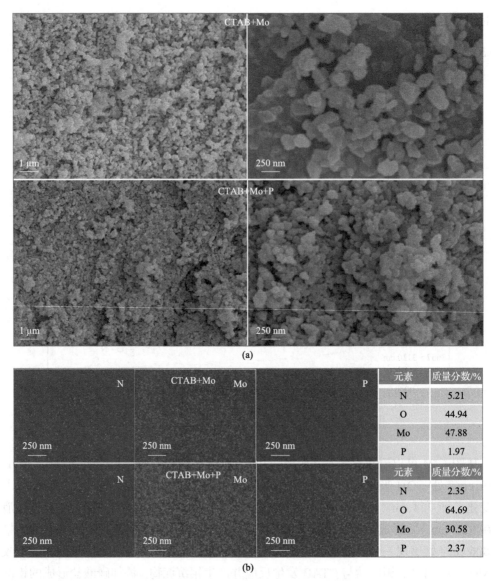

图 6-25　浮选钼沉淀物的 SEM-EDS 分析

分析可知，未添加磷酸盐条件下，钼沉淀物中 N、O、Mo、P 的含量分别为 5.21 wt%[①]、44.94 wt%、47.88 wt%、1.97 wt%。添加磷酸盐后，钼沉淀物中 P 的含量增加至 2.37 wt%，而 N 降低为 2.35 wt% 和 O 的含量增加至 64.69 wt%，这主要是因为 P 与溶液中的 Mo 反应生成磷钼杂多酸。此外，钼沉淀物中 Mo 的含量降低至 30.58 wt%，这主要是因为添加磷酸盐后所得钼沉淀物增加而使单位区域内 Mo 含量降低。

3. XPS 表征

采用 XPS 对钼沉淀物的表面元素和成分进行分析，结果如图 6-26 所示。

───────────────

① wt% 表示质量分数。

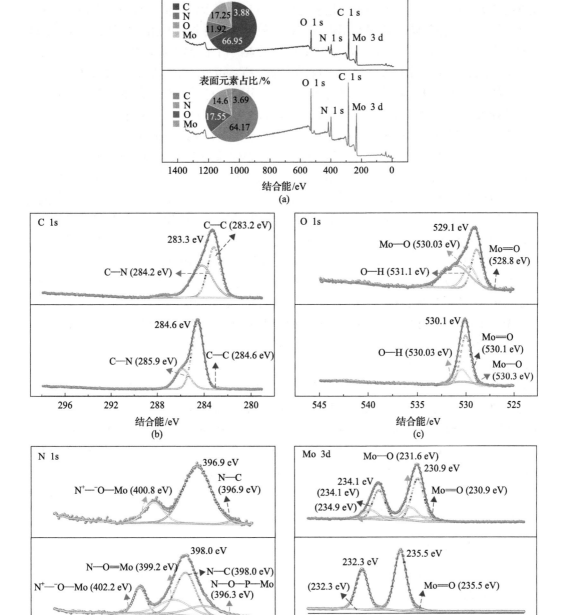

图 6-26　浮选钼沉淀物的 XPS 表征

(a)全谱；(b)C 1s 谱；(c)O 1s 谱；(d)N 1s 谱；(e)Mo 3d 谱

图 6-26(a)为对添加磷酸盐和未添加磷酸盐条件下生成钼沉淀物的全谱分析。可见，未添加磷酸盐条件下，钼沉淀物主要由 C、N、O、Mo 四种元素组成，元素占比分别为

66.95 wt%、11.92 wt%、17.25 wt%、3.88 wt%。添加磷酸盐的条件下，钼沉淀物中并未检测出 P 元素的信号峰，原因可能是参与反应的 P 元素含量较低，从而未被检测出来。由此可知，少量添加磷酸盐即实现钼沉淀物颗粒的絮凝并将其从溶液中浮选出来。添加磷酸盐条件下，钼沉淀物中 C、N、O、Mo 四种元素的占比分别为 64.17 wt%、17.55 wt%、14.6 wt%、3.69 wt%。图 6-26(b)为 C1s 的光谱分析。可见，未添加磷酸盐条件下生成的钼沉淀物，C 1s 光电子峰的结合能为 283.3 eV。分峰处理后，在结合能为 283.2 eV 处的光电子峰表示 C—C 峰，结合能为 284.2 eV 处的光电子峰属于 C—N 峰[208]。添加磷酸盐后生成的钼沉淀物，C 1s 光电子峰的结合能偏移至 284.6 eV，C—C 光电子峰结合能偏移至 284.6 eV，C—N 光电子峰结合能偏移至 285.9 eV。图 6-26(c)为 O 1s 的光谱分析，未添加磷酸盐条件下，O 1s 的光电子峰结合能为 529.1 eV。分峰处理后，在结合能为 528.8 eV 处的光电子峰属于 Mo═O，结合能为 530.03 eV 处的光电子峰属于 Mo—O，结合能为 531.1 eV 处的光电子峰为 O—H。添加磷酸盐后生成的钼沉淀物，O 1s 光电子峰偏移至结合能为 530.1 eV 处，Mo═O 光电子峰结合能偏移至 530.1 eV，O—H 光电子峰结合能偏移至 530.03 eV，Mo—O 光电子峰则保持在结合能为 530.03 eV 处。

图 6-26(d)为 N 1s 的光谱分析。未添加磷酸盐条件下，N 1s 的光电子峰结合能为 396.9 eV。分峰处理后，在结合能为 369.9 eV 处的光电子峰为 N—C，结合能为 400.8 eV 处的光电子峰属于 CTAB 上氨基官能团与钼酸根之间通过静电结合形成的 N^+—$\overline{O}$—Mo。添加磷酸盐后生成的钼沉淀物，N 1s 光电子峰偏移至结合能为 398.0 eV 处，N—C 光电子峰偏移至 398.0 eV 处，N^+—$\overline{O}$—Mo 光电子峰偏移至 399.2 eV 处。同时，在结合能为 399.2 eV 处的光电子峰为氨基官能团通过配位作用与 Mo═O 反应生成的 N—O═Mo。结合能在 396.3 eV 处的光电子峰为磷酸盐与 Mo 作用形成的 N—O—P—Mo。图 6-26(e)为 Mo 3d 的光谱分析。未添加磷酸盐条件下，Mo 3d 的光电子峰结合能为 230.9 eV(Mo 3d$_{3/2}$) 和 234.1 eV(Mo 3d$_{5/2}$)。分峰处理后，在结合能为 230.9 eV(Mo 3d$_{3/2}$) 和 234.1 eV(Mo 3d$_{5/2}$) 处的光电子峰属于 Mo═O，结合能为 231.6 eV(Mo 3d$_{3/2}$) 和 234.9 eV(Mo 3d$_{5/2}$) 处的光电子峰属于 Mo—O。添加磷酸盐后的钼沉淀物，Mo 3d 光电子峰偏移至结合能为 235.5 eV(Mo 3d$_{3/2}$) 和 232.3 eV(Mo 3d$_{5/2}$) 处。

4. TG-DSC 表征

添加磷酸盐和不添加磷酸盐条件下钼沉淀产物的 TG-DSC 如图 6-27 所示。

由图 6-27 可知，当温度低于 200℃时，沉淀产物的质量未发生变化。当温度为 132℃时，有一个明显的吸热峰，这可能是由于沉淀产物发生分解时吸热。当温度达到 330℃左右时有一个明显的放热峰，为沉淀产物中的碳被氧化生成 CO_2 所致，此时沉淀产物质量开始减少。对于添加磷酸盐所得沉淀物，在 373℃时存在一个放热峰；450℃时存在的吸热峰则表示沉淀产物中生成的 MoO_3 开始挥发；当温度达到 600℃左右，C 元素挥发完全，此时质量损失为 50.78%；780℃左右存在的吸热峰为低价氧化钼挥发所致；当温度由 600℃升温至 1000℃，沉淀物质量减少 34.01%；剩余 20% 质量的沉淀产物为未完全挥发的低价钼氧化物。

综合上述结果可知，钼沉淀产物在高温下进行氧化焙烧回收，焙烧烟尘即可得到较

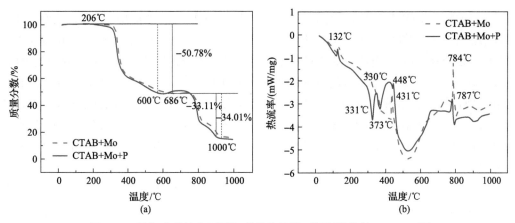

图 6-27　添加磷酸盐和不添加磷酸盐条件下钼沉淀物的 TG-DSC 图

纯的钼化合物。

6.3.4　钼铼酸根的泡沫提取机理

基于先铼后钼分步分离的铼钼泡沫提取主要包括铼沉淀浮选以及钼沉淀浮选,过程机理如图 6-28 所示。

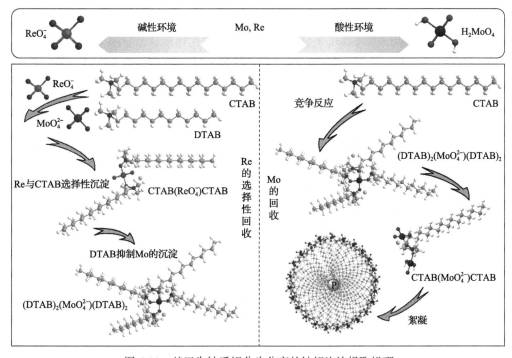

图 6-28　基于先铼后钼分步分离的铼钼泡沫提取机理

由图 6-28 可知,在碱性条件下,在钼铼混合溶液中同时加入 CTAB 和 DTAB,由于铼与 CTAB 之间的作用能力更强,CTAB 优先与铼通过静电作用和配位作用反应促使铼沉淀。此时,DTAB 与钼作用,由于 DTAB 的碳链较短,导致亲水性增加,从而使钼保留在溶液中。在酸性条件下,继续添加 CTAB 和 DTAB 竞争与钼反应,使钼以 CTAB (MoO_4^{2-})CTAB 的形式沉淀。添加磷酸盐的条件下,生成的钼沉淀物继续与磷酸盐作用生成磷钼杂多酸,从而使钼沉淀物絮凝成较大的颗粒聚集体。CTAB 和 DTAB 协同作用可以实现钼铼混合溶液中选择性分离铼。在温度为 25℃、搅拌速度为 150 r/min、$n(Re)$：$n(CTAB)$ 为 1∶2、$n(CTAB)∶n(DTAB)$ 为 1∶2、pH 为 6、气速为 250 mL/min 的条件下,通过 CTAB 和 DTAB 协同作用,铼和钼的沉淀率分别为 91.6% 和 4.2%,成功实现了钼铼的分离。

改变反应条件,CTAB 可直接用于钼的沉淀浮选。在温度为 25℃、搅拌速度为 150 r/min、$n(Mo)∶n(CTAB)$ 为 2∶1、pH 为 3 的条件下,钼沉淀率可达 95.9%。添加磷酸盐则可有效增加钼沉淀率和钼沉淀颗粒粒径。当起泡剂用量为 50 μL/mL、磷酸盐用量为 30 mg/L 时,钼的回收率可达 99%。在泡沫提取过程中,CTAB 上的氨基官能团通过静电作用和络合作用与铼酸根作用而使其从溶液中分离出来,而 DTAB 则与钼作用,同时因其较强的亲水性,使钼继续溶解在溶液中,进而抑制钼的沉淀。在酸性条件下,溶液中 CTAB 和 DTAB 竞争与钼作用而促使沉淀发生。

6.4　本章小结

钼酸根和高铼酸根的物理化学性质相似,导致钼和铼存在共吸附、共解吸行为,深度分离难度大,尤其在高浓度钼和低浓度铼溶液体系中钼铼分离效果欠佳。根据钼铼阴离子基团在溶液中的不同性质,结合泡沫提取优势,提出了两种钼铼混合溶液中钼和铼分离方法及技术。

通过对钼进行选择性沉淀,钼通过水解并与金属羟基发生脱水反应而从溶液中分离出来。铼通过与氨基官能团和 NH_4^+ 发生静电作用与络合作用从溶液中沉淀出来,微细颗粒采用泡沫浮选与溶液分离,提高了铼沉淀物的分离效率。这种技术中钼铼主要在溶液 pH 为 4 的条件下进行,并且以 Fe(Ⅲ) 和 CTAB 为沉淀剂先分离钼后回收铼,可得到 Mo、Fe 单质混合物和铼酸盐产品。

钼溶液的提取过程中,CTAB 上的氨基官能团通过静电作用和络合作用与铼作用,DTAB 与钼作用并因其较强亲水性而抑制钼的沉淀。残余液中钼的沉淀则主要是因为 CTAB 和 DTAB 竞争与钼反应使其沉淀,磷酸盐的加入则可与钼沉淀物生成磷钼杂多酸,进而使钼沉淀颗粒粒径增加。钼泡沫提取主要在溶液 pH 为 6 的条件下进行,相对而言可有效减少对设备的腐蚀。在泡沫提取过程中以 CTAB 为沉淀剂分别在不同 pH 条件下先分离铼后回收钼,采用这种技术可得到纯的钼酸盐和铼酸盐。

通过钼和铼的选择性分离,深入揭示泡沫提取过程药剂与钼、铼之间的作用机理,建立了基于先铼后钼分步分离的铼钼泡沫提取技术原型,为我国钼工业绿色发展提供重要的理论与技术支持。

第7章 钨锌资源加工溶液中有机药剂的直接泡沫提取技术

7.1 引 言

有色金属矿产资源加工及后续冶炼过程中产生大量有机废水、废液，这类复杂溶液中均含有不同程度的残余有机药剂。每年都有上百万吨化学药剂排放到环境中，不仅造成生态环境的严重污染，还大幅增加了矿企的生产成本。开展资源加工溶液中有机药剂提取和深度处理技术研究，实现水体中有机污染物的深度脱除，对有色金属工业的绿色发展意义重大。

钨锌资源加工溶液中有机物质主要包括残留的有机药剂(如羟肟酸、黄药、黑药捕收剂及偶氮抑制剂等)，以及矿石原料带入的天然有机物及降解的小分子物质。这些有机物质具有浓度变化范围广、化学需氧量(COD)高、处理难度大等特点。除此之外，许多有机药剂均为重金属的络合剂或螯合剂，与铜、镉、铅等重金属络合形成复合污染，复合污染可能使有毒有害金属化合物的污染区域与范围扩大。因此，开发钨锌资源加工溶液中有机药剂的处理技术迫在眉睫。

溶液中有机物的传统处理方法包括吸附法、电化学法、生物法、浮选法等。吸附法虽然能够有效地将溶液中的有机物吸附去除，但是由于水体中物质的成分复杂，吸附法往往需要与其他技术联用才能达到高效处理的效果，这使得吸附法的成本和操作难度都大大增加[209]。电化学法主要是通过电化学手段产生氧化性较强的基团对有机物进行氧化降解，设备体积小、操作简便，能够有效避免二次污染[210]。然而，这种方法目前仍然存在运行效果不稳定、能耗高等问题。生物法主要是利用微生物的代谢作用，实现水体中有机物的转化与降解。生物法虽然处理成本低、能耗低并且更加绿色环保，但适应能力差、处理时间较长[211]。泡沫提取方法不仅对溶液中的离子态物质有较好的吸附作用，也可以富集非胶体物质。同时，水体中的可溶性有机物通常携带一定的电荷，因此泡沫提取对可溶性有机物的分离是有效的。泡沫提取技术在溶液中有机物的高效处理方面具有广阔的应用前景。

针对溶液中有机物的提取分离，目前大多采用离子浮选方法，然而这种方法也引入了大量的化学药剂，存在严重的二次污染风险。为了高效提取有机物，减少化学药剂的消耗量并简化工艺流程，在微泡沉淀浮选基本原理的基础上，本章提出了一种直接泡沫提取技术原型，构建了有机物螯合沉淀-微泡浮选流程。通过系统研究，重点对黑/白钨矿、铜锌矿浮选溶液中典型有机苯甲羟肟酸捕收剂、偶氮抑制剂分离过程进行了工艺优化，建立了复杂溶液中有机物的高效分离及处理工艺。

7.2　溶液中苯甲羟肟酸捕收剂的直接泡沫提取

目前针对含苯甲羟肟酸(BHA)溶液的处理技术鲜见报道。由于水溶性苯甲羟肟酸可与 Cu(Ⅱ)产生螯合作用,并在弱碱性环境中形成不溶的沉淀物,因此采用微泡沉淀浮选对溶液中的苯甲羟肟酸进行处理。根据苯甲羟肟酸与 Cu(Ⅱ)作用机理,本节以 Cu(Ⅱ)作为螯合沉淀剂、CTAB 为表面活性剂、NP-40 为起泡剂,开展了泡沫提取技术研究,主要流程如图 7-1 所示。

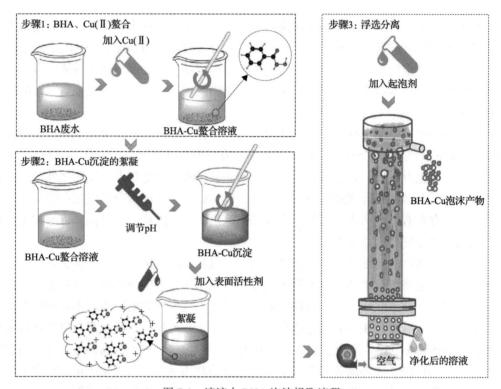

图 7-1　溶液中 BHA 泡沫提取流程

7.2.1　溶液中苯甲羟肟酸的性质

苯甲羟肟酸(BHA)常作为黑/白钨矿、铜锌矿选矿捕收剂。羟肟酸,也称氧肟酸、异羟肟酸,存在两种互变异构体,如式(7-1)所示。

$$\text{(苯甲氧肟酸)} \quad \underset{互变}{\rightleftharpoons} \quad \text{(苯甲羟肟酸)} \tag{7-1}$$

苯甲羟肟酸为弱酸,水溶液中存在解离平衡,25℃下溶解度为 2.25 g/100mL。水溶液中未解离的分子与解离的离子间的比例，取决于苯甲羟肟酸的解离平衡和介质的pH。

苯甲羟肟酸（简写HB）的解离平衡常数 $pK_a=8.1$，在水溶液中有

$$HB \Longrightarrow H^+ + B^- \qquad K_a = \frac{c(H^+)\, c(B^-)}{c(HB)} \tag{7-2}$$

根据质量平衡：

$$c(B^-) = \frac{K_a \cdot c_B}{K_a + c(H^+)} \tag{7-3}$$

$$c(HB) = \frac{c_B \cdot c(H^+)}{K_a + c(H^+)} \tag{7-4}$$

对上式两边取对数可得

$$\lg c(B^-) = \lg c_B - \lg\left[K_a + c(H^+)\right] + \lg K_a \tag{7-5}$$

$$\lg c(HB) = \lg c_B - pH - \lg\left[K_a + c(H^+)\right] \tag{7-6}$$

将 $c_B = 1.0 \times 10^{-3}\,\text{mol/L}$，$pK_a = 8.1$ 代入式(7-6)可得

$$\lg c(B^-) = -11.1 - \lg\left[10^{-8.1} + c(H^+)\right] \tag{7-7}$$

$$\lg c(HB) = -3 - pH - \lg\left[10^{8.1} + c(H^+)\right] \tag{7-8}$$

(1) 当 $K_a \ll c(H^+)$ 时，即 $pK_a \gg pH$：

$$\lg c(B^-) = -11.1 + pH \tag{7-9}$$

$$\lg c(HB) = -3 \tag{7-10}$$

(2) 当 $K_a \gg c(H^+)$ 时，即 $pK_a \ll pH$：

$$\lg c(B^-) = -3 \tag{7-11}$$

$$\lg c(HB) = 5.1 - pH \tag{7-12}$$

(3) 当 $K_a = c(H^+)$ 时，即 $pK_a = pH$：

$$c(B^-) = c(HB) \tag{7-13}$$

基于以上分析，绘制出的溶液中苯甲羟肟酸的浓度对数图如图7-2所示。

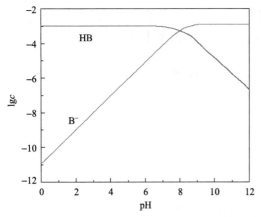

图 7-2　溶液中苯甲羟肟酸各组分浓度对数图

由图 7-2 可以看出，当 pH<pK_a，即溶液 pH<8.1 时，溶液中苯甲羟肟酸以分子形式为主。当溶液 pH>8.1 时，以离子形式为主。白钨矿浮选区间为溶液 pH 6.0～10.0，所以水溶液中苯甲羟肟酸同时以离子、分子形式存在。

7.2.2　苯甲羟肟酸的螯合转化

1. 溶液 pH 及螯合沉淀剂的影响

根据螯合沉淀理论，溶液 pH 和螯合沉淀剂是关键影响因素。在 Cu(Ⅱ)浓度为 10～50 mg/L，溶液 pH 在 4.0～10.0 范围，初始 BHA 浓度为 75 mg/L、螯合时间为 30 min 条件下，系统考察了 Cu(Ⅱ)作为螯合沉淀剂对 BHA 螯合作用的影响，结果如图 7-3 所示。

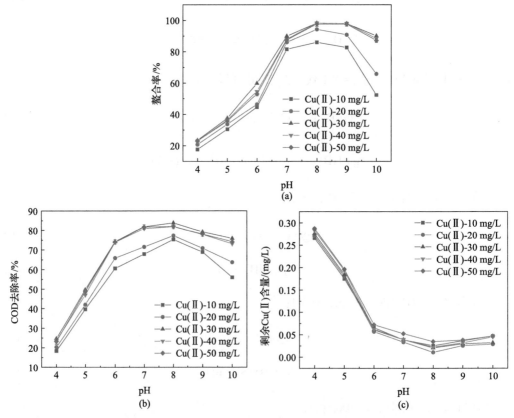

图 7-3　溶液 pH 对 BHA 螯合率的影响(a)；螯合后 COD 去除率(b)；溶液剩余 Cu(Ⅱ)含量(c)

从图 7-3(a)可以看出，溶液 pH 对 BHA 螯合率有较大影响。总体来讲，在溶液 pH 为 4～10 范围内，BHA 螯合率随溶液 pH 提高呈现先增大后逐渐减小的趋势；当溶液 pH

为 4 时，螯合率始终在 25% 以下；当溶液 pH 为 8 时，螯合率最高，且当溶液中 Cu(Ⅱ)用量为 30 mg/L 时，螯合率达到 98.30%；溶液 pH 继续增大至碱性环境时，螯合率下降至 90% 以下。因此，BHA 与 Cu(Ⅱ)螯合的适宜溶液环境为中性至弱碱性，最佳的 pH 范围为 7～9。从螯合剂 Cu(Ⅱ)浓度的影响来看，在较低的浓度范围内，随着 Cu(Ⅱ)浓度的增加，BHA 的螯合率逐渐增加；然而 Cu(Ⅱ)浓度继续增大，当溶液中 Cu(Ⅱ)浓度超过 30 mg/L 时，BHA 的螯合率保持不变或略有下降。

图 7-3(b)表明 BHA-Cu 螯合沉淀后的 COD 去除率与 BHA 的螯合率具有相似的规律，即溶液中 COD 的去除率也呈现先升后降的趋势，在溶液 pH 为 8 时达到最大值。当 Cu(Ⅱ)浓度为 30 mg/L、溶液 pH 为 8 时，BHA 螯合后溶液 COD 去除率最高为 83.91%。图 7-3(c)为浮选处理后溶液中剩余 Cu(Ⅱ)含量。可见，螯合后的溶液中剩余 Cu(Ⅱ)含量始终低于 0.3 mg/L。在溶液 pH 为 8、Cu(Ⅱ)浓度为 30 mg/L 最佳螯合范围内，BHA 的螯合率达到了 98.30%，溶液中剩余 Cu(Ⅱ)含量为 0.0223 mg/L。

2. 螯合产物的粒径及 Zeta 电位

前文研究表明，当螯合沉淀后的颗粒粒径＞20 μm 时，将有利于后续浮选分离过程的进行。在溶液 pH 为 8 的条件下，探究了不同 Cu(Ⅱ)浓度下螯合颗粒 BHA-Cu 粒径及 Zeta 电位，结果如图 7-4 所示。

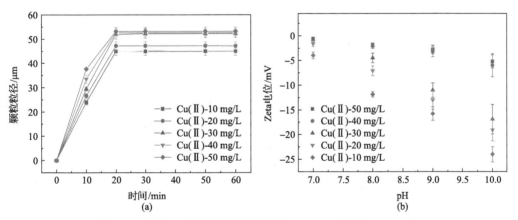

图 7-4　不同 Cu(Ⅱ)浓度下螯合颗粒 BHA-Cu 粒径及 Zeta 电位

随着反应时间的延长，沉淀颗粒的粒径不断增大，但 20 min 之后，沉淀颗粒的粒径趋于稳定。此外，随着溶液中 Cu(Ⅱ)浓度从 10 mg/L 增加到 50 mg/L，BHA-Cu 沉淀物的粒径逐渐增大，在最佳条件下即 Cu(Ⅱ)的初始浓度为 30 mg/L，反应 20 min 后，BHA-Cu 沉淀粒径为 52.3 μm。由此可见，随着螯合时间和螯合剂浓度的增加，螯合沉淀物逐渐增大，形成较大的沉淀聚集体。

不同溶液 pH 和 Cu(Ⅱ)初始浓度下，螯合后溶液中沉淀颗粒的 Zeta 电位如图 7-4(b)所示。在弱碱性条件下，Cu(Ⅱ)螯合 BHA 后的悬浮液电位为负。随着溶液 pH 的增加，由于溶液中质子的减少和游离 OH⁻ 的增加，溶液的电位绝对值增大，电负性增加。随着 Cu(Ⅱ)浓度的增大，Cu(Ⅱ)与 BHA 螯合作用增强，溶液电负性减弱，电位逐渐接近"零电点"。在最佳螯合的优化条件：溶液 pH 为 8、Cu（Ⅱ）浓度为 30 mg/L 时，颗粒 Zeta 电位约为–4.48 mV。

3. 螯合产物的 FTIR 分析

在优化的螯合条件下，BHA 与 Cu（Ⅱ）螯合前后的 FTIR 分析如图 7-5 所示。

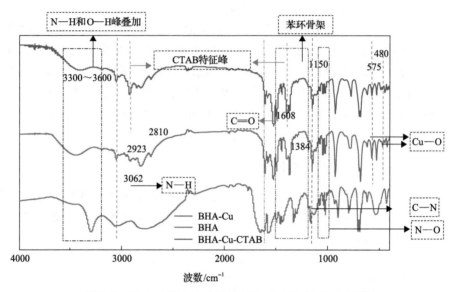

图 7-5　BHA、BHA-Cu 和 BHA-Cu-CTAB 的 FTIR 光谱

从 BHA 的 FTIR 可以看出，在 3300～3600 cm⁻¹ 处的振动峰是羟肟酸的特征峰 N—H 和 O—H 拉伸叠加的结果。3062 cm⁻¹ 处的峰为 N—H 的伸缩振动，1608 cm⁻¹ 处的吸收峰为 C═N 伸缩振动，也可以认为是羰基的 C═O 伸缩振动吸收峰。由于共轭效应，苯环骨架的特征峰出现在 1578 cm⁻¹、1490.7 cm⁻¹ 和 1459 cm⁻¹ 处。1080 cm⁻¹、1042 cm⁻¹ 和 1020 cm⁻¹ 处的三个吸收峰是由 N—O 键振动劈裂引起的。1150cm⁻¹ 处的峰为—C—N—的伸缩振动峰。苯环 C—H 在 688 cm⁻¹、617 cm⁻¹、517 cm⁻¹ 和 433 cm⁻¹ 处的振动峰可能是由苯环 C—H 的面外弯曲振动引起的。从 BHA-Cu 的 FTIR 光谱看出，当 BHA 与 Cu（Ⅱ）螯合作用后，N—H 和 O—H 拉伸叠加振动峰移动到 3440 cm⁻¹；配合物中 N—H 的伸缩振动峰移至 2810 cm⁻¹，并且 C═O 或 C═N 峰分离移至 1585 cm⁻¹，表明 BHA 与 Cu（Ⅱ）作用是通过氧原子或氮原子进行的。同时，—C—N—的伸缩振动峰从 1162 cm⁻¹ 转移到 1150 cm⁻¹，苯环骨架也明显向高波数方向移动。

BHA 化合物含有氮、氧等多个供体原子，配位能力强，配位方式多样。羟基氧和羰基氧原子都含有未成对的电子，这些电子很容易与金属离子结合。FTIR 结果表明，Cu（Ⅱ）与羰基和羟基同时作用，极有可能形成环状结构。

4. 螯合产物的 XPS 分析

BHA 与 Cu（Ⅱ）螯合作用前后的 XPS 图如图 7-6 所示。

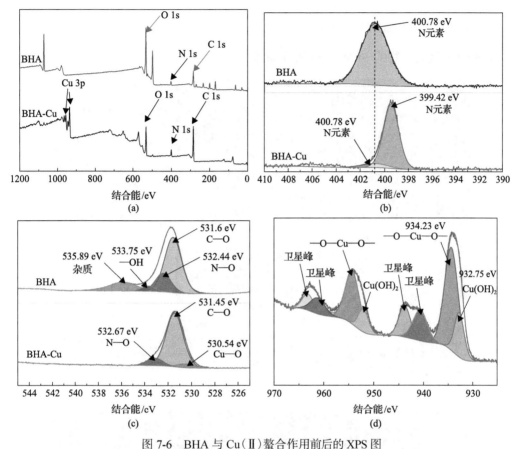

图 7-6　BHA 与 Cu(Ⅱ)螯合作用前后的 XPS 图

(a)全谱；(b)N 1s 谱；(c)O 1s 谱；(d)Cu 2p 谱

从 XPS 全谱中可以看出，反应前后 O 元素的峰强度有明显的不同，这说明在螯合前后 O 元素的化学环境可能发生了很大的变化。从图 7-6(b)可以看出，与 BHA 相比，BHA-Cu 中 N 元素的峰值由结合能 400.78 eV 转移至 399.42 eV，这是由于 BHA 与 Cu(Ⅱ)螯合作用使得 N 元素的特征峰发生了偏移。此外，由于 BHA-Cu 中形成了一定的 Cu(OH)$_2$，这些水解产物具有吸附混凝的作用，与螯合颗粒间相互混凝促使沉淀产物进一步长大。此外，BHA 与 Cu(Ⅱ)发生作用后，仍能检测到一些结合能为 400.78 eV 的 N 元素，这也可能是一部分 BHA 被这些水解产物吸附而造成的。

从 BHA 和 BHA-Cu 的 O 1s 光谱可以看出，BHA 与 Cu(Ⅱ)螯合后 C—O 键从 531.6 eV 的结合能迁移到 531.45eV，N—O 键从 532.44 eV 的结合能迁移到 532.67 eV。BHA-Cu 的 XPS O 1s 光谱中存在 Cu—O 峰，表明 Cu(Ⅱ)与 BHA 的相互作用位点为 O 而非 N 原子。通过对 BHA-Cu 的 Cu 2p 谱中 Cu 的 2p$_{3/2}$轨道进行分析发现，Cu(Ⅱ)与 BHA 螯合生成—O—Cu—O—，结合能为 934.23 eV。由于反应是在弱碱性条件下进行的(溶液 pH 为 8)，因此存在部分 Cu(Ⅱ)水解生成 Cu(OH)$_2$，结合能为 932.75 eV。此外，由于溶液中存在两种形式的二价铜，二价铜的振荡使得谱图中存在两个卫星峰。

5. 螯合产物的 SEM-EDS 分析

BHA-Cu 沉淀产物的 SEM-EDS 表征如图 7-7 所示。

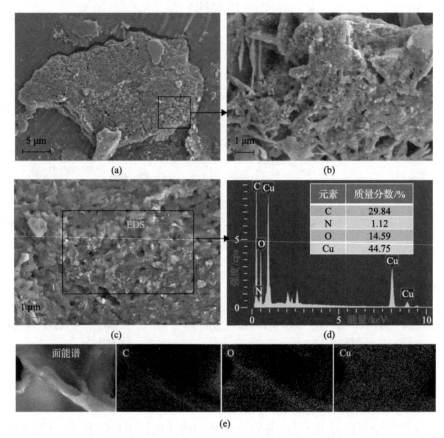

元素	质量分数/%
C	29.84
N	1.12
O	14.59
Cu	44.75

图 7-7　BHA-Cu 沉淀产物的 SEM-EDS 表征

图 7-7 表明，螯合反应生成的 BHA-Cu 沉淀产物具有松散的网状结构，这表明生成的沉淀颗粒之间相互聚集絮凝，并生成较大的絮体。同时，由螯合沉淀的 EDS 分析可以看出，产物中 Cu 元素的质量分数高达 44.75%，表明 BHA-Cu 螯合颗粒中吸附有少量的 Cu(OH)$_2$ 颗粒。BHA-Cu 颗粒元素全谱表明，Cu、C、O 三种元素在产物表面几乎均匀分布，这表明 BHA 与铜之间发生化学反应，其中 C 元素主要来源于有机物 BHA，Cu 元素主要来源于螯合剂 Cu(Ⅱ)。

7.2.3　螯合沉淀产物的泡沫浮选

1. 表面活性剂的影响

采用浮选柱对螯合 20 min 后 BHA-Cu 沉淀物进行浮选分离。为了提高沉淀物疏水性，提高浮选分离效率，考察了表面活性剂(SDS 和 CTAB)对沉淀物 Zeta 电位的影响，结果如图 7-8 所示。

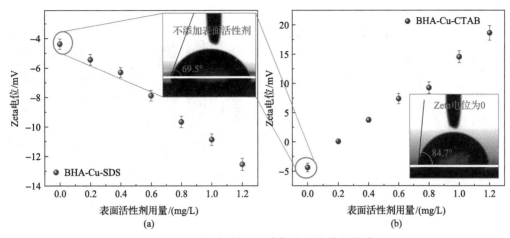

图 7-8　表面活性剂对沉淀物 Zeta 电位的影响

(a) SDS 的影响；(b) CTAB 的影响

图 7-8 表明，在适宜螯合条件下，BHA-Cu 沉淀带负电荷，未加入表面活性剂时 BHA-Cu 的 Zeta 电位为– 4.37 mV。当向溶液中加入阴离子表面活性剂 SDS 时，随着 SDS 用量的增加，颗粒的 Zeta 电位下降到一个较高的负值，表面电负性升高，颗粒的稳定性升高。由于 BHA-Cu 与 SDS 表面电性相同，静电斥力会使颗粒与表面活性剂形成的泡沫相互排斥，因此 SDS 不适合后续 BHA-Cu 的浮选分离。当向溶液中加入阳离子表面活性剂 CTAB 时，沉淀物的表面电位逐渐升高，并随着 CTAB 用量的增大，Zeta 电位逐渐转变为正电位。当 CTAB 用量为 0.2 mg/L 时，沉淀颗粒的 Zeta 电位为 0.0653 mV，非常接近"零电点"。零电荷意味着粒子中只存在吸引力而引起絮凝，颗粒间的吸引力超过了斥力，从而降低了胶体稳定性，增强了颗粒的疏水性，有利于后续的浮选分离。综合考虑，CTAB 表面活性剂的适宜用量为 0.2 mg/L。

为了评价表面活性剂对 BHA-Cu 疏水性的影响，采用静态水滴法测定了 CTAB 表面活性剂处理前后 BHA-Cu 颗粒表面的接触角。未添加表面活性剂时，水在 BHA-Cu 表面的接触角为 69.5°；加入 CTAB 浓度为 0.2 mg/L 后，沉淀颗粒的接触角增加到 84.7°。结果说明，CTAB 在 BHA-Cu 表面作用，提高了沉淀产物的表面疏水性。

通过 CTAB 对 BHA-Cu 颗粒疏水性进行调控后，采用微泡浮选柱对 BHA-Cu 沉淀物进行分离。在溶液 pH 为 8、Cu(Ⅱ)浓度为 30 mg/L、CTAB 用量为 0.2 mg/L 的螯合条件下，进一步考察了浮选过程中 NP-40 起泡剂用量、充气流量、浮选时间对 BHA 去除率、COD 和浊度的影响。

2. 起泡剂 NP-40 用量的影响

在表面活性剂 CTAB 用量为 0.2 mg/L、充气流量为 100 mL/min 时，起泡剂 NP-40 用量对浮选效果的影响如图 7-9 所示。

从图 7-9 可以看出，随着 NP-40 用量的增加，溶液中 BHA 的去除率逐渐增加，在达到最佳去除率后保持不变。溶液中 COD 值则呈现先下降后缓慢上升的趋势。当 NP-40 用量为 0.6 mg/L 时，BHA 去除率为 94.82%，COD 为 25.09 mg/L。当 NP-40 用量进一步

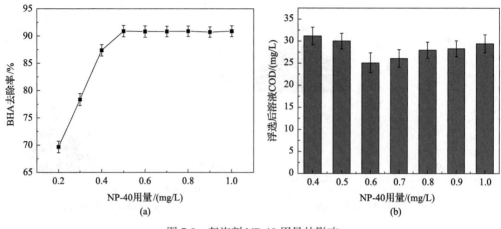

图 7-9　起泡剂 NP-40 用量的影响
(a)BHA 去除率；(b)浮选后溶液 COD

增加至 0.6 mg/L 以上时，BHA 去除率保持稳定，但由于溶液中存在过量的 NP-40，COD 开始逐渐上升。当 NP-40 用量为 1.0 mg/L 时，浮选后溶液的 COD 为 29.43 mg/L。

3. 充气流量的影响

在 CTAB 用量为 0.2 mg/L、NP-40 用量为 0.6 mg/L 条件下，充气流量对浮选效果的影响如图 7-10 所示。随着充气流量的增加，BHA 去除率增加，COD 逐渐减小。当充气流量增加到 100 mL/min 时，BHA 去除率稳定在 94.75%，COD 维持在 25.16 mg/L。

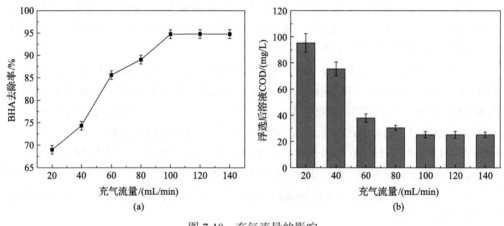

图 7-10　充气流量的影响
(a)BHA 去除率；(b)浮选后溶液 COD

4. 浮选时间的影响

在 CTAB 用量为 0.2 mg/L、NP-40 用量为 0.6 mg/L、充气流量为 100 mL/min 条件下，浮选时间对浮选效果的影响如图 7-11 所示。

随着浮选时间的延长，浮选后溶液的 COD 和浊度逐渐降低。当浮选时间为 40 min

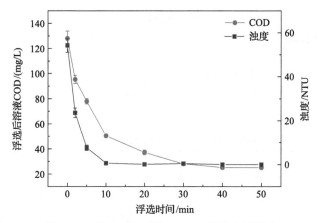

图 7-11 浮选时间对溶液 COD 和浊度的影响

时，溶液的浊度和 COD 含量趋于稳定，此时 COD 为 25.17 mg/L，浊度为 0.019 NTU。总体而言，BHA 的适宜浮选分离条件为 NP-40 用量为 0.6 mg/L、充气流量为 100 mL/min，浮选时间 40 min。在此优化条件下，经过浮选分离溶液的 pH 在 7.2～7.4 范围内。

7.2.4 苯甲羟肟酸泡沫提取过程的机理

苯甲羟肟酸泡沫提取过程的机理如图 7-12 所示。

BHA 分子中的两个羟基与 Cu(Ⅱ)以"O—O"螯合的形式发生反应。研究证明，五元 Cu—O—N 体系比四元 Cu—O—N 体系更稳定，由此推断 BHA-Cu-H$_2$O 体系中的"O—O"螯合反应极有可能是形成了五元环。

根据实验结果，随着溶液 pH 的升高，反应大致分为四个阶段，如式(7-14)～式(7-17)所示。

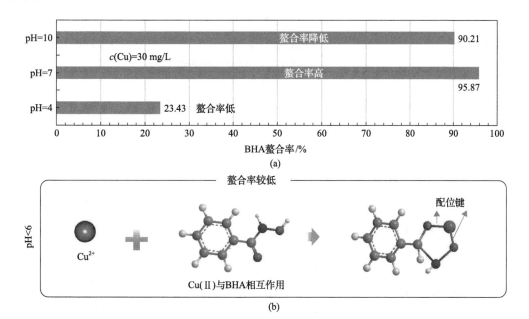

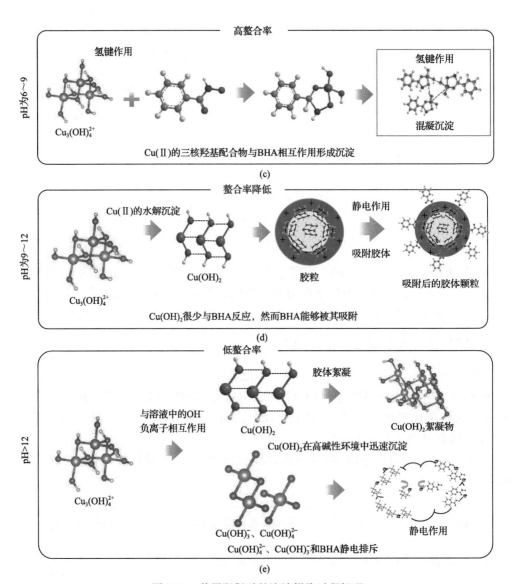

图 7-12　苯甲羟肟酸的泡沫提取过程机理

(1)溶液 pH<6：

$$Cu^{2+} + \text{苯甲羟肟酸} \xrightarrow{\text{弱酸性环境}} \text{配合物} \qquad (7\text{-}14)$$

(2)溶液 pH 为 6~9：

$$Cu_3(OH)_4^{2+} + \text{苯甲羟肟酸} \xrightarrow{OH^-} \text{配合物} \qquad (7\text{-}15)$$

(3)溶液 pH 为 9~12：

$$Cu^{2+} + OH^- \longrightarrow Cu(OH)_2 \tag{7-16}$$

(4)溶液 pH>12：

$$Cu^{2+} + OH^- \longrightarrow Cu(OH)_2 + Cu(OH)_3^- + Cu(OH)_4^{2-} \tag{7-17}$$

第一阶段，当溶液 pH<6 时，BHA 主要以分子形式存在，Cu 以 Cu^{2+} 形式存在，BHA 与 Cu^{2+} 之间的静电作用较小，分子间的碰撞概率较小，因此相应的螯合率较低（23.43%）。第二阶段，在溶液 pH 为 6~9 时，BHA 分子逐渐解离生成 BHA^-，而 Cu(Ⅱ)在该 pH 范围内主要以 $Cu_3(OH)_4^{2+}$ 的形式存在。由于正负电荷之间的强烈吸引作用，BHA^- 与 $Cu_3(OH)_4^{2+}$ 之间的静电相互作用增强，促进了螯合反应的发生，在此条件下 Cu(Ⅱ)对 BHA 的螯合率提高到 95.87%。第三阶段，溶液 pH 为 9~12 时，OH^- 的不断增加使溶液中的 Cu(Ⅱ)开始形成 $Cu(OH)_2$ 沉淀。与离子间相互作用相比，$Cu(OH)_2$ 与 BHA^- 之间的相互作用减小。而 $Cu(OH)_2$ 沉淀具有较大的比表面积，且 $Cu(OH)_2$ 与 BHA^- 之间的物理吸附也保证了 BHA 螯合率高达 90.21%。第四阶段，溶液 pH 继续增大到 12 的强碱性环境下，部分 Cu(Ⅱ)与溶液中的 OH^- 结合，形成 $Cu(OH)_3^-$ 和 $Cu(OH)_4^{2-}$。BHA^- 与 $Cu(OH)_3^-$ 和 $Cu(OH)_4^{2-}$ 之间的静电斥力不利于 BHA 与 Cu(Ⅱ)的螯合。因此，Cu(Ⅱ)螯合沉淀 BHA 的适宜溶液 pH 为 6~9。

通过泡沫提取研究，获得的溶液中 BHA 的适宜螯合沉淀、微泡浮选条件为：Cu(Ⅱ)浓度为 30 mg/L，溶液 pH 为 8，螯合时间为 30 min，此时 BHA 沉淀率达 94%；CTAB 浓度为 0.2 mg/L，反应时间 20 min，NP-40 用量为 6 mg/L，充气流量为 100 mL/min，浮选时间 40 min。BHA 最终去除率为 98.30%，COD 去除率为 83.91%，溶液的浊度为 0.07 NTU，溶液 pH 范围为 7.2~7.4。

7.3　溶液中偶氮抑制剂的直接泡沫提取

以浮选偶氮抑制剂（刚果红和直接黑 38）为对象，研究溶液中偶氮药剂形态结构及其螯合沉淀的机理。在此基础上，进一步优化偶氮药剂与金属离子的螯合沉淀工艺，并以 SDS 作为表面活性剂，研究沉淀浮选分离过程。溶液中偶氮抑制剂的直接泡沫提取实验流程如图 7-13 所示。

7.3.1　溶液中偶氮抑制剂的性质

大多数偶氮药剂存在偶氮结构和腙结构的互变异构体[212]。在一些介质或试剂的影响下，部分有机分子会发生重排反应[213]。偶氮基团与其邻位的氨基或羟基官能团存在重排反应，氨基为给电子基团，当苯环或萘环上引入氨基后，将会推动腙结构的电子移动，腙结构的电子会被推向偶氮结构[214]。

偶氮结构和腙结构的互变涉及质子转移过程，分子内配位氢键在偶氮结构和腙结构

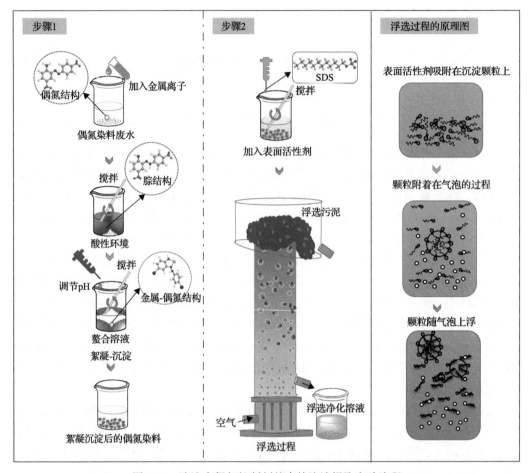

图 7-13　溶液中偶氮抑制剂的直接泡沫提取实验流程

的互变异构中起着关键作用,在某些特定的条件下可以相互转化,因而溶液的 pH 也会对偶氮-腙的互变结构带来很大影响[215]。采用紫外-可见(UV-Vis)光谱和 FTIR,研究了不同溶液 pH 条件下偶氮药剂刚果红 CR 和直接黑 DB38 的形态及结构,结果如图 7-14 和图 7-15 所示。

UV-Vis 光谱研究表明,不同溶液 pH 下 CR、DB38 的紫外吸收峰不同。CR 分子在溶液 pH 为 3 时,曲线在 $400\sim600\ nm^{-1}$ 的波长范围内有更宽的吸收峰。随着溶液 pH 为 $6\sim9$,由于电子转移,最高吸收峰向 $400\sim600\ nm$ 的较低波长移动,相应的溶液逐渐由蓝色变为红色。DB38 在较低的溶液 pH 下,吸收峰更宽。随着溶液 pH 的增加,由于电子转移的作用,DB38 的最高吸收峰发生移动,在实验中观察到 DB38 由弱酸性条件下的紫光黑色逐渐转为中性条件下的黑色,在碱性条件下转变为绿光黑色。

从图 7-15 可以看出,pH 为 7 时,—NH$_2$ 和 —N=N— 的伸缩振动峰分别出现在 1448 cm^{-1} 和 1585 cm^{-1} 处,由此推断此时 CR 以偶氮形式存在。在较低的溶液 pH=2 时,CR 分子中 1585 cm^{-1} 处偶氮键伸缩振动峰强度减小,1448 cm^{-1} 处—NH$_2$ 的伸缩振动峰消失。—N—N— 和 —C=N— 的伸缩振动峰出现在 1420 cm^{-1} 和 1548 cm^{-1} 处。此外,由于苯环

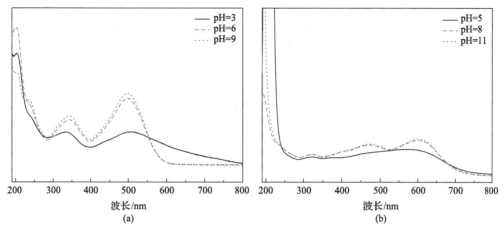

图 7-14　不同溶液 pH 条件下偶氮抑制剂的 UV-Vis 光谱

(a)CR；(b)DB38

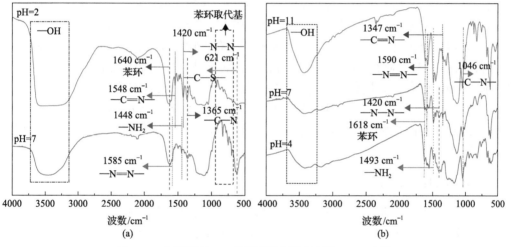

图 7-15　不同溶液 pH 条件下偶氮抑制剂的 FTIR 光谱

(a)CR；(b)DB38

取代基的改变，$900\sim600\text{cm}^{-1}$ 处的红外伸缩振动峰发生偏移。对于直接黑 DB38 而言，较低溶液 pH 时，1590 cm^{-1} 处—N—N—双键的伸缩振动峰几乎消失，而 1420 cm^{-1} 处的—N—N—的伸缩振动峰强度逐渐增大。结果说明，在较低的溶液 pH 条件下，偶氮分子发生了重排反应，偶氮基团逐渐向着腙结构转化。

由红外光谱分析可知，随着溶液 pH 的增加，溶液中的异构体更倾向于转化为偶氮结构。在 pH 较低时溶液中的染料分子以腙结构为主，而在 pH 较高时以偶氮分子为主。氨基是供电子基团，当氨基被引入苯环或萘环时，腙结构的电子会被推向偶氮结构移动，如图 7-16 所示。

7.3.2　偶氮药剂的螯合沉淀过程

偶氮抑制剂中除了含有酸性的磺酸基等基团外，同时在偶氮基团的苯环或萘环邻位，

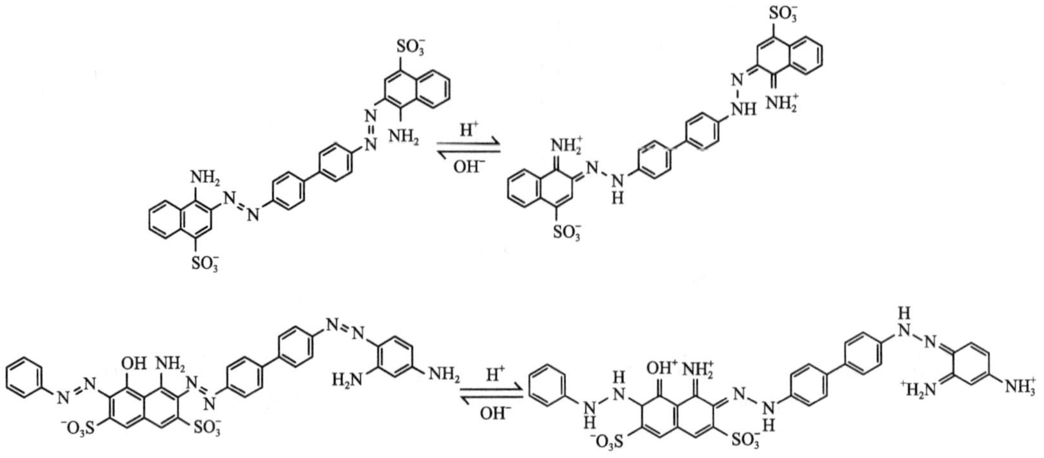

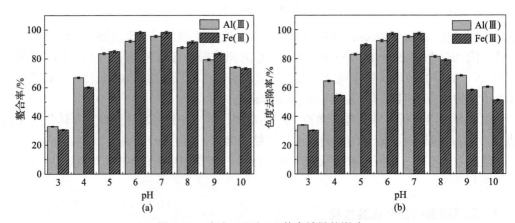

图 7-16　不同溶液 pH 条件下两种偶氮抑制剂的偶氮结构变化

一般含有羟基或氨基等基团。这些基团中的 N、P、S 等元素能够与金属离子发生强结合作用，将金属离子包含到其分子内部，变成稳定的、分子量更大的化合物。因此，偶氮抑制剂能够与金属离子螯合。然而，金属离子与有机物的强结合作用效率受金属离子种类及价态的影响，高价态的金属离子与有机物的强结合作用效率更高。本节主要选择 Al(Ⅲ) 和 Fe(Ⅲ) 作为金属螯合剂与溶液中的偶氮药剂进行螯合实验。

在螯合实验过程中，反应温度为 25℃，搅拌转速为 150 r/min。实验中通过改变溶液中偶氮抑制剂的初始浓度、螯合剂用量、螯合时间以及沉淀产物 zeta 电位来确定螯合过程的适宜条件。

1. 溶液 pH 的影响

以 Al(Ⅲ) 和 Fe(Ⅲ) 为螯合剂，溶液中偶氮抑制剂初始浓度为 30 mg/L，螯合剂用量为 40 mg/L，螯合反应时间为 30 min，溶液 pH 对抑制剂螯合效果的影响如图 7-17 和图 7-18 所示。

图 7-17　溶液 pH 对 CR 螯合效果的影响

(a)螯合率；(b)色度去除率

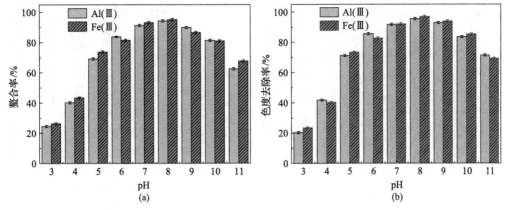

图 7-18　溶液 pH 对 DB38 螯合效果的影响

(a) 螯合率；(b) 色度去除率

抑制剂 CR 与 Al(Ⅲ)的最佳螯合溶液 pH 范围较窄，而与 Fe(Ⅲ)的最佳螯合 pH 范围较大。在酸性条件下，CR 与 Fe(Ⅲ)和 Al(Ⅲ)的螯合率较低，此时的溶液颜色仍较深。随着初始溶液 pH 的升高，两者的螯合率逐渐增加。在弱酸到中性条件下，Fe(Ⅲ)与 CR 的螯合率最高，且保持稳定。随着溶液 pH 的增加，两种金属螯合剂与 CR 的螯合率明显降低。相对于 Fe(Ⅲ)而言，Al(Ⅲ)与 CR 的最佳螯合 pH 较窄，在 pH 为 7 附近，而 Fe(Ⅲ)的最佳螯合 pH 在 6～7。抑制剂 CR 与金属螯合剂反应形成红色沉淀物。在最佳溶液 pH 下，螯合沉淀过滤后，溶液由红色变为无色，清澈透明。因此，采用三价金属离子作为螯合剂对 CR 进行沉淀浮选是可行的。在最佳螯合溶液 pH 条件下，Al(Ⅲ)与 CR 的螯合率为 97.37%，色度去除率为 96.33%；Fe(Ⅲ)与 CR 的螯合率为 98.24%，色度去除率为 98.52%。

在不同溶液 pH 条件下，抑制剂 DB38 与金属螯合剂的螯合率和 CR 的螯合规律相似但略有不同。在中性或弱碱性条件下，DB38 的螯合率最高，当 pH 为 8 时，无论以 Al(Ⅲ)作为螯合剂还是以 Fe(Ⅲ)作为螯合剂，DB38 的螯合率均达到最高，此时 DB38-Al 的螯合率为 92.36%，色度去除率达到 93.66%；而 DB38-Fe(Ⅲ)的螯合率为 93.81%，色度去除率为 95.88%。

2. 金属螯合剂的影响

在 CR 溶液 pH 为 7、DB38 溶液 pH 为 8 的条件下，抑制剂初始浓度均为 30 mg/L，反应时间 30 min 后，分别探究两种金属螯合剂用量对两种抑制剂螯合效果的影响，结果如图 7-19 和图 7-20 所示。

相较于 CR，DB38 分子中含有三个偶氮基团，能够与金属离子结合的位点更多，相比之下 DB38 与金属离子螯合所需的金属离子浓度更高。当两种金属螯合剂的浓度由 20 mg/L 增加到 40 mg/L 时，DB38-Al 的螯合率从 41.37%增加到 92.57%；而 DB38-Fe 的螯合率则由 46.54%增加到 93.45%。因此对于 DB38 溶液而言，无论是 Al(Ⅲ)还是 Fe(Ⅲ)，适宜的螯合剂用量均为 40 mg/L。

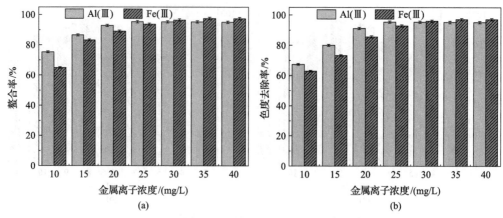

图 7-19　金属螯合剂用量对 CR 螯合效果的影响

(a)螯合率；(b)色度去除率

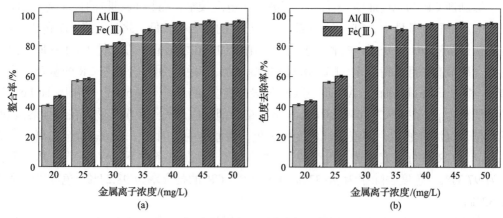

图 7-20　金属螯合剂用量对 DB38 螯合效果的影响

(a)螯合率；(b)色度去除率

3. 螯合时间的影响

在上述适宜溶液 pH 及溶液浓度条件下，探究了螯合时间对偶氮抑制剂螯合率的影响，结果如图 7-21 所示。

对于两种偶氮抑制剂，随着螯合时间的延长，两种金属螯合剂对偶氮药剂的螯合率均呈现先增大后趋于平稳的变化规律，反应快速达到平衡。在螯合反应的前 2 min 内，螯合反应迅速发生，在反应时间为 2 min 时，CR 与 Al(Ⅲ)的螯合率达到了 95.02%，与 Fe(Ⅲ)的螯合率为 92.33%。此后，由于未发生螯合反应的偶氮分子数量迅速下降，螯合反应速率也随之下降。当反应进行到 3 min 时，螯合反应基本达到平衡，此时 CR 与 Al(Ⅲ)和 Fe(Ⅲ)的螯合率分别为 97.54%和 96.93%。当螯合时间为 5 min 时，DB38 与 Fe(Ⅲ)的螯合反应达到平衡，此时螯合率为 96.23%。DB38 与 Al(Ⅲ)的螯合反应在 3 min 时达到平衡，螯合率为 93.33%。

螯合反应产生的胶体粒子相互碰撞，使较小的胶体颗粒失稳、凝结、絮凝成较大的

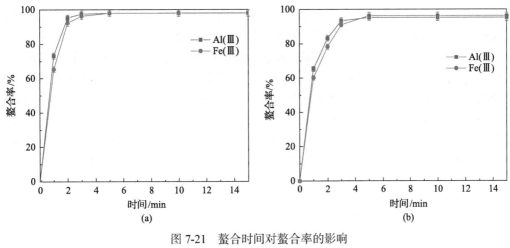

图 7-21　螯合时间对螯合率的影响

(a) CR；(b) DB38

絮体。前文研究已表明，浮选过程中的沉淀物颗粒粒径对于浮选效果有明显的影响。一般小于 10 μm 的颗粒惯性较低，倾向于沿着气泡周围的液体流线，减少了与气泡碰撞的可能，不易被气泡有效地选择和吸附。因此，较大的絮体颗粒粒径将会更有利于后续的浮选分离。螯合时间对偶氮抑制剂螯合沉淀颗粒粒径的影响如图 7-22 所示。

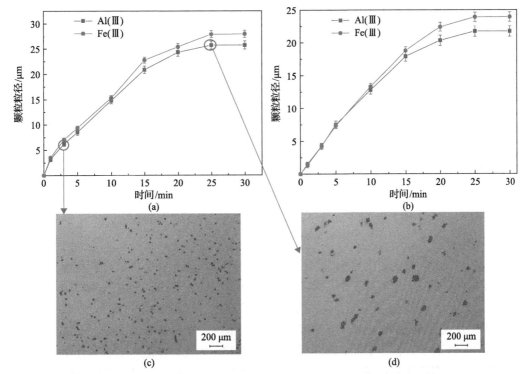

图 7-22　螯合时间对偶氮抑制剂螯合沉淀颗粒粒径的影响

(a) CR；(b) DB38；(c) 反应 3 min 时 CR-Al 螯合颗粒；(d) 反应 25 min 后 CR-Al 螯合颗粒

　　结果表明，在沉淀颗粒之间相互作用进而形成絮状体。反应开始 15 min 后，析出的颗粒粒径迅速增大。随着螯合时间的延长，粒径的增长速度逐渐减缓。螯合反应 25 min 后，两种偶氮抑制剂与螯合剂形成絮体颗粒的粒径均不再发生变化，絮凝过程达到平衡。因此，将反应时间确定为 25 min，以保证螯合颗粒的絮凝长大。反应时间影响颗粒粒径的原因可能是相当一部分的金属离子螯合剂不参与螯合作用，而是水解生成了 $Al(OH)_3$ 或 $Fe(OH)_3$ 胶体，这些胶体与螯合颗粒相互作用，使溶液中悬浮微粒失去稳定性，胶体颗粒相互凝聚使微粒增大，并通过吸附与絮凝作用形成絮体。对于不同的金属螯合剂而言，两种偶氮抑制剂与 $Al(Ⅲ)$ 反应的絮凝颗粒的平均粒径略小于与 $Fe(Ⅲ)$ 反应后的絮凝颗粒。

4. 沉淀产物 Zeta 电位的影响

　　金属螯合沉淀剂作用后的螯合颗粒表面 Zeta 电位如图 7-23 和图 7-24 所示。由于 CR 属于阴离子药剂，溶解在水体时分子带有负电荷，当溶液中加入较少量的金属螯合剂后，螯合产生的沉淀颗粒吸附了一部分多余的 CR 分子，颗粒表面电位为负值。随着金属离子浓度的增大，螯合反应效率升高，颗粒表面的 Zeta 电位持续升高。在适宜螯合条件下，即 30 mg/L 的 CR 溶液中加入 25 mg/L 的 $Al(Ⅲ)$ 时，CR-Al 的 Zeta 电位为 6.2 mV；而加入 35 mg/L 的 $Fe(Ⅲ)$ 后，形成的 CR-Fe 的 Zeta 电位为 12.0 mV。

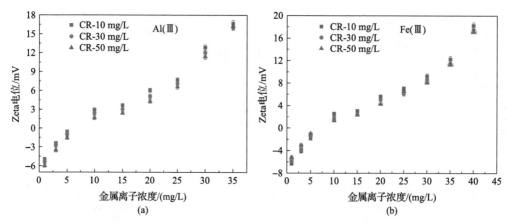

图 7-23　不同浓度金属螯合剂与 CR 沉淀颗粒的 Zeta 电位
(a)CR-Al；(b)CR-Fe

　　溶液中 DB38 与金属沉淀剂作用后的颗粒表面 Zeta 电位与 CR 螯合颗粒相似。当溶液中加入的金属离子浓度较低时，颗粒表面呈现负电性。然而，随着溶液中金属离子浓度的继续增大，Zeta 电位快速升高，并向正电位转换，当接近零电位时，颗粒与螯合剂间的静电引力逐渐减小，电位升高速率下降。当溶液中金属离子浓度增大，颗粒表面吸附了部分金属离子，颗粒表面 Zeta 电位呈现正电位。因此，在适宜螯合条件下，螯合颗粒呈正电位。在最佳螯合条件下，DB38-Al 螯合颗粒的 Zeta 电位为 7.32 mV，DB38-Fe 螯合颗粒的 Zeta 电位为 8.73 mV。此时，螯合颗粒的 Zeta 电位仍较小，颗粒间依然处于较快絮凝的状态，有利于絮体的形成。

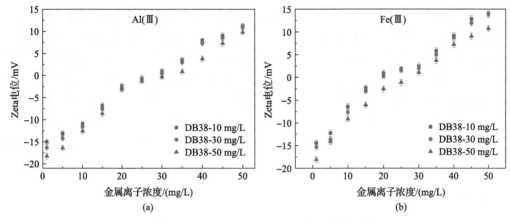

图 7-24　不同浓度金属螯合剂与 DB38 沉淀颗粒的 Zeta 电位

(a) DB38-Al；(b) DB38-Fe

7.3.3　偶氮药剂沉淀产物的表征

1. FTIR 表征

以 Al(Ⅲ)和 Fe(Ⅲ)作为金属螯合沉淀剂,在最佳螯合条件下对两种偶氮药剂进行实验,螯合后沉淀颗粒的 FTIR 表征结果如图 7-25 所示。

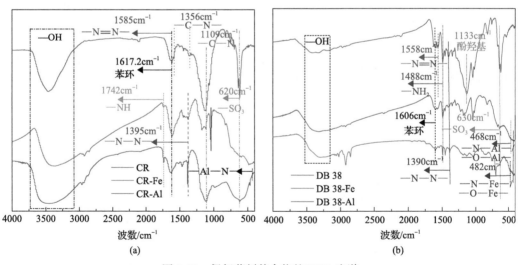

图 7-25　偶氮药剂螯合物的 FTIR 光谱

螯合沉淀前 CR 药剂在 1585 cm^{-1} 处存在一个—N=N—的特征峰,而螯合沉淀后此峰消失。在 1395 cm^{-1}、1742 cm^{-1} 处分别出现—N—N—、—N—H 的特征峰,且在 1340～1250 cm^{-1} 之间的—C—N—的伸缩振动峰开始变得平坦。在 620 cm^{-1} 处的—SO$_3$ 的伸缩振动峰的峰位和强度也都发生了变化,推测 Al(Ⅲ)与 CR 分子中的偶氮键及氨基发生配位反应。螯合反应后,在 460cm^{-1} 处出现了一个新的伸缩振动峰,是 Al 和 N 的配位键的伸缩振动峰。

DB38 与两种金属螯合剂反应后，1558 cm^{-1}处的偶氮基团的特征峰基本消失，说明 DB38 与金属离子的螯合位点也在偶氮键上。1488 cm^{-1}处的—NH$_2$基团的特征峰减小，这表明一部分氨基参与了反应。1133 cm^{-1}处的酚羟基伸缩振动峰减小，说明在反应中部分的酚羟基同样参与了螯合反应。溶液中 DB38 磺酸基作为亲水基团发生水解，导致螯合后的沉淀颗粒在 630 cm^{-1}处的磺酸基特征峰减小并发生了偏移。同时，螯合发生后在 468 cm^{-1}和 482 cm^{-1}处分别出现了—N—Al—O—Al—和—N—Fe—O—Fe—的特征峰。通过对 DB38 螯合前后的基团分析，螯合反应的作用位点位于偶氮键及其邻位的氨基或者其邻位的酚羟基上。

2. XPS 表征

同时对偶氮染料抑制剂以及螯合反应后生成的螯合沉淀颗粒进行 XPS 研究。在 0～1200 eV 结合能范围内 CR、CR-Al 和 CR-Fe 的 XPS 光谱如图 7-26 所示。

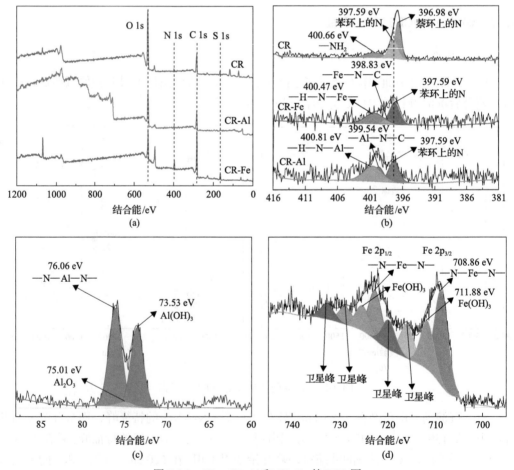

图 7-26   CR、CR-Al 和 CR-Fe 的 XPS 图

(a)全谱；(b)N 1s 谱；(c)CR-Al 的 Al 2p 谱；(d)CR-Fe 的 Fe 2p 谱

图 7-26 表明，螯合反应前后 N 元素的特征峰有明显差异，这说明 N 元素的化学环

境可能在螯合前后发生了较大的变化。其他的元素仅仅在吸收峰的强度上发生了变化，说明在反应过程中所处的化学环境变化不大。螯合前后 XPS N 1s 谱图显示，由于螯合作用的存在，CR 分子上的氨基与金属离子配位，400.66 eV 处氨基的峰消失。在 398 eV 附近出现了 N 元素与金属配位峰，—Fe—N—C—峰出现在 398.83 eV 处，而—H—N—Fe—峰出现在 400.47 eV 处；而—Al—N—C—和—H—N—Al—分别出现在 399.54 eV 和 400.81 eV 处。这可能是由于 CR 分子中存在两个相同的偶氮键，在反应过程中，当仅有一个偶氮键参与反应后，存在相当一部分 CR 与金属离子 1 : 1 反应的螯合物。由于螯合作用的存在，螯合剂金属离子与 CR 分子中氨基及偶氮基发生反应。通过 Al 2p 轨道及 Fe $2p_{3/2}$ 的轨道分析得出，溶液中存在一部分的螯合金属离子与水中的—OH 结合生成 $Al(OH)_3$ 和 $Fe(OH)_3$，并与螯合的沉淀物相互混合。由于三价铁存在振动峰，因此在 2p 轨道中存在两个卫星峰。

DB38 以及螯合反应后生成的两种沉淀颗粒的 XPS 图如图 7-27 所示。从这三种物质的全谱图可以看出，DB38 螯合前后同样是 N 元素的特征峰发生了比较明显的变化，其

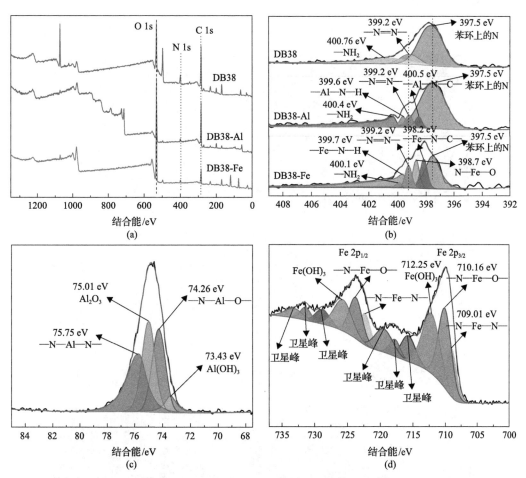

图 7-27 DB38、DB38-Al 和 DB38-Fe 的 XPS 图

(a)全谱；(b)N 1s 谱；(c)DB38-Al 的 Al 2p 谱；(d)DB38-Fe 的 Fe 2p 谱

他的元素在反应过程中所处的化学环境变化不大。螯合前后的 XPS N 1s 谱图表明, 苯环相连的 N 不参与反应, 特征峰位于 397.5 eV。DB38 分子中的氨基特征峰位于 400.76 eV, 由于螯合作用, DB38 分子中与偶氮键相邻的氨基和金属离子配位, 其他氨基不参与螯合反应, 因此氨基的特征峰并未完全消失, 而是发生了部分偏移至 400.4 eV。在 DB38-Fe 中氨基的特征峰位于 400.1 eV。在 399.6 eV 附近出现了—Al—N—H 的峰, 而—Fe—N—H 的峰值在 399.7 eV 处。螯合反应后 399.2 eV 处的偶氮键的特征峰强度减小, 但并未消失。这是由于部分 DB38 分子中的三个偶氮基团并未全部参与反应。

　　由于 DB38 分子中与偶氮键相邻的基团包括氨基和羟基, 因此螯合反应的作用位点也与 CR 有所不同。DB38 分子与螯合剂金属离子螯合后, 分别与偶氮键及其邻位的氨基和酚羟基生成了两种螯合环。因此, DB38-Al 在 74.26 eV 和 75.75 eV 处存在—N—Al—O 和—N—Al—N 的特征峰。DB38-Fe 在 709.01 eV 和 710.16 eV 处存在—N—Fe—N—和—N—Fe—O—的特征峰。

3. SEM-EDS 表征

　　螯合沉淀颗粒的 SEM 图及 EDS 如图 7-28 和图 7-29 所示。图 7-28 表明, CR-Al 沉

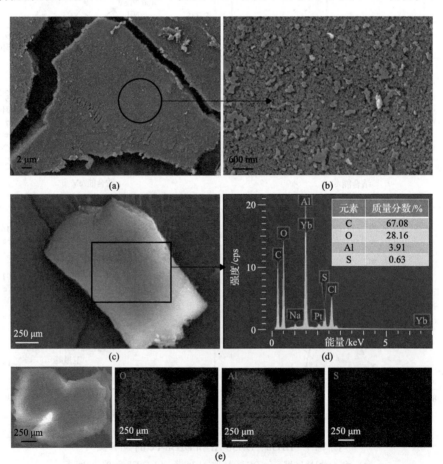

图 7-28　CR-Al 沉淀的 SEM-EDS 表征

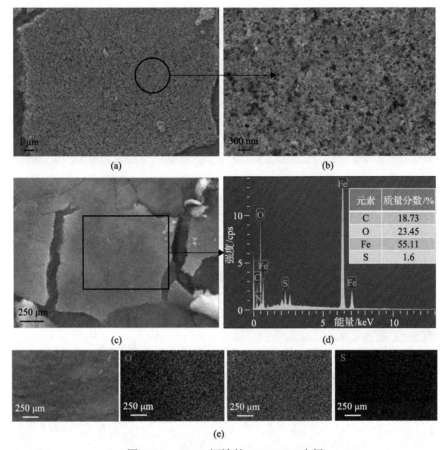

图 7-29　CR-Fe 沉淀的 SEM-EDS 表征

淀颗粒呈现较为致密的结构，孔径较小，说明颗粒相互作用较强，并且表面粗糙度较高，有利于后续浮选。其中 C、S、O、Al 等元素在颗粒中分布均匀，C 元素主要来自偶氮的有机碳骨架，S 元素为 CR 分子中的磺酸基，而 Al 元素则由螯合剂 Al(Ⅲ)均匀分布，说明 Al 与 CR 分子间存在化学作用。

图 7-29 表明，CR-Fe 沉淀颗粒表面粗糙，絮体中伴有密集但较为疏松的孔隙，相较于 CR-Al 颗粒呈现出更为松散的结构。在 CR-Fe 沉淀中，Fe 元素质量分数远高于其他元素。结合对颗粒 XPS 及 FTIR 分析可知，CR-Fe 颗粒中含有相当一部分的 $Fe(OH)_3$，它对于絮体的形貌有明显的影响，促使颗粒更易聚集，生长成多孔、粗糙的絮体。通过 SEM 图可以看出，在螯合反应发生后，螯合金属离子都均匀地分布在絮体颗粒中，说明螯合过程为化学反应过程。

DB38-Al 和 DB38-Fe 的 SEM-EDS 分析如图 7-30 和图 7-31 所示。

SEM 研究表明，螯合金属离子对于沉淀颗粒的形貌影响显著。与 CR 螯合沉淀的形貌相似，DB38-Al 颗粒的形貌相对密实、平整，并伴随一些密集的孔隙。而 DB38-Fe 颗粒的孔隙较大，絮体表面粗糙，伴随着较为疏松的孔状结构。这一形貌特征与螯合颗粒粒径变化规律相符合。EDS 图表明，螯合金属离子均匀地分布在 DB38-Al 沉淀颗粒上，

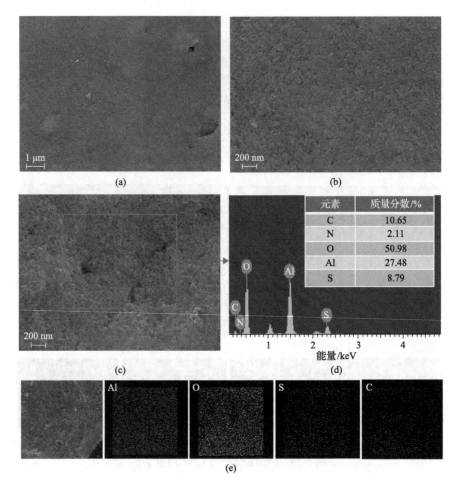

表 7-30 中的元素 | 质量分数/%
元素 | 质量分数/%
C | 10.65
N | 2.11
O | 50.98
Al | 27.48
S | 8.79

图 7-30　DB38-Al 沉淀的 SEM-EDS 表征

表明发生了稳定的化学反应。

相较于 CR 与金属离子螯合后的元素组成，DB38-Al 中 Al 元素含量增多，这表明 DB38 与金属螯合位点增多。相较于 CR-Fe，DB38-Fe 中 Fe 的含量下降，表明 DB38 与 Fe(Ⅲ)的螯合产物中含有的 Fe(OH)₃的含量减少，大多数 Fe(Ⅲ)参与了螯合过程。

螯合金属离子 Al(Ⅲ)和 Fe(Ⅲ)在中性条件下与溶液中的偶氮分子发生螯合反应并生成沉淀颗粒。螯合过程中，存在部分金属离子的水解，因此沉淀过程不需要其他絮凝剂。沉淀颗粒在反应过程与金属氢氧化物胶体混凝沉淀，颗粒粒径逐渐增大。通过对沉淀物 Zeta 电位的测试证实，螯合金属离子与偶氮分子间通过静电作用和螯合作用发生反应，并且颗粒表面吸附有部分金属离子，使絮体颗粒表面呈现正电位。同时，Fe(Ⅲ)作为螯合剂产生的沉淀絮凝颗粒形貌更为松散，孔隙较大，更有利于后续的浮选分离。

7.3.4　偶氮药剂沉淀产物的泡沫提取工艺

溶液中加入金属螯合剂可实现偶氮分子沉淀转化和颗粒性质调控，但后续浮选分离过程的调控也十分重要。因此，在前期沉淀转化的基础上，进一步研究了表面活性剂的

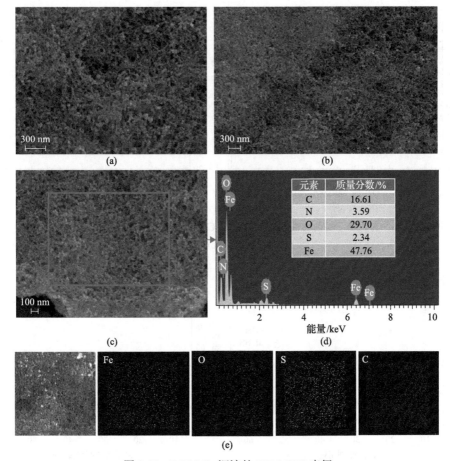

图 7-31　DB38-Fe 沉淀的 SEM-EDS 表征

种类、用量以及浮选溶液 pH、充气流量、浮选时间等条件对浮选效果的影响，进一步得到了偶氮药剂的最佳浮选工艺条件。

1. 表面活性剂种类的影响

采用五种常用的工业表面活性剂 CTAB、DTAB、SDS、SDBS、NP-40，研究了不同电性表面活性剂对偶氮药剂 CR 沉淀产物浮选的影响，如图 7-32 所示。

图 7-32 表明，对于溶液中 CR，阳离子表面活性剂和非离子表面活性剂对螯合沉淀产物的浮选效果很差。这与沉淀产物的表面电位有关，由于螯合沉淀的表面电位为正电性，在静电作用下，阴离子表面活性剂与颗粒之间的相互碰撞增多，相互作用增强，泡沫与沉淀颗粒更好地进行黏附，极大地提高了浮选去除率。阳离子表面活性剂与沉淀产物之间可能存在静电斥力，因此浮选去除率最低。但在阴离子表面活性剂中，SDBS 的浮选效果较差，而 SDS 作用下沉淀颗粒的浮选效果较好，这可能是由于 SDBS 与 SDS 所携带亲水基团不同，磺酸基的发泡性强，硫酸基表面活性剂主要起离子活化作用。因此，SDS 作为表面活性剂的处理效果更好。

不同电性表面活性剂对偶氮药剂 DB38 沉淀产物浮选的影响如图 7-33 所示。

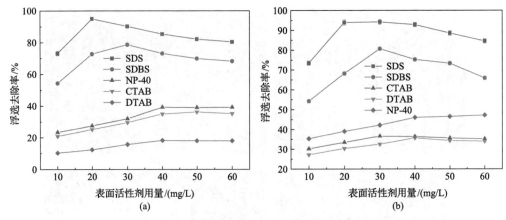

图 7-32　表面活性剂对偶氮药剂 CR 沉淀产物浮选效果的影响

(a) CR-Al；(b) CR-Fe

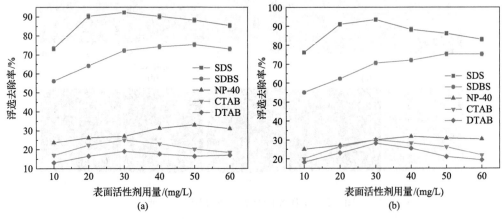

图 7-33　表面活性剂对偶氮药剂 DB38 沉淀产物浮选的影响

(a) DB38-Al；(b) DB38-Fe

图 7-33 表明，表面活性剂对溶液中 DB38 沉淀产物浮选的影响与 CR 相似，这是由于 CR、DB38 在沉淀过程中生成絮体颗粒的电性和性质相似。由于 DB38 与金属螯合剂生成的沉淀颗粒的 Zeta 电位呈正电位，静电作用下阴离子表面活性剂能够更好地吸附在颗粒表面，提高了浮选去除率。因此，阴离子表面活性剂对 DB38 沉淀产物的浮选效果远高于阳离子和非离子表面活性剂。

2. 表面活性剂 SDS 用量的影响

基于前文研究，选用阴离子表面活性剂 SDS，研究了表面活性剂用量对偶氮药剂 CR 沉淀产物浮选的影响，结果如图 7-34 所示。

随着表面活性剂 SDS 用量的提高，采用两种金属沉淀剂产生的 CR 沉淀颗粒浮选去除率均先增大随后略有下降。当加入适量的 SDS 时，SDS 会在颗粒表面形成单层胶束，随着表面活性剂用量增加，表面活性剂分子的非极性部分通过范德瓦耳斯相互作用形成

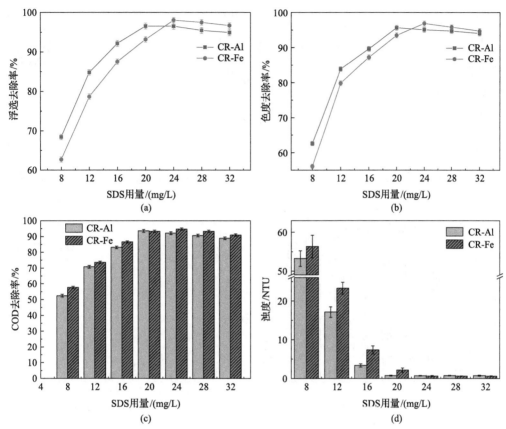

图 7-34　表面活性剂用量对偶氮药剂 CR 沉淀产物浮选的影响

(a)浮选去除率；(b)色度去除率；(c)COD 去除率；(d)浊度

半胶束。这种作用影响了沉淀物的疏水性，同时过量的 SDS 在颗粒表面继续吸附，促使颗粒的 Zeta 电位持续降低，静电斥力作用下颗粒与负电荷气泡间的相互碰撞减少，所以表面活性剂用量过高将会降低浮选效果。

图 7-34 表明，Al(Ⅲ)作为螯合沉淀剂，溶液中 CR 药剂形成沉淀产物时最佳的 SDS 用量为 20 mg/L；而对于 Fe(Ⅲ)作为沉淀剂，溶液中 CR 药剂形成沉淀产物时的最佳表面活性剂用量为 24 mg/L。

表面活性剂 SDS 用量对偶氮药剂 DB38 沉淀产物浮选的影响如图 7-35 所示。

对于溶液中 DB38 抑制剂而言，适宜的 SDS 用量为 32 mg/L，此时 DB38-Al 的浮选去除率为 95.64%，浮选后溶液 COD 去除率为 95.99%，溶液浊度为 2.06 NTU；DB38-Fe 的浮选去除率为 97.86%，浮选后溶液色度及 COD 去除率分别为 96.33%和 98.61%，浮选后溶液浊度为 1.59 NTU。SDS 用量继续增大，浮选去除率略有下降。

采用静态水滴法测定了表面活性剂 SDS 加入前后两种偶氮药剂与金属螯合剂形成的四种沉淀颗粒表面的接触角，结果如图 7-36 所示。

图 7-36 表明，沉淀产物 CR-Al 的接触角为 86.5°，CR-Fe 的接触角为 82.5°。随着表面活性剂 SDS 的加入，SDS 用量为 20 mg/L，CR-Al-SDS 颗粒的接触角达到 103°，SDS

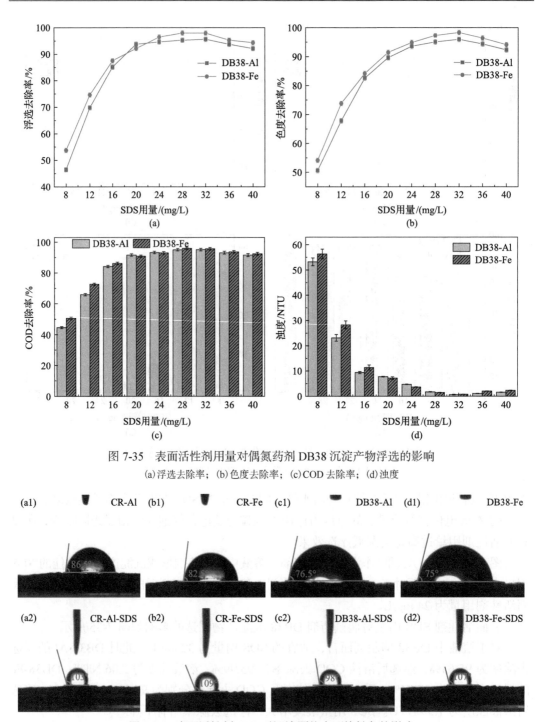

图 7-35 表面活性剂用量对偶氮药剂 DB38 沉淀产物浮选的影响

(a)浮选去除率；(b)色度去除率；(c)COD 去除率；(d)浊度

图 7-36 表面活性剂 SDS 对沉淀颗粒表面接触角的影响

用量为 24 mg/L 后，CR-Fe-SDS 颗粒的接触角达到 109°。DB38 螯合颗粒在加入 SDS 后接触角同样增大，DB38-Al 的接触角由 76.5°增加至 98°，DB38-Fe 的接触角由 75°增加至 107°。研究结果说明，SDS 吸附在沉淀产物表面可以增强疏水性，有利于浮选分离。

3. 浮选溶液 pH 的影响

在浮选充气流量为 60 mL/min、浮选时间为 30 min、反应温度为 25℃条件下，探究了溶液 pH 对于浮选效果的影响，结果如图 7-37 和图 7-38 所示。

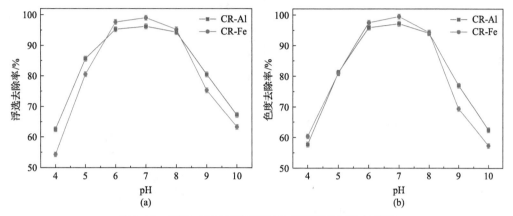

图 7-37　溶液 pH 对偶氮药剂 CR 沉淀产物浮选的影响
(a)浮选去除率；(b)色度去除率

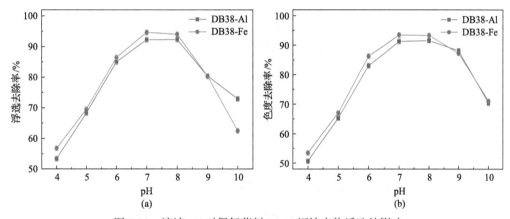

图 7-38　溶液 pH 对偶氮药剂 DB38 沉淀产物浮选的影响
(a)浮选去除率；(b)色度去除率

随着溶液 pH 的升高，CR 沉淀产物的浮选去除率呈现先增大后减小的规律。在接近溶液 pH 中性的条件下，浮选去除率最高。当溶液 pH 为 7 时，CR-Al 的去除率为 98.23%，色度去除率为 97.91%；CR-Fe 的浮选去除率为 99.24%，色度去除率达到 99.53%。

DB38 沉淀颗粒在中性 pH 条件下浮选去除率最高。当溶液 pH 为 7 时，DB38-Al 的浮选去除率为 91.34%，色度去除率达到 93.52%；DB38-Fe 的浮选去除率为 94.63%，色度去除率为 92.25%。值得注意的是，两种偶氮药剂的最佳浮选 pH 都接近螯合沉淀时的溶液 pH，这表明偶氮的螯合沉淀与浮选分离可以连续进行。

4. 充气流量的影响

在优化螯合反应以及表面活性剂用量的条件下，研究了充气流量对偶氮药剂 CR 沉淀产物浮选的影响，结果如图 7-39 所示。

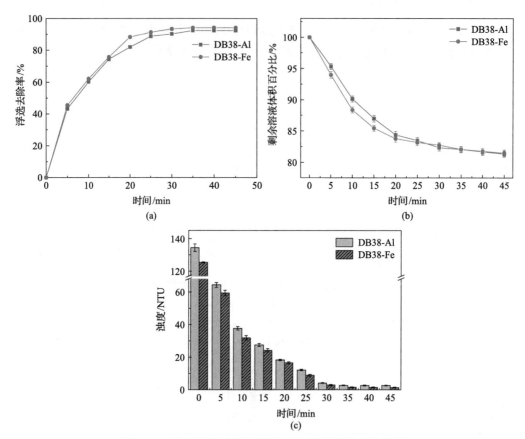

图 7-39　充气流量对偶氮药剂 CR 沉淀产物浮选的影响

对于 CR-Al 和 CR-Fe 浮选溶液，在不同充气流量时的浮选规律相同。当充气流量较小时，微泡浮选柱产生的气泡较少，气泡的体积较大，此时气泡周围的颗粒倾向于沿着气泡的液体流线运动，降低了颗粒与气泡碰撞的可能，浮选去除率低。随着充气流量的增大，气泡含量增加，同时气泡的体积减小，在浮选柱中的停留时间更长，沉淀产物黏附在气泡上的可能性增大，浮选去除率迅速升高。无论是 CR-Al 还是 CR-Fe，当充气流量大于 50 mL/min 时，均达到最佳浮选效果。此时溶液中 CR-Al 的浮选去除率为96.93%，溶液色度去除率为 96.96%，浊度降低至 5 NTU 以下。溶液中 CR-Fe 的浮选去除率为 99.16%，溶液色度去除率为 99.05%，浊度降低至 10 NTU 以下。

充气流量对偶氮药剂 DB38 沉淀产物浮选的影响，结果如图 7-40 所示。

随着充气流量的增大，DB38 沉淀产物的浮选去除率逐渐提高，当充气流量为 70 mL/min时，浮选去除率最高。DB38-Al 的最佳浮选去除率为 95.33%，浮选后溶液色度及 COD去除率分别为 92.33%和 93.34%。DB38-Fe 的最佳浮选去除率为 96.85%，浮选后溶液色度及 COD 去除率分别为 93.13%和 94.52%。

充气流量对偶氮药剂 DB38 浮选后溶液的影响如图 7-41 所示。

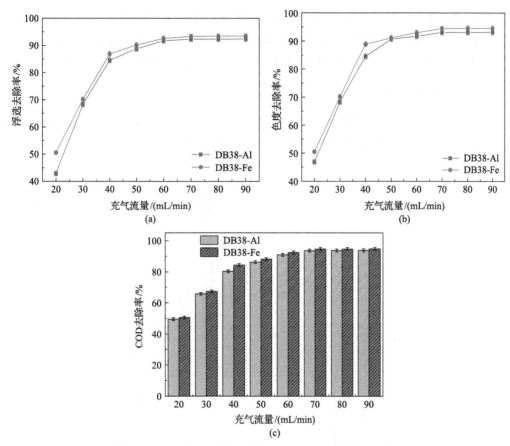

图 7-40　充气流量对偶氮药剂 DB38 沉淀产物浮选的影响

(a)浮选去除率；(b)色度去除率；(c)COD 去除率

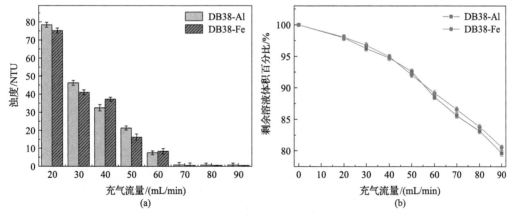

图 7-41　充气流量对偶氮药剂 DB38 浮选后溶液的影响

(a)浊度；(b)剩余溶液体积百分比

充气流量对于水体中 DB38 有机污染物的浮选净化规律与 CR 相近，随着浮选充气流量的增大，浮选去除率的提高，浮选后模拟废水的浊度下降，但夹带作用明显增强，泡沫中的含水量升高，剩余模拟废水的体积逐渐减小。当充气流量达到 70 mL/min 后，两种金属离子作为沉淀剂浮选后的溶液的浊度均低于 3 NTU，继续增大充气流量，浊度仍然维持在较低水平，而溶液的体积继续减小，此后继续增大充气流量将会导致水体的不必要浪费。因此，综合考虑，DB38 模拟废水的浮选充气流量选择为 70 mL/min。

5. 浮选时间的影响

针对螯合沉淀后的 CR-Al、CR-Fe 溶液进行浮选，浮选充气流量为 50 mL/min，SDS 用量为 20 mg/L，浮选时间对沉淀颗粒浮选的影响如图 7-42 所示。

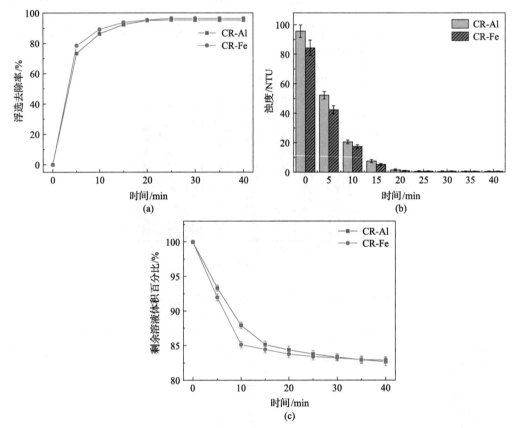

图 7-42 浮选时间对 CR 沉淀颗粒浮选的影响

(a)浮选去除率；(b)浊度；(c)剩余溶液体积百分比

图 7-42 表明，在刚开始进行浮选时，溶液中表面活性剂含量高，形成的泡沫较多，泡沫与颗粒间的碰撞概率较大，黏附概率高，浮选去除率迅速上升，溶液的浊度在此时也快速下降。在这一段时间内，加入的表面活性剂被大量消耗，泡沫中夹带的含水量高，溶液体积随之减少。当浮选时间达到 20 min 时，浮选去除率不再增加，达到了浮选平衡，加入的表面活性剂几乎被全部消耗，浮选后的剩余溶液澄清透明，浊度很低，溶液中产生的泡沫量减少，溶液体积基本保持不变。此时，两种不同金属螯合沉淀的去除率分别为 96.85%和 97.95%，处理后溶液浊度均低于 2 NTU。因此，对于 CR 溶液的浮选时间应控制在 20 min 左右。

针对螯合沉淀后的 DR38-Al、DR38-Fe 溶液进行浮选，浮选充气流量为 70 mL/min，SDS 用量为 24 mg/L，浮选时间对沉淀颗粒浮选的影响如图 7-43 所示。

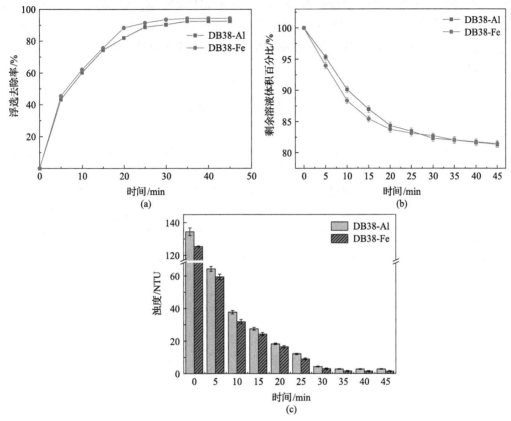

图 7-43　浮选时间对 DB38 浮选去除率的影响

(a)浮选去除率；(b)剩余溶液体积百分比；(c)浊度

图 7-43 表明，随着浮选时间的延长，浮选去除率先快速提高后逐渐趋于平稳。在浮选开始时，溶液中螯合沉淀快速被分离，溶液浊度快速下降，溶液逐渐澄清。当浮选时间达到 35 min 时，浮选达到基本平衡，此时 DB38-Al 和 DB38-Fe 浮选去除率分别为 92.51%和 94.27%，浮选后溶液浊度分别为 2.76 NTU 和 1.5 NTU。此时，溶液中的表面活性剂被完全消耗，溶液的体积减小，也趋于稳定。对于 DB38 而言，浮选的最佳时间应保持在 35 min 左右。

针对浓度为 30 mg/L 的 CR 溶液，Al(Ⅲ)作为螯合剂时，适宜沉淀浮选条件为：搅拌转速为 150 r/min、反应温度为 25℃、溶液 pH 为 6~7、Al(Ⅲ)金属螯合剂用量为 25 mg/L、螯合反应时间为 25 min、SDS 用量为 20 mg/L、浮选充气流量为 50 mL/min、浮选时间为 20 min，浮选后溶液中 CR 去除率达到 96.85%，色度去除率达到 97.03%。Fe(Ⅲ)作为螯合剂时，适宜沉淀浮选条件为：搅拌转速 150 r/min、反应温度 25℃、溶液 pH 为 7、Fe(Ⅲ)螯合剂用量为 35 mg/L、螯合反应时间为 25min、SDS 用量为 24 mg/L、浮选充气流量为 50 mL/min、浮选时间为 20 min，浮选后溶液中 CR 去除率达到 97.95%，色度去除率为 98.23%。

针对浓度为 30 mg/L 的 DB38，Al（Ⅲ）或 Fe（Ⅲ）作为螯合剂时，适宜沉淀浮选条件为：搅拌转速为 150 r/min、反应温度为 25℃、溶液 pH 为 7～8，Al（Ⅲ）金属沉淀剂用量为 40 mg/L、螯合反应时间为 25 min、SDS 用量为 32 mg/L、浮选充气流量为 70 mL/min、浮选时间为 35 min，溶液中 DB38 去除率分别为 92.51%和 94.57%。Fe（Ⅲ）作为沉淀剂时泡沫提取效果更好。

7.4 本章小结

针对钨锌资源加工溶液中有机药剂对水体环境危害及提取分离难题，通过直接泡沫提取技术可实现溶液中有机捕收剂、抑制剂残留的快速分离，并揭示了有机药剂沉淀转化、泡沫浮选作用机制。处理后溶液的指标达到各项环境指标要求。

偶氮药剂除了用于矿物浮选外，还用于化工染料等领域。偶氮药剂在上述领域使用后，都不同程度地残留在溶液中，这类溶液成为难降解水体并严重危害地球环境。相比于传统有机废水处理方法，泡沫提取技术为这类废水处理提供了一条新的技术路径。

第8章 钼铝资源加工溶液中有机药剂的微电解-泡沫提取技术

8.1 引 言

矿产资源种类多,随之矿物浮选过程使用的浮选药剂类型多种多样。与钨锌等矿物浮选溶液中有机药剂不同,某些矿物浮选有机药剂(如黄药)分子较小、用量大,采用直接泡沫提取装备及方法存在过程效率低、螯合沉淀药剂消耗大、溶液残留多、污泥量大且难处理等缺点。因此,开发新型泡沫提取耦合技术意义重大。微电解法又称内电解法、铁还原法、铁碳法、零价铁法等。铁碳法在所有微电解法中研究和应用最为广泛。国内在20世纪80年代引入零价铁法,早期一般使用废铸铁屑掺加一定比例的碳质(石墨、活性炭等)作为填料充填于流化床,处理含重金属等工业废水。微电解法逐渐成熟并逐渐应用于含有机物质溶液的处理。

基于泡沫提取理论与方法体系特点,研究团队在充填介质浮选反应器的基础上,开发了基于微电解-泡沫提取的充填介质反应器。以新型铁碳微电解材料制备充填介质填料并层层排列,一方面该填料发挥常规充填介质的作用,促进气泡成泡、矿化、分离的基本过程,另一方面填料结构自身发生微电解反应,促进有机药剂电化学降解、螯合絮凝,实现微电解-泡沫提取的综合过程,如图8-1所示。

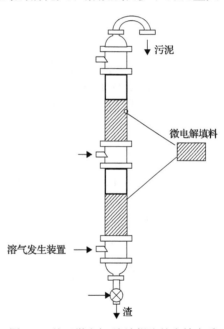

图 8-1 基于微电解-泡沫提取的充填介质反应器模型

本章在阐述微电解基本原理的基础上,重点介绍了新型铁碳微电解填料的制备、钼铝资源浮选溶液中典型有机药剂(黄药捕收剂)的微电解降解过程、有机药剂的电化学降解机理以及微电解-泡沫提取技术应用效果。

8.2 微电解基本原理及作用

8.2.1 基本原理

微电解法是利用空间内电位差形成的微电池,以原电池氧化还原反应为基础的电化学方法。在微电解反应中，铁和碳之间存在电位差，在水溶液中两者之间可形成许多微小原电池，电极反应如图 8-2 所示。

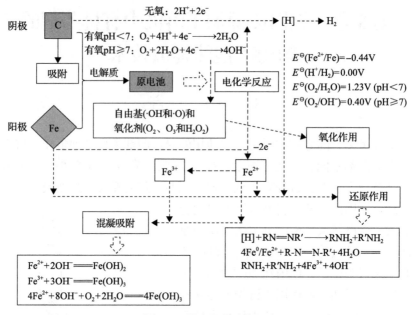

图 8-2　微电解基本原理

阴极：

$$Fe - 2e^- \longrightarrow Fe^{2+} \qquad\qquad E^{\ominus}(Fe^{2+}/Fe) = -0.44 \text{ V} \qquad (8-1)$$

阳极：

酸性无氧条件：

$$2H^+ + 2e^- \longrightarrow 2[H] \longrightarrow H_2 \qquad E^{\ominus}(H^+/H_2) = 0.00 \text{ V} \qquad (8-2)$$

酸性充氧条件：

$$O_2 + 4H^+ + 4e^- \longrightarrow 2H_2O \qquad E^{\ominus}(O_2/H_2O) = 1.23 \text{ V} \qquad (8-3)$$

中碱性充氧条件：

$$O_2 + 2H_2O + 4e^- \longrightarrow 4OH^- \qquad E^{\ominus}(O_2/OH^-) = 0.41 \text{ V} \qquad (8-4)$$

微电解过程还会产生其他连锁的反应，包括 Fe 和[H]的还原作用、·OH 及充气中氧气的氧化作用、铁离子的絮凝沉淀作用、原电池反应和电化学富集作用。

8.2.2　主要作用

1. 还原作用

微电解过程的还原作用分别源于铁的还原作用和氢自由基(·H)的还原作用。Fe^0 在溶液中具有高活性，尤其是当铁纳米化后，活性进一步增强。此外，Fe^0 转化的 Fe(Ⅱ)能进一步释放电子，也具有一定的还原性[216]。20 世纪早期，已经证明 $Fe(OH)_2$ 对硝基苯具有降解能力[217]。研究结构态铁氧化物(磁铁矿、针铁矿)、硫化物(硫铁矿、黄铁矿)、羟基化合物(绿锈、多羟基亚铁)发现，固态亚铁表面有高速流动的电子，具有吸附性和还原性[218-221]。

腐蚀原电池的电极反应过程中产生大量新生态氢，包含部分活性氢原子。·H 寿命只有 $10^{-7} \sim 10^{-6}$ s。研究表明[222]，电场力可诱导 H_2O 产生·H 和·OH，并有可能延长其寿命。·H 降解活性高，能与底物发生还原反应、加成反应、自由基传递反应和自由基聚合反应，可破坏特性官能团(如发色基团、特性基团等)，提高水体溶液的可生化性。

2. 氧化作用

微电解过程的氧化作用主要体现在活性氧物种(ROS)的生成与作用。在氧气存在时，易与电子结合生成 H_2O_2，结合铁阳极溶解所生成的 Fe^{2+}，可形成芬顿(Fenton)试剂。芬顿反应属于高级氧化过程，产生·OH，氧化电位高达 2.8 V，位于常见氧化剂之首，可氧化几乎所有的有机物，羧酸、醇、酯类等在氧化作用下可直接变成无机态[223]。芬顿反应中·OH 作用原理如下：

$$Fe^{2+} + H_2O_2 \longrightarrow Fe^{3+} + OH^- + \cdot OH \tag{8-5}$$

O_2 得到电子生成 H_2O_2 的反应是两电子反应，同时还存在四电子的竞争反应，产物是 H_2O。氧气的选择性和电极材料催化作用密不可分。目前微电解中常用的阴极材料为碳基材料和金属铜，但目前尚未见直接实验和理论解释其催化过程机理。H_2O_2 经过催化产生的·OH 具有很强的亲电性，电子亲和能为 569.3 kJ/mol，·OH 可以通过电子转移反应、脱氢反应、加成反应和自身的猝灭反应等使溶解态的无机物和有机物氧化[224,225]。换言之，·OH 具有生成条件温和、氧化能力极强和可以氧化绝大多数有机污染物的优点，这也使得·OH 成为许多自由基氧化反应的重点研究对象。某些流场环境下有利于·OH 的产生，研究发现利用空化撞击流技术可获得·OH[226]。空化撞击流微电解法比传统微电解反应速率提高了 14.12%[227]。超声作用可增大·OH 的产量，加压可强化水的解离并抑制·OH 的猝灭[228]。因此，微电解工艺常与其他工艺耦合实现作用效果优化。

在微电解过程体系中，一些金属组元可发挥异相催化效果产生 ROS。MnCu/FeCu/CoCu/NiCu 四种双金属组分氧化物可以催化 H_2O_2 产生·OH 和·O_2^-，电子自旋共振(EPR)研究表明，FeCu/CoCu/NiCu 对·O_2^- 的产生具有良好的催化效果，CoCu/NiCu 对·OH 的产生具有良好的催化效果[229]；利用·O_2^- 捕收剂对苯醌(p-BQ)溶液中的·O_2^- 捕获，同时异丙醇和叔丁醇(TBA)对溶液中和界面上的·OH 进行捕获，发现环氧沙星的降解和溶液中·OH 的存在有很大的关系，酸性橙 II 的降解和溶液中的·O_2^- 含量存在直接关系。微电解中 ROS 作用效果可能受到溶液化学条件的影响，特别是溶液化学条件会影响·OH 的氧化能力，如碳酸钠的存在会抑制苯酚的电解效率，·OH 与 CO_3^- 生成碳酸盐自由基离子·CO_3^-，·OH 与 HCO_3^- 生成碳酸氢盐自由基离子·HCO_3^-，尽管·CO_3^-/·HCO_3^- 具有氧化能力，但不易与有机物反应，意味着碳酸根的存在削弱了·OH 的氧化能力[225]。

3. 吸附絮凝作用

微电解填料具有一定吸附能力，能吸附多种金属离子及有机物。微电解介质中，阴极材料通常具有较大的比表面积和吸附能力，如活性炭，常作为优良的电子受体和氧化还原介质[230]。铁阳极通常是粗糙甚至带锈的铸铁屑等物质，也具有一定的吸附能力。此外，微电解过程中铁阳极溶出的二价铁离子及三价铁离子，可作为沉淀剂或螯合剂，促进有机物去除[231]。研究发现，微电解过程新生成的铁离子比一般溶解态铁盐(如 $FeSO_4$、$FeCl_3$)试剂具有更强的混凝絮凝能力[232]，可有效分离去除溶液中的悬浮物、不溶性难降解有机物等细小微粒。

4. 电场作用

微电解过程中，充填介质颗粒附近产生微电场，胶体溶液稳定性被破坏，带电粒子向带有相反电荷的电极表面移动，通过短程扩散在电极表面聚集，增大了和电极产物发生反应的概率，有利于微电解电化学降解。

8.3　新型微电解填料的制备及表征

8.3.1　二元铁碳微电解填料的制备与表征

微电解填料是微电解技术的核心。由于缺乏统一的行业标准，目前市场上的微电解填料五花八门，使用效果有较大差别。为找到适合矿物浮选有机药剂的微电解降解填料，在惰性气体的保护下，采用高温焙烧法制备规整化的微电解填料，研究微电解填料的组分及结构对典型有机药剂转化度和填料性能的影响，优化微电解填料制备工艺。

1. 铁碳质量比的影响

铁碳质量比是影响微电解填料性能的最主要因素。为探究铁碳质量比对填料性能的影响，在黏结剂膨润土含量为 20 wt%、碳酸氢铵含量为 4 wt%、焙烧温度为 900℃、焙烧时间为 2 h 的条件下，制备了不同铁碳质量比的铁碳填料。溶液中黄药捕收剂浓度为 100 mg/L，在填料用量 500 g/L、充气流量为 0.3 L/min、反应初始 pH 为 7、反应时间为 90 min 的条件下，不同铁碳质量比填料对黄药的降解效果以及填料磨损率、抗压强度如图 8-3 所示。

由图 8-3 可知，随着铁碳质量比增加，填料的抗压强度显著升高，磨损率逐渐下降。对于黄药降解率来讲，随着铁碳质量比增加，黄药降解率先升高后降低，当铁碳质量比为 1∶1 时，黄药降解效果最好。当体系中碳粉含量一定时，微电解所产生的原电池数量几乎是稳定不变的[233]，过高的铁碳质量比不仅会提高有机药剂的降解率，还会抑制反应的进行。这是因为当铁碳质量比过高时，铁过量导致溶出过多的铁离子，铁离子形成的氢氧化物和氧化物附着在填料表面，阻碍了填料与药剂的接触，降低了反应效率。此外，铁粉的增加会造成资源浪费，增加原料成本。因此，综合考虑，填料的铁碳质量比宜为 1∶1。

2. 造孔剂的影响

造孔剂通过影响填料的比表面积，进而影响污染物与填料的接触面积，接触面积越

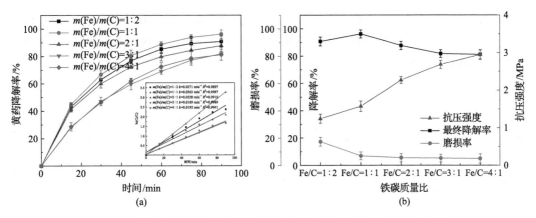

图8-3　不同铁碳质量比填料对黄药的降解效果以及填料磨损率、抗压强度

大，越有利于污染物降解，但过高的比表面积易导致填料抗压强度降低，不利于填料重复利用。造孔剂通常为高温下易分解的物质，如铵盐、碳酸盐、氯化物以及一些高温易分解的有机物。溶液中黄药捕收剂浓度为 100 mg/L，在铁碳质量比为 1∶1、黏结剂膨润土含量为 20 wt%、造孔剂含量为 4 wt%、焙烧温度为 900℃、焙烧时间为 2 h 的条件下，采用不同造孔剂制备了铁碳填料。在填料用量为 500 g/L、充气流量为 0.3 L/min、反应初始 pH 为 7、反应时间为 90 min 的条件下，不同造孔剂填料对黄药的降解效果以及不同造孔剂填料的磨损率、抗压强度如图 8-4 所示。

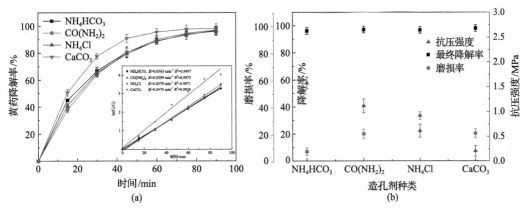

图8-4　不同造孔剂填料对黄药的降解效果以及不同造孔剂填料的磨损率、抗压强度

由图 8-4 可知，当造孔剂为碳酸钙时，在相同降解条件下黄药降解速率及降解率均达到最高，但此填料的磨损率较高、抗压强度较低，在微电解曝气时易坍塌破损，难以长期循环使用，因此碳酸钙不适合做填料造孔剂。同理，氯化铵（NH$_4$Cl）和尿素[CO(NH$_2$)$_2$]也不适合做填料造孔剂。当造孔剂为碳酸氢铵（NH$_4$HCO$_3$）时，黄药降解率比造孔剂为尿素、氯化铵和碳酸钙时略低，但填料的磨损率低、抗压强度高，反应时不易损耗，适合长期循环使用。因此，填料的造孔剂宜为碳酸氢铵。

在铁碳质量比为 1∶1、黏结剂膨润土含量为 20 wt%、焙烧温度为 900℃、焙烧时间为 2 h 的条件下，制备了不同碳酸氢铵含量的铁碳填料。溶液中黄药捕收剂浓度为

100 mg/L，在填料用量为 500 g/L、充气流量为 0.3 L/min、反应初始 pH 为 7、反应时间为 90 min 的条件下，不同碳酸氢铵含量制备的填料对黄药的降解效果以及填料磨损率、抗压强度如图 8-5 所示。

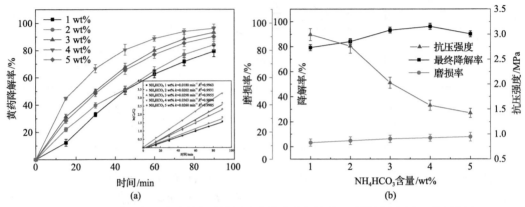

图 8-5　不同碳酸氢铵含量制备的填料对黄药的降解效果以及填料磨损率、抗压强度

由图 8-5 可知，随着碳酸氢铵含量的增加，填料的磨损率由 3.216% 增加到 7.84%，填料的抗压强度由 2.99 MPa 降低到 1.42 MPa。对黄药降解率来讲，随着碳酸氢铵含量增加，黄药降解率先上升后降低。这是因为随着碳酸氢铵含量的增加，填料比表面积和孔隙率不断增加，填料的磨损率逐渐升高，抗压强度逐渐降低。随着填料比表面积与孔隙率的增加，溶液中黄药与填料的接触面积不断增加，反应体系中反应活性位点增多，黄药降解率增加。但随着碳酸氢铵含量的持续增加，填料内部形成的微孔数量过多，填料中微孔易坍塌，填料抗压强度不够，导致反应时耗损较大。

采用 SEM 研究不同 NH_4HCO_3 含量制备的铁碳填料内部形貌，结果如图 8-6 所示。

随着造孔剂 NH_4HCO_3 含量的增加，铁碳填料中微孔的孔径不断增大，微孔的数量不断增多。结果表明，铁碳填料的比表面积逐渐增大，填料可提供的反应活性位点不断增多，有利于有机药剂的去除。由图 8-6 还可以发现，当填料中造孔剂 NH_4HCO_3 含量增加到 5 wt% 时，填料中部分微孔已坍塌，阻碍了有机物与填料的接触，填料可提供的反应活性位点减少，不利于电化学降解。可见，填料中造孔剂 NH_4HCO_3 的含量不是越多越好。结合黄药降解效果及填料抗压强度要求，造孔剂碳酸氢铵含量宜为 3 wt%。

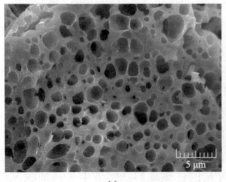
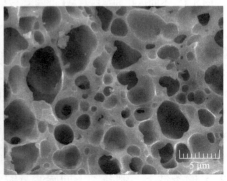

(a)　　　　　　　　　　　　　　　　(b)

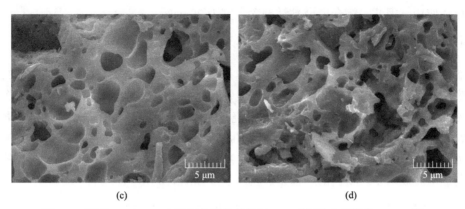

图 8-6　不同 NH_4HCO_3 含量制备的铁碳填料 SEM 图（放大倍数为 10000 倍）
(a) 2 wt%；(b) 3 wt%；(c) 4 wt%；(d) 5 wt%

3. 黏结剂的影响

黏结剂作为填料的骨架，可以将黏结性较差的铁粉和碳粉紧密地黏结在一起，其含量直接影响填料成型的难易程度及填料的性能。研究过程中选用膨润土作为填料的黏结剂，膨润土的主要成分是蒙脱石，具有膨胀性、触变性、附着力、黏结性和可塑性的特点。为探究膨润土含量对填料性能的影响，在铁碳质量比为 1∶1、碳酸氢铵含量为 3 wt%、焙烧温度为 900℃、焙烧时间为 2 h 的条件下，制备了不同膨润土含量的铁碳填料。溶液中黄药捕收剂浓度为 100 mg/L，在填料投加量为 500 g/L、充气流量为 0.3 L/min、反应初始 pH 为 7、反应时间为 90 min 的条件下，不同膨润土含量制备的填料对黄药的降解效果以及填料的磨损率、抗压强度如图 8-7 所示。

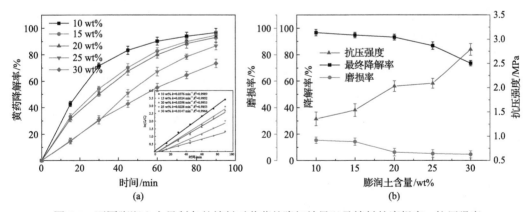

图 8-7　不同膨润土含量制备的填料对黄药的降解效果以及填料的磨损率、抗压强度

由图 8-7 可知，膨润土作为黏结剂是填料的骨架，随着其含量的增加，填料容易成型，填料磨损率降低、抗压强度升高。在填料总质量不变的情况下，随着膨润土含量的增加，填料中活性组分铁和碳的质量就相应减少，溶液中原电池数量减少，黄药降解率降低。当膨润土含量过少时，填料抗压强度较低、磨损率较高，反应时容易坍塌，不宜

长期循环使用。因此，综合考虑黏结剂含量宜为 20 wt%。

4. 焙烧制度的影响

焙烧温度主要影响填料的抗压强度，焙烧温度低，填料抗压强度低，微电解时填料易发生破损，焙烧温度过高，易造成能源浪费。在铁碳质量比为 1∶1、碳酸氢铵含量为 3 wt%、黏结剂膨润土含量为 20 wt%、焙烧时间为 2 h 的条件下，采用不同焙烧温度制备了铁碳填料。溶液中黄药捕收剂浓度为 100 mg/L，在填料用量为 500 g/L、充气流量为 0.3 L/min、反应初始 pH 为 7、反应时间为 90 min 的条件下，不同焙烧温度制备的填料对黄药的降解效果以及填料的磨损率、抗压强度如图 8-8 所示。

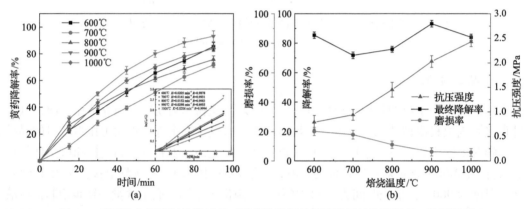

图 8-8　不同焙烧温度制备的填料对黄药的降解效果以及填料的磨损率、抗压强度

随着焙烧温度的升高，填料的磨损率逐渐降低，抗压强度逐渐升高，黄药降解率先降低后升高再降低。当焙烧温度为 900℃时，溶液中黄药的降解率最高为 93.19%。当焙烧温度为 600℃时，焙烧温度过低导致黏结剂形成的骨架胶体无法将铁粉和碳粉黏结牢固，填料的抗压强度低、磨损率高，微电解反应时气流的扰动导致填料破损为小块的颗粒悬浮在溶液中，加大了有机药剂与填料的接触面积，微电解效率增加。随着焙烧温度升高，铁和碳黏结牢固，填料的抗压强度升高、磨损率低，反应时质量损失小，黄药降解效果提高。当焙烧温度过高时，铁碳之间的黏结更牢固，填料抗压强度足够大，但铁碳颗粒间易发生团聚，导致填料内部孔道堵塞，填料比表面积降低，填料与污染物接触面积减少，溶液中黄药降解率降低。

采用 SEM 研究不同焙烧温度制备的铁碳填料的内部形貌，如图 8-9 所示。可见，随着焙烧温度不断升高，填料内部形态在不断变化。当焙烧温度为 600℃时，填料内部为疏松的片状结构，微电解时填料容易破损。当焙烧温度为 700℃时，填料内部为针状结构，填料抗压强度不够。当焙烧温度为 800℃时，填料内部为大量方形颗粒聚集在一起。当焙烧温度为 900℃时，填料内部除牢固的骨架结构外出现了大量的微孔，提高了填料与污染物的接触面积，有利于有机药剂黄药的降解。当焙烧温度为 1000℃时，填料内部微孔少、孔径大且部分发生团聚，比表面积减少，导致填料与药剂接触面积变小，黄药降解效果变差。综合考虑，填料的焙烧温度宜为 900℃。

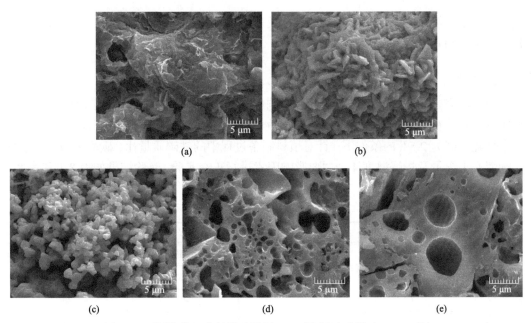

图 8-9　不同焙烧温度的铁碳填料 SEM 图（放大倍数为 10000 倍）

(a) 600℃；(b) 700℃；(c) 800℃；(d) 900℃；(e) 1000℃

焙烧时间将会严重影响填料的成型程度。焙烧时间过短，填料不易成型，填料抗压强度低；焙烧时间过长导致消耗的能量多，填料制备成本增加。在铁碳质量比为 1∶1、碳酸氢铵含量为 3 wt%、黏结剂膨润土含量为 20 wt%、焙烧温度为 900℃的条件下，采用不同焙烧时间制备了铁碳填料。溶液中黄药浓度为 100 mg/L、填料用量为 500 g/L、充气流量为 0.3 L/min、反应初始 pH 为 7、反应时间为 90 min 的条件下，不同焙烧时间制备出的填料对黄药的降解效果及填料的磨损率、抗压强度如图 8-10 所示。

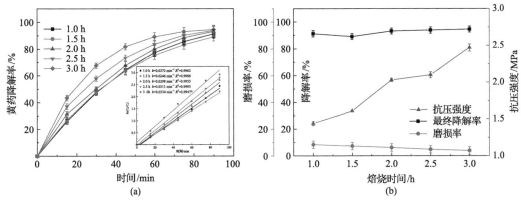

图 8-10　不同焙烧时间制备出的填料对黄药降解效果及填料的磨损率、抗压强度

随着焙烧时间的延长，填料的磨损率逐渐降低，抗压强度逐渐升高。对黄药降解率来讲，随着焙烧时间的延长，降解速率逐渐增加，速率常数由 $k=0.0272$ min^{-1} 增加到 $k=0.0334$ min^{-1}。这是因为随着焙烧时间的延长，填料中黏结剂膨润土形成的骨架结构逐

渐趋于稳定，填料的抗压强度逐渐升高，反应时填料不易出现质量损失。综合考虑，填料的焙烧时间宜为 2.5 h。

5. 填料制备工艺优化及表征

前文研究是在假定各因素间相互不影响的条件下进行的。然而，在填料实际制备过程中各因素往往相互影响。为了确定铁碳填料制备过程中各个因素相互影响的情况，在固定焙烧时间为 2.5 h 的条件下，针对填料制备过程中的铁碳质量比、碳酸氢铵含量、黏结剂膨润土含量及焙烧温度 4 个主要影响因素进行正交实验，实验结果如表 8-1 和表 8-2 所示。

表 8-1　正交实验因子表

因素	A 铁碳质量比	B 碳酸氢铵含量/wt%	C 焙烧温度/℃	D 膨润土含量/%
水平 1	1∶2	2	800	15
水平 2	1∶1	3	900	20
水平 3	2∶1	4	1000	25

表 8-2　正交实验结果及方差分析

序号	A	B	C	D	黄药降解率/%
1	1	1	1	1	75.48
2	1	2	2	2	90.41
3	1	3	3	3	86.30
4	2	1	2	3	83.97
5	2	2	3	1	94.72
6	2	3	1	2	96.06
7	3	1	3	2	66.83
8	3	2	1	3	79.24
9	3	3	2	1	89.49
K_1	252.19	226.28	238.37	259.69	
K_2	274.75	264.37	263.87	253030	
K_3	235.56	271.85	247.85	249.51	
k_1	84.01	75.42	79.45	86.56	
k_2	91.58	88.12	87.95	84.43	
k_3	78.52	90.61	82.61	83.27	
R	13.06	15.19	8.5	3.29	

注：K_i 表示任意列上水平号为 i 时所对应的试验结果之和。

研究结果表明，极差顺序为 $B>A>C>D$，即各制备因素对铁碳填料性能影响中，碳酸氢铵含量＞铁碳质量比＞焙烧温度＞黏结剂用量。当以黄药降解率为评判指标时，铁碳填料最佳制备条件为：铁碳质量比为 1∶1、碳酸氢铵含量为 4 wt%、焙烧温度为

800℃、焙烧时间为 2.5 h、膨润土含量为 20 wt%。考虑到铁碳填料磨损率与抗压强度，将铁碳填料适宜制备条件定为：铁碳质量比为 1∶1、碳酸氢铵含量为 3 wt%、焙烧温度为 900℃、焙烧时间为 2.5 h、膨润土含量为 20 wt%。

采用 XPS 表征最佳制备条件下制备的铁碳填料，结果如图 8-11 所示。

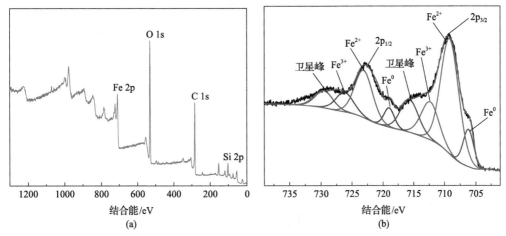

图 8-11　最佳制备条件下的铁碳填料 XPS 光谱

(a)全谱图；(b) Fe 2p 谱图

由铁碳填料的 XPS 全谱图可知，铁碳填料中含有 Fe、O、C、Si 元素。通过 XPS 的 Fe 2p 谱图可发现，Fe 2p 谱图中主要峰对应的分别是 Fe $2p_{3/2}$、卫星峰以及 Fe $2p_{1/2}$ 的结合能。对 Fe 2p 谱图拟合可发现，Fe^0、Fe^{2+}、Fe^{3+} 和卫星峰的 Fe $2p_{3/2}$ 结合能分别位于 706.18 eV、709.13 eV、712.34 eV 和 715.68 eV，这与文献报道的 Fe $2p_{3/2}$ 中 Fe、Fe_2SiO_4、Fe_2O_3 和卫星峰的结合能位置相似。结果进一步表明，铁碳填料中主要含铁物质为 Fe、FeO、Fe_2O_3 和 Fe_2SiO_4。

8.3.2　三元微电解填料的制备与表征

文献研究表明，在铁碳微电解填料中引入过渡金属，可提高微电解填料的降解性能。本节在溶液中黄药捕收剂浓度为 100 mg/L，填料用量为 500 g/L、充气流量为 0.3 L/min、反应初始 pH 为 7、反应时间为 90 min 的条件下，重点开展了三元微电解填料的制备与性能表征研究。

1. 过渡金属种类的影响

在铁碳微电解填料最佳制备条件下，将填料总质量的 3%分别改为铜、铅、镍、钴金属粉制备不同种类的三元微电解填料。不同种类三元微电解填料对黄药的降解效果如图 8-12 所示。

与其他填料相比，Fe-Cu-C 填料对黄药的降解效果最好。这是因为向铁碳填料中加入金属铜后，金属铜作为金属催化剂是良好的导体，可以给电极反应的电子传输增加更多的选择途径，提高微电解作用效率。同时，当两种不同金属 Fe、Cu 在水溶液中接触

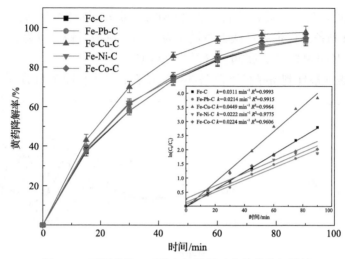

图 8-12　不同种类三元微电解填料对黄药的降解效果

时,预期会形成电偶,因为金属间腐蚀电位的差异导致电子从活性金属 Fe 流向过渡金属 Cu。在这种情况下,铁作为阳极,其氧化速率增加,过渡金属 Cu 在阴极上的还原速率也增加,微电解反应速率增加。铁与不同金属间的电位差不同,不同电位差在溶液中产生原电池的驱动力不同,铁铜之间电位差最大[$E^{\ominus}$ (Fe/Cu)=0.7889 V],产生的驱动力最高,微电解作用效率最好。因此,选择铜作为铁碳填料的金属催化剂较为合适。

2. 过渡金属添加量的影响

前文表明,添加金属铜可提高微电解填料对黄药的降解效率。在铁碳填料最佳制备条件下,铜含量对铁铜碳三元微电解填料降解性能的影响如图 8-13 所示。

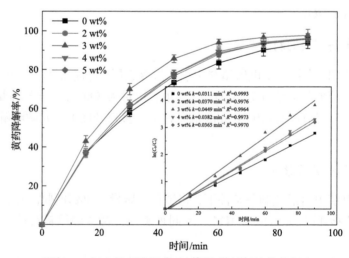

图 8-13　铜含量对铁铜碳三元微电解填料性能的影响

图 8-13 表明,随着铜含量的增加,黄药降解率先升高后下降。当铜含量为 3 wt%时,溶液中黄药的最终降解率最高为 97.84%。这是因为随着铜含量的增加,铜与铁的接触面

积增大，有利于[H]自由基产生。[H]自由基可增加电子的传输速率，催化活性位点和电偶的形成，加快原电池反应速率，提高黄药降解效果。当铜含量过高时，填料中活性组分铁和碳的质量就相应减少，微电解时溶液中产生的原电池数量减少，黄药降解率随之降低。因此，金属催化剂铜含量宜为 3 wt%。

3. 过渡金属形态的影响

上述三元微电解填料均是向铁碳填料中直接加金属粉制备而成。为探究铜添加形态对填料降解性能的影响，在铁碳填料最佳制备条件下，制备了不同铜添加形态的三元微电解填料，结果如图 8-14 所示。

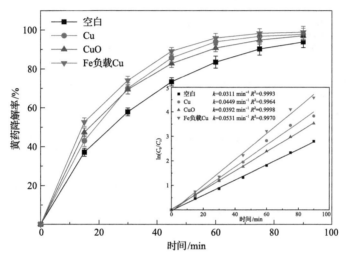

图 8-14　铜添加形态对三元微电解填料降解黄药性能的影响

当铜添加形态是铁负载铜时，填料对黄药的降解效果最好。此时，黄药的降解速率常数为 $k=0.0531$ min^{-1}，最终降解率为 98.97%。这是因为当铜添加形态为铁负载铜时，铁铜双金属是直接接触的，铁与铜混合较均匀，在反应时可提供的活性位点多，形成的电偶多，黄药的降解速率高，降解效果较好。因此，选择铁负载铜作为三元微电解填料中双金属的存在形态。

4. 三元微电解填料的表征

采用最佳制备条件制备出铁碳二元微电解填料和铁铜碳三元微电解填料，进一步测定各种填料的孔隙率、吸水率、磨损率、抗压强度等物理参数，结果如表 8-3 所示。

表 8-3　微电解填料的物理参数

名称	表观密度/(g/cm³)	堆积密度/(g/cm³)	孔隙率/%	吸水率/%	磨损率/%	抗压强度/MPa
铁碳填料	2.658	1.008	62.08	17.79	4.80	1.94
铁碳铜填料	2.779	1.006	63.80	18.75	3.97	1.98

表 8-3 表明，铁碳二元填料与铁铜碳三元填料的孔隙率均大于 60%，吸水率均高于

17%。微电解时两种填料与溶液中有机药剂均可充分接触，且接触面积较大，反应时可提供的反应活性位点多。同时发现，两种填料的磨损率低、抗压强度高，说明两种填料在参加反应时不易损失，可长期循环使用。两种填料的表观密度和堆积密度较高，这有利于填料在充气和反冲洗过程的稳定，防止填料板结。

采用 XRD 表征不同焙烧温度下铁碳填料和不同铜添加形态三元微电解填料，结果如图 8-15 所示。

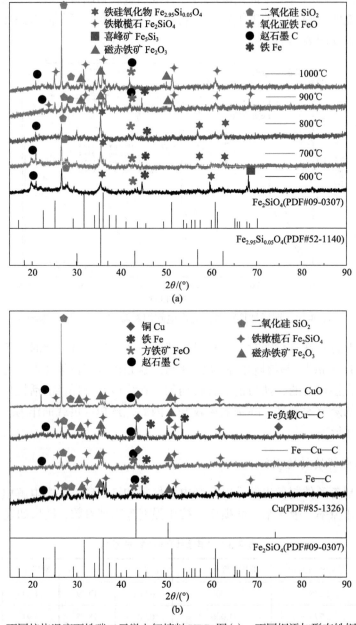

图 8-15　不同焙烧温度下铁碳二元微电解填料 XRD 图(a)；不同铜添加形态铁铜碳三元微电解填料 XRD 图(b)

对比标准物质的 PDF 卡片发现，当焙烧温度为 600～800℃时，铁碳二元填料的主要组分是 C、SiO_2、Fe、FeO 及 $Fe_{2.95}Si_{0.05}O_4$。当焙烧温度为 900℃、1000℃时，铁碳二元填料的主要组分是 C、SiO_2、Fe、FeO、Fe_2O_3 及 Fe_2SiO_4，填料中的 SiO_2 主要来自碳粉和膨润土，部分金属铁以氧化态形式存在可能由于填料在烘干过程中被氧化。同时发现，当焙烧温度从 600℃逐渐升高到 800℃，Fe 的衍射峰逐渐消失，$Fe_{2.95}Si_{0.05}O_4$ 的衍射峰逐渐升高。这可能是由于焙烧温度的升高，在 SiO_2、Fe、FeO 存在的条件下 Fe 很容易转化为 $Fe_{2.95}Si_{0.05}O_4$。当焙烧温度为 900℃、1000℃时，铁碳填料主要组成物质是 Fe_2SiO_4，这是因为当焙烧温度高于 900℃时，SiO_2、Fe 和 FeO 容易生成 Fe_2SiO_4。

无论金属铜以何种形态加入，铁铜碳三元微电解填料的主要组成均为 C、SiO_2、Fe_2SiO_4、Cu、Fe、FeO 和 Fe_2O_3。结果表明，金属铜的添加形态不会改变填料的主要组分，但当金属铜以铁负载铜的形式加入时，填料中单质铁的晶型发生改变。值得注意的是，当铜以氧化铜形式加入时，焙烧过程中碳将氧化铜还原为单质铜。

采用 SEM 表征铁铜碳（铁负载铜）填料反应前后表面和截面形貌，结果如图 8-16 所示。

图 8-16　铁铜碳填料反应前后的 SEM 图（放大倍数 500 倍）

(a)反应前表面；(b)反应前截面；(c)反应后表面；(d)反应后截面

与铁碳填料相比，铁铜碳填料中出现簇状的铜单质形貌。除此之外，填料形貌无其他变化。由图 8-16 还可以发现，反应前铁铜碳填料表面粗糙，填料截面疏松多孔；反应后铁铜碳（铁负载铜）填料表面、截面均无明显变化，填料孔洞未坍塌、未堵塞，填料也未出现板结钝化，表明制备的铁铜碳填料可长期循环使用。

为探究微电解填料中各元素的分布情况，采用 EDS 分析了铁铜碳填料，结果如图 8-17 所示。可见，铁铜碳填料中除 Fe、Cu、C、O 和 Si 元素外，还存在少量的 K、Na、Ti、Al、Mg 和 Ca 元素，且这些元素主要以其氧化物的形式存在。铁铜碳填料中存在最多的元素为 Fe、Si、O，进一步说明填料的主要组成是 Fe_2SiO_4。同时可以看出，铁对铜的负载不均匀，这主要是因为单质铁形态不均匀且不是平面，因而铜难以在单质铁上均匀负载。

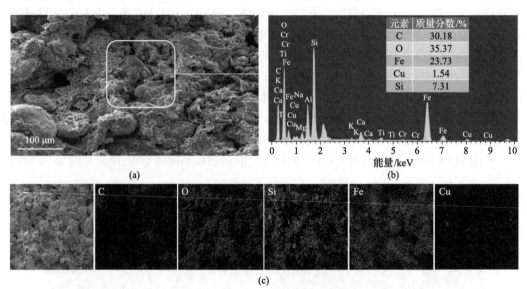

图 8-17　铁铜碳填料的 EDS
(a)EDS 扫描面；(b)扫描面对应的 EDS；(c)不同元素谱图

8.4　有机药剂的微电解填料降解过程及影响因素

前文已述黄药捕收剂是硫化矿选矿药剂之一，被广泛地应用于钼矿及铝土矿的浮选过程。本节通过在最佳制备条件下制备铁铜碳三元微电解填料，进而采用单因素实验优化微电解降解有机药剂的工艺条件，并探究微电解降解机理。

8.4.1　降解时间的影响

溶液中黄药浓度为 100 mg/L，在填料用量为 500 g/L、充气流量为 0.3 L/min、溶液初始 pH 为 7 的条件下，反应时间对填料降解黄药效果和 COD 去除率的影响如图 8-18 所示。

随着反应时间的延长，溶液中黄药降解率和 COD 去除率先显著增加后缓慢增加。当反应时间为 90 min 时，溶液中黄药的降解率达到 98.97%，COD 去除率达到 87.48%。随着降解反应的进行，黄药与溶液中铁离子产生的絮体沉积在填料表面，进一步阻碍了黄药与填料的接触，微电解反应速率降低。同时发现，溶液中黄药降解率要高于 COD 去除率，这是因为微电解降解的黄药没有被完全矿化，而是一部分被降解为小分子依然存在于溶液中。综合考虑填料性能与经济性，反应时间宜为 90 min。

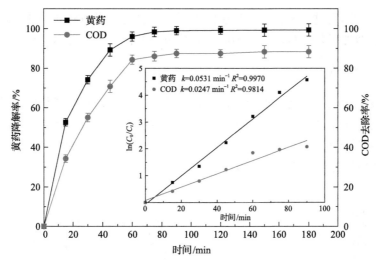

图 8-18　反应时间对填料降解黄药效果和 COD 去除率的影响

8.4.2　填料用量的影响

填料用量是微电解反应的重要参数之一，用量过少会使污染物处理不彻底，而投加量过多容易造成填料浪费，增加运行成本。溶液中黄药浓度为 100 mg/L，在充气流量为 0.3 L/min、溶液的初始 pH 为 7、反应时间为 90 min 的条件下，填料用量对黄药降解效果的影响和 COD 去除率如图 8-19 所示。

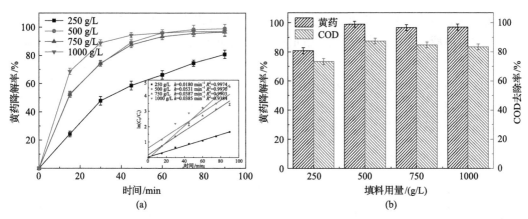

图 8-19　填料用量对黄药降解效果和 COD 去除率的影响

图 8-19 表明，随着填料用量的增加，溶液中黄药降解速率逐渐升高，这是由于填料用量越高，反应所提供的活性位点越多。当填料用量为 250 g/L 时，溶液中黄药及 COD 的处理效果最差，这是因为填料投加量少，反应时产生的原电池数量少，导致有机物降解不充分。当填料用量为 750 g/L 和 1000 g/L 时溶液中黄药降解速率高，但黄药及 COD 的最终处理效果略低于填料用量为 500 g/L 时的效果。这是因为当填料投加量过多时，随着反应进行，反应产生的原电池数量不断增加，当原电池数量增加到一定程度，溶液

中原电池数量会达到过饱和,从而抑制阴极反应的进行,微电解作用效率降低,而且填料用量过高会增加工艺运行成本。因此,综合考虑填料用量宜为 500 g/L。

8.4.3 药剂初始浓度的影响

初始浓度是影响反应速率的重要因素,初始浓度越高,相同体积内原子或分子数目越多,相互碰撞概率就越大,反应速率就越高。在填料用量为 500 g/L、充气流量为 0.3 L/min、反应初始 pH 为 7、反应时间为 90 min 的条件下,黄药捕收剂初始浓度对填料降解效果和 COD 去除率的影响如图 8-20 所示。

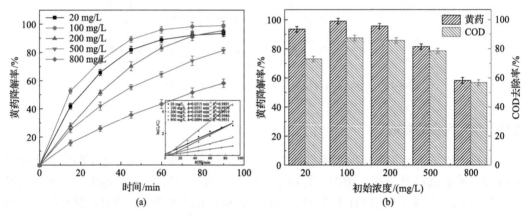

图 8-20　黄药捕收剂初始浓度对填料降解效果和 COD 去除率的影响

随着溶液初始浓度的增加,黄药的降解率及 COD 去除率均先增加后降低。主要原因在于,随着溶液初始浓度的升高,相同体积内原子或分子数目越多,相互碰撞概率就越大,填料中铁的腐蚀会加快,原电池反应速率得到提高,微电解作用效率提高。当反应初始浓度过高时,虽然原电池反应速率加大,但在填料用量一定的情况下反应体系所提供的最大反应位点是一定的,反应体系中的活性位点不足以降解过多的黄药,溶液中黄药及 COD 的降解效果差。结合实验结果可知,溶液中黄药的初始浓度宜为 100 mg/L。

8.4.4 充气流量的影响

充气不仅可以向微电解反应提供氧,促进阳极反应的进行,提高阴极电位和原电池的电位差,还可以对泡沫提取、微电解反应起到搅拌、混合、矿化的作用。溶液中黄药捕收剂浓度为 100 mg/L,在填料用量为 500 g/L、反应初始 pH 为 7、反应时间为 90 min 条件下,充气流量对填料降解黄药和 COD 去除率的影响如图 8-21 所示。

可见,随着充气流量的增加,微电解作用不断提高。充气过程提高了电极反应的氧化还原电位,改善了反应的传质,加速了微电解反应的进行。同时,在充气条件下空气中的氧可以与溶液中的电子竞争受体生成 H_2O_2,生成的 H_2O_2 与微电解产生的 Fe^{2+} 发生作用生成芬顿试剂进行芬顿反应,芬顿反应产生的羟基自由基进一步氧化降解溶液中的黄药。因此,微电解过程的充气流量宜为 0.3 L/min。

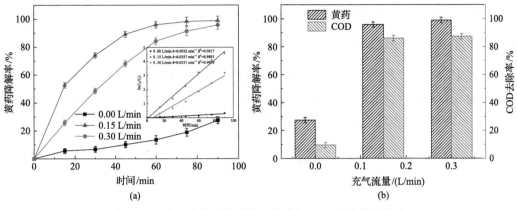

图 8-21 充气流量对填料降解黄药和 COD 去除率的影响

8.4.5 溶液 pH 的影响

已有研究表明，微电解反应受溶液 pH 影响较大，溶液 pH 过低、废水中 H^+ 浓度高会造成 Fe^{2+} 和 Fe^{3+} 难以形成 $Fe(OH)_2$ 和 $Fe(OH)_3$ 胶体絮凝剂，无法对有机物产生捕集、卷扫作用。溶液 pH 过高导致填料两极电位差小，微电解效果差。溶液中黄药捕收剂浓度为 100 mg/L，在填料用量为 500 g/L、充气流量为 0.3 L/min、反应时间为 90 min 的条件下，溶液 pH 对填料降解黄药的影响和 COD 去除率如图 8-22 所示。

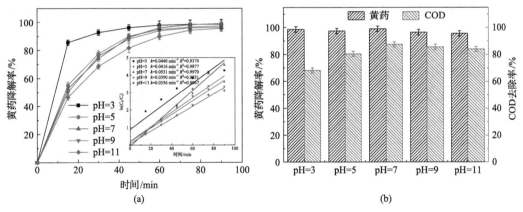

图 8-22 溶液 pH 对填料降解黄药和 COD 去除率的影响

当溶液初始 pH 为 3，反应时间为 15 min 时，黄药降解率达到 85%，溶液 COD 去除率只有 68.25%。这是因为当溶液初始 pH 为 3 时，溶液中的黄药易被分解为二硫化碳和丁醇，改变了黄药的原降解路径，而新降解路径下有机物降解效率较低，因而溶液 COD 最终去除率低。同时，随溶液初始 pH 的增加，溶液中黄药降解率和 COD 去除率均先升高后降低，最终降解效果差别不大，说明铁铜碳填料 pH 使用范围广。溶液初始 pH 为 7 时，黄药及 COD 降解效果最好。溶液初始 pH 过低，反应时溶出的铁离子过多，一部分铁离子不会形成氢氧化铁胶体对药剂进行捕集，黄药降解效果差。溶液初始 pH 过高，原电池两极的电位差降低，金属铁对黄药的还原作用也减弱，黄药降解效果变差。综合考虑，溶液初始 pH 为 7 时是填料降解适宜条件。

8.4.6　溶液中阴离子的影响

溶液中黄药捕收剂浓度为 100 mg/L，在填料用量为 500 g/L、溶液初始 pH 为 7、充气流量为 0.3 L/min、反应时间为 90 min 的条件下，研究了 Na_2CO_3、Na_2SO_4、Na_3PO_4 和 Na_2SiO_3 的影响，即阴离子对填料降解黄药和 COD 去除率的影响，结果如图 8-23 所示。

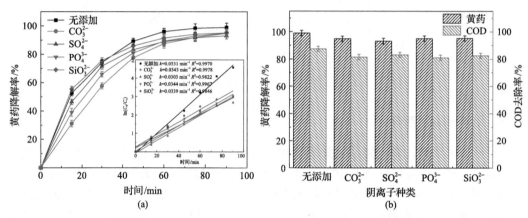

图 8-23　溶液中阴离子对填料降解黄药和 COD 去除率的影响

溶液中加入阴离子后，黄药降解率和 COD 去除率均降低，结果说明阴离子对微电解降解黄药有抑制作用。当溶液中阴离子种类为 SO_4^{2-} 和 CO_3^{2-} 时，填料降解能力明显较低，这是因为溶液中的 SO_4^{2-} 和 CO_3^{2-} 易与微电解生成的 Fe^{3+} 形成稳定的配合物并沉积在填料表面使填料钝化，降低微电解作用效率，黄药降解效果变差。此外，SO_4^{2-} 的活性自由基与体系中的 O 发生氧化反应，也可能抑制微电解反应。当溶液中阴离子为 PO_4^{3-} 和 SiO_3^{2-} 时，PO_4^{3-} 和 SiO_3^{2-} 易水解生成 HPO_4^{2-} 和 $HSiO_3^{2-}$，导致溶液 pH 升高，抑制金属铁腐蚀，溶液中原电池数量降低，微电解反应速率降低，黄药及 COD 降解效果差。

8.4.7　填料循环次数的影响

在实际应用过程中，微电解填料往往被重复使用至不再有反应活性。为探究铁铜碳三元填料重复使用对黄药降解效果的影响，溶液中黄药捕收剂浓度为 100 mg/L 时，在填料用量为 500 g/L、溶液初始 pH 为 7、充气流量为 0.3 L/min、反应时间为 90 min 的条件下，重点研究了重复利用次数对填料降解黄药和 COD 去除率的影响，结果如图 8-24 所示。

随着填料重复利用次数的增加，溶液中黄药降解率和 COD 去除率整体呈下降趋势。主要原因在于，随着填料重复使用次数的增加，填料中铁在不断溶出，碳也在不断脱落，溶液中原电池数量不断减少，导致黄药降解率和 COD 去除率不断降低。同时发现，当填料重复利用达到 8 次时，溶液中黄药降解率还保持在 91.75%，COD 去除率也能稳定在 78.48%。上述结果表明，铁铜碳填料的重复利用效果较稳定。

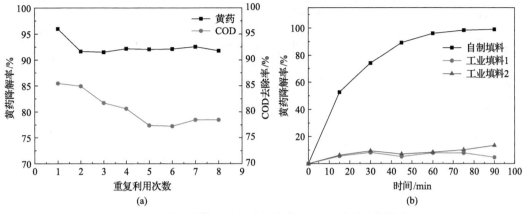

图 8-24　循环次数对填料降解黄药和 COD 去除率的影响

8.5　有机药剂的电化学降解机理及路径

8.5.1　药剂降解过程的溶液化学

氧化还原电位是衡量参加氧化还原反应电子活性大小的参数。检测出的氧化还原电位代表所有参加氧化还原反应电子的活性，氧化还原电位的相对变化反映了氧化还原反应进行的程度。微电解过程是 H^+ 控制过程，微电解过程中溶液 pH 会随反应的进行而不断变化。此外，铁和铜均可能成为潜在金属溶解物，在微电解处理过程中有必要对二者的溶解进行研究，以免造成二次污染。

溶液中黄药捕收剂浓度为 100 mg/L 时，在填料用量为 500 g/L、溶液初始 pH 为 7、充气流量为 0.3 L/min、反应时间为 130 min 的条件下，测定不同反应时间时溶液中氧化还原电位、溶液 pH 以及溶液中金属离子浓度，结果如图 8-25 所示。可见，黄药溶液的氧化还原电位为–130.9 mV，随着微电解时间的延长，氧化还原电位整体呈上升趋势，反应结束时氧化还原电位上升到–50.7 mV。结果表明，反应刚开始时，溶液中黄药含量多，溶液氧化还原电位低；随着填料微电解反应的进行，溶液中有机污染物黄药被逐渐降解，有机物含量逐渐降低，溶液的氧化还原电位逐渐升高。

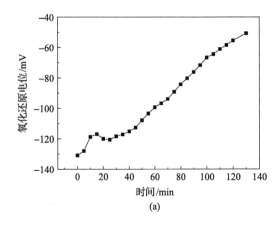

(a)

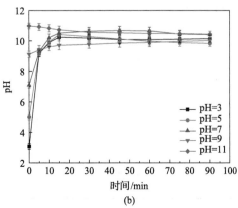

(b)

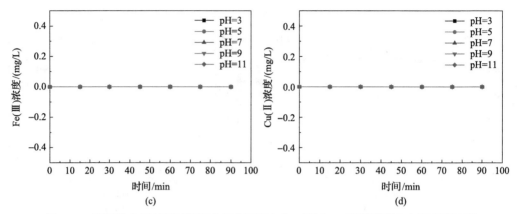

图 8-25　不同微电解时间时溶液中氧化还原电位、溶液 pH 以及溶液中金属离子浓度

同时发现，无论溶液初始 pH 是酸性还是碱性，降解时间 15 min 后溶液 pH 均趋于 10 左右。当溶液 pH 为酸性时，阴极反应会消耗 H^+，随着 H^+ 的消耗，溶液 pH 不断升高，由于微电解反应中阳极生成 Fe^{2+}，Fe^{2+} 进一步水解为 $Fe(OH)_2$ 和 $Fe(OH)_3$ 等物质使溶液中的 OH^- 得到中和，溶液 pH 稳定在 10 左右。当溶液初始 pH 为碱性时，溶液中的 OH^- 会和阳极生成的 Fe^{2+}、Fe^{3+} 结合生成 $Fe(OH)_2$、$Fe(OH)_3$ 和 $nFe(OH)_2 \cdot mFe(OH)_3$ 等物质絮凝沉降，同样使溶液 pH 保持在 10 左右。因此，无论降解开始时溶液 pH 是酸性还是碱性，最终出水 pH 均为 10 左右。

实验表明，无论溶液 pH 是酸性还是碱性，铁离子和铜离子的浓度均为零。这可能是因为微电解生成的 $Fe(Ⅲ)$ 与溶液中 OH^- 结合，生成氢氧化物沉淀悬浮物或沉淀物，而铜作为电子传导体不会溶解。微电解过程中铁离子和铜离子的溶出浓度均为零也可以说明铁铜碳微电解填料不会引入二次污染。

8.5.2　药剂降解过程溶液 GC-MS

为了探究黄药的微电解降解路径，采用 CH_2Cl_2 萃取浓缩黄药降解后的溶液，并利用气相色谱-质谱法 (GC-MS) 测定降解产物，结果如表 8-4、图 8-26 所示。

表 8-4　微电解降解黄药产物 GC-MS 分析

序号	产物	分子式	结构式
1	异丁烷	C_4H_{10}	
2	异丁醇	$C_4H_{10}O$	OH
3	二异丁基硫醚	$C_8H_{18}S$	S
4	二硫化碳	CS_2	S＝C＝S
5	异戊酸	$C_5H_{12}O_2$	OH

续表

序号	产物	分子式	结构式
6	2-4-二甲基戊烷	C_7H_{16}	
7	异丁酸	$C_7H_{10}O_2$	
8	3-甲基硫代丁酸-S-(1-甲基乙基)酯	$C_8H_{16}OS$	
9	黄原酸根	$C_5H_{10}S_2^-$	
10	碳酸二异丁酯	$C_9H_{18}O_3$	

注：表中序号与图 8-26 对应。

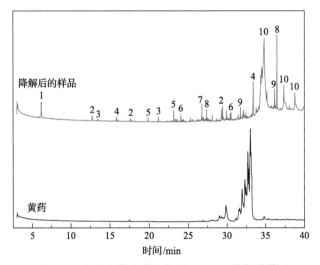

图 8-26　溶液中黄药降解前后 GC-MS 总离子谱图

8.5.3　药剂降解路径推测

结合前文研究，黄药降解前总离子图中存在少量的黄原酸根及大量的二硫化碳，这是因为在测试过程中升温（最终温度为 250℃）导致黄药受热分解为 CS_2。通过 GC-MS 测定的黄药降解产物及微电解作用机理，进而推测黄药的降解路径，结果如图 8-27 所示。

由黄药降解产物及微电解作用机理，推测黄药在微电解作用下可能存在以下降解路径。首先，黄药在氧化还原作用下被氧化为双黄药，或者还原加氢裂解为异丁醇和 CS_2。

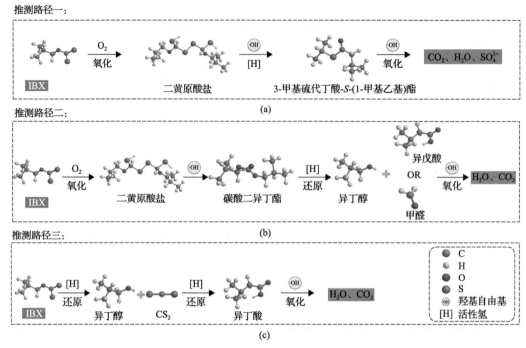

图 8-27　微电解过程黄药降解路径的推测

其次，微电解过程中生成的·OH 亲电性较强，会攻击黄药电子密度较高的位置，如 C—O 和 C≡S 等。因此，黄药还原加氢裂解的异丁醇和 CS_2 被·OH 裂解为 CO_2、H_2O 和 SO_4^{2-}。此外，在·OH 作用下一部分双黄药先断裂 C≡S 后脱去 H_2O、CS_2、HS^- 和 S^{2-} 生成碳酸二异丁酯，然后碳酸二异丁酯被·OH、[H] 进一步降解为异丁醇和异戊酸或者异丁醇和甲醛等小分子有机物，小分子有机物最终被矿化为二氧化碳和水。另一部分双黄药在微电解生成的·OH 及 [H] 的作用下脱去 COS、S^{2-} 及—CH_2—片段，并生成了 3-甲基硫代丁酸-S-(1-甲基乙基)酯，之后微电解生成的·OH 继续攻击 3-甲基硫代丁酸-S-(1-甲基乙基)酯中的 C—O 键、C—S 键及 C—C 键，并最终降解为 CO_2、H_2O 和 SO_4^{2-}。结果表明，微电解过程能够有效地降解溶液中的黄药捕收剂，并分解为小分子有机物和无机物。降解产生的小分子有机物可以进一步通过泡沫提取过程得到分离。

8.6　溶液中有机药剂的微电解-泡沫提取技术的原型与评价

8.6.1　微电解-泡沫提取技术原型

通过前文研究发现，微电解电化学降解转化溶液中浮选药剂，具有不消耗电力资源、处理速度快、效果好等特点，微电解充填材料简单易得，具有良好的环境效益和经济价值等潜在优势。

在前述研究基础上，采用含铁原料(如铜冶炼渣、低品位铁精矿等)、碳粉、造孔剂为原料，以膨润土为黏结剂，经过圆盘造球、干燥、焙烧等操作，获得优质的规整化微电解填料。微电解填料的制备技术流程、装置及产品分别如图 8-28 和图 8-29 所示。

由于充填式泡沫提取反应器结构类似于微电解反应器，微电解填料可以作为充填介质置于泡沫提取反应器内部，为微电解-泡沫提取技术开发提供了必要条件。通过泡沫提取反应器优化及耦合技术开发，建立了微电解-泡沫提取技术原型，如图 8-30 所示。

铝钼资源选矿溶液有机药剂的微电解转化与泡沫提取过程是电化学/物理化学附集、氧化还原反应、螯合-絮凝以及浮选分离动力学的综合过程，如

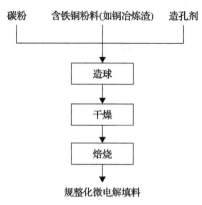

图 8-28　微电解填料的制备技术流程

图 8-31 所示。微电解-泡沫提取技术具备以下优势和特点：①微电解可以强化溶液中多种物质的物化反应并实现电化学调控；②微电解过程转化产物的颗粒结构演变有利于泡沫提取过程；③微电解填料实现产物颗粒流动分离的流体动力学强化和矿化泡沫产生。微电解-泡沫提取不仅可以实现单一有机药剂的降解脱除，同时也可以实现有机、金属多元物质(含污染物)分离，拓展了泡沫提取技术的应用范畴，为建立新型选冶富集与分离体系提供了支撑。

图 8-29　微电解填料制备装置及产品

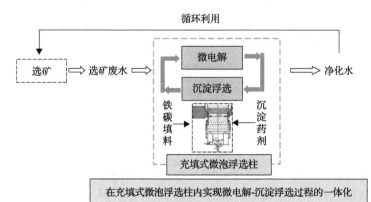

图 8-30　微电解-泡沫提取技术原型

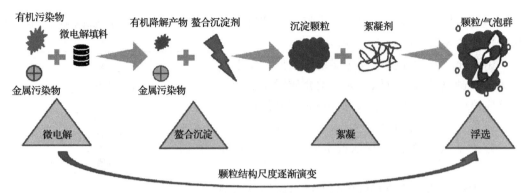

图 8-31　微电解-泡沫提取流程中的主要作用示意图

8.6.2　微电解-泡沫提取技术评价

　　以国内某地高硫铝土矿浮选溶液为研究对象，开展了微电解-泡沫提取去除黄药捕收剂研究。采用优化的铁铜碳三元填料对一段浮选后的含黄药溶液进行微电解-泡沫提取处理，溶液中主要有机物为异丁基黄药和 2 号油，异丁基黄药去除率如图 8-32 所示，处理前后浮选溶液的各项指标如表 8-5 所示。

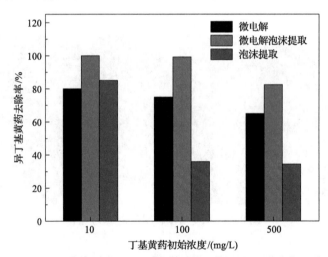

图 8-32　微电解-泡沫提取技术对铝土矿浮选溶液中异丁基黄药的降解效果

表 8-5　铝土矿浮选溶液的微电解-泡沫提取效果

污染物	处理前	处理后
异丁基黄药	0.468 mg/L	0.418 mg/L
COD	40.59 mg/L	27.09 mg/L
TOC	24.05 mg/L	14.06 mg/L

　　研究结果表明，在单一的微电解或泡沫提取条件下，异丁基黄药去除率均不能满足要求，泡沫提取获得的指标低于微电解指标。当采用微电解-泡沫提取技术时，异丁基黄

药去除率明显提高，溶液中异丁基黄药浓度为 100 mg/L 时的去除率接近 98%。经过微电解-泡沫提取后，铝土矿浮选溶液的 COD、TOC 大幅下降，说明微电解填料有利于泡沫提取过程。

同时，以国内某地低品位钼矿浮选溶液为研究对象，开展了微电解-泡沫提取去除异丁基黄药捕收剂的研究。浮选溶液中的主要有机物为异丁基黄药，其还含有大量的钙、镁、铁、锰、铝等金属离子。处理前后钼矿浮选溶液的各项指标如表 8-6 所示。当采用微电解-泡沫提取技术时，溶液中异丁基黄药去除率接近 99%。经过微电解-泡沫提取后，浮选溶液的 COD、TOC 降低近 50%。同时，各种金属离子的浓度大幅降低，说明微电解-泡沫提取技术可以实现有机物质、无机物质的同时去除，处理后各项指标满足要求。

表 8-6　钼矿浮选溶液微电解-泡沫提取处理前后污染物含量对比

水质指标	处理前	处理后	水质指标	处理前	处理后
异丁基黄药	100 mg/L	0.326 mg/L	Sr^{2+}	0.75 mg/L	<0.01 mg/L
COD	59.11 mg/L	29.13 mg/L	Zn^{2+}	0.37 mg/L	0.11 mg/L
TOC	31.93 mg/L	15.35 mg/L	Pb^{2+}	0.017 mg/L	<0.01 mg/L
色度	125	2	Sn^{2+}	0.51 mg/L	<0.01 mg/L
总磷	0.02 mg/L	0.00 mg/L	Ca^{2+}	30.06 mg/L	0.03 mg/L
氨氮	4.05 mg/L	0.091 mg/L	Mg^{2+}	27.57 mg/L	0.01 mg/L
总 Fe	83.95 mg/L	0.01 mg/L	Mn^{2+}	20.78 mg/L	<0.01 mg/L
Al^{3+}	28.73 mg/L	<0.01 mg/L	Tl^{+}	0.014 mg/L	0.001 mg/L
Cu^{2+}	0.102 mg/L	0 mg/L	Be^{2+}	0.023 mg/L	0 mg/L
总钒	0.025 mg/L	0.001 mg/L	Ti^{2+}	0.014 mg/L	0 mg/L

综合上述研究表明，以大宗铝土矿、辉钼矿浮选溶液为研究对象，微电解-泡沫提取技术可以实现选矿溶液中残余有机物、无机物质和 COD 的高效去除，为开发基于有色金属资源加工过程调控的溶液高效净化技术体系提供了支撑。

8.7　本　章　小　结

针对钼铝资源浮选溶液中残余有机浮选药剂分离问题，将微电解原理引入泡沫提取技术体系，制备出系列二元、三元微电解填料，查明了有机药剂的微电解降解条件及调控制度，阐释了溶液中有机药剂的微电解电化学降解路径；开发了微电解-泡沫提取技术原型，微电解与泡沫提取具有良好的融合性，成功实现了微电解-泡沫提取去除黄药捕收剂的应用，具有重要的理论意义和工程应用价值。

第9章 复杂资源中关键金属的湿法浸出-泡沫提取技术

9.1 引　言

关键金属是近年大国从国家发展战略高度提出的新概念。它们是指国防、信息通信、高端制造、新能源、节能环保等新兴高技术产业及国家安全战略保障必需的稀贵金属，如图 9-1 所示。目前随着我国高新技术发展对有色金属等原材料的需求不断增长，战略关键金属的需求量也不断增加。虽然中国关键矿产具有明显的优势，特别是稀土元素矿产的品类较为丰富，但其他关键金属矿产储量并不丰富，人均占有量甚至低于世界平均水平。

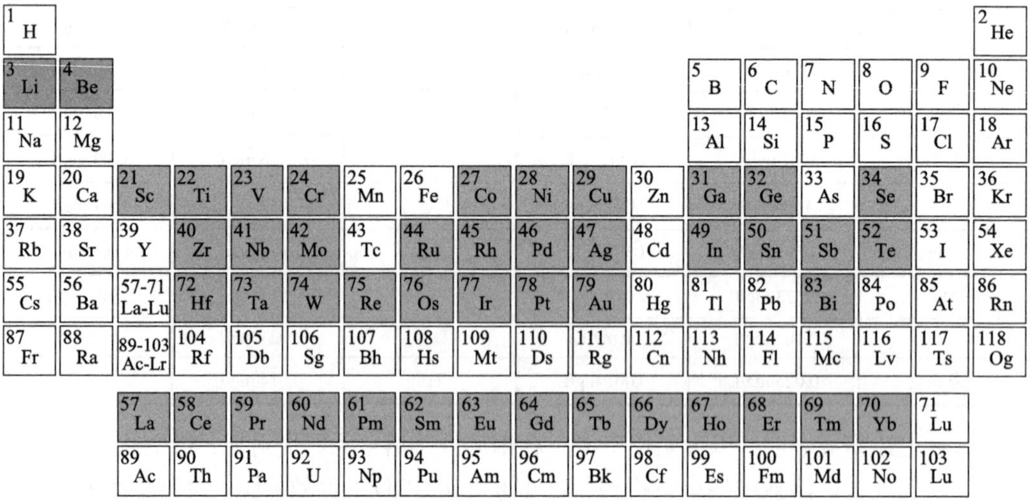

图 9-1　主要战略性关键金属(阴影)分布

关键金属往往赋存于共伴生复杂矿产资源或经选冶利用后进一步富集于固废、废液等复杂二次资源。随着国家经济发展对关键金属原材料需求增长的要求，复杂资源中关键金属组分分离与回收利用具有十分重要的意义。

本章重点针对铝冶炼拜耳法赤泥、钒钛磁铁矿、锌钴冶炼渣中关键金属组分的分离难题，开发新型复杂资源中关键金属的湿法浸出-泡沫提取技术原型，为实现关键金属资源的高效富集与分离提供技术支撑。

9.2 赤泥资源中关键金属的湿法浸出-泡沫提取技术

9.2.1 赤泥的产生及存在问题

铝作为地球上含量最为丰富的金属元素，在人类社会的发展过程中发挥着极为重要的作用。拜耳法氧化铝生产工艺由德国化学家 K. J. 拜耳发明[234]，基本反应过程如公式(9-1)所示：

$$Al_2O_3 \cdot xH_2O + NaOH + aq \underset{<100℃}{\overset{>100℃}{\rightleftharpoons}} NaAl(OH)_4 + aq \qquad (9\text{-}1)$$

其中，当铝土矿中的一水铝石和三水铝石溶出时，x 分别为 1 和 3；当分解铝酸钠溶液时，x 为 3。

拜耳法氧化铝的生产流程见图 9-2。首先，在高温条件下将高浓度的 NaOH 溶液和球磨处理后的铝土矿混合于反应釜中加压搅拌，使铝土矿中的氧化铝水合物（$Al_2O_3 \cdot xH_2O$）溶解于碱溶液中，得到铝酸钠溶液，剩余的铁、硅、钛等其他物质则进入赤泥中。

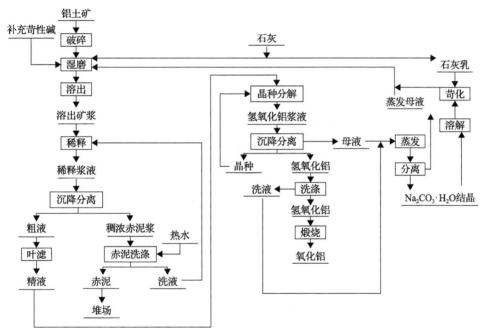

图 9-2　拜耳法氧化铝工艺流程图

赤泥因含有氧化铁而呈红色，具有碱性高、粒径小、组成复杂等特点，综合利用难度大。截至 2019 年，我国赤泥的堆存量约为 7.9 亿 t，大量赤泥的堆存占用了大量的土地资源，且需要堆存场地的筑坝投资和运行维护。赤泥对土壤的污染主要集中在：赤泥中夹带的强碱性溶液渗透进土壤中造成土壤的盐碱化。土壤的盐碱化会使得植物根系组织的生理活动紊乱，无法正常吸收养分，因此绝大部分植物都无法在赤泥堆场的土壤中生存[235]。赤泥对自然界中水系的影响主要体现在两方面，一方面赤泥堆场表层脱落的固体颗粒进入附近水系后，在水体中悬浮或沉淀，造成水体浑浊等现象，形成肉眼可见的污染；另一方面，自然界的降水活动将赤泥中的强碱性物质和大量重金属离子带入附近水系中，造成水体的 pH 及硬度增大，水中的重金属离子含量超标，对水体中的生物生存产生极大的危害。

目前赤泥的综合利用主要表现在两个方面:一方面,目前已投入实际生产的赤泥综合利用项目主要集中在建材、烟气脱硫等领域,无法充分利用赤泥中丰富的有价金属资源,造成金属资源的浪费;另一方面,当前有关赤泥中有价金属回收利用存在系统性与经济性较差的特点,难以应用到实际生产过程中[236]。

9.2.2 赤泥中钛铁铝的湿法浸出

结合泡沫提取方法的特点和优势,本节以国内某拜耳法赤泥作为研究对象,提出了湿法浸出-泡沫提取技术路线,开展赤泥中的钛、铁、铝综合回收研究,预期实现钛铁铝三种金属的高效分离回收,总体技术路线如图 9-3 所示。

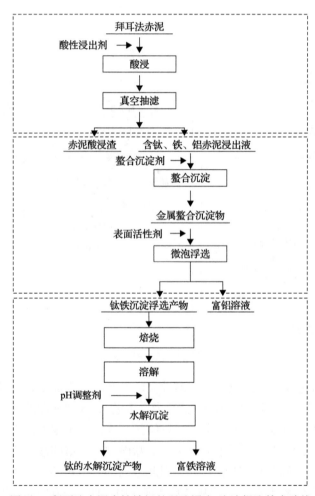

图 9-3   拜耳法赤泥中钛铁铝的湿法浸出-泡沫提取技术路线

赤泥样品的主要化学成分如表 9-1 所示。赤泥中 Fe_2O_3 含量最高,为 20.56 wt%,Al_2O_3 含量为 21.19 wt%,TiO_2 含量为 4.52 wt%。

表 9-1　赤泥主要化学成分

成分	Fe₂O₃	Al₂O₃	TiO₂	CaO	SiO₂	MgO	Na₂O	Loss	Total
含量/wt%	20.56	21.19	4.52	16.60	23.25	0.53	11.66	3.44	100

1. 浸出剂种类的影响

酸性浸出是赤泥中钛、铁、铝三种金属分离回收的重要步骤，是拜耳法赤泥资源化利用的前提。浸出剂的种类是酸浸过程中重要的影响因素之一。实验研究了硫酸、盐酸和 1:1 磷硫混酸对赤泥的浸出效果。在酸的氢离子浓度为 6 mol/L、赤泥与酸溶液固液比为 1:10、反应温度为 90℃、浸出时间为 150 min、搅拌速度为 300 r/min 条件下，钛、铁和铝的浸出率如图 9-4 所示。

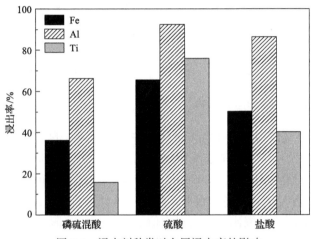

图 9-4　浸出剂种类对金属浸出率的影响

从图 9-4 可以看出，当采用硫酸作为浸出剂时，铝的浸出效果最好，浸出率达到了 93%，铁和钛的浸出率分别为 64.03% 与 73.16%，这是因为赤泥中的钛元素主要以二氧化钛的形式存在，在加热条件下，二氧化钛可以与硫酸充分反应使其中的钛进入溶液中。当以硫磷混酸作为浸出剂时，浸出效果比较差，这是因为磷酸和硫酸混合后酸性弱于另外两种酸，且磷酸根容易与钛铁离子结合生成沉淀，所以以混酸作为浸出剂时浸出效果较差。综合考虑，硫酸宜为赤泥的酸性浸出剂。

2. 浸出温度和时间的影响

对浸出过程而言，温度是影响反应速率的一个重要因素。为了确定赤泥浸出过程的适宜温度，探索了不同温度条件下赤泥中金属的浸出率变化规律。固定实验条件：硫酸浓度为 3 mol/L，液固比为 10:1，反应时间为 120 min，机械搅拌速度为 300 r/min，三种金属的浸出率如图 9-5 所示。

图 9-5 表明，当反应温度从 70℃上升至 90℃时，钛、铁的浸出率变化较大，其中铁的浸出率从 32.64% 增大至 64.99%，钛的浸出率从 61.62% 增大至 75.96%，温度继续升高赤泥中钛和铁的浸出率不再继续增大。随着反应温度的升高，铝的浸出率基本无变化，

仅从 90.62%增大至 92.55%，说明铝的浸出率受反应温度的影响不大。综合考虑能耗与浸出率情况，浸出反应温度宜为90℃。此时，钛的浸出率为75.96%，铁的浸出率为64.99%，铝的浸出率为92.55%。

在硫酸浓度为 3 mol/L、液固比为 10∶1、反应温度为 90℃、搅拌速度为 300 r/min条件下，研究了反应时间对金属浸出率的影响，结果如图 9-6 所示。

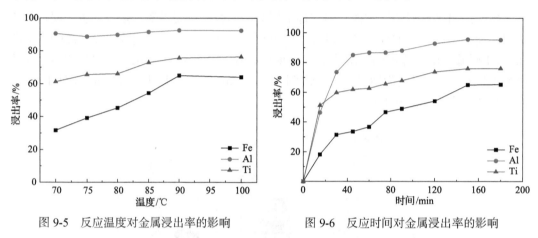

图 9-5　反应温度对金属浸出率的影响　　　　图 9-6　反应时间对金属浸出率的影响

铁和钛的浸出率在反应时间 15 min 时处于较低的水平。随着浸出时间的延长，铁和钛的浸出率都有明显的提高，反应时间为 150 min 时，铁、钛的浸出率分别为 64.99%和75.96%。当浸出时间继续延长至 180 min，铁和钛的浸出率不再继续增大。铝的浸出率在浸出时间为 45 min 时达到较高的水平，随着浸出时间的延长，铝的浸出率缓慢增大，浸出时间为 150 min 时铝的浸出率达到最大值93.16%。综合铁、铝和钛三种金属的浸出结果，优化的浸出时间宜为 150 min。此时，钛的浸出率为75.96%，铁的浸出率为64.99%，铝的浸出率为93.16%。

3. 浸出剂浓度的影响

浸出剂浓度对赤泥的酸浸效果有着重要的影响。在浸出温度为 90℃、反应时间为150 min、液固比为 10∶1、机械搅拌速度为 300 r/min 条件下，研究了浸出剂硫酸浓度对金属浸出率的影响，结果如图 9-7 所示。

随着浸出剂硫酸浓度的增加，铁和铝的浸出率呈现出明显的上升趋势。当硫酸浓度为 3 mol/L 时，铁的浸出率达到64.35%，铝的浸出率为92.9%，钛的浸出率为78.84%。当硫酸浓度继续增加时，各种金属的浸出率不再提高。发生这种现象的原因是，当硫酸达到一定浓度时，赤泥中的钙会迅速与硫酸结合形成不溶性硫酸钙固体并覆盖在赤泥颗粒表面，从而阻止了颗粒内部的金属与酸溶液反应，此时继续增大硫酸浓度，不会增加浸出率。这个推论可以通过赤泥酸浸渣的 XRD 图得到验证，如图 9-8 所示。赤泥酸浸残渣主要由硬石膏($CaSO_4$)和石英(SiO_2)组成，证明赤泥中的钙主要生成 $CaSO_4$ 并随酸浸残渣排出。因此，综合考虑浸出成本与浸出结果，优化的硫酸浓度为 3 mol/L，此时钛的浸出率为74.84%，铁的浸出率为64.35%，铝的浸出率为92.9%。

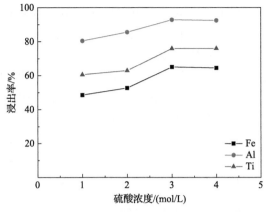

图 9-7　浸出剂浓度对赤泥中金属浸出率的影响

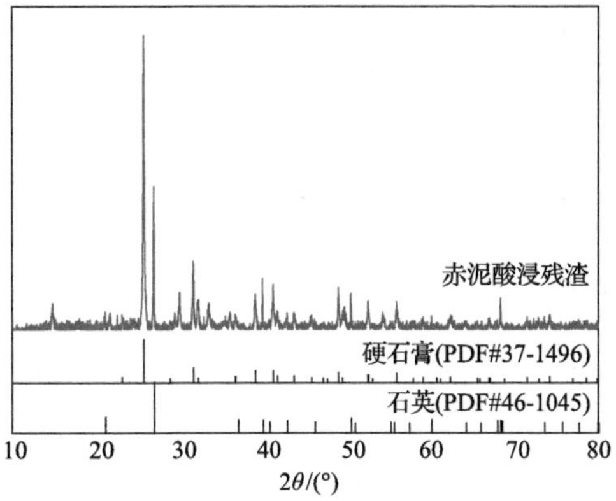

图 9-8　赤泥酸浸残渣的 XRD 图

4. 液固比的影响

在浸出过程中矿浆浓度的变化,即液固比(L/S)是影响酸浸反应的重要因素。液固比不当可能会增加液相和固相之间的传质阻力,降低传质速率,增大设备损耗,从而增加生产成本。在硫酸浓度为 3 mol/L、反应温度为 90℃、反应时间为 150 min、搅拌速度为 300 r/min 条件下,液固比对三种金属浸出率的影响如图 9-9 所示。

随着液固比的增加,三种金属元素的浸出率增加,这是因为在液固比增加之

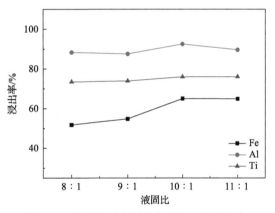

图 9-9　液固比对赤泥中金属浸出率的影响

后,浆料的黏度降低。赤泥固体颗粒与酸性浸出液的接触更加充分,液固传质速率增加。当液固比超过 10:1 时,浸出率不再继续增加,这是因为过高的液固比对浸出效果的增强没有太大的作用,反而会造成酸溶液的浪费,增加生产过程的经济成本。因此,适宜的液固比为 10:1。此时,三种金属元素的浸出效果较好,钛的浸出率为 75.96%,铁的浸出率为 64.99%,铝的浸出率为 92.55%。

5. 搅拌速度的影响

在硫酸浓度为 3 mol/L、反应温度为 90℃、反应时间为 150 min、液固比为 10:1 的条件下,搅拌速度对赤泥中金属浸出率的影响如图 9-10 所示。

随着搅拌速度的增大,钛、铁、铝的浸出率缓慢增大,但总体变化不大。这是因为随着搅拌速度的增大,混合物中的各反应组分得到了充分的混合搅拌,促进了酸性浸出剂与赤泥中金属组分的充分接触。当反应过程中搅拌速度较小时,反应混合物中的固相与液相无法充分混合,有效的反应组分无法充分接触,反应进行不完全。当搅拌速度超过 300 r/min 后,铁、铝、钛的浸出率变化保持稳定而不再增大,此时钛的浸出率为

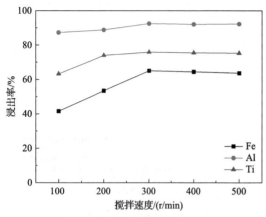

图 9-10　搅拌速度对赤泥中金属浸出率的影响

75.96%，铁的浸出率为 64.99%，铝的浸出率为 92.55%。综合研究结果，适宜的搅拌速度为 300 r/min。

综合上述研究结果，赤泥中钛铁铝的适宜湿法浸出条件为：硫酸浓度为 3 mol/L，反应温度为 90℃，反应时间为 150 min，液固比为 10：1，搅拌速度为 300 r/min。在优化条件下，赤泥中钛、铁、铝的浸出率分别为 75.96%、64.99%、92.55%。

9.2.3　酸浸液中钛铁的泡沫提取

由于赤泥酸浸液中存在多种金属离子，需要进一步选择性分离。通过前面章节中金属阳离子、阴离子基团的泡沫提取研究可以得出，泡沫提取具有分离效率高等优点，并且对溶液中的部分金属具有一定的选择性作用。由图 9-3 中拜耳法赤泥中钛铁铝的湿法浸出-泡沫提取技术路线可知，对酸浸液中钛铁进行泡沫提取，实现溶液中钛铁与铝的分离。

本节重点考察了螯合剂用量、反应时间、反应温度、溶液 pH 等因素对泡沫提取效果的影响。同时为了研究螯合剂与铁、铝、钛金属作用过程中表观粒径变化规律，采用显微镜对螯合颗粒的表观粒径进行测定。

1. 螯合剂用量对沉淀转化的影响

N-亚硝基苯胲铵(通常称为铜铁试剂)是一种重要的含 N、O 功能基团的有机药剂，分子中羟氨上的氧和亚硝基能与金属离子定向键合形成稳定的螯合物。鉴于此，采用 N-亚硝基苯胲铵作为螯合剂进行酸浸液中钛铁的泡沫提取研究。

在固定溶液 pH 为 1、反应时间 30 min、反应温度 30℃的条件下，考察了螯合剂用量对钛、铁、铝螯合效果的影响，结果如图 9-11 所示。

从图 9-11 可以看出，随着螯合剂用量的增加，Ti^{4+} 和 Fe^{3+} 的螯合率呈上升趋势，而 Al^{3+} 的螯合率小于 10%。当螯合剂的浓度达到 14 mmol/L 时，Ti^{4+} 和 Fe^{3+} 的螯合率都达到 99%以上，此时 Al^{3+} 的螯合率为 4.97%。可见，N-亚硝基苯胲铵对钛、铁、铝的螯合作用差异较大，能够达到选择性分离的目的。综合考虑，反应过程中螯合剂用量宜为 14 mmol/L。

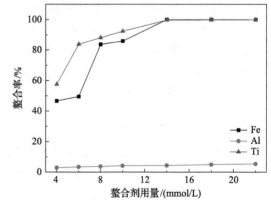

图 9-11　螯合剂用量对钛、铁、铝螯合率的影响

在固定溶液 pH 条件下，螯合剂与溶液中金属离子的作用效果在沉淀产物的颗粒尺寸特性上同样有所体现。不同螯合剂用量条件下，金属钛螯合沉淀颗粒的粒径变化及颗

粒表面 Zeta 电位如图 9-12 所示。从钛沉淀颗粒粒径累积分布可以看出，当溶液 pH 不变时，随着螯合剂用量的增加，D90 累积分布结果为先增大后减小。螯合剂用量为 14 mmol/L 时，D90 累积分布最大为 108.6 μm。结果表明，随着螯合剂用量的增加，钛沉淀颗粒的粒径频率分布区间先变大后变小。

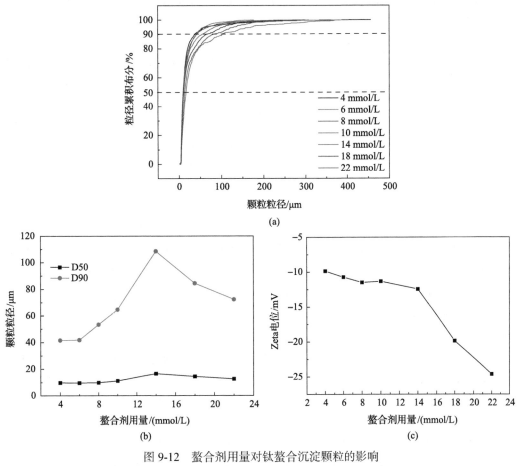

图 9-12　螯合剂用量对钛螯合沉淀颗粒的影响

(a)粒径累积分布；(b)颗粒粒径；(c)颗粒表面 Zeta 电位

从钛螯合沉淀颗粒的平均粒径值（D50）可知，随着螯合剂用量从 4 mmol/L 提高到 22 mmol/L，沉淀颗粒的平均粒径先增大后减小。当螯合剂用量为 14 mmol/L 时，平均粒径达到最大值 16.62 μm。研究结果表明，螯合剂用量小于适宜值时，螯合剂用量进一步增大，更容易促进大尺寸颗粒的形成，超过螯合剂用量适宜值时颗粒尺寸变小。

随着螯合剂用量的增大，钛沉淀颗粒表面的 Zeta 电位的电负性由−9.85 mV 增大至−24.62 mV，电负性的增加使得螯合沉淀颗粒间静电斥力作用增大。在未达到螯合剂适宜用量的情况下，螯合剂用量增大可促进溶液环境中沉淀颗粒增多，容易形成大尺寸螯合沉淀聚集体。当螯合剂用量超过适宜值并继续增大时，颗粒表面电负性快速增大，沉淀颗粒粒径变小。

2. 溶液 pH 对沉淀转化的影响

不同溶液 pH 条件下 Ti^{4+}、Fe^{3+}、Al^{3+} 以不同的羟合离子形态存在。第 2 章采用溶液化学模拟软件 Visual MINTEQ 分析了 Ti^{4+}、Fe^{3+}、Al^{3+} 在不同溶液 pH 条件下的化学形态分布，得到三种金属离子的沉淀-溶解平衡示意图，为研究螯合沉淀过程中不同化学组分的溶液化学行为奠定了基础。

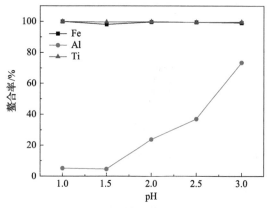

图 9-13　溶液 pH 对钛、铁、铝螯合率的影响

从前述溶液中金属离子的分布发现，溶液 pH 对三种离子的形态有较大的影响。在固定螯合剂用量为 14 mmol/L、反应温度为 30℃、反应时间为 30 min 条件下，溶液 pH 对钛、铁、铝金属离子螯合率的影响如图 9-13 所示。

图 9-13 表明，溶液 pH 是影响金属离子螯合效果的重要因素。在保持其他实验条件不变的情况下，溶液 pH 发生改变，钛、铁离子的螯合率几乎没有变化，螯合率稳定在 99% 左右，证明在溶液 pH 为 1 时两种金属离子已经被完全螯合沉淀出来。铝离子的螯合率变化较大，溶液 pH 为 1.5 以下时，铝离子的螯合率不变，即此时铝离子不参与螯合反应；当溶液 pH 大于 1.5 时，随着溶液 pH 的增大，铝离子的螯合率快速增大，此时不利于钛、铁和铝的分离，即溶液 pH 宜选择在 1.5 以下。

在溶液 pH 为 1.0~3.0 条件下，考察了螯合剂铜铁试剂与钛离子螯合沉淀颗粒粒径的变化及颗粒表面 Zeta 电位变化，结果如图 9-14 所示。从沉淀颗粒累积分布变化可知，随着溶液 pH 的增大，D90 累积分布由 131.5 μm 降低至 43.3 μm，表明溶液 pH 增大促使沉淀颗粒的粒径累积分布区间变窄，微细颗粒增多。从沉淀颗粒的平均粒径变化可知，随着溶液 pH 的增大，铜铁试剂与钛离子螯合沉淀颗粒的平均粒径由 20 μm 降低至 11 μm，表明强酸性条件更易形成大尺寸颗粒。随着溶液 pH 的增大，沉淀颗粒表面的 Zeta 电位的电负性由 –22 mV 增大到 –36 mV，电负性的增加使得螯合沉淀颗粒间静电斥力作用增大，因而在溶液 pH 较高的溶液环境下微细沉淀颗粒间排斥作用较强，大尺寸螯合沉淀聚集体难以形成，颗粒的粒径减小。

3. 反应温度和时间对沉淀转化的影响

在固定螯合剂浓度为 14 mmol/L、反应时间为 30 min、溶液 pH 为 1.0 的条件下，考察了反应温度对钛、铁、铝螯合效果的影响，结果如图 9-15 所示。

当反应温度为 30℃时，钛、铁的螯合率分别为 99.78% 和 99.54%，铝的螯合率为 3.48%，此时浸出液中钛、铁和铝的分离效果最好。随着反应温度的升高，钛、铁的螯合率减小，铝的螯合率则快速增大，溶液中大量的铝随钛、铁一同沉淀出来，钛、铁两种金属离子与铝分离的效果变差。

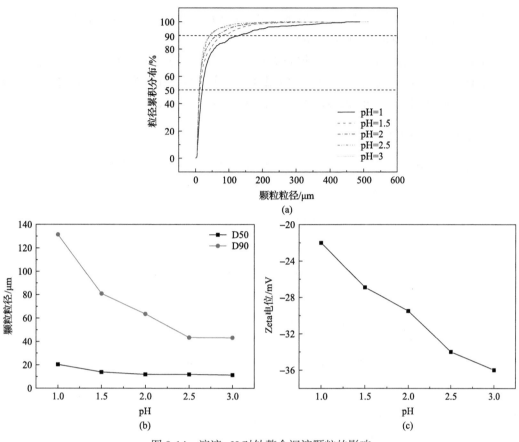

图 9-14 溶液 pH 对钛螯合沉淀颗粒的影响

(a)粒径累积分布; (b)颗粒粒径; (c)颗粒表面 Zeta 电位

在固定螯合剂浓度为 14 mmol/L、反应温度为 30℃、溶液 pH 为 1 的条件下,考察了反应时间对钛铁铝螯合效果的影响,结果如图 9-16 所示。

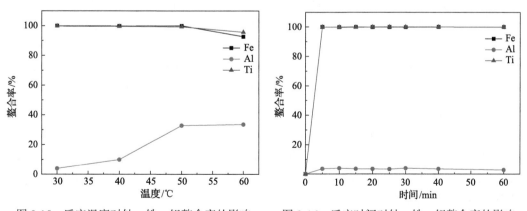

图 9-15 反应温度对钛、铁、铝螯合率的影响 图 9-16 反应时间对钛、铁、铝螯合率的影响

从图 9-16 可以看出,反应时间为 5 min 时的铁螯合率可达到 99.78%,此时钛的螯合率为 99.98%,可见反应开始后螯合反应快速达到平衡状态,随着反应时间继续延长,螯

合率基本保持不变。在反应时间为 30 min 时，螯合剂与铝达到反应平衡，此时螯合率为 3.62%。所以适宜的反应时间为 30 min。

综上所述，经螯合沉淀单因素研究得到适宜的螯合工艺条件：螯合剂铜铁试剂用量为 14 mmol/L，反应时间为 30 min，反应温度为 30℃，溶液 pH 为 1.0，此时酸浸液中钛和铁的螯合率分别为 99.78% 和 99.54%，铝的螯合率为 3.48%。

4. 表面活性剂 CTAB 对泡沫提取的影响

在适宜螯合沉淀条件下，重点研究了表面活性剂 CTAB 用量对沉淀絮体浮选过程的影响以及浮选动力学。经典浮选动力学拟合模型包括以下四种。

$$一级动力学模型(\text{M1}): \quad \varepsilon = \varepsilon_{\infty}(1 - e^{-kt}) \tag{9-2}$$

$$一级矩形分布模型(\text{M2}): \quad \varepsilon = \varepsilon_{\infty}\left[1 - \frac{1 - e^{-kt}}{kt}\right] \tag{9-3}$$

$$二级动力学模型(\text{M3}): \quad \varepsilon = \varepsilon_{\infty}^2 kt / (1 + \varepsilon_{\infty}kt) \tag{9-4}$$

$$二级矩形分布模型(\text{M4}): \quad \varepsilon = \varepsilon_{\infty}\left[1 - \ln(1 + \varepsilon_{\infty}kt) / kt\right] \tag{9-5}$$

其中，t 为浮选时间，min；k 为浮选速率常数，min^{-1}；ε 为 t 时刻的上浮率，%；ε_{∞} 为理论上 t 无穷大时沉淀颗粒的最大上浮率，%。对不同条件下所得的复选数据进行分析，得到模型参数 ε_{∞} 和 k，以及曲线相关系数 R^2。

在固定溶液 pH 为 1.0，表面活性剂 CTAB 用量对溶液中钛铁铝的泡沫提取过程的影响如图 9-17 所示。

由图 9-17 可知，CTAB 用量小于 1.5 mg/L 时，浮选残余溶液浊度随着药剂用量的增加而减小，由 2.2 NTU 降至 0.5 NTU，主要原因是 CTAB 用量过少，很多金属离子表面没有被覆盖，溶液浊度变高。当 CTAB 用量为 1.5 mg/L 时，浮选溶液中铝离子去除率最低为 3.43%，溶液中钛、铁的去除率分别为 99.89% 和 99.96%。当 CTAB 用量大于 1.5 mg/L 时，浮选残余溶液浊度随药剂用量的增加而增大，浮选溶液中铝离子去除率也随之增大。在 CTAB 用量为 4 mg/L 时，浮选残余溶液浊度达到 1.5 NTU，主要原因是过量的 CTAB 使得金属离子表面覆盖了两层阳离子表面活性剂，沉淀颗粒表面亲水性变强，所以 CTAB 用量不应过高或过低。可见，在 CTAB 用量为 1.5 mg/L 时，溶液中铝离子的去除率最低，钛铁的浮选残余溶液浊度最低为 0.5 NTU，此时螯合沉淀颗粒的疏水性最强并最容易吸附在气泡上分离出来。赤泥中钛铁的回收率与去除率变化趋势相同，钛、铁的回收率分别为 74.82% 和 63.58%。

从沉淀颗粒的累计回收率可知，表面活性剂用量对沉淀颗粒回收率的影响较大。当表面活性剂 CTAB 用量为 0.5 mg/L 时，沉淀颗粒的累计回收率最低，这是由于表面活性剂用量过少，无法充分与沉淀颗粒结合并增大颗粒表面的疏水性，导致部分沉淀未能随

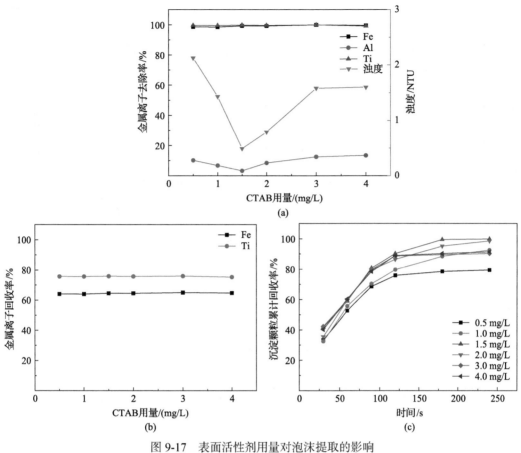

图 9-17　表面活性剂用量对泡沫提取的影响

(a)溶液去除率；(b)钛铁回收率；(c)沉淀颗粒累计回收率

泡沫浮选出来。当 CTAB 用量为 1.5 mg/L 时，沉淀颗粒的累计回收率最大为 99.8%。表面活性剂用量继续增大，沉淀颗粒累计回收率则逐渐减小。

浮选过程的钛铁沉淀泡沫提取动力学模型及参数如图 9-18 和表 9-2 所示。

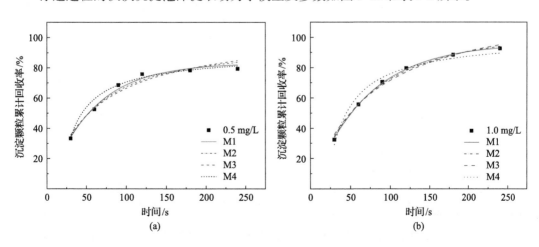

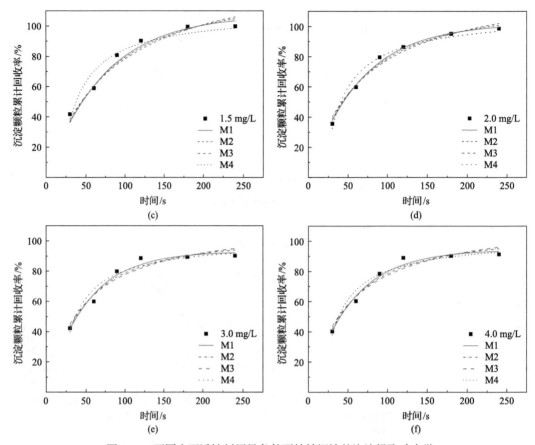

图 9-18 不同表面活性剂用量条件下钛铁沉淀的泡沫提取动力学

表 9-2 不同表面活性剂用量下钛铁沉淀的浮选动力学参数

模型	0.5 mg/L			1.0 mg/L			1.5 mg/L		
	ε_∞/%	k/min^{-1}	R^2	ε_∞/%	k/min^{-1}	R^2	ε_∞/%	k/min^{-1}	R^2
M1	98.37	0.008	0.9793	95.49	0.016	0.9869	99.28	0.018	0.9729
M2	96.59	0.019	0.9636	98.32	0.025	0.9736	97.54	0.027	0.9637
M3	97.43	0.001	0.9542	96.35	0.001	0.9702	96.36	0.002	0.9529
M4	98.24	0.360	0.9328	97.47	0.390	0.9638	98.65	0.400	0.9347
模型	2.0 mg/L			3.0 mg/L			4.0 mg/L		
	ε_∞/%	k/min^{-1}	R^2	ε_∞/%	k/min^{-1}	R^2	ε_∞/%	k/min^{-1}	R^2
M1	98.37	0.014	0.9793	95.49	0.013	0.9869	99.28	0.009	0.9829
M2	96.59	0.025	0.9735	98.32	0.024	0.9758	97.54	0.024	0.9752
M3	97.43	0.003	0.9624	96.35	0.003	0.9734	96.36	0.002	0.9629
M4	98.24	0.38	0.9482	97.47	0.35	0.9667	98.65	0.33	0.9483

图 9-18 表明，不同表面活性剂用量条件下螯合沉淀颗粒累计回收率均与模型 M1 的

拟合效果最好，与模型 M4 的拟合效果最差。浮选时间在 50 s 以内时四种浮选动力学模型的拟合度相近。可见，不同表面活性剂用量条件下螯合沉淀颗粒累计回收率可以采用经典浮选动力学模型中一级动力学模型来描述：

$$\varepsilon = \varepsilon_\infty (1 - e^{-kt}) \tag{9-6}$$

由表 9-2 可知，随着阳离子表面活性剂的用量不断增大，四种模型各自的浮选速率常数 k 先增大后减小。以拟合程度最好的经典一级动力学模型为例，当表面活性剂用量增大时，对应的沉淀颗粒浮选速率常数依次为 $0.008\ \text{min}^{-1}$、$0.016\ \text{min}^{-1}$、$0.018\ \text{min}^{-1}$、$0.014\ \text{min}^{-1}$、$0.013\ \text{min}^{-1}$、$0.009\ \text{min}^{-1}$。当表面活性剂用量为 1.5 mg/L 时，浮选速率常数 k 最大，此时螯合沉淀颗粒的可浮性最好。

5. 溶液 pH 对泡沫提取的影响

在固定实验条件 CTAB 用量为 1.5 mg/L 下，考察了溶液 pH 对悬浮液浊度、金属离子去除率和沉淀颗粒累计回收率的影响，结果如图 9-19 所示。随着溶液 pH 的增大，溶液的浊度先增大后减小，溶液 pH 为 1 时悬浮液浊度为 0.5 NTU。随着溶液 pH 的增大，

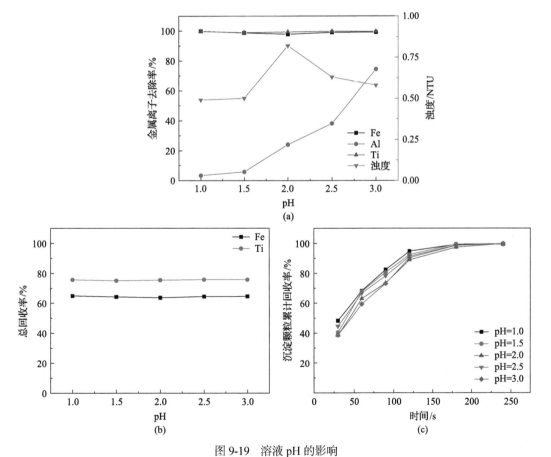

图 9-19　溶液 pH 的影响

(a)金属离子去除率；(b)钛铁总回收率；(c)沉淀颗粒累计回收率

铝离子的去除率逐渐增大，原因是铝离子发生了水解，生成了正离子形态的羟基配位体。在溶液 pH 为 1 时，铝离子去除率最小为 3.43%，此时钛、铁去除率分别为 99.89%和 99.96%。溶液 pH 为 3 时铝离子去除率最大是 73.52%，可见大量的铝离子跟随钛铁一起浮选脱离溶液。泡沫提取过程目标是将钛、铁离子从溶液中去除，而铝离子最大程度地留在溶液中，以此达到钛铁和铝的分离。综合浊度的分析结果，可以确定适宜的溶液 pH 为 1。赤泥中钛铁的总回收率变化趋势与溶液中钛铁的去除率变化趋势相近，溶液 pH 为 1 时赤泥中钛、铁的回收率分别为 74.82%和 63.58%。

溶液 pH 在 1~3 的范围内变化时，当阳离子表面活性剂 CTAB 用量为 1.5 mg/L 时，沉淀颗粒的累计回收率变化相对较小，浮选时间达到 250 s 时，各溶液 pH 条件下的沉淀颗粒累计回收率都达到了 99.5%。在浮选时间小于 250 s 的条件下，溶液 pH 为 1 时沉淀颗粒累计回收率最大，钛铁可以更快地浮选收集起来。结合金属离子在水中的形态分析，当 pH<3 时，溶液 pH 的变化对钛铁沉淀颗粒的浮选影响较小，此时溶液 pH 的改变主要通过影响溶液中铝离子的水解沉淀来影响分离结果。

对不同溶液 pH 条件下钛铁螯合沉淀颗粒累计回收率数据进行浮选动力学模型拟合，结果如图 9-20 和表 9-3 所示。

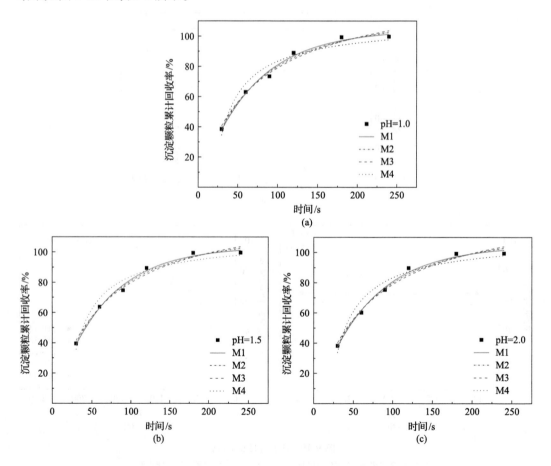

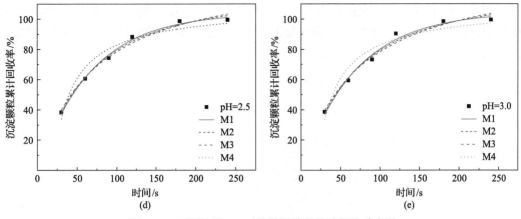

图 9-20　不同溶液 pH 时钛铁沉淀的泡沫提取动力学

表 9-3　不同溶液 pH 下钛铁沉淀的泡沫提取动力学参数

模型	溶液 pH 1.0			溶液 pH 1.5			溶液 pH 2.0		
	ε_{∞} /%	k/min^{-1}	R^2	ε_{∞} /%	k/min^{-1}	R^2	ε_{∞} /%	k/min^{-1}	R^2
M1	99.67	0.012	0.9882	99.49	0.015	0.9894	99.28	0.016	0.9929
M2	99.46	0.028	0.9847	99.32	0.029	0.9859	99.54	0.027	0.9833
M3	99.43	0.0001	0.9778	99.35	0.0003	0.9787	98.36	0.0002	0.9826
M4	98.24	0.341	0.9411	98.47	0.348	0.9454	98.65	0.340	0.9245

模型	溶液 pH 2.5			溶液 pH 3.0		
	ε_{∞} /%	k/min^{-1}	R^2	ε_{∞} /%	k/min^{-1}	R^2
M1	99.67	0.014	0.9882	99.49	0.015	0.9894
M2	99.46	0.028	0.9847	99.32	0.027	0.9859
M3	99.43	0.0001	0.9778	99.35	0.0003	0.9787
M4	98.24	0.343	0.9411	98.47	0.345	0.9454

　　结果表明,不同溶液 pH 条件下钛铁螯合沉淀颗粒累计回收率均与模型 M1 的拟合效果最好, 与模型 M4 的拟合效果最差。在浮选时间 50 s 以内时, 四种浮选动力学模型的拟合度相近。综上所述, 不同溶液 pH 条件下螯合沉淀颗粒累计回收率应采用经典浮选动力学模型中的一级动力学模型来描述。

$$\varepsilon = \varepsilon_{\infty}(1 - e^{-kt}) \tag{9-7}$$

　　由表 9-3 可知, 随着溶液 pH 不断增大, 四种浮选动力学模型对应的浮选速率常数 k 大小相近。以拟合程度最好的经典一级动力学模型为例, 当溶液 pH 增大时, 对应的螯合沉淀颗粒浮选速率常数依次为 0.012 min^{-1}、0.015 min^{-1}、0.016 min^{-1}、0.014 min^{-1}、0.015 min^{-1}。

　　通过研究得到适宜的泡沫提取条件：阳离子表面活性剂用量为 1.5 mg/L, 浮选溶液 pH 为 1.0, 此时钛、铁的提取率分别为 99.89% 和 99.96%, 溶液中铝提取率为 3.43%。对于含铝浮选残余液,采用 NaOH 溶液作为 pH 调整剂,调节至溶液 pH 为 5.5,可将溶液中的铝沉淀回收。采用酸性浸出-泡沫提取技术,赤泥中钛、铁的总回收率为 74.82% 和 63.50%,铝的总回收率为 87.52%。

6. 泡沫提取过程沉淀产物的特性

泡沫提取沉淀产物的 SEM-EDS 分析如图 9-21 所示。

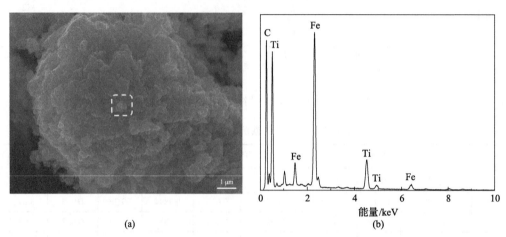

(a)   (b)

图 9-21 泡沫提取沉淀产物的 SEM-EDS 分析

泡沫提取沉淀产物呈现不规则的孔状絮体结构,这类结构证明螯合剂能够通过生成大量的吸附位点与溶液中的钛铁金属离子发生螯合反应。结合 EDS 可知,螯合产物中钛铁质量之比约为 1∶4,与酸浸液中钛铁质量比相近,证明螯合剂与钛、铁两种金属离子充分结合生成沉淀。

采用 FTIR 研究了铜铁试剂 N-亚硝基苯胲铵与钛铁金属离子的螯合沉淀产物特征,结果如图 9-22 所示。

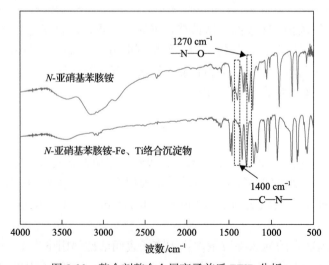

图 9-22 螯合剂螯合金属离子前后 FTIR 分析

比较发现，沉淀产物中有机结构主要官能团对应的峰发生了变化。铜铁试剂中波数 $1400\ cm^{-1}$ 处为连接苯环处的—C—N—伸缩振动峰，波数 $1270\ cm^{-1}$ 处为与苯环相连的 N 的—N—O—伸缩振动峰。沉淀产物在波数为 $1400\ cm^{-1}$ 处，C—N 伸缩振动峰减弱消失，在波数为 $1270\ cm^{-1}$ 处附近的—N—O—伸缩振动峰明显减弱。可见，钛铁金属离子主要和与苯环相邻的 O 原子结合，形成难溶于水的螯合物，而在该环境下 Al^{3+} 不参与反应，为后续 Al(Ⅲ)与 Fe(Ⅲ)、Ti(Ⅵ)的分离奠定了基础。

9.2.4　泡沫提取产物中钛铁还原-水解

为了实现沉淀产物中钛、铁两种金属进一步分离，将产物经除泡、洗涤、干燥后，在 500℃的条件下焙烧 1 h，用 1 mol/L 硫酸溶液溶解焙烧产物，过滤后即可得到含钛铁的混合溶液。钛和铁的浸出率分别为 99.98%和 99.96%，几乎完全溶解。

由于 Fe(Ⅲ)与 Ti(Ⅵ)在溶液中的行为相似，因此将 Fe(Ⅲ)转化为 Fe(Ⅱ)。基于 Visual MINTEQ 软件对溶液体系中 Ti^{4+}、Fe^{2+} 赋存形态的分析，本节考察了还原水解过程中还原剂用量、溶液 pH、反应温度、反应时间等因素对分离效果的影响，并在此基础上获得了适宜的还原-水解过程工艺参数。

1. 还原剂用量的影响

还原剂碘化钾(KI)用量是溶液中三价铁离子还原效果的决定性影响因素，还原剂用量过少，溶液中的 Fe^{3+} 无法完全被还原转化为 Fe^{2+}，钛铁的分离效果变差。还原剂用量过多，增大了生产成本。在固定溶液 pH 为 3、反应温度为 20℃、反应时间为 1 h 条件下，研究了还原剂 KI 与 Fe^{3+} 的摩尔比对钛、铁沉淀率及赤泥中钛的最终回收率的影响，结果如图 9-23 所示。

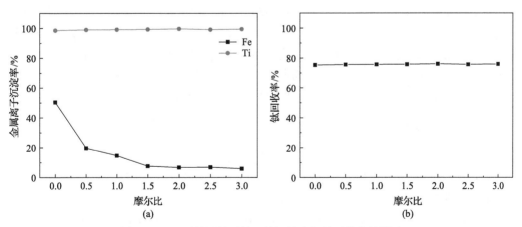

图 9-23　还原剂用量对钛、铁沉淀率与钛回收率的影响

随着还原剂 KI 用量的增大，溶液中钛的沉淀率处于稳定状态，几乎全部沉淀析出；溶液中铁的沉淀率则逐渐降低然后趋于稳定，说明加入还原剂 KI 后溶液中的 Fe^{3+} 充分地与还原剂发生还原反应生成 Fe^{2+}。当混合溶液中未加入还原剂 KI 时，溶液中铁的沉淀率为 50%，此时溶液中大量的 Fe^{3+} 随着 pH 的调节过程水解生成沉淀，铁与钛一起沉淀出

来，钛铁的分离效果很差。还原剂 KI 用量增大至摩尔比 1.5 时，溶液中铁沉淀率仅为 6.83%，钛沉淀率为 99.82%，钛、铁两种金属元素分离效果很好。当还原剂摩尔比继续增大时，溶液中钛铁的分离效果没有太大的变化，因此综合考虑适宜的还原剂 KI 与 Fe^{3+} 摩尔比应为 1.5。钛的回收率变化与钛的沉淀率趋势相同，当还原剂 KI 与 Fe^{3+} 摩尔比为 1.5 时，钛的回收率为 73.49%。

2. 溶液 pH 的影响

溶液的 pH 是影响溶液中钛铁离子水解的重要因素。在还原剂 KI 与 Fe^{3+} 摩尔比 1.5、反应温度为 20℃、反应时间为 1 h 条件下，研究了溶液 pH 对钛、铁沉淀率及赤泥中钛最终回收率的影响，结果如图 9-24 所示。

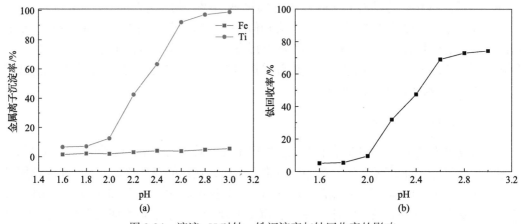

图 9-24　溶液 pH 对钛、铁沉淀率与钛回收率的影响

在溶液 pH 范围为 1.6～3.0 的条件下，随溶液 pH 的增大，溶液中钛快速发生水解并沉淀析出，铁的沉淀率则较为平稳。当溶液 pH 为 3.0 时，溶液中钛的沉淀率为 99.79%，铁沉淀率为 2.36%。溶液 pH 继续增大，铁沉淀率会继续增大，此时大量的铁和钛共同沉淀析出，分离效果变差。综合考虑，确定适宜的溶液 pH 为 3.0。钛的回收率变化与钛的沉淀率变化一致，溶液 pH 为 3.0 时，钛的回收率为 72.84%。

3. 反应温度和时间的影响

反应温度能够增大反应速率，加快反应的进程。在固定还原剂 KI 与 Fe^{3+} 摩尔比 1.5、溶液 pH 为 3.0、反应时间为 2 h 条件下，研究了水解过程中反应温度对钛、铁沉淀率及赤泥中钛最终回收率的影响，结果如图 9-25 所示。

随着反应温度由 20℃提高到 60℃，溶液中钛的沉淀率一直保持在 99.5%以上，而溶液中铁的沉淀率则明显上升，即从 20℃时的 3.24%升至 60℃时的 28.21%。这是因为随着反应温度的升高，溶液中被还原得到的 Fe^{2+} 被空气中的氧气氧化的速率也增大，此时溶液中 Fe^{3+} 的含量增大，更多的铁也发生水解反应而析出沉淀。在温度较高的条件下，溶液中大量的铁随钛一起沉淀，造成分离效果变差。综合考虑，适宜的反应温度为 20℃，溶液中钛和铁的沉淀率分别为 99.55%、3.24%。钛的回收率变化与钛沉淀率变化一致，

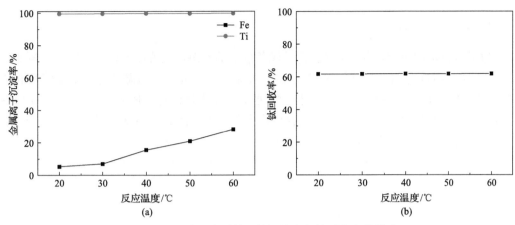

图 9-25　反应温度对钛、铁沉淀率与钛回收率的影响

反应温度为 20℃时钛的回收率为 61.64%。

　　反应时间也是水解沉淀过程的重要影响因素之一。在固定还原剂 KI 与 Fe^{3+} 摩尔比 1.5∶1、溶液 pH 为 3.0、反应温度为 20℃条件下，研究了水解过程中反应温度对钛、铁沉淀率及赤泥中钛最终回收率的影响，结果如图 9-26 所示。

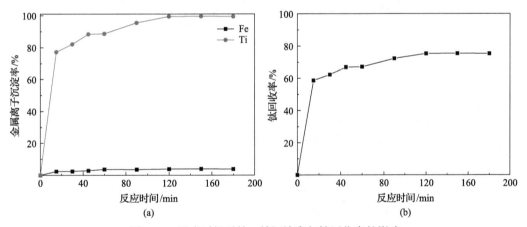

图 9-26　反应时间对钛、铁沉淀率与钛回收率的影响

　　反应时间为 15 min 时，溶液中 77.3%的钛沉淀析出。随着反应时间的延长，钛的沉淀率缓慢增大，当反应时间达到 120 min 时，溶液中钛的沉淀率达到最大，此时钛的沉淀率为 99.5%。随反应时间延长至 90 min 时，溶液中铁的沉淀率达到稳定状态，此时铁沉淀率为 3.48%。综合考虑，确定适宜的反应时间为 120 min。钛的回收率变化与钛的沉淀率变化趋势相同，当反应时间为 120 min 时，钛的回收率为 73.49%。

　　综上所述，还原-水解分离钛铁的适宜条件为：还原剂与 Fe^{3+} 摩尔比为 1.5∶1，溶液 pH 为 3，反应温度为 20℃，反应时间为 120 min。此时溶液中铁的沉淀率为 3.24%，钛的沉淀率为 99.5%，钛的最终回收率为 73.49%。将水解分离后的富铁溶液，采用 NaOH 溶液进一步调节溶液 pH 至 7，向溶液中通入空气并以 500 r/min 的转速搅拌 5 h，溶液中铁的沉淀率为 98.4%。赤泥中铁的最终回收率为 62.46%。

4. 水解沉淀产物特征

为了探究水解沉淀产物的组成，将最优条件下的水解沉淀在 700℃ 的条件下焙烧 2 h，焙烧产物的 XRD 分析结果如图 9-27 所示。可见，水解沉淀经高温焙烧后呈现较好的结晶性，焙烧产物中主要物相为 TiO_2。同时，水解沉淀产物进行干燥后，颗粒的 SEM-EDS 分析结果如图 9-28 所示。水解沉淀产物呈现出不规则的团聚颗粒状，且表面较为光滑，Ti、O 之比约为 1：3，表明主要为 H_2TiO_3。

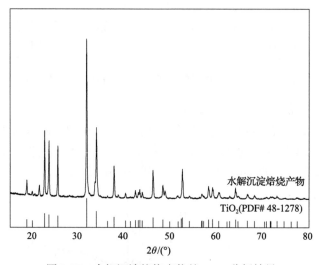

图 9-27　水解沉淀焙烧产物的 XRD 分析结果

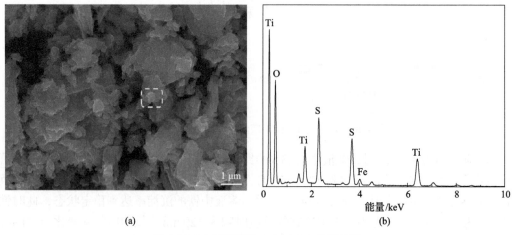

图 9-28　水解沉淀的 SEM-EDS 分析结果

9.2.5　小结

通过采用酸性浸出-泡沫提取-还原水解综合回收赤泥中钛铁铝研究，主要结论如下：

在拜耳法赤泥的酸浸过程中，硫酸溶液为良好的酸性浸出剂，适宜的工艺参数为：反应温度为 90℃，反应时间为 150 min，硫酸浓度为 3 mol/L，液固比为 10：1，搅拌速度为 300 r/min。溶液中钛、铁和铝的最大浸出率分别为 75.96%、64.99%、92.55%。

泡沫提取过程中，铜铁试剂作为金属离子螯合剂，适宜的工艺参数为：溶液 pH 为 1.0，CTAB 用量为 1.5 mg/L。溶液中铝离子去除率为 3.43%，钛和铁的去除率分别为 99.89% 和 99.96%。赤泥中钛铁的回收率分别为 74.82% 和 63.58%。通过调节浮选残余溶液 pH 以促使铝沉淀产出，铝的最终回收率为 87.52%。

还原水解沉淀过程的工艺参数为：还原剂 KI 与 Fe^{3+} 的摩尔比为 1.5∶1，溶液 pH 为 3，反应温度为 20℃，反应时间为 1 h。钛和铁的沉淀率分别为 99.82% 和 3.83%。赤泥中钛和铁最终回收率分别为 73.49% 和 62.46%。

9.3　湿法浸出-泡沫提取技术其他应用探索

通过对赤泥中关键金属分离的研究，结果证明湿法浸出-泡沫提取对于复杂金属资源综合利用具有良好的应用潜力。因此，在开发湿法浸出-泡沫提取技术基础上，将相关技术移植到钒钛矿、锌钴冶炼渣综合利用过程中，并进行了流程设计及应用探索。

9.3.1　钒钛磁铁矿的综合利用

1. 研究背景

钒钛磁铁矿是一种以铁、钛、钒元素为主，并伴生镁、铝、钙、铬等元素的多元复合共生矿。它是铁、钒、钛金属的重要来源，具有利用价值高、储量大等特点。世界上的钒钛磁铁矿资源储量丰富且分布广泛，全球已探明的储量超过了 400 亿 t，主要分布在中国、美国、俄罗斯、南非、澳大利亚、加拿大等国家[237]。我国钒钛磁铁矿储量超过 180 亿 t，主要分布在四川攀西、山西代县、河北承德、陕西汉中等地区，其中四川攀西地区蕴藏的钒钛磁铁矿资源最为丰富。钒钛磁铁矿原矿中含有钛铁矿、磁铁矿、钛磁铁矿、硫化物等有价矿石矿物。通常情况下，钒钛磁铁矿先经过弱磁选获得钒钛磁铁矿精矿和磁选尾矿。磁选尾矿再通过强磁选、重选-电选、重选-浮选等方法获得钛铁矿精矿。

钒钛磁铁矿的综合利用主要围绕着铁、钛、钒的分离回收进行。目前，我国钒钛磁铁矿主要的冶炼方法是高炉法，高炉法工艺具有生产效率高、规模大的优点，然而这种方法存在钛回收率低，并且电炉熔炼具有耗能较大等问题，一定程度上制约了钒钛磁铁矿中各伴生有价组分的综合利用[238]。近些年来，非高炉法冶炼钒钛磁铁矿成为各国学者研究的热点，非高炉法主要以直接还原-熔分法、直接还原-磨选法和钠化提钒-预还原-电炉熔分法为代表，这些方法虽然能够有效地降低钒钛磁铁矿冶炼过程中的能耗，但是还存在铁、钒、钛分离效果差、工艺流程复杂等缺点。因此，开发新型钒钛磁铁矿中钛、钒、铁高效提取技术，对实现钒钛磁铁矿的综合利用具有重要的意义。

2. 湿法浸出-泡沫提取思路及流程评价

以四川攀西钒钛磁铁矿为原料，在赤泥中关键金属湿法浸出-泡沫提取思路基础上，进一步开展了关键金属钛、钒、铁湿法回收利用流程优化设计，特别是将泡沫提取技术嫁接到钒、铁元素分离过程，流程如图 9-29 所示。研究表明，钒钛磁铁矿经选矿、磨矿、浸出、还原、萃取(反萃)、泡沫提取等单元操作，钛、钒、铁的综合回收率分别达到 58.29%、74.30%、87.98%。

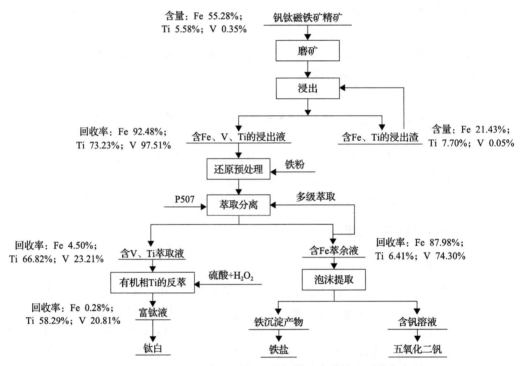

图 9-29　基于湿法浸出-泡沫提取的钒钛矿中关键金属分离流程

基于湿法浸出-泡沫提取的钒钛矿中关键金属分离技术原型，采用优先提取钛，再提取钒、铁的新思路，具有较高的金属回收率。同时，鉴于钒、铁溶液化学系统研究，重点采用泡沫提取方法分离体量最大的钒、铁溶液，具有分离效率高、富集程度高等优势，获得的产品为化学品而非传统金属原料，实现了复杂资源-高品质材料化学品的制造。

9.3.2　锌钴冶炼渣的综合利用

1. 研究背景

钴是支撑新能源发展的关键金属，钴酸盐作为正极材料，广泛地应用于锂电池的生产过程。由于钴矿资源的限制，我国钴矿长期严重依赖进口，且进口源较为单一，不利于我国钴行业的长期发展。开发利用二次资源，扩大钴资源的来源，成为当下我国钴行业需求迅速增长、供给压力巨大、严重依赖进口现状的重要解决方法[239]。因此，开展二次资源中钴的高效回收技术开发和应用势在必行[240]。

净化钴渣是湿法炼锌工艺浸出液净化过程中产生的一种含钴冶炼渣，含有锌、铅、镉、钴等金属元素。如何实现净化钴渣中钴锌的高效分离，是实现净化钴渣资源再利用的关键，也是目前研究的热点。钴渣主要分类为锌粉置换钴渣、黄药钴渣、α-亚硝基-β-

萘酚钴渣等。通常钴渣中含 0.5%～6%的钴，虽然相对含量较低，但已经是普通钴矿石含钴量的多倍。目前从钴渣中回收钴的主要方法有：氧化沉淀法、选择性酸浸法、氨-铵盐浸出法和溶剂萃取法等[241]。氧化沉淀法是通过强氧化将 Co^{2+} 氧化水解为 $Co(OH)_3$ 沉淀而与其他金属分离。常用的氧化剂包括高锰酸钾、过硫酸铵、臭氧、过氧化氢等。氧化沉淀工艺的流程相对较短、设备简单，但是在实际生产过程中的效果受环境因素的影响较大，造成钴容易损失，同时生成的沉淀颗粒粒径较小，导致后续固液分离相对困难。氨-铵盐浸出法可以选择性地浸出钴、锌、铜、镉、镍等金属，并去除铁、锰、钙等杂质，缩减了后续的净化过程，同时浸出剂消耗较少，但是浸出时间长且使用的浸出剂腐蚀性强，造成对设备的要求高。溶剂萃取法是利用金属离子在互不相溶的两种溶剂中溶解度的差异而选择性地将金属离子从一种溶剂中提取出来的方法，这种方法对原料的适应性强，可净化的杂质种类多，但有机溶剂的成本较高且萃取效果受到溶液 pH 的影响较大。选择性酸浸法主要通过控制浸出条件，将钴渣中的锌、镉浸出到溶液中，而钴锰的高价氧化物则富集在浸出后的渣中。对于含锌较多的净化钴渣，通常先采用这种方法回收部分可溶锌，再采用其他方法进一步分离富集钴。

2. 湿法浸出-泡沫提取流程及评价

为了实现净化钴渣中钴锌等金属元素的高效分离和回收，以湿法炼锌产物净化钴渣为原料，进一步开展了关键金属湿法回收利用流程优化设计，特别是将泡沫提取技术嫁接到钴、锌元素分离过程，建立了钴渣湿法浸出-泡沫提取技术原型，主要流程如图 9-30 所示。

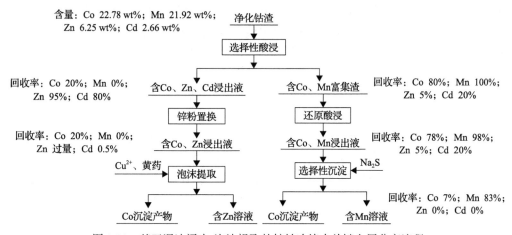

图 9-30　基于湿法浸出-泡沫提取的锌钴冶炼中关键金属分离流程

基于湿法浸出-泡沫提取的锌钴冶炼中关键金属分离技术原型，鉴于钴、锌溶液化学系统研究(图 9-31)，可以实现锌和钴的选择性浸出，95%锌、80%镉和 20%钴选择性浸出进入溶液，80%钴和 100%锰富集于浸出渣中。

泡沫提取过程中，黄药作为捕收剂能够实现低浓度锌钴溶液中钴的高效分离，Cu^{2+} 作为氧化剂将 Co^{2+} 转化成 Co^{3+} 并形成三价钴的磺酸盐沉淀。Cu^{2+} 的作用不仅仅是氧化剂，

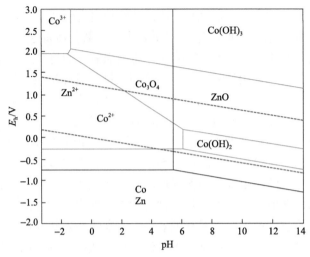

图 9-31　25℃时 Zn-Co-H$_2$O 系的电位-pH 图

在反应中铜钴能够形成微电池以促进磺酸钴沉淀转化及泡沫提取，主要化学反应为

$$8C_2H_5OCSS^- + 2Cu^{2+} + 2Co^{2+} \Longrightarrow Cu_2(C_2H_5OCSS)_2\downarrow + 2Co(C_2H_5OCSS)_3\downarrow \quad (9\text{-}8)$$

研究表明，采用泡沫提取技术可以实现低浓度钴的高效分离，浸出液中钴的回收率达到 95%以上。钴沉淀浮选产品可以直接用于制备电极材料(技术原理见第 5 章)，富锌溶液可以直接循环回用到锌电解工序。同时，钴、锰富集渣经过还原酸浸处理，得到富含 Co^{2+} 和 Mn^{2+} 的浸出液。采用 Na$_2$S 作为选择性沉淀剂，由于硫化锰的溶解度比硫化钴大，钴便以硫化钴的形式优先沉淀，而锰则留在溶液中，从而实现了二者的分离。经过硫化沉淀与过滤后，残余溶液为超低浓度的钴溶液，同样采用泡沫提取方法进行钴的深度分离富集。总之，采用泡沫提取分离浸出液中的低浓度钴，钴锌分离效率高，可与湿法炼锌的主体流程紧密结合，整个流程不产生多余的副产物。

9.4　本 章 小 结

二次资源及复杂共伴生矿产中关键金属是一类宝贵的金属获取来源。采用湿法浸出-泡沫提取技术，首先将赤泥中的氧化钛、氧化铁和氧化铝通过酸浸溶解，随后采用泡沫提取实现溶液中钛铁的同步分离，再经过钛铁浮选产物还原-水解分离钛铁，实现了赤泥中钛、铝、铁高效分离，开发出的综合回收利用新技术原型为赤泥的资源化来源提供有力的技术支撑。

基于赤泥酸性浸出-泡沫提取技术，提出了钒钛矿、锌钴冶炼渣的湿法浸出-泡沫提取新思路及技术原型，最大程度地实现了钒钛磁铁矿以及钴渣中关键金属元素的回收利用，对于复杂资源的高效利用具有重要的意义。泡沫提取作为绿色高效分离技术，在复杂资源的高效利用及回收领域具有很大的应用前景。

第10章　未来工作及设想

随着传统资源加工处理对象发生变化，泡沫提取理论与方法研究逐步引起国内外专家的广泛关注并日益受到重视。泡沫提取方法历经半个多世纪的发展，逐步走向系统化和工业应用。离子浮选、沉淀浮选作为泡沫提取方法体系中早期发展较快、相对成熟的主流技术，已逐步应用到资源与环境领域，其中包括水体中复杂物质的提取与富集分离、稀溶液中有价元素的提取分离、选冶过程中关键金属的超常规富集以及选冶一体化技术研发等。

泡沫提取技术经过多年的理论与方法迭代，虽然处理对象在逐渐变化，但其本质仍是利用物质自身及表面性质差异，再通过气泡作为反应、传输、富集载体或介质达到分离的目的。在面临更复杂的物质提取与分离体系时，一系列泡沫提取技术如吸附载体浮选、微(气、油)泡浮游萃取也逐渐兴起，这些技术基本涵盖了药剂、材料、技术、工艺、装备以及联合工艺技术，甚至在气/油泡制造方面也产生了一批新成果。泡沫提取技术的潜在优势正逐步得到发挥。图 10-1 展示了笔者的下一步工作和设想。

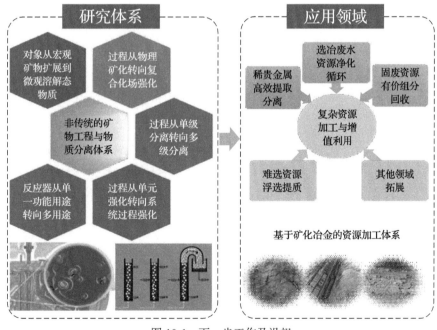

图 10-1　下一步工作及设想

本书在总结近十年来团队科研与实践经验的基础上，重点展示泡沫提取技术特别是在微泡离子浮选、沉淀浮选方面最新的科研和实践进展。同时，作者团队基于化工原理以及化学材料方面的创新方法，正在积极开发基于载体吸附材料的泡沫提取技术、基于自传质扩散油泡的泡沫提取新技术等，以及进一步研发了多级泡沫提取反应器与平台，完善泡沫提取技术研究体系，拓展应用领域。下一步，我们将在《泡沫提取技术(下)》中重点介绍针对非传统矿物工程与物质分离研发的基于泡沫提取的资源加工体系最新进展及实践成果。

参 考 文 献

[1] Sreenivasarao K. Removal of toxic metal from dilute synthetic solutions by ion- and precipitate-flotation[D]. Berkeley: University of California, Berkeley, 1996.

[2] 杨松荣, 邱冠周. 浮选工艺及应用[M]. 北京: 冶金工业出版社, 2015.

[3] 龚光明. 泡沫浮选[M]. 北京: 冶金工业出版社, 2007.

[4] Langmuir I, Schaefer V J. The effect of dissolved salts on insoluble monolayers[J]. Journal of the American Chemical Society, 1937, 59(11): 2400-2414.

[5] Sebba F. Concentration by ion flotation[J]. Nature, 1959, 184(4692): 1062-1063.

[6] 戴文灿, 陈涛, 孙水裕, 等. 离子浮选法处理电镀废水实验研究[J]. 环境工程学报, 2010, 4(6): 1349-1352.

[7] 李晓波, 严伟平. 离子浮选技术研究进展[J]. 金属矿山, 2012, (4): 91-95.

[8] 王淀佐, 邱冠周, 胡岳华. 资源加工学[M]. 北京: 科学出版社, 2005.

[9] 张海军, 薛玉兰. 离子浮选处理含铅酸性矿冶废水的研究[J]. 四川有色金属, 1998, (3): 38-41.

[10] 霍广生, 孙培梅, 李洪桂, 等. 离子浮选法从钨酸盐溶液中分离钨钼[J]. 中南工业大学学报(自然科学版), 1999, (3): 35-37.

[11] 陈佳磊, 李治明. 离子浮选法富集测定南药槟榔中痕量铅[J]. 广州化工, 2015, 43(21): 136-138.

[12] 李琳, 黄淦泉. 二苯碳酰二肼离子浮选石墨炉原子吸收光谱测水中痕量铬(Ⅵ)与铬(Ⅲ)[J]. 四川大学学报(自然科学版), 1997, (4): 79-83.

[13] 赵宝生, 蔡青. 离子浮选法处理放射性废水[J]. 原子能科学技术, 2004, (4): 382-384.

[14] 傅炎初, 吴树森, 王世容. 用离子浮选法处理印染废水中活性染料的研究[J]. 印染, 1992, (2): 11-17.

[15] Baarson R E, Ray C L. Precipitate flotation: a new metal extraction and concentration technique[C]//Proceedings of the American Institute of Mining, Metallurgical and Petroleum Engineers Symposium. Dallas, Texas: Metallurgical Society of AIME, 1963.

[16] Rubin A J, Johnson J D. Effect of pH on ion and precipitate flotation systems[J]. Analytical Chemistry, 1967, 39(3): 298-302.

[17] Morosini D F, Baltar C A M, Coelho A C D. Iron removal by precipitate flotation[J]. REM-Revista Escola De Minas, 2014, 67(2): 203-207.

[18] Farrokhpay S. Reference Module in Chemistry, Molecular Sciences and Chemical Engineering[M]. Amsterdam: Elsevier, 2018.

[19] Wu H, Wang W, Huang Y, et al. Comprehensive evaluation on a prospective precipitation-flotation process for metal-ions removal from wastewater simulants[J]. Journal of Hazardous Materials, 2019, 371: 592-602.

[20] Kim Y S, Zeitlin H. Thorium hydroxide as a collector of molybdenum from sea water[J]. Analytica Chimica Acta, 1970, 51(3): 516-519.

[21] Kim Y S, Zeitlin H. Separation of uranium from seawater by adsorbing colloid flotation[J]. Analytical Chemistry, 1971, 43(11): 1390-1393.

[22] Tzeng J H, Zeitlin H. Separation of selenium from sea-water by adsorption colloid flotation[J]. Analytica Chimica Acta, 1978, 101(1): 71-77.

[23] Zouboulis A I, Matis K A. Removal of metal ions from dilute solutions by sorptive flotation[J]. Critical Reviews in Environmental Science and Technology, 1997, 27(3): 195-235.

[24] 李高辉. 混凝气浮-厌氧-两级 AO-浸没式 MBR 工艺在垃圾中转站渗沥液处理中的应用[J]. 广东化工, 2022, 49(12): 163-165, 56.

[25] 杨墨, 刘毛, 邓涛, 等. 混凝-气浮-过滤深度处理 A2O 工艺二沉池出水[J]. 中国给水排水, 2020, 36(19): 89-94.

[26] Feris L A, De Leon A T, Santander M, et al. Advances in the adsorptive particulate flotation process[J]. International Journal of Mineral Processing, 2004, 74(1-4): 101-106.

[27] Lazaridis N K, Matis K A, Webb M. Flotation of metal-loaded clay anion exchangers. Part I : the case of chromates[J]. Chemosphere, 2001, 42(4): 373-378.

[28] Lazaridis N K, Hourzemanoglou A, Matis K A. Flotation of metal-loaded clay anion exchangers. Part II : the case of arsenates[J]. Chemosphere, 2002, 47(3): 319-324.

[29] Mohammed A A, Ebrahim S E, Alwared A I. Flotation and sorptive-flotation methods for removal of lead ions from wastewater using SDS as surfactant and barley husk as biosorbent[J]. Journal of Chemistry, 2013, 2013: 413948.

[30] Rubio J, Tessele F. Removal of heavy metal ions by adsorptive particulate flotation[J]. Minerals Engineering, 1997, 10(7): 671-679.

[31] Zouboulis A I, Kydros K A, Matis K A. Adsorbing flotatiom of copper hydroxo precipitates by pyrite fines[J]. Separation Science and Technology, 1992, 27(15): 2143-2155.

[32] Zouboulis A I, Kydros K A, Matis K A. Removal of toxic metal-ions from solutions using industrial solid by-products[J]. Water Science and Technology, 1993, 27(10): 83-93.

[33] Zouboulis A I, Matis K A, Lanara B G, et al. Removal of cadmium from dilute solutions by hydroxyapatite. II . Flotation studies[J]. Separation Science and Technology, 1997, 32(10): 1755-1767.

[34] Ezzat A, Mahmoud M R, Soliman M A, et al. Evaluation of sorptive flotation technique for enhanced removal of radioactive Eu(III) from aqueous solutions[J]. Radiochimica Acta, 2017, 105(3): 205-213.

[35] Yenial U, Bulut G, Sirkeci A A. Arsenic removal by adsorptive flotation methods[J]. Clean-Soil Air Water, 2014, 42(11): 1567-1572.

[36] Peng W J, Han G H, Cao Y J, et al. Efficiently removing Pb(II) from wastewater by graphene oxide using foam flotation[J]. Colloids and Surfaces A-Physicochemical and Engineering Aspects, 2018, 556: 266-272.

[37] Abdulhussein S A, Alwared A I. The use of artificial neural network (ANN) for modeling of Cu(II) ion removal from aqueous solution by flotation and sorptive flotation process[J]. Environmental Technology & Innovation, 2019, 13: 353-363.

[38] Kepert D L. Isopolytungstates[M]//Cotton F A. Progress in Inorganic Chemistry. New York: John Wiley & Sons, Inc, 1962: 199-274.

[39] Hastings J J, Howarth O W. A ^{183}W, ^{1}H and ^{17}O nuclear magnetic resonance study of aqueous isopolytungstates[J]. Journal of the Chemical Society, Dalton Transactions, 1992, (2): 209-215.

[40] Nekovář P, Schrötterová D. Extraction of V(V), Mo(VI) and W(VI) polynuclear species by primene JMT[J]. Chemical Engineering Journal, 2000, 79(3): 229-233.

[41] Dickinson E. Adsorbed protein layers at fluid interfaces: interactions, structure and surface rheology[J]. Colloids and Surfaces B-Biointerfaces, 1999, 15(2): 161-176.

[42] Kuropatwa M, Tolkach A, Kulozik U. Impact of pH on the interactions between whey and egg white proteins as assessed by the foamability of their mixtures[J]. Food Hydrocolloids, 2009, 23(8): 2174-2181.

[43] Wiesbauer J, Prassl R, Nidetzky B. Renewal of the air-water interface as a critical system parameter of protein stability: aggregation of the human growth hormone and its prevention by surface-active compounds[J]. Langmuir, 2013, 29(49): 15240-15250.

[44] Bee J S, Schwartz D K, Trabelsi S, et al. Production of particles of therapeutic proteins at the air-water interface during compression/dilation cycles[J]. Soft Matter, 2012, 8(40): 10329-10335.

[45] Martin A H, Grolle K, Bos M A, et al. Network forming properties of various proteins adsorbed at the air/water interface in relation to foam stability[J]. Journal of Colloid and Interface Science, 2002, 254(1): 175-183.

[46] Jensen G V, Pedersen J N, Otzen D E, et al. Multi-step unfolding and rearrangement of α-lactalbumin by SDS revealed by stopped-flow SAXS[J]. Frontiers in Molecular Biosciences, 2020, 7(125): 1-12.

[47] Miyagishi S, Akasohu W, Hashimoto T, et al. Effect of NaCl on aggregation number, microviscosity, and CMC of N-dodecanoyl amino acid surfactant micelles[J]. Journal of Colloid and Interface Science, 1996, 184(2): 527-534.

[48] Maeda H, Muroi S, Kakehashi R. Effects of ionic strength on the critical micelle concentration and the surface excess of

dodecyldimethylamine oxide[J]. Journal of Physical Chemistry B, 1997, 101(38): 7378-7382.

[49] Polat H, Erdogan D. Heavy metal removal from waste waters by ion flotation[J]. Journal of Hazardous Materials, 2007, 148(1): 267-273.

[50] Zouboulis A, Matis K. Ion flotation in environmental technology[J]. Chemosphere, 1987, 16(2): 623-631.

[51] Matis K, Mavros P. Recovery of metals by ion flotation from dilute aqueous solutions[J]. Separation and Purification Methods, 1991, 20(1): 1-48.

[52] Tavallali H, Lalehparvar S, Nekoei A, et al. Ion-flotation separation of Cd(Ⅱ), Co(Ⅱ) and Pb(Ⅱ) traces using a new ligand before their flame atomic absorption spectrometric determinations in colored hair and dryer agents of paint[J]. Journal of the Chinese Chemical Society, 2011, 58(2): 199-206.

[53] Chirkst D, Lobacheva O, Berlinskii I, et al. Recovery and separation of Ce^{3+} and Y^{3+} ions from aqueous solutions by ion flotation[J]. Russian Journal of Applied Chemistry, 2009, 82(8): 1370-1374.

[54] 王淀佐, 姚国成. 关于浮选药剂的梦想——浮选药剂结构-性能关系和分子设计[J]. 中国工程科学, 2011, 13(3): 4-11.

[55] 贾云, 钟宏, 王帅, 等. 捕收剂的分子设计与绿色合成[J]. 中国有色金属学报, 2020, 30(2): 456-466.

[56] Stevenson F J. Humus chemistry: genesis, composition, reactions[J]. Soil Science, 1982, 135(2): 129-130.

[57] Schaumann G E, Thiele-Bruhn S. Molecular modeling of soil organic matter: squaring the circle?[J]. Geoderma, 2011, 169(1): 55-68.

[58] Buffle J. Les substances humiques et leurs interactions avec les ions mineraux[J]. Techniques et Sciences Municipales, 1977, 1: 3-10.

[59] Pochodylo A L, Aristilde L. Molecular dynamics of stability and structures in phytochelatin complexes with Zn, Cu, Fe, Mg, and Ca: implications for metal detoxification[J]. Environmental Chemistry Letters, 2017, 15(3): 495-500.

[60] Li L, Hao H, Yuan Z, et al. Molecular dynamics simulation of siderite-hematite-quartz flotation with sodium oleate[J]. Applied Surface Science, 2017, 419: 557-563.

[61] Delley B. From molecules to solids with the DMol 3 approach[J]. Journal of Chemical Physics, 2000, 113(18): 7756-7764.

[62] Wang Y, Perdew J P. Correlation hole of the spin-polarized electron gas, with exact small-wave-vector and high-density scaling[J]. Physical Review B Condensed Matter, 1991, 44(24): 13298.

[63] Ortmann F, Bechstedt F, Schmidt W. Semiempirical van der Waals correction to the density functional description of solids and molecular structures[J]. Physical Review B, 2006, 73(20): 205101.

[64] Houk K N. The frontier molecular orbital theory of cycloaddition reactions[J]. Accounts of Chemical Research, 1975, 8(11): 361-369.

[65] 陈建华. 硫化矿物浮选固体物理研究[M]. 长沙: 中南大学出版社, 2015.

[66] 李青竹. 改性麦糟吸附剂处理重金属废水的研究[D]. 长沙: 中南大学, 2011.

[67] 刘邦瑞. 螯合浮选剂[M]. 北京: 冶金工业出版社, 1982.

[68] 马拉比尼, 李长根, 崔洪山. 浮选螯合剂[J]. 国外金属矿选矿, 2007, 44(11): 8-14.

[69] Li Q, Chai L, Wang Q, et al. Fast esterification of spent grain for enhanced heavy metal ions adsorption[J]. Bioresource Technology, 2010, 101(10): 3796-3799.

[70] Wu Y L, Xu S, Wang T, et al. Enhanced metal ion rejection by a low-pressure microfiltration system using cellulose filter papers modified with citric acid[J]. ACS Applied Materials & Interfaces, 2018, 10(38): 32736-32746.

[71] Dong H, Gilmore K, Lin B, et al. Adsorption of metal adatom on nanographene: computational investigations[J]. Carbon, 2015, 89: 249-259.

[72] Wang X, Chen Z, Yang S. Application of graphene oxides for the removal of Pb(Ⅱ) ions from aqueous solutions: experimental and DFT calculation[J]. Journal of Molecular Liquids, 2015, 211: 957-964.

[73] Martyniuk H, Więckowska J. Adsorption of metal ions on humic acids extracted from brown coals[J]. Fuel Processing Technology, 2003, 84(1): 23-36.

[74] Prado A G S, Torres J D, Martins P C, et al. Studies on copper(Ⅱ)- and zinc(Ⅱ)-mixed ligand complexes of humic acid[J].

Journal of Hazardous Materials, 2006, 136(3): 585-588.

[75] Zhang Y, Gao W, Fatehi P. Structure and settling performance of aluminum oxide and poly(acrylic acid) flocs in suspension systems[J]. Separation and Purification Technology, 2019, 215: 115-124.

[76] Heath A R, Bahri P A, Fawell P D, et al. Polymer flocculation of calcite: experimental results from turbulent pipe flow[J]. AIChE Journal, 2006, 52(4): 1284-1293.

[77] Fang F, Zeng R J, Sheng G P, et al. An integrated approach to identify the influential priority of the factors governing anaerobic H_2 production by mixed cultures[J]. Water Research, 2010, 44(10): 3234-3242.

[78] Wang J, Chen Y, Wang Y, et al. Optimization of the coagulation-flocculation process for pulp mill wastewater treatment using a combination of uniform design and response surface methodology[J]. Water Research, 2011, 45(17): 5633-5640.

[79] Im J, Cho I, Kim S, et al. Optimization of carbamazepine removal in $O_3/UV/H_2O_2$ system using a response surface methodology with central composite design[J]. Desalination, 2012, 285: 306-314.

[80] Agarwal A, Ng W J, Liu Y. Principle and applications of microbubble and nanobubble technology for water treatment[J]. Chemosphere, 2011, 84(9): 1175-1180.

[81] Lei W, Zhang M, Zhang Z, et al. Effect of bulk nanobubbles on the entrainment of kaolinite particles in flotation[J]. Powder Technology, 2020, 362: 84-89.

[82] Blander M, Katz J L. Bubble nucleation in liquids[J]. AICHE Journal, 1975, 21(5): 833-848.

[83] Han J H, Han C D. Bubble nucleation in polymeric liquids. II. Theoretical considerations[J]. Journal of Polymer Science Part B-Polymer Physics, 1990, 28(5): 743-761.

[84] Yebin C, Chengguo M, Yucheng B, et al. Research on bubble nucleation theory during the process of foam plastics (I): review and classical theory of bubble nucleation[J]. Plastics Science and Technology. 2005, (3): 11-16.

[85] Scardina P, Edwards M. Prediction and measurement of bubble formation in water treatment[J]. Journal of Environmental Engineering, 2001, 127(11): 968-973.

[86] Claesson P M, Parker J L, Froberg J C. New surfaces and techniques for studies of interparticle forces[J]. Journal of Dispersion Science and Technology, 1994, 15(3): 375-397.

[87] Surtaev A, Serdyukov V, Malakhov I, et al. Nucleation and bubble evolution in subcooled liquid under pulse heating[J]. International Journal of Heat and Mass Transfer, 2021, 169: 120911.

[88] Barnaby S W. Torpedo-boat destroyers[J]. Proceedings of the Institution of Civil Engineers, 1985, 122: 51-69.

[89] Bai Y, Bai Q. 18 - Erosion and Sand Management[M]//Bai Y, Bai Q. Subsea Engineering Handbook, 2nd ed. Boston: Gulf Professional Publishing, 2019: 489-514.

[90] Favvas E P, Kyzas G Z, Efthimiadou E K, et al. Bulk nanobubbles, generation methods and potential applications[J]. Current Opinion in Colloid & Interface Science, 2021, 54: 101455.

[91] Wu C, Nesset K, Masliyah J, et al. Generation and characterization of submicron size bubbles[J]. Advances in Colloid and Interface Science, 2012, 179: 123-132.

[92] Feng Q, Zhou W, Shi Q. Formation of nano bubbles and its effect on flotation of micro fine minerals[J]. Journal of Central South University(Natural Science Edition), 2017, 48(1): 9-15.

[93] Qiu J X. Beneficiation[M]. Beijing: Metallurgical Industry Press, 1987.

[94] Zhou Z A, Xu Z H, Finch J A. ON The role of cavitation in particle collection during flotation—A critical review[J]. Minerals Engineering, 7(9): 1073-1084.

[95] Terasaka K, Hirabayashi A, Nishino T, et al. Development of microbubble aerator for waste water treatment using aerobic activated sludge[J]. Chemical Engineering Science, 2011, 66(14): 3172-3179.

[96] Liu J W, Wang Y T. Study on performance of self-absorbing microbubble generator[J]. Journal of China University of Mining and Technology, 1998, 27(1): 29-33.

[97] Zhang H J, Liu J T, Wang Y T, et al. Cyclonic-static micro-bubble flotation column[J]. Minerals Engineering, 2013, 45: 1-3.

[98] Li H P, Afacan A, Liu Q X, et al. Study interactions between fine particles and micron size bubbles generated by hydrodynamic

cavitation[J]. Minerals Engineering, 2015, 84: 106-115.

[99] Fang Z, Wang L, Wang X Y, et al. Formation and stability of surface/bulk nanobubbles produced by decompression at lower gas concentration[J]. Journal of Physical Chemistry C, 2018, 122(39): 22418-22423.

[100] Nirmalkar N, Pacek A W, Barigou M. On the existence and stability of bulk nanobubbles[J]. Langmuir, 2018, 34(37): 10964-10973.

[101] Kaganov M I. The encyclopedia of theoretical physics[J]. Uspekhi Fizicheskikh Nauk, 1985, 145(2): 349-354.

[102] 唐超. 超声预处理对煤泥浮选过程的强化作用研究[D]. 北京: 中国矿业大学, 2014.

[103] Xu Q, Nakajima M, Ichikawa S, et al. A comparative study of microbubble generation by mechanical agitation and sonication[J]. Innovative Food Science & Emerging Technologies, 2008, 9(4): 489-494.

[104] Stokmaier M J, Class A, Schulenberg T, et al. Acoustic chambers for sonofusion experiments: Fe-analysis highlighting performances limiting factors[C]. Proceedings of the 17th International Congress on Sound and Vibration(ICSV), 2010, 5: 3696-3705.

[105] Yasui K. Acoustic Cavitation and Bubble Dynamics[M]. Cham: Springer International Publishing, 2018.

[106] Lee J I, Yim B S, Kim J M. Effect of dissolved-gas concentration on bulk nanobubbles generation using ultrasonication[J]. Scientific Reports, 2020, 10(1): 18816.

[107] Kukizaki M, Goto M. Spontaneous formation behavior of uniform-sized microbubbles from Shirasu porous glass(SPG)membranes in the absence of water-phase flow[J]. Colloids and Surfaces A-Physicochemical and Engineering Aspects, 2007, 296(1-3): 174-181.

[108] Kukizaki M. Microbubble formation using asymmetric Shirasu porous glass(SPG)membranes and porous ceramic membranes: a comparative study[J]. Colloids and Surfaces A-Physicochemical and Engineering Aspects, 2009, 340(1-3): 20-32.

[109] Kukizaki M, Wada T. Effect of the membrane wettability on the size and size distribution of microbubbles formed from Shirasu-porous-glass(SPG)membranes[J]. Colloids and Surfaces A-Physicochemical and Engineering Aspects, 2008, 317(1-3): 146-154.

[110] Trushin A M, Dmitriev E A, Akimov V V. Mechanics of the formation of microbubbles in gas dispersion through the pores of microfiltration membranes[J]. Theoretical Foundations of Chemical Engineering, 2011, 45(1): 26-32.

[111] Di Bari S, Robinson A J. Experimental study of gas injected bubble growth from submerged orifices[J]. Experimental Thermal and Fluid Science, 2013, 44: 124-137.

[112] Ahmed A K A, Sun C, Hua L, et al. Generation of nanobubbles by ceramic membrane filters: the dependence of bubble size and zeta potential on surface coating, pore size and injected gas pressure[J]. Chemosphere, 2018, 203: 327-335.

[113] Xie B, Zhou C, Huang X, et al. Microbubble generation in organic solvents by porous membranes with different membrane wettabilities[J]. Industrial & Engineering Chemistry Research, 2021, 60(23): 8579-8587.

[114] Xie B Q, Zhou C J, Sang L, et al. Preparation and characterization of microbubbles with a porous ceramic membrane[J]. Chemical Engineering and Processing-Process Intensification, 2021, 159: 108213.

[115] Xie B, Zhou C, Chen J, et al. Preparation of microbubbles with the generation of Dean vortices in a porous membrane[J]. Chemical Engineering Science, 2021, 247(1): 117105.

[116] Kukizaki M, Goto M. Size control of nanobubbles generated from Shirasu-porous-glass(SPG)membranes[J]. Journal of Membrane Science, 2006, 281(1-2): 386-396.

[117] Melich R, Valour J P, Urbaniak S, et al. Preparation and characterization of perfluorocarbon microbubbles using Shirasu Porous Glass(SPG)membranes[J]. Colloids and Surfaces A-Physicochemical and Engineering Aspects, 2019, 560: 233-243.

[118] Ma T, Kimura Y, Yamamoto H, et al. Characterization of bulk nanobubbles formed by using a porous alumina film with ordered nanopores[J]. Journal of Physical Chemistry B, 2020, 124(24): 5067-5072.

[119] Levitsky I, Tavor D, Gitis V. Micro and nanobubbles in water and wastewater treatment: a state-of-the-art review[J]. Journal of Water Process Engineering, 2022, 47: 102688.

[120] de Levie R. The electrolysis of water[J]. Journal of Electroanalytical Chemistry, 1999, 476 (1) : 92-93.

[121] Kreuter W, Hofmann H. Electrolysis: the important energy transformer in a world of sustainable energy[J]. International Journal of Hydrogen Energy, 1998, 23 (8) : 661-666.

[122] Calvo E J. Encyclopedia of Electrochemistry. Volume 2: Interfacial Kinetics and Mass Transport[M]. Weinheim: Wiley-VCH, 2003.

[123] Xu H, Ci S, Ding Y, et al. Recent advances in precious metal-free bifunctional catalysts for electrochemical conversion systems[J]. Journal of Materials Chemistry A, 2019, 7 (14) : 8006-8029.

[124] Li L, Jiang W, Zhang G, et al. Efficient mesh interface engineering: insights from bubble dynamics in electrocatalysis[J]. ACS Applied Materials & Interfaces, 2021, 13 (38) : 45346-45354.

[125] Postnikov A V, Uvarov I V, Penkov N V, et al. Collective behavior of bulk nanobubbles produced by alternating polarity electrolysis[J]. Nanoscale, 2018, 10 (1) : 428-435.

[126] Fu T T, Ma Y G, Li H Z. Hydrodynamic feedback on bubble breakup at a T-junction within an asymmetric loop[J]. Aiche Journal, 2014, 60 (5) : 1920-1929.

[127] Wu Y N, Fu T T, Zhu C Y, et al. Shear-induced tail breakup of droplets (bubbles) flowing in a straight microfluidic channel[J]. Chemical Engineering Science, 2015, 135: 61-66.

[128] 全晓军, 陈钢, 郑平. 同向流动微气泡产生与分裂的实验研究[J]. 工程热物理学报, 2009, 30 (7) : 1197-1200.

[129] Lou S T, Ouyang Z Q, Zhang Y, et al. Nanobubbles on solid surface imaged by atomic force microscopy[J]. Journal of Vacuum Science & Technology B, 2000, 18 (5) : 2573-2575.

[130] Wang Y, Pan Z, Jiao F, et al. Understanding bubble growth process under decompression and its effects on the flotation phenomena[J]. Minerals Engineering, 2020, 145: 106066.

[131] Etchepare R, Oliveira H, Nicknig M, et al. Nanobubbles: generation using a multiphase pump, properties and features in flotation[J]. Minerals Engineering, 2017, 112: 19-26.

[132] Xu Q, Nakajima M, Ichikawa S, et al. Effects of surfactant and electrolyte concentrations on bubble formation and stabilization[J]. Journal of Colloid and Interface Science, 2009, 332 (1) : 208-214.

[133] Azevedo A, Etchepare R, Calgaroto S, et al. Aqueous dispersions of nanobubbles: generation, properties and features[J]. Minerals Engineering, 2016, 94: 29-37.

[134] Li M, Ma X, Eisener J, et al. How bulk nanobubbles are stable over a wide range of temperatures[J]. Journal of Colloid and Interface Science, 2021, 596: 184-198.

[135] Reis A S, Barrozo M A S. A study on bubble formation and its relation with the performance of apatite flotation[J]. Separation and Purification Technology, 2016, 161: 112-120.

[136] Temesgen T, Thi Thuy B, Han M, et al. Micro and nanobubble technologies as a new horizon for water-treatment techniques: a review[J]. Advances in Colloid and Interface Science, 2017, 246: 40-51.

[137] Arancibia-Bravo M P, Lucay F A, Lopez J, et al. Modeling the effect of air flow, impeller speed, frother dosages, and salt concentrations on the bubbles size using response surface methodology[J]. Minerals Engineering, 2019, 132: 142-148.

[138] Batchelor D V B, Armistead F J, Ingram N, et al. Nanobubbles for therapeutic delivery: production, stability and current prospects[J]. Current Opinion in Colloid & Interface Science, 2021, 54: 101456.

[139] Eklund F, Alheshibri M, Swenson J. Differentiating bulk nanobubbles from nanodroplets and nanoparticles[J]. Current Opinion in Colloid & Interface Science, 2021, 53: 101427.

[140] Rodrigues R T, Rubio J. New basis for measuring the size distribution of bubbles[J]. Minerals Engineering, 2003, 16 (8) : 757-765.

[141] Zhang X Y, Wang Q S, Wu Z X, et al. An experimental study on size distribution and zeta potential of bulk cavitation nanobubbles[J]. International Journal of Minerals, Metallurgy and Materials, 2020, 27 (2) : 152-161.

[142] Tsujimoto K, Horibe H. Effect of pH on decomposition of organic compounds using ozone microbubble water[J]. Journal of Photopolymer Science and Technology, 2021, 34 (5) : 485-489.

[143] Zhang H X, Zhang D X, Lou T S, et al. Degassing and temperature effects on the formation of nanobubbles at the mica/water interface [J]. Langmuir, 2004, 20(9): 3813-3815.

[144] Sahu S N, Gokhale A A, Mehra A. Modeling nucleation and growth of bubbles during foaming of molten aluminum with high initial gas supersaturation[J]. Journal of Materials Processing Technology, 2014, 214(1): 1-12.

[145] Han G H, Chen S, Su S P, et al. A review and perspective on micro and nanobubbles: What they are and why they matter[J]. Minerals Engineering, 2022, 189: 107906.

[146] Stetefeld J, Mckenna S A, Patel T R. Dynamic light scattering: a practical guide and applications in biomedical sciences[J]. Biophysical Reviews, 2016, 8(4): 409-427.

[147] Zhou L M, Wang S, Zhang L J, et al. Generation and stability of bulk nanobubbles: a review and perspective[J]. Current Opinion in Colloid & Interface Science, 2021, 53: 101439.

[148] Elamin K, Swenson J. Brownian motion of single glycerol molecules in an aqueous solution as studied by dynamic light scattering[J]. Physical Review E, 2015, 91(3): 032306.

[149] Hassan P A, Rana S, Verma G. Making sense of brownian motion: colloid characterization by dynamic light scattering[J]. Langmuir, 2015, 31(1): 3-12.

[150] Gross J, Sayle S, Karow A R, et al. Nanoparticle tracking analysis of particle size and concentration detection in suspensions of polymer and protein samples: influence of experimental and data evaluation parameters[J]. European Journal of Pharmaceutics and Biopharmaceutics, 2016, 104: 30-41.

[151] Chen M, Peng L, Qiu J, et al. Monitoring of an ethanol-water exchange process to produce bulk nanobubbles based on dynamic light scattering[J]. Langmuir, 2020, 36(34): 10069-10073.

[152] Jin J, Wang R, Tang J, et al. Dynamic tracking of bulk nanobubbles from microbubbles shrinkage to collapse[J]. Colloids and Surfaces A-Physicochemical and Engineering Aspects, 2020, 589: 124430.

[153] Li M, Tonggu L, Zhan X, et al. Cryo-EM visualization of nanobubbles in aqueous solutions[J]. Langmuir, 2016, 32(43): 11111-11115.

[154] Batchelor D V B, Abou-Saleh R H, Coletta P L, et al. Nested nanobubbles for ultrasound-triggered drug release[J]. ACS Applied Materials & Interfaces, 2020, 12(26): 29085-29093.

[155] Hernandez C, Gulati S, Fioravanti G, et al. Cryo-EM visualization of lipid and polymer-stabilized perfluorocarbon gas nanobubbles-a step towards nanobubble mediated drug delivery[J]. Scientific Reports, 2017, 7: 13517.

[156] Wang L, Liu L, Mohsin A, et al. Dynamic nanobubbles in graphene liquid cell under electron beam irradiation[J]. Microscopy and Microanalysis, 2017, 23(S1): 866-867.

[157] Parmar R, Majumder S K. Microbubble generation and microbubble-aided transport process intensification-A state-of-the-art report[J]. Chemical Engineering and Processing-Process Intensification, 2013, 64: 79-97.

[158] Stokes G G. On the effect of the internal friction of fluids on the motion of pendulums[J]. Transactions of the Cambridge Philosophical Society, 1851, 8: 8-106.

[159] Hadamard J S. The translational motion of a fluid sphere in a fluid medium [J]. Rend Acad Sci, 1911, 152: 1735-1738.

[160] Rybczynski W. On the translatory motion of a fluid sphere in a viscous medium[J]. Bull Acad Sci Cracovie A, 1911, 40: 40-46.

[161] Edrisi A, Dadvar M, Dabir B. A novel experimental procedure to measure interfacial tension based on dynamic behavior of rising bubble through interface of two immiscible liquids [J]. Chemical Engineering Science, 2021, 231: 116255.

[162] Swart B, Zhao Y, Khaku M, et al. *In situ* characterisation of size distribution and rise velocity of microbubbles by high-speed photography[J]. Chemical Engineering Science, 2020, 225: 115836.

[163] Azgomi F, Gomez C O, Finch J A. Correspondence of gas holdup and bubble size in presence of different frothers[J]. International Journal of Mineral Processing, 2007, 83(1-2): 1-11.

[164] Tanaka S, Kastens S, Fujioka S, et al. Mass transfer from freely rising microbubbles in aqueous solutions of surfactant or salt[J]. Chemical Engineering Journal, 2020, 387: 121246.

[165] Parkinson L, Sedev R, Fornasiero D, et al. The terminal rise velocity of 10-100 mm diameter bubbles in water[J]. Journal of Colloid and Interface Science, 2008, 322 (1): 168-172.

[166] Wilkinson P M, Vondierendonck L L. Pressure and gas-density effects on bubble break-up and gas hold-up in bubble-columns[J]. Chemical Engineering Science, 1990, 45 (8): 2309-2315.

[167] Akita K, Yoshida F. Bubble size, interfacial area, and liquid-phase mass transfer coefficient in bubble columns[J]. Industrial & Engineering Chemistry Process Design and Development, 1974, 13 (1): 84-91.

[168] Sakr M A, Mohamed M M A, Maraqa M A, et al. A critical review of the recent developments in micro-nano bubbles applications for domestic and industrial wastewater treatment[J]. Alexandria Engineering Journal, 2022, 61 (8): 6591-6612.

[169] Bai M, Liu Z, Zhang J, et al. Prediction and experimental study of mass transfer properties of micronanobubbles[J]. Industrial & Engineering Chemistry Research, 2021, 60 (22): 8291-8300.

[170] Bredwell M D, Worden R M. Mass-transfer properties of microbubbles. Ⅰ. Experimental studies[J]. Biotechnology Progress, 1998, 14 (1): 31-38.

[171] Yang Y, Biviano M D, Guo J, et al. Mass transfer between microbubbles[J]. Journal of Colloid and Interface Science, 2020, 571: 253-259.

[172] Lyu T, Wu S, Mortimer R J G, et al. Nanobubble technology in environmental engineering: revolutionization potential and challenges[J]. Environmental Science & Technology, 2019, 53 (13): 7175-7176.

[173] Wu J, Zhang K, Cen C, et al. Role of bulk nanobubbles in removing organic pollutants in wastewater treatment[J]. AMB Express, 2021, 11 (1): 96.

[174] Michailidi E D, Bomis G, Varoutoglou A, et al. Bulk nanobubbles: production and investigation of their formation/stability mechanism[J]. Journal of Colloid and Interface Science, 2020, 564: 371-380.

[175] Liu S, Oshita S, Kawabata S, et al. Identification of ROS produced by nanobubbles and their positive and negative effects on vegetable seed germination[J]. Langmuir, 2016, 32 (43): 11295-11302.

[176] Li P, Takahashi M, Chiba K. Enhanced free-radical generation by shrinking microbubbles using a copper catalyst[J]. Chemosphere, 2009, 77 (8): 1157-1160.

[177] Li P, Takahashi M, Chiba K. Degradation of phenol by the collapse of microbubbles[J]. Chemosphere, 2009, 75 (10): 1371-1375.

[178] Yoon R H, Mao L Q. Application of extended DLVO theory. Ⅳ. Derivation of flotation rate equation from first principles[J]. Journal of Colloid and Interface Science, 1996, 181 (2): 613-626.

[179] 王连杰. 液相折流板强化泡沫分离中吸附性能的研究[D]. 天津: 河北工业大学, 2014.

[180] Sethumadhavan G, Bindal S, Nikolov A, et al. Stability of thin liquid films containing polydisperse particles[J]. Colloids and Surfaces A-Physicochemical and Engineering Aspects, 2002, 204 (1-3): 51-62.

[181] 凌向阳. 泡沫稳定性及气液界面颗粒运动对泡沫相浮选的影响机制研究[D]. 徐州: 中国矿业大学, 2019.

[182] Liang L, Li Z Y, Peng Y L, et al. Influence of coal particles on froth stability and flotation performance[J]. Minerals Engineering, 2015, 81: 96-102.

[183] Kaptay G. On the equation of the maximum capillary pressure induced by solid particles to stabilize emulsions and foams and on the emulsion stability diagrams[J]. Colloids and Surfaces A-Physicochemical and Engineering Aspects, 2006, 282: 387-401.

[184] Barbian N, Hadler K, Ventura-Medina E, et al. The froth stability column: linking froth stability and flotation performance[J]. Minerals Engineering, 2005, 18 (3): 317-324.

[185] Ata S, Ahmed N, Jameson G J. A study of bubble coalescence in flotation froths[J]. International Journal of Mineral Processing, 2003, 72 (1-4): 255-266.

[186] Yianatos J B, Finch J A, Laplante A R. Holdup profile and bubble size distribution of flotation column froths[J]. Canadian Metallurgical Quarterly, 1986, 25 (1): 23-29.

[187] 滕龙鱼, 李芳, 彭燕玲. XJK-2.8 (6A) 浮选机技术改造及生产实践[J]. 有色金属 (选矿部分), 2009, (6): 46-49.

[188] 唐志鹏, 刘卫东, 刘志高, 等. 中国工业废水达标排放的区域差异与收敛分析[J]. 地理研究, 2011, 30 (6): 1101-1109.

[189] 韦光, 贺基文, 胡欣欣. 典型有色金属矿山重金属迁移规律与污染评价研究[J]. 世界有色金属, 2017, (6): 54-55.

[190] 周芯, 陈胗, 迟飞飞, 等. 重金属废水处理方法研究[J]. 黑龙江科学, 2019, 10 (6): 26-27.

[191] Lee G, Bigham J M, Faure G. Removal of trace metals by coprecipitation with Fe, Al and Mn from natural waters contaminated with acid mine drainage in the Ducktown Mining District, Tennessee[J]. Applied Geochemistry, 2002, 17 (5): 569-581.

[192] Erdem M, Tumen F. Chromium removal from aqueous solution by ferrite process[J]. Journal of Hazardous Materials, 2004, 109 (1-3): 71-77.

[193] Eivazihollagh A, Tejera J, Svanedal I, et al. Removal of Cd^{2+}, Zn^{2+}, and Sr^{2+} by ion flotation, using a surface-active derivative of DTPA (C-12-DTPA) [J]. Industrial & Engineering Chemistry Research, 2017, 56 (38): 10605-10614.

[194] Dzombak D A, Fish W, Morel F M M. Metal humate interactions. Ⅰ. Discrete ligand and continuous distribution models[J]. Environmental Science & Technology, 1986, 20 (7): 669-675.

[195] Benedetti M F, Milne C J, Kinniburgh D G, et al. Metal-ion binding to humic substances application of the nonideal competitive adsorption model[J]. Environmental Science & Technology, 1995, 29 (2): 446-457.

[196] Takahashi Y, Minai Y, Ambe S, et al. Simultaneous determination of stability constants of humate complexes with various metal ions using multitracer technique[J]. Science of the Total Environment, 1997, 198 (1): 61-71.

[197] Pandey A K, Pandey S D, Misra V. Stability constants of metal-humic acid complexes and its role in environmental detoxification[J]. Ecotoxicology and Environmental Safety, 2000, 47 (2): 195-200.

[198] Hankins N P, Lu N, Hilal N. Enhanced removal of heavy metal ions bound to humic acid by polyelectrolyte flocculation[J]. Separation and Purification Technology, 2006, 51 (1): 48-56.

[199] Sun Y H, Dong P P, Liu S, et al. Influence of surfactants on the microstructure and electrochemical performance of the tin oxide anode in lithium ion batteries[J]. Materials Research Bulletin, 2016, 74: 299-310.

[200] Lapham D P, Tseung A C C. The effect of firing temperature, preparation technique and composition on the electrical properties of the nickel cobalt oxide series $Ni_xCo_{1-x}O_y$[J]. Journal of Materials Science, 2004, 39 (1): 251-264.

[201] 陈喜峰, 陈秀法, 李娜, 等. 全球铼矿资源分布特征与开发利用形势及启示[J]. 中国矿业, 2019, 28 (5): 7-12, 23.

[202] 范羽, 周涛发, 张达玉, 等. 中国钼矿床的时空分布及成矿背景分析[J]. 地质学报, 2014, 88 (4): 784-804.

[203] 张启修. 钨钼冶金[M]. 北京: 冶金工业出版社, 2005.

[204] Kim H S, Park J S, Seo S, et al. Recovery of rhenium from a molybdenite roaster fume as high purity ammonium perrhenate[J]. Hydrometallurgy, 156: 158-164.

[205] Xiong Y, Chen C B, Gu X J, et al. Investigation on the removal of Mo (Ⅵ) from Mo-Re containing wastewater by chemically modified persimmon residua[J]. Bioresource Technology, 2011, 102 (13): 6857-6862.

[206] Shan W J, Fang D W, Zhao Z Y, et al. Application of orange peel for adsorption separation of molybdenum (Ⅵ) from Re-containing industrial effluent[J]. Biomass & Bioenergy, 2012, 37: 289-297.

[207] Muruchi L, Schaeffer N, Passos H, et al. Sustainable extraction and separation of rhenium and molybdenum from model copper mining effluents using a polymeric aqueous two-phase system[J]. ACS Sustainable Chemistry & Engineering, 2019, 7 (1): 1778-1785.

[208] Xiong Y, Song Y, Tong Q, et al. Adsorption-controlled preparation of anionic imprinted amino-functionalization chitosan for recognizing rhenium (Ⅶ) [J]. Separation and Purification Technology, 2017, 177: 142-151.

[209] Kumari M, Gupta S K. A novel process of adsorption cum enhanced coagulation-flocculation spiked with magnetic nanoadsorbents for the removal of aromatic and hydrophobic fraction of natural organic matter along with turbidity from drinking water[J]. Journal of Cleaner Production, 2020, 244: 118899.

[210] Yavuz Y, Shahbazi R. Anodic oxidation of reactive black 5 dye using boron doped diamond anodes in a bipolar trickle tower reactor[J]. Separation and Purification Technology, 2012, 85: 130-136.

[211] Senthilkumar S, Perumalsamy M, Prabhu H J. Decolourization potential of white-rot fungus *Phanerochaete chrysosporium* on

synthetic dye bath effluent containing Amido black 10B[J]. Journal of Saudi Chemical Society, 2014, 18(6): 845-853.

[212] Wojciechowski K, Szymczak A. The research of the azo-hydrazone equilibrium by means of AM1 method based on the example of an azo dye—the Schaffer salt derivative[J]. Dyes and Pigments, 2007, 75(1): 45-51.

[213] Mikheev Y A, Guseva L N, Ershov Y A. Transformations of methyl orange dimers in aqueous-acid solutions, according to UV-Vis spectroscopy data[J]. Russian Journal of Physical Chemistry A, 2017, 91(10): 1896-1906.

[214] 胡家振. 有机染料的互变异构[J]. 染料工业, 1988, (2): 23-30.

[215] Chen J H, Yin Z M. Cooperative intramolecular hydrogen bonding induced azo-hydrazone tautomerism of azopyrrole: crystallographic and spectroscopic studies[J]. Dyes and Pigments, 2014, 102: 94-99.

[216] Schaefer M V, Gorski C A, Scherer M M. Spectroscopic evidence for interfacial Fe(II)-Fe(III) electron transfer in a clay mineral[J]. Environmental Science & Technology, 2011, 45(2):540-545.

[217] Allen H C. The reduction of nitrobenzene by means of ferrous hydroxide[J]. Journal of Physical Chemistry, 1911, 16(2):131-169.

[218] 吴德礼, 王文成, 马鲁铭. 绿锈还原转化邻氯硝基苯实验研究[J]. 同济大学学报(自然科学版), 2010, 38(10): 1473-1477.

[219] 吴德礼, 冯勇, 马鲁铭. 多羟基亚铁络合物还原转化活性黑 5 的实验[J]. 同济大学学报(自然科学版), 2011, 39(11): 1657-1662.

[220] 冯勇, 吴德礼, 马鲁铭. 亚铁羟基络合物还原转化水溶性偶氮染料[J]. 环境工程学报, 2012, 6(3): 793-798.

[221] 冯勇, 吴德礼, 马鲁铭. 结构态亚铁羟基化合物还原预处理印染废水的效果和机制[J]. 化工学报, 2011, 62(7): 2033-2041.

[222] 陈溢一. 电场诱导使水解离成自由基及处理制浆造纸废水的应用[D]. 南宁: 广西大学, 2015.

[223] 蔺涛. 空化撞击流技术特性研究[D]. 沈阳: 沈阳工业大学, 2013.

[224] 杨怡. 三维电极耦合铁碳微电解处理高浓度难降解有机废水[D]. 南昌: 南昌大学, 2017.

[225] 吴迪. 羟基自由基在电催化氧化体系中的形成规律及其在废水处理中的应用研究[D]. 长春: 吉林大学, 2007.

[226] 任晓敏, 黄永春, 杨锋, 等. 基于撞击流-射流空化效应的羟自由基制备工艺优化[J]. 食品与机械, 2018, 34(6): 197-201.

[227] 张晓光. 空化撞击流微电解处理高浓度有机废水的研究[D]. 沈阳: 沈阳工业大学, 2015.

[228] 胡英楠. 羟基自由基氧化黄铁矿及外场强化高硫铝土矿电解脱硫机理[D]. 北京: 中国科学院大学(中国科学院过程工程研究所), 2018.

[229] Wang Q, Ma Y, Xing S. Comparative study of Cu-based bimetallic oxides for Fenton-like degradation of organic pollutants[J]. Chemosphere: Environmental Toxicology and Risk Assessment, 2018, 203: 450-456.

[230] van der Zee F P, Bisschops I A E, Lettinga G, et al. Activated carbon as an electron acceptor and redox mediator during the anaerobic biotransformation of azo dyes[J]. Environmental Science & Technology, 2003, 37(2): 402-408.

[231] Liu S, Kuznetsov A M, Han W, et al. Removal of dimethylarsinic acid(DMA) in the Fe/C system: roles of Fe(II) release, DMA/Fe(II) and DMA/Fe(III) complexation[J]. Water Research, 2022, 213: 118093.

[232] Feng J, Hu Y, Cheng J. Removal of chelated Cu(II) from aqueous solution by adsorption-coprecipitation with iron hydroxides prepared from microelectrolysis process[J]. Desalination, 2011, 274(1-3): 130-135.

[233] 盛超. 锰炭微电解填料的制备及在有机工业废水处理中的应用[D]. 武汉: 武汉理工大学, 2017.

[234] 毕诗文. 氧化铝生产工艺[M]. 北京: 化学工业出版社, 2006.

[235] 梁媛, 陈均宁. 赤泥的危害及综合利用[J]. 大众科技, 2014, 16(7): 33-34, 40.

[236] Liu W C, Chen X Q, Li W X, et al. Environmental assessment, management and utilization of red mud in China[J]. Journal of Cleaner Production, 2014, 84: 606-610.

[237] 张冬清, 李运刚, 张颖昇. 国内外钒钛资源及其利用研究现状[J]. 四川有色金属, 2011, (2): 1-6.

[238] 陈露露. 我国钒钛磁铁矿资源利用现状[J]. 中国资源综合利用, 2015, 33(10): 31-33.

[239] Dehaine Q, Tijsseling L T, Glass H J, et al. Geometallurgy of cobalt ores: a review[J]. Minerals Engineering, 2021, 160:

106656.

[240] Song S L, Sun W, Wang L, et al. Recovery of cobalt and zinc from the leaching solution of zinc smelting slag[J]. Journal of Environmental Chemical Engineering, 2019, 7(1): 102777.

[241] 韩桂洪, 王静雯, 刘兵兵, 等. 湿法炼锌净化钴渣回收钴技术进展及展望[J]. 贵州大学学报(自然科学版), 2022, 39(2): 1-6.